科学与工程
计算技术丛书

MATLAB/Simulink
控制系统仿真

严刚峰◎编著

清华大学出版社

北京

内 容 简 介

本书介绍了 MATLAB/Simulink 的主要功能及其在控制理论中的应用。全书共分 17 章，第 1～4 章介绍了 MATLAB 的程序设计、常用功能及其相关函数，Simulink 的操作方法，控制系统的基本概念与控制系统仿真的基本原理，重点叙述了仿真中常用的 M 函数和 S 函数在 Simulink 软件中仿真的实现方法；第 5 章介绍了控制系统中常用模型的建立、转换与仿真实现；第 6～12 章介绍了 MATLAB/Simulink 在自动控制原理、离散控制理论、非线性系统初步分析、现代控制理论课程中的应用；第 13～17 章介绍了状态反馈控制器、状态观测器、卡尔曼滤波器、最优控制器、智能控制算法在控制理论中的应用，以及常见先进控制器的基本概念、常用设计方法。全书内容条理清晰，详略得当，通过大量的实例突出实践性，通过理论联系实际突出实用性。

本书可以作为自动化类、电子信息类专业控制系统仿真课程的教材，还可以作为自动控制理论，离散控制理论、现代控制理论，先进控制理论课程的辅助教材，书中的综合实例可供相关课程设计、毕业设计参考之用，对于自动化行业的工程技术人员也具有一定的参考价值。

图书在版编目（CIP）数据

MATLAB/Simulink控制系统仿真 / 严刚峰编著. -- 北京：清华大学出版社, 2025. 2.
(科学与工程计算技术丛书). -- ISBN 978-7-302-68328-5
　　Ⅰ. TP273-39
　　中国国家版本馆CIP数据核字第20256Y9H68号

策划编辑：刘　星
责任编辑：李　锦
封面设计：李召霞
责任校对：申晓焕
责任印制：刘　菲

出版发行：清华大学出版社
　　　　　网　　　　址：https://www.tup.com.cn，https://www.wqxuetang.com
　　　　　地　　　　址：北京清华大学学研大厦A座　　　　邮　　编：100084
　　　　　社　总　机：010-83470000　　　　邮　　购：010-62786544
　　　　　投稿与读者服务：010-62776969，c-service@tup.tsinghua.edu.cn
　　　　　质　量　反　馈：010-62772015，zhiliang@tup.tsinghua.edu.cn
　　　　　课　件　下　载：https://www.tup.com.cn，010-83470236
印　装　者：三河市人民印务有限公司
经　　　销：全国新华书店
开　　本：203mm×260mm　　　印　　张：29.5　　字　　数：847千字
版　　次：2025年4月第1版　　　印　　次：2025年4月第1次印刷
印　　数：1～2000
定　　价：129.00元

产品编号：106644-01

前言
PREFACE

MATLAB 是美国 MathWorks 公司出品的受到业界普遍认可的商业数学应用软件,广泛应用于数据分析、无线通信、深度学习、图像处理与计算机视觉、信号处理、量化金融与风险管理、机器人、控制系统等领域,已成为多所院校相关专业重要基础课程的首选实验平台。

一、为什么要写本书

仿真技术的提出,推动了几乎所有工程领域的辅助分析与工程设计的发展,控制理论与控制工程也不例外。在各类仿真软件中,MATLAB/Simulink 软件是目前比较流行且应用广泛的可视化科学与工程计算软件,在控制系统的分析、仿真与设计方面得到了日益广泛的应用,其自身的功能也因此得到了迅速发展和不断扩充。为了更好地推动 MATLAB/Simulink 软件在控制系统仿真、分析中的应用,作者结合教学实践与研究成果,以 MATLAB R2024a 为系统仿真平台编写了本书。

二、内容特色

仿真技术是一门实践性很强的科学,只有通过大量的练习,才能针对具体仿真问题选择最为合理的仿真手段,以尽可能准确地模拟实际系统的运行来指导实际控制系统的设计。

(1)本书详细叙述了 MATLAB/Simulink 软件及其程序设计的基本概念、基本原理和基本方法,同时给出了相应的常用函数及其简要的使用说明,以便读者查阅使用。

(2)通过大量例题叙述了如何运用 MATLAB/Simulink 软件工具,结合相应的控制理论知识进行仿真设计,以加深学生对所学控制理论课程内容的理解,力求能够培养学生独立分析问题与解决问题的能力,提高学生的学习兴趣,激发学生的创新意识,训练学生的思维方法。

(3)每章结尾均配有习题供读者练习,全书内容条理清晰,详略得当,通过大量的实例以突出实践性,通过理论联系实际以突出实用性。

(4)本书配套资源丰富。

- 程序代码等资源:扫描目录上方的二维码下载。
- 教学课件、教学大纲、模拟试卷等资源:到清华大学出版社官方网站本书页面下载,或者扫描封底的"书圈"二维码在公众号下载。
- 微课视频(264 分钟,32 集):扫描书中相应章节中的二维码在线学习。

注:请先扫描封底刮刮卡中的文泉云盘防盗码进行绑定后再获取配套资源。

三、结构安排

本书先介绍 MATLAB R2024a 仿真平台的构成,然后详述程序设计的基本概念、基本原理和基本方法。在此基础上,引入自动控制系统的基本概念与仿真概述,结合自动控制理论和现代控制理论,从系统建模及仿真,时域分析及仿真,根轨迹分析及仿真,频域分析及仿真,稳定性分析及仿真,以及能控性、能观性分析及仿真分专题,从基本理论到仿真分析来全面复习自动控制理论、离散控制理论、现代控制理论,最后介绍状态反馈控制器、状态观测器、卡尔曼滤波器、最优控制器和常见先进控制器的基本概念,常用设计方法及仿真实现。

四、读者对象

● 对控制科学与工程感兴趣的读者；

● 自动化类、电子信息类相关专业的本科生、研究生；

● 相关工程技术人员。

五、致谢

在本书编著过程中，我得到了家人的理解和大力支持，清华大学出版社刘星老师做了大量的支持工作，对每个细节都给出了具体的修改意见。本书编写过程中参考了大量的文献资料，一些资料来源于互联网，书末的参考文献未能一一列举，在此一并表示诚挚的感谢！

由于作者水平及条件所限，书中错误和不妥之处在所难免，恳请读者和同行给予批评斧正。

严刚峰

2024 年 12 月于成都

微课视频清单

序号	视频名称	时长/分钟	书中位置
1	1.2 MATLAB桌面操作环境	4	1.2节节首
2	1.3.1 数据类型	10	1.3.1节节首
3	1.3.2 数组	6	1.3.2节节首
4	1.3.3 数组操作_基本概念	4	1.3.3节节首
5	1.3.3 数组操作_子矩阵的提取	8	1.3.3节节尾
6	1.3.4 数组运算与矩阵运算	15	1.3.4节节首
7	1.3.5 多项式	15	1.3.5节节首
8	1.3.6 关系运算、逻辑运算和运算符	4	1.3.6节节首
9	1.4 数据的可视化	5	1.4节节首
10	1.5.1 程序控制语句及其编程	12	1.5.1节节首
11	1.5.2 命令文件和函数文件	5	1.5.2节节首
12	例1-85 M函数	6	例1-85旁边
13	1.5.5 面向对象的编程方法	8	1.5.5节节首
14	1.6.3 数据拟合	10	1.6.3节节首
15	1.6.5 常微分方程的数值解	7	1.6.5节节首
16	1.7 符号计算	5	1.7节节首
17	2.3.1 计算机仿真基本概念	15	2.3.1节节首
18	2.3.3 控制系统计算机仿真基本过程	8	2.3.3节节首
19	3.2 模型的创建	7	3.2节节首
20	4.1 M函数的概念与仿真示例	7	4.1节节首
21	4.2.1 S函数的概念与模板函数使用	11	4.2.1节节首
22	5.1 时域建模方法及示例	7	5.1节节首
23	5.2 频域建模方法及示例	14	5.2节节首
24	例5-19 渐进幅频特性的绘制	6	例5-19旁边
25	6.1 时域分析方法	5	6.1节节首
26	7.1 根轨迹分析方法	11	7.1节节首
27	8.2 频域分析仿真示例	8	8.2节节首
28	9.2 稳定性分析仿真示例	6	9.2节节首
29	12.1 系统的能控性概念与仿真	8	12.1节节首
30	13.2 状态反馈控制器的仿真示例	7	13.2节节首
31	15.2 最优控制器的仿真示例	9	15.2节节首
32	17.3 滑模变结构控制器设计及仿真示例	11	17.3节节首

目 录
CONTENTS

配套资源

MATLAB 基础

1.1　MATLAB 概述

　　MATLAB 是矩阵实验室 MATrix LABoratory 英文的缩写，是美国 Cleve Moler 教授于 1980 年前后构思并开发的一款计算软件。经过 40 余年的补充和完善，以及多个版本的升级换代，MATLAB 已经发展成为一个包含多学科工程计算，多领域仿真功能的巨大信息处理系统，是目前世界上最为流行的仿真计算软件之一，MATLAB 软件和众多学科的工具箱以及仿真工具 Simulink，成为许多领域工程问题处理的强有力工具；并成为线性代数、自动控制理论、概率论及数理统计、数字信号处理、时间序列分析、动态系统仿真等高级课程的基本教学工具，是攻读各级学位的学生必须掌握的一项基本技能。

1.1.1　MATLAB 发展历程

　　早期的 MATLAB 是用 FORTRAN 语言编写的，是集命令翻译、科学计算于一体的交互式软件系统。它只能做矩阵运算，绘图只能用极其原始的方法，内部函数也只提供了几十个。1984 年，Cleve Moler 和 John Little 等人成立了 MathWorks 公司，正式将 MATLAB 推向市场。此时 MATLAB 的内核是采用 C 语言编写，除了原有的数值计算能力外，还增加了丰富多彩的图形图像处理、多媒体功能、符号运算及它与其他高级计算软件的接口功能，使得 MATLAB 的功能越来越强大。1993 年，MathWorks 公司推出了具有划时代意义的基于 Windows 平台的 MATLAB 4.0 版本；1994 年推出的 4.2 版本，扩充了 4.0 版本的功能，尤其在图形界面设计方面提供了更多新的方法；1997 年推出了 MATLAB 5.0 版，定义了更多的数据结构，如细胞数组、数据结构体、多维矩阵、对象与类等，使其能够更方便地编程；1999 年初推出的 MATLAB 5.3 版；2000 年 10 月底推出了其全新的 MATLAB 6.0 正式版，在核心数值算法、界面设计、外部接口、应用桌面等诸多方面都有了极大的改进；2007 年秋天发布了 MATLAB 7.4 版本，该版本对以前版本的很多模块做了升级改进，使网络程序员可以通过 C#、VB.NET 等语言使用 MATLAB。此后形成了每年的 3 月份和 9 月份左右推出当年的 a 版本和 b 版本的惯例。MATLAB 软件系统采用"主包"和各种可选的"工具包"的构架，主包中有数千个核心内部函数，工具包又可分为功能性工具包和学科性工具包，功能性工具包主要用来扩充 MATLAB 的通用功能，而学科性工具包是专业性比较强的特定学科工具集合，如控制系统工具包。MATLAB 经受了科研工作者多年的考验，正被越来越广泛地用于研究和解决各种具体的工程问题之中。

　　本书以 MATLAB R2024a 版软件，简要介绍数学运算、数据绘图以及在控制系统中的仿真和使用，下面简要介绍 MATLAB R2024a 版软件的特点。

1. 实现共享工作

MATLAB R2024a 版软件使用实时编辑器在可执行记事本中创建组合了代码、输出和格式化文本的脚本和函数。新增了实时任务，使用实时编辑器任务浏览各参数、查看结果并自动生成代码。新增了在实时编辑器中运行测试，可直接从实时编辑器工具条运行程序测试。

2. App的构建

MATLAB R2024a 版软件的 App 设计工具能够方便地创建专业的 App，新增 uicontextmenu 函数，在 App 设计工具和基于 uifigure 的应用程序中易于添加和配置上下文菜单；新增了 uitoolbar 函数，易于向基于 uifigure 的应用程序添加自定义的工具栏；新增了 App 测试框架，可以自动执行其他按键的交互。

3. 数据的导入和分析

可以实现从多个数据源访问、组织、筛选和分析数据，新增了实时编辑器任务，使用可自动生成代码的任务对数据进行交互式预处理并操作表格和时间表，使用新增函数 grouptransform、groupcounts 以及 groupfilter 可执行分组操作，使用专用函数读取和写入矩阵、元胞数组和时间表，可以读取和写入单个或大量 Parquet 格式文件。

4. 数据的可视化

使用新绘图函数和自定义功能对数据进行可视化。新增了 boxchart 函数用于可视化分组的数据，新增了 exportgraphics 和 copygraphcis 函数用于保存和复制图形，新增了图表容器类用于制作图表以显示笛卡儿、极坐标或地理图。内置了坐标轴交互，通过默认情况下启用的平移、缩放、数据提示和三维旋转来浏览数据。

5. 大数据的处理

无须做出重大改动，即可拓展对大数据进行的分析。新增了数据存储写出，将数据存储中的大型数据集写到磁盘，用于数据工程和基于文件的工作流，自定义 Tall 数组，编写自定义算法以在 Tall 数组上对块或滑动窗口进行运算，支持 Tall 数组的函数，可自定义数据存储。

6. 语言和编程的改进

新增文件编码，增强了对非 ASCII 字符集的支持以及与文件的默认 UTF-8 编码的跨平台兼容性，声明函数输入参数，以简化输入错误检查，使用十六进制和二进制文字指定数字，在 Simulink 和 Stateflow 中使用 string 数组。

此外，MATLAB R2024a 还增强了对硬件的控制，如使用 MCP2515 CAN 总线拓展板访问 CAN 总线数据等。

MATLAB R2024a 在人工智能和无线通信系统领域的功能进一步提升，体现在如下几个方面。

- Computer Vision Toolbox 增强：MATLAB R2024a 对 Computer Vision Toolbox 进行了显著增强。新版本提供了更多的算法、函数和 App，使得用户可以更方便地设计和测试计算机视觉、三维视觉和视频处理系统。同时，支持 YOLOx 目标检测算法的部署，使得目标检测任务更为高效和准确。

- Deep Learning Toolbox 扩展：在深度学习领域，Deep Learning Toolbox 新增了对 Transformer 等先进架构的支持，这为用户构建和训练复杂的深度学习模型提供了更高的灵活性。此外，MATLAB R2024a 还允许用户导入 PyTorch 和 TensorFlow 模型，并进行协同仿真，从而实现了 MATLAB 与主流深度学习框架的无缝集成。

- Python 接口与 REST 函数服务的增强：MATLAB R2024a 进一步增强了与 Python 的互操作性，使得用户可以在 MATLAB 表和 Python Pandas DataFrame 之间轻松转换数据。同时，通过"运行 Python 实时编辑器"任务，用户能够以交互方式运行 Python 代码。此外，新版本还支持使用 REST 从本地或远程客户端程序调用 MATLAB 函数，为 Web 应用的开发提供了便利。

- Satellite Communications Toolbox 更新：在无线通信领域，Satellite Communications Toolbox 的更新使得卫星通信工程师能够更方便地对场景进行建模，并提供了基于标准的工具来设计、仿真和验证卫星通信系统与链路。

1.1.2　MATLAB 系统构成

MATLAB 系统由 MATLAB 开发环境、数学函数库、MATLAB 语言、图形处理系统和应用程序接口五大部分构成。

MATLAB 开发环境是一个集成化的工作空间，主要由 MATLAB 桌面、命令窗口、M 文件编辑调试器、MATLAB 工作空间和在线帮助文档窗口构成。

数学函数库包含大量的计算算法，从基本的加法、减法运算到复杂算法，如矩阵求逆、傅里叶变换，等等。

MATLAB 语言是一种基于数组（矩阵）的高级程序设计语言，具有程序控制语句、函数、数据结构、输入/输出，以及面向对象编程的独特优点，既可以解决简单问题，也具有大型复杂问题的解决能力，同时还可对程序进行优化。

MATLAB 的图形处理系统具有二维数据、三维数据的可视化能力，能方便地处理图形的显示、标注和打印，同时还具有图形处理和动态显示图形的功能。

MATLAB 的应用程序接口可以使 MATLAB 语言方便地与其他高级语言进行交互，从而高效地完成复杂的各类问题。

1.1.3　MATLAB 常用工具箱

MATLAB 的工具箱是 MATLAB 功能扩充的主要手段，是 MATLAB 强大功能得以实现的主要途径。MATLAB 的工具箱每年都在持续增加，有关 MATLAB 工具箱的具体完整信息可以在 http://www.mathworks.com/products 中查阅。

用于控制系统的常用工具箱如下。

- 控制系统工具箱（Control System Toolbox）。
- 系统辨识工具箱（System Identification Toolbox）。
- 优化工具箱（Optimization Toolbox）。
- 信号处理工具箱（Signal Processing Toolbox）。
- 滤波器设计工具箱（Filter Design Toolbox）。
- 小波工具箱（Wavelet Toolbox）。
- 高阶谱分析工具箱（Higher-Order Spectral Analysis Toolbox）。
- 通信工具箱（Communication Toolbox）。
- 模糊逻辑工具箱（Fuzzy Logic Toolbox）。
- 神经网络工具箱（Neural Network Toolbox）。
- 线性矩阵不等式控制工具箱（LMI Control Toolbox）。
- 模型预测控制工具箱（Model Predictive Control Toolbox）。

- 图像获取工具箱（Image Acquisition Toolbox）。
- 图像处理工具箱（Image Processing Toolbox）。
- 偏微分方程工具箱（Partial Differential Toolbox）。
- 鲁棒控制工具箱（Robust Control Toolbox）。
- 样条工具箱（Spline Toolbox）。
- 符号数学工具箱（Symbolic Math Toolbox）。
- 动态仿真工具箱（Simulink Toolbox）。
- 强化学习工具箱（Reinforcement Learning Toolbox）。
- 电机控制组件（Motor Control Blockset）。
- 数据获取工具箱（Data Acquisition Toolbox）。
- 仪表控制工具箱（Instrument Control Toolbox）。

1.2　MATLAB 桌面操作环境

视频讲解

了解和熟悉 MATLAB 桌面操作环境是熟练运用 MATLAB 解决问题的前提，下面从 MATLAB 的启动和退出，MATLAB 桌面操作环境的主菜单及功能介绍，命令窗口、工作空间、文件管理和帮助的使用方法简要予以介绍。

1.2.1　MATLAB 启动和退出

对于 Windows 10 操作系统，在桌面选择并双击 MATLAB R2024a 图标即可进入 MATLAB 主窗口；或者在搜索栏输入 MATLAB，然后运行 MATLAB 命令，也可进入 MATLAB 主窗口，运行结果如图 1-1 所示。

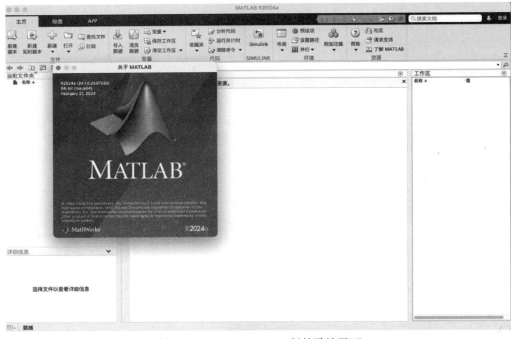

图 1-1　MATLAB R2024a 版的默认界面

MATLAB R2024a 的操作界面是一个高度集成的工作界面，它的通用操作界面包括 3 个常用的窗口，包括当前文件夹、工作区窗口、命令行窗口和菜单项，菜单项含主页、绘图、APP 3 项子菜单，以及文件的保存、复制、搜索等快捷选项；还有针对多核计算机的并行运算功能的设置与启动项，对于运算量很大的科学计算任务，需要启动该功能。

正常启动完毕后，在命令窗口中将显示"≫"提示符，表示 MATLAB 已准备好，等待输入命令。要退出 MATLAB 系统可以通过在"≫"提示符后输入 exit 或 quit 命令，或者在菜单最右边的 ─ ▢ × 选项条单击"×"按钮。

1.2.2　MATLAB 主菜单及功能

MATLAB 的菜单工具栏界面与 Windows 程序的界面类似，只要稍加实践就可以熟练掌握 MATLAB 菜单选项的功能和使用方法。图 1-2 为 MATLAB R2024a 的菜单工具栏。

图 1-2　MATLAB R2024a 的菜单工具栏

MATLAB 的菜单工具栏包含 3 个标签，分别是主页、绘图和 APP（应用程序）。

1. 主页标签

主页标签，包含如图 1-3 所示内容。

图 1-3　主页标签包含内容

"新建脚本"选项：用于进入 M 函数编辑窗口，编辑脚本文件或 M 函数文件。

"新建实时脚本"选项：用于创建集代码、输出和格式化文本于一体的可执行实时脚本文档。

"新建"选项：用于打开脚本文件、M 函数文件、示例、类、系统对象（一种特殊的 MATLAB 类，MATLAB 专为动态系统的实现和仿真而设计）、图形、图形用户界面、命令快捷方式、Simulink 模型、状态流程图表，以及 Simulink 工程，如图 1-4 所示。

"打开"选项：用于打开 MATLAB 支持类型（.m 文件、.fig 文件、.mat 文件、.mdl 文件、.cdr 文件等）的文件，并显示最近打开过的文件。

"查找文件"选项：用于查找文件，或包含特定字符的文件，并可以指定文件类型、所在的文件夹等，具体如图 1-5 所示。

"比较"选项：用于比较两个文件或文件夹的内容，具体如图 1-6 所示。

"导入数据"选项：用于从文件中输入数据到工作空间窗口。

"保存工作区"选项：用于将工作空间窗口的数据保存到文件中。

图 1-4　"新建"选项下拉菜单

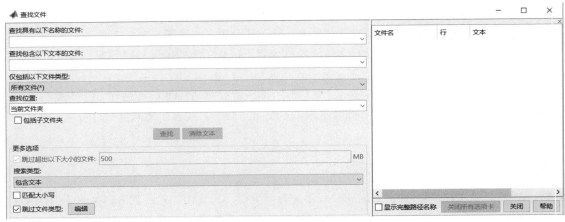

图 1-5　查找文件选项操作窗口

图 1-6　比较选项操作窗口

"新建变量"选项：用于创建并打开一个变量进行编辑。

"打开变量"选项：用于打开一个变量。

"清空工作区"选项：用于清除工作空间内容。

"收藏夹"选项：用于收藏 MATLAB 相关文件。

"分析代码"选项：用于分析代码。

"运行并计时"选项：用于测试代码，并记录所用时间，可用于代码性能优化。

"清除命令"选项：用于清除命令窗口以及历史命令窗口的内容。

Simulink 选项：用于打开 Simulink 模块库。

"布局"选项：用于根据用户喜好调整桌面布局。

"预设"选项：用于设置 MATLAB 各组件的属性，窗口字体显示等。

"设置路径"选项：用于设置路径。

Parallel 选项：用于多核计算机的并行处理设置。

"附加功能"选项：用于添加组件，包括硬件支持。

"帮助"选项：用于提供示例和文件说明，以及链接技术网站。

"社区"选项：用于访问 MathWorks 在线社区。

"请求支持"选项：用于发送技术支持请求。

"了解 MATLAB"选项：用于获取 MATLAB 的说明信息。

2. 绘图标签

绘图标签提供数据的绘图功能，如图 1-7 所示，用于选定变量，绘制各类图形。

图 1-7　绘图标签包含内容

3. App（应用程序）标签

App 标签提供了 MATLAB 涵盖的各工具箱的应用程序入口，如图 1-8 所示。

图 1-8　App（应用程序）标签包含内容

App 标签提供了下面主要功能：

- "设计 App" 选项：用于用户设计 App。
- "获取更多 App" 选项，用于查找 App。
- "安装 App" 选项，用于安装 App。
- "App 打包" 选项，用于将文件封装至 App 中。

单击下拉按钮显示已安装的 App，如图 1-9 所示。

图 1-9　已安装的 App

1.2.3　MATLAB 命令窗口

MATLAB 命令窗口如图 1-10 所示。

```
命令行窗口
>> p=peaks;
subplot(2,2,1); mesh(peaks,p); view(-37.5,30);
%以视角(-37.5,30)绘制子图 1
title('azimuth=-37.5,elevation=30');
subplot(2,2,2); mesh(peaks,p); view(-30,60);
%以视角(-30,60)绘制子图 2
title('azimuth=-30,elevation=60');
subplot(2,2,3); mesh(peaks,p); view(-90,0);
fx >>
```

图 1-10   MATLAB 命令窗口

MATLAB 命令窗口用于完成用户与 MATLAB 的交互，主要功能有用户输入命令和数据，MATLAB 显示运行数值运算结果。

MATLAB 命令窗口常用的操作键如表 1-1 所示。

表 1-1   MATLAB常用操作键的使用说明

键 名	使 用 说 明	键 名	使 用 说 明
↑	向前调回已输入过的指令行	Home	使光标移到当前行的首端
↓	向后调回已输入过的指令行	End	使光标移到当前行的尾端
←	在当前行中左移光标	Delete	删除光标右表边的字符
→	在当前行中右移光标	Backspace	删除光标左表边的字符
PageUp	向前翻阅当前窗中的内容	Esc	清除当前行的全部内容
PageDown	向后翻阅当前窗中的内容		

1.2.4   MATLAB 工作空间

MATLAB 工作空间如图 1-11 所示。

MATLAB 工作空间的变量以名称、值的方式显示出来，双击某个变量可进行数据的观察与修改，MATLAB 工作空间中的数据是很多 MATLAB 工具操作数据的来源。

图 1-11   MATLAB 工作空间

1.2.5   MATLAB 文件管理

MATLAB 提供了一系列文件管理命令，用于文件名的修改、显示，或用于改变当前目录。常见的相关命令如表 1-2 所示。

表 1-2   MATLAB文件管理常用命令

命 令	使 用 说 明
quit/exit	关闭和退出MATLAB
clc	清除MATLAB工作窗中的所有显示内容
clf	清除MATLAB的当前图形窗中的图形
clear	清除内存中的变量和函数
pack	收集内存碎片以扩大内存空间

续表

命　　令	使 用 说 明
dir	列出指定目录下的文件和子目录清单
cd	改变当前工作子目录
what	显示当前目录下所有与MATLAB相关的文件及其路径
disp	在运行中显示变量和文字内容
delete	删除文件
type	显示所指定文件的全部内容
echo	控制运行文件指令是否显示的开关
which	显示某个文件的路径
hold	控制当前图形窗对象是否被刷新

1.2.6　MATLAB 帮助使用

MATLAB 所有函数都是以逻辑群组方式进行管理，目录结构也是以逻辑群组方式进行组织，常用的帮助命令有：helpwin——帮助窗口；doc——帮助桌面；lookfor——查找指定内容的项；demo——展示示例窗口。

1.3　数据结构及其运算

数据类型、常量与变量是程序设计最为基础的基本概念，数据结构则是程序设计的关键内容，合理地使用数据结构去构造问题，描述问题，进而通过编程来解决问题。掌握数据结构能够缩短程序代码、简化程序结构、提高程序效率，便于程序维护。

1.3.1　数据类型

视频讲解

1. 基本数据类型

在 MATLAB 程序设计中共有 6 种基本数据类型，包括双精度型（double）、字符型（char）、稀疏型（sparse）、细胞型（cell）、结构体（struct）、存储型（storage）。简要说明如表 1-3 所示。

表 1-3　MATLAB程序设计中数据类型

数 据 类 型	简 要 说 明
双精度型	双精度数值类型，是最常用的类型
字符型	字符数组，每个字符占16位
稀疏型	双精度稀疏矩阵，只存储矩阵中的非0元素
细胞型	可以存放任意类型数据
结构体	存放不同类型的数据集合
存储型	一般用于图像处理

2. 常量与变量

常量是程序运行中，设定的取不变值的那些量，常量包括数值常数；字符串常量；系统预定义常量。如表达式 y=3*x，其中所包含的 3 就是一个数值常数。表达式 s='hello'中，单引号' '内的英文字符串"hello"则是字符串常量。在 MATLAB 中，系统预定义的常量，类似于 C 语言中的符号常量，例如 pi，它表示圆周率 π 这个常数，即 3.141592…，这些常量符号如表 1-4 所示。

表 1-4 MATLAB中系统预定义常量符号及含义

系统预定义常量符号	常 量 含 义
i或j	虚数单位，定义为$i^2= j^2=-1$
Inf或inf	正无穷大，由零做除数引入该常量
NaN或nan	不定式，表示非数值量，产生于$0/0,\infty/\infty,0*\infty$等运算
pi	圆周率π的双精度表示
eps	容差变量，当某量的绝对值小于eps时，可认为此量为零，即为浮点数的最小分辨率，64位PC上此值为$2.2204×10^{-16}$
realmin	最小浮点数，64位PC上此值为$2.2251×10^{-308}$
realmax	最大浮点数，64位PC上此值为$1.7977×10^{308}$
nargin	函数的输入变量数目
nargout	函数的输出变量数目

变量是在程序运行中其值可以在运算过程中改变的量，变量由变量名来表示。在 MATLAB 中变量名的命名有严格的规定，具体可以归纳成如下几条。

（1）变量名必须以字母开头，且只能由字母、数字或者下画线 3 类符号组成，不能含有空格和标点符号（如、、（）％！）等。

（2）变量名区分字母的大小写。例如，"K1"和"k1"是不同的变量。

（3）变量名不能超过 63 个字符，第 63 个字符后的字符被忽略。

（4）关键字（如 if、end、while 等）不能作为变量名。

（5）最好不要用 MATLAB 中系统预定义常量符号作变量名。

MATLAB 会根据表达式的运算结果，自动确定变量的类型和大小，也就是说，可以不声明变量而直接使用。变量的数据类型可以用表 1-5 所示的函数来查看。

表 1-5 变量类型查看常用函数

函 数	使 用 说 明
isa(variable, 'type')	变量var的数据类型名称如果是type，则返回1，否则返回0
class(variable)	返回变量a的数据类型名称
whos variable	查看变量var的详细情况

1.3.2 数组

1. 标量、向量、矩阵与数组

数组（Array）可以是一维的行或列，也可以是二维或多维的。用户可以操作整个数组，也可以操作数组中的某个或者某些元素。按照数组的维数，常涉及矩阵及其基本运算。简要描述它们各自的特点及相互

视频讲解

间的关系。

标量是一个数学概念，但在 MATLAB 中，可将其视为简单变量来处理，同时也可以把它当成 1×1 阶的矩阵，这一看法与矩阵作为 MATLAB 的基本运算单元是一致的。

数组不是一个数学量，而是一个用于语言程序设计的概念。如果数组元素按一维线性方式排列在一起，那么称其为一维数组，一维数组的数学原型是向量。向量是一个数学量，一般高级程序设计语言中未引入，它可视为矩阵的特例。在 MATLAB 中一个 n 维的行向量就用一个 1×n 阶的矩阵来表示，而 n 维的列向量则当成 n×1 阶的矩阵来处理。

如果数组元素分行和列排成一个二维数表，那么称其为二维数组，二维数组的数学原型是矩阵。如果元素在排成二维数组的基础上，再将多个行数和列数分别相同的二维数组通过增加维数组合在一起，便构成了三维数组。以此类推，便有了多维数组的概念。在 MATLAB 中，数组的用法与一般高级程序设计语言不同，它不借助于循环，而是直接采用运算符，MATLAB 对数组运算有自己独特的运算符和运算法则，在数组运算部分将给出详细的介绍。MATLAB 将矩阵这样一个数学的概念作为一种基本运算单元，可以将两个矩阵视为两个简单变量而直接进行加、减、乘、除操作，而其他高级程序设计语言要完成矩阵的四则运算必须借助于循环结构。MATLAB 不但实现了矩阵的简单加、减、乘、除运算，而且与矩阵相关的其他运算也因此得以简化。在 MATLAB 中，二维数组和矩阵其实是数据结构形式相同的两种运算量。二维数组和矩阵的建立、存储没有区别，区别只是它们的运算符和运算法则不同。通过参与运算的二维数组或矩阵使用的运算符，以及与其他量之间进行运算关系就可确定是二维数组还是矩阵。

2. 数组的建立

数组的创建方法有很多，下面介绍几种常用的数组的创建方法。

1）直接输入法

直接输入法就是按照格式逐一输入。在输入数组的过程中需要注意矩阵元素应用方括号（[ ]）括住；每行内的元素之间用逗号或空格隔开；行与行之间用分号或回车键隔开；元素可以是数值或表达式。

2）区间分割法

区间分割法就是通过第一个元素和最后一个元素值所构成的区间进行分割，来得到整个数组，常用的是采用冒号（:），其格式是：

```
start_variable : step : end_variable
```

其中，start_variable 是初值，即数组的第一个元素值。end_variable 是终值，即数组的最后一个元素值。step 称为步长，即数组元素每次增加的值；步长 step 可以省略不写，此时默认的步长为 1；step 可以为负值，此时要求 start_variable 大于 end_variable。

对于区间分割法来生成数组的相关函数如表 1-6 所示。

表 1-6 区间分割法数组生成常用函数

函　　数	使　用　说　明
x=linspace(a, b, n)	数组的第一个元素值为a，最后一个元素值为b，数组中共有n个元素，这n个元素线性均匀分布于a和b之间
x=logspace(a, b, n)	数组的第一个元素值为10^a，最后一个元素值为10^b，数组中共有n个元素，这n个元素的以10为底的对数值均匀分布于10^a和10^b之间

【例 1-1】 用不同方法生成 $t \in [0, 2\pi]$ 的向量。

```
>> t=[0,pi/4 pi/2,3*pi/4 pi]                    %直接输入法
>> t=0:0.8:2*pi                                 %冒号区间分割法
>> t=linspace(0,2*pi,8)                         %线性区间分割法
```

运行结果如下：

```
t =
        0    0.7854    1.5708    2.3562    3.1416
t =
  1 至 5 列
        0    0.8000    1.6000    2.4000    3.2000
  6 至 8 列
   4.0000    4.8000    5.6000
t =
  1 至 5 列
        0    0.8976    1.7952    2.6928    3.5904
  6 至 8 列
   4.4880    5.3856    6.2832
```

【例 1-2】 生成一个 3×3 的二维数组 $\begin{bmatrix} 1 & 2 & 3 \\ 4 & 5 & 6 \\ 7 & 8 & 9 \end{bmatrix}$。

```
>> m2=[1,2,3;4 5 6;7,8 9]
```

运行结果如下：

```
m2 =
   1    2    3
   4    5    6
   7    8    9
```

3）特殊函数法

MATLAB 提供了很多能够产生特殊矩阵的函数，常用的矩阵生成函数如表 1-7 所示。

表 1-7　常用的矩阵生成函数

函　　数	使 用 说 明
zeros(m,n)	产生m×n的全0矩阵
ones(m,n)	产生m×n的全1矩阵
rand(m,n)	产生均匀分布的随机矩阵，元素取值范围0.0～1.0
randn(m,n)	产生正态分布的随机矩阵
magic(N)	产生N阶魔方矩阵（矩阵的行、列和对角线上元素的和相等）
eye(m,n)	产生m×n的单位矩阵
diag(m,n)	产生对角阵，即矩阵的某个对角线元素不全为0，其他元素为0

注意：zeros、ones、rand、randn 和 eye 函数当只有一个参数 n 时，则为 n×n 的方阵；当 eye(m,n) 函数的 m 和 n 参数不相等时则单位矩阵会出现全 0 行或列。

【例 1-3】　生成特殊矩阵。

```
>> ones(2)                        %生成 2×2 的全 1 矩阵
>> zeros(2,3)                     %生成 2×3 的全 0 矩阵
>> A=eye(2,3)                     %生成 2×3 的单位矩阵
>> rand(size(A))                  %生成和 A 相同大小的随机矩阵
>> diag([1,2,3],2)               %生成 5×5 矩阵,在主对角线上方第 2 条对角线放置 1,2,3
>> B=[1,2,3;4,5,6;7,8,9];
>> diag(B)                        %获取矩阵 B 的主对角线元素
>> diag(B,-1)                     %获取矩阵 B 主对角线下方的第 1 条对角线的元素
```

运行结果如下：

```
ans =
     1     1
     1     1
ans =
     0     0     0
     0     0     0
A =
     1     0     0
     0     1     0
ans =
     0.2785     0.9575     0.1576
     0.5469     0.9649     0.9706
ans =
     0     0     1     0     0
     0     0     0     2     0
     0     0     0     0     3
     0     0     0     0     0
     0     0     0     0     0
ans =
     1
     5
     9
ans =
     4
     8
```

4）通过 MAT 数据文件法

通过 load 命令（load('mydata.mat')）或选择菜单项 Import Data 加载 MAT 数据文件来创建数组。

5）通过 M 文件法

如果数组元素很多，或者元素值要经常需要改变，可以采用 M 文件来输入和保存数组。用 M 文件实现对数组 M 的输入和保存，其方法如下：

（1）在当前目录下，用程序编辑器建立一个名为 MyData.m 的文件。

（2）在编辑器中输入 M 内容。

（3）保存 MyData.m 文件。

（4）在命令窗口输入 MyData，就可以在内存中建立数组 M 并读入数组元素的值。

3. 高维数组的创建

可以采用下列方法创建高维数组：直接通过全下标方式进行元素赋值、用低维数组合成高维数组、用数组生成函数（ones/zeros/rand 等）生成高维数组、用数组操作函数（repmat/reshape 等）构造高维数组。

【例 1-4】 高维数组的创建。

```
>> AA(:,:,1)=[1,2,3;4,5,6];
>> AA(:,:,2)=[7,8,9;10,11,12];
>> AA(:,:,3)=[13,14,15;16,17,18]      %创建三维 2×2×3 数组
>> A(2,2,3)=10                         %用 ones 创建 3×3 的全 1 数组
>> A1=ones(3,3)                        %用 eye 创建 3×3 的单位数组
>> A2=eye(3,3)                         %用 rand 创建 3×3 的随机数组
>> A3=rand(3,3)                        %用 3 个 3×3 数组合成 3×3×3 数组 B
>> B(:,:,1)=A1; B(:,:,2)=A2; B(:,:,3)=A3;
>> B
```

运行结果如下：

```
AA(:,:,1) =
    1     2     3
    4     5     6
AA(:,:,2) =
    7     8     9
   10    11    12
AA(:,:,3) =
   13    14    15
   16    17    18
A(:,:,1) =
    0     0
    0     0
A(:,:,2) =
    0     0
    0     0
A(:,:,3) =
    0     0
    0    10
A1 =
    1     1     1
    1     1     1
    1     1     1
A2 =
    1     0     0
    0     1     0
    0     0     1
A3 =
    0.6948    0.0344    0.7655
    0.3171    0.4387    0.7952
    0.9502    0.3816    0.1869
B(:,:,1) =
    1     1     1
```

```
       1     1     1
       1     1     1
B(:,:,2) =
       1     0     0
       0     1     0
       0     0     1
B(:,:,3) =
     0.6948      0.0344      0.7655
     0.3171      0.4387      0.7952
     0.9502      0.3816      0.1869
```

1.3.3　数组操作

视频讲解

建立好数组后，接着就是如何访问数组，对于一维数组的访问遵循以下规定：用下标方式访问数组元素，下标要用一对圆括号（ ）括起来；下标代表的是元素在数组中的位置序号，从 1 开始，最大值为数组中元素的个数；下标可以是常量，也可以是变量；可以访问数组中的单个元素，也可以访问数组中的某些元素，即数组的子数组。

对于二维数组用下标方式访问数组元素，下标要用一对圆括号（ ）括起来；用双下标方式访问数组元素，格式为(r,c)，其中 r 为二维数组的行下标，c 为二维数组的列下标，下标之间用逗号分隔；用单下标方式访问二维数组，二维数组的单下标是按照列优先规则排序的，即二维数组被看作从第一列开始从左到右依次将各列首位连接而成的一维数组，单下标表示元素在这个一维数组中的位置；单下标和双下标具有对应关系，其值可以通过 ind2sub 和 sub2ind 函数进行转换；可以访问二维数组的某个元素及其子数组，可以对元素和子数组赋值。

如果在提取矩阵元素值时，矩阵元素的下标行或列(i,j)大于矩阵的大小(m,n)，则 MATLAB 会提示出错；而在给矩阵元素赋值时，如果行或列(i,j)超出矩阵的大小(m,n)，则 MATLAB 则自动扩充矩阵，扩充部分以 0 进行填充。

【例 1-5】　元素赋值操作。

```
>> a=[1 2;3 4;5 6]
>> a(3,3)                      %运行时会提示错误：索引超出矩阵维度
>> a(3,3)=9
```

运行结果如下：

```
a =
     1     2
     3     4
     5     6
a =
     1     2     0
     3     4     0
     5     6     9
```

一维长度为 0 的数组称为空数组，空数组一般用于矩阵元素的删除操作。空数组用[ ]表示，表示数组中没有元素，但可以表示计算结果为"空"。只能用 isempty 函数来判断数组是否为空，可以通过给数组元素赋值空数组来缩小数组的大小，尽量不要用空数组参与逻辑运算和关系运算。

【例 1-6】　空数组的操作。

```
>> a=[1 2 0;3 4 0;5 6 9]
>> a(:,3)=[]                    %删除一列元素
>> a(1)=[]                      %删除一个元素,则矩阵变为行向量
>> a=[]                         %删除所有元素成为空矩阵
```

运行结果如下：

```
a =
     1     2     0
     3     4     0
     5     6     9
a =
     1     2
     3     4
     5     6
a =
     3     5     2     4     6
a =
     []
```

对于高维数组的访问，有下列约定：可以通过全下标方式访问。对于三维数组来说，第一维下标称为"行下标"，第二维下标称为"列下标"，第三维下标一般称为"页下标"。可以通过单下标方式访问。高维数组的单下标是按照后维优先的次序排列的，对于三维数组来说，先排列"页"，页内先排列"列"，列内再排列"行"，即第 1 行第 1 列第 1 页的元素单下标为 1，然后先变化行下标，再变化列下标，最后变化页下标。数组的维数通过 ndims 函数获取。数组的尺寸可以通过 size 函数获取，数组的所有维中的最大长度通过 length 函数获取。

【例 1-7】　高维数组的访问。

```
>> A=ones(2,3,4);              %创建 2×3×4 的三维数组
>> size(A)                     %获取数组 A 的大小
>> length(A)                   %获取数组 A 的最长维数的长度
>> ndims(A)                    %获取数组 A 的维数
>> A(:)=1:2*3*4                %用单下标方式给数组 A 的所有元素赋值
>> A(1:10)                     %用单下标方式访问数组 A 的前 10 个元素
```

运行结果如下：

```
A(:,:,1) =
     1     1     1
     1     1     1
A(:,:,2) =
     1     1     1
     1     1     1
A(:,:,3) =
     1     1     1
     1     1     1
A(:,:,4) =
     1     1     1
```

```
       1       1       1
ans =
       2       3       4
ans =
       4
ans =
       3
A(:,:,1)  =
       1       3       5
       2       4       6
A(:,:,2)  =
       7       9      11
       8      10      12
A(:,:,3)  =
      13      15      17
      14      16      18
A(:,:,4)  =
      19      21      23
      20      22      24
ans =
  1 至 9 列
       1       2       3       4       5       6       7       8       9
  10 列
      10
```

1. 子矩阵的提取

子矩阵是从对应矩阵中取出一部分元素构成，用全下标和单下标方式取子矩阵。

1）用全下标方式

【例 1-8】　全下标方式提取子矩阵。

```
>> a=[1 2 3;3 4 5;5 6 7]      %创建 3×3 的二维数组
>> a([1 3],[2 3])             %提取由 a 的 1,3 行和 2,3 列构成新的数组
>> a(1:3,2:3)                 %提取由 a 的 1,2,3 行和 2,3 列构成新的数组
>> a(:,3)                     %提取 a 的第 3 列的内容
```

运行结果如下：

```
      a =
       1       2       3
       3       4       5
       5       6       7
ans =
       2       3
       6       7
ans =
       2       3
       4       5
       6       7
ans =
```

```
        3
        5
        7
```

2）用单下标方式

【例 1-9】 单下标方式提取子矩阵。

```
>> a=[1 2 3;3 4 5;5 6 7]              %创建 3×3 的二维数组
>> a([1 3;2 3])                       %按列优先,提取由 a 的第 1,3 个元素构成第一行,第 2,3 个元素构成第二行
                                      %组成新的二维数组
>> a([1 3 2 3])                       %按列优先,提取由 a 的第 1,3,2,3 个元素构成一个行向量
```

运行结果如下：

```
a =
        1      2      3
        3      4      5
        5      6      7
ans =
        1      5
        3      5
ans =
        1      5      3      5
```

3）用逻辑值方式

子矩阵也可以利用逻辑矩阵来标识；逻辑矩阵是大小和对应矩阵相同，而元素值为 0 或者 1 的矩阵。可以用 a(L1,L2) 来表示子矩阵，其中 L1、L2 为逻辑向量，当 L1、L2 的元素为 0 则不取该位置元素；反之则取该位置的元素。

【例 1-10】 逻辑值方式提取子矩阵。

```
>> a=[1 2 3;3 4 5;5 6 7]              %创建 3×3 的二维数组
>> l1=logical([1 0 1])               %创建逻辑数组
>> l2=logical([1 1 0])               %创建逻辑数组
>> a(l1,l2)                          %由逻辑数组 l1,l2 的取值来提取 a 中的元素
>> a(:,2)=0                          %a 数组的第 2 列赋值 0
>> b=a>1                             %按照 a 中元素是否大于 1 生成逻辑数组 b
>> a(b)                              %由逻辑数组 b 的取值来提取 a 中的元素
```

运行结果如下：

```
a =
        1      2      3
        3      4      5
        5      6      7
l1 =
  1×3 logical 数组
    1    0    1
l2 =
  1×3 logical 数组
    1    1    0
ans =
```

```
           1      2
           5      6
  a =
           1      0      3
           3      0      5
           5      0      7
  b =
    3×3 logical 数组
      0      0      1
      1      0      1
      1      0      1
  ans =
           3
           5
           3
           5
           7
```

【例 1-11】　矩阵 A 的不同子矩阵提取。

```
>> A=[1,2,3;4,5,6;7,8,0]        %创建 3×3 的二维数组
>> B=A(1:2:end,:)               %提取 A 中第 1,3 行构成 2×3 数组
>> C=A([1 1 1 1],:)             %重复提取 A 的中第 1 行 4 次构成 4×3 的二维数组
>> D=A([3,2,1],[2,3])           %提取 A 中第 3,2,1 行和第 2,3 列构成 3×2 数组
>> E=A(:,end:-1:1)              %将 A 中的列反转构成新的 3×3 的二维数组
```

运行结果如下：

```
A =
           1      2      3
           4      5      6
           7      8      0
B =
           1      2      3
           7      8      0
C =
           1      2      3
           1      2      3
           1      2      3
           1      2      3
D =
           8      0
           5      6
           2      3
E =
           3      2      1
           6      5      4
           0      8      7
```

2. 矩阵的赋值

（1）全下标方式，采用语句 a(i,j)=b，给 a 矩阵的部分元素赋值，则 b 矩阵的行列数必须等于 a 矩阵的行列数。

（2）单下标方式，采用语句 a(s)=b，给 a 矩阵的部分元素赋值，当 b 为向量，元素个数必须等于 a 矩阵的元素个数。

（3）全元素方式，采用语句 a(:)=b，给 a 矩阵的所有元素赋值，则 b 矩阵的元素总数必须等于 a 矩阵的元素总数，但行列数可以不相同。

3. 矩阵的扩展、收缩、重排、元素交换

1）通过 MATLAB 提供的运算符（逗号、分号、括号等）来实现

矩阵元素的删除，删除操作可以通过将其赋值为空矩阵（用[]表示）来实现。

【例 1-12】 矩阵元素的删除。

```
>> a=[1 2 3;3 4 5;4 5 6]      %创建 3×3 的二维数组
>> a(:,2)=[]                   %删除第二列元素
>> a(3)=[]                     %删除一个元素,同时矩阵变为行向量
>> a=[]                        %删除所有元素,a 成为空矩阵
```

运行结果如下：

```
a =
     1     2     3
     3     4     5
     4     5     6
a =
     1     3
     3     5
     4     6
a =
     1     3     3     5     6
a =
     []
```

矩阵的扩展：在 MATLAB 中，可以通过方括号"[]"实现将小矩阵连接起来生成一个较大的矩阵。

【例 1-13】 矩阵的扩展。

```
>> a=[1 2 3;3 4 5;5 6 7]       %创建 3×3 的二维数组
>> [a;a]                       %扩展成 6×3 的矩阵
>> [a a]                       %扩展成 3×6 的矩阵
>> [a(1:2,1:2) 3*a(1:2,2:3)]   %计算并扩展
```

运行结果如下：

```
a =
     1     2     3
     3     4     5
     5     6     7
ans =
     1     2     3
     3     4     5
```

```
         5      6      7
         1      2      3
         3      4      5
         5      6      7
ans =
         1      2      3      1      2      3
         3      4      5      3      4      5
         5      6      7      5      6      7
ans =
         1      2      6      9
         3      4     12     15
```

2）通过使用 MATLAB 提供的数组操作函数来实现

可以通过 MATLAB 的数组操作函数来实现矩阵的特殊操作，常用的矩阵操作函数如表 1-8 所示。

表 1-8　常用的矩阵操作函数

函　　数	使 用 说 明
fliplr(A)	沿着垂直中线，左右（Left-Right）对称交换数组元素（不超过二维）
flipud(A)	沿着水平中线，上下（Up-Down）对称交换数组元素（不超过二维）
rot90(A,k)	逆时针旋转矩阵90×k度
repmat(A,m,n)	沿着第一维铺放m个A，第二维铺放n个A
reshape(A,m,n)	在总元素不变的前提下，重新安排数组各维的长度，形成新数组，A是待重新安排的数组；m,n是新数组各维的长度
tril(X,k)	提取矩阵的下三角元素，生成下三角阵，X为待提取的矩阵，k为三角阵的分界线位置，k=0指主对角线，k>0指主对角线以上的第k条对角线，k<0指主对角线以下的第k条对角线
triu(X,k)	提取矩阵的上三角元素，生成上三角阵，X为待提取的矩阵；k为三角阵的分界线位置，k=0指主对角线，k>0指主对角线以上的第k条对角线，k<0指主对角线以下的第k条对角线

1.3.4　数组运算与矩阵运算

1. 数组运算

MATLAB 定义了数组运算，数组运算是指对数组中的每个元素进行相同的运算。数组运算可以通过 MATLAB 提供的运算符和数组运算函数实现。

视频讲解

1）用数组运算符进行数组运算

常用的数组运算符如表 1-9 所示。

表 1-9　常用的数组运算符

运 算 符	使 用 说 明
A+B	数组加法运算
A−B	数组减法运算
A.*B	数组相乘，A和B相同位置元素的乘积作为结果数组的元素
A./B	数组相除，A和B相同位置元素相除作为结果数组的元素
A.\B	一定与A./B相同

续表

运　算　符	使　用　说　明
A.^p	数组各元素求p次幂
A#B	A、B数组对应元素间进行关系运算，#代表关系运算符
A@B	A、B数组对应元素间进行逻辑运算，@代表逻辑运算符
A.'	数组转置，非共轭转置
k◎A	标量k与数组A运算，k与A的每个元素进行运算，◎代表某个运算符

2）数组运算函数进行数组运算

常用的数组运算函数如表 1-10 所示。

表 1-10　常用的数组运算函数

函　数	使　用　说　明	函　数	使　用　说　明
abs(x)	绝对值或向量的长度	sin(x)	正弦函数
angle(z)	复数z的相角	cos(x)	余弦函数
sqrt(x)	开平方	tan(x)	正切函数
real(z)	复数z的实部	asin(x)	反正弦函数
imag(z)	复数z的虚部	acos(x)	反余弦函数
conj(z)	复数z的共轭复数	atan(x)	反正切函数
round(x)	四舍五入至最近整数	atan2(x,y)	四象限的反正切函数
fix(x)	舍去小数至最近整数	sinh(x)	超越正弦函数
floor(x)	舍去正小数至最近整数	cosh(x)	超越余弦函数
ceil(x)	加入正小数至最近整数	tanh(x)	超越正切函数
rat(x)	将实数x化为分数表示	asinh(x)	反超越正弦函数
rats(x)	将实数x化为多项分数展开	acosh(x)	反超越余弦函数
sign(x)	符号函数	atanh(x)	反超越正切函数
rem(x,y)	求x除以y的余数	min(x)	向量x的元素的最小值
gcd(x,y)	整数x和y的最大公因数	max(x)	向量x的元素的最大值
lcm(x,y)	整数x和y的最小公倍数	mean(x)	向量x的元素的平均值
exp(x)	自然指数	median(x)	向量x的元素的中位数
pow2(x)	2的指数	std(x)	向量x的元素的标准差
log(x)	以e为底的对数	diff(x)	向量x的相邻元素的差
log2(x)	以2为底的对数	sort(x)	对向量x的元素进行排序
log10(x)	以10为底的对数	length(x)	向量x的元素个数
dot(x,y)	向量x和y的内积	sum(x)	向量x的元素总和
cross(x,y)	向量x和y的外积	prod(x)	向量x的元素总乘积
cumsum(x)	向量x的累计元素总和	besselj(n,z)	n阶贝塞尔函数
cumprod(x)	向量x的累计元素总乘积		

2. 矩阵运算

矩阵和二维数组在数据结构上是完全相同的，但是矩阵是一种数学算子，矩阵的运算在数学上有严格的运算规则定义，和数组运算是不同的。矩阵运算可以通过 MATLAB 运算符实现，MATLAB 也提供矩阵函数来支持矩阵运算。下面列出常用的矩阵运算（如表 1-11 所示）以及常用的矩阵运算函数（如表 1-12 所示）。

表 1-11　常用的矩阵运算

运 算 符	使 用 说 明
A+B	矩阵加法
A−B	矩阵减法
A*B	矩阵乘法，要满足维数要求，一般不符合交换律
A/B	矩阵右除，求xB=A的最小二乘解
A\B	矩阵左除，求Bx=A的最小二乘解
A^p	矩阵乘方
k*A	标量k与矩阵A相乘，标量k分别与A的每个元素相乘

表 1-12　常用的矩阵运算函数

函 数	使 用 说 明	函 数	使 用 说 明
cond(A)	矩阵的条件数（最大奇异值除以最小奇异值）	svd(A)	矩阵的奇异值分解
det(A)	方阵的行列式	trace(A)	矩阵的迹
inv(A)	矩阵的逆矩阵	expm(A)	矩阵指数e^A
eig(A)	矩阵的特征值	expm1(A)	用Pade近似求e^A
norm(A,1)	矩阵的1–范数	expm2(A)	用泰勒级数近似求e^A
norm(A)	矩阵的2–范数	expm3(A)	用矩阵分解求e^A仅当独立调整向量数目等于秩时适用
norm(A,inf)	矩阵的无穷范数	logm(A)	矩阵对数$\ln(A)$
norm(A,'fro')	矩阵的f–范数（全部奇异值平方和的正平方根）	sqrtm(A)	平方根矩阵$A^{0.5}$
rank(A)	矩阵的秩	funm(A,'fn')	矩阵A的一般矩阵函数

注意：MATLAB 运算符提供了点运算功能。在常用的算数运算符前面加上一个"．"则代表运算是按照数组运算规则进行运算，否则是按照矩阵运算规则进行运算的。MATLAB 中有些运算函数的名字是某个函数名字后加了一个字母 m，通常情况下，这两个函数的运算功能是相同的，只是加了 m 的函数按照矩阵运算规则运算，另外一个函数按照数组运算规则运算。

1.3.5　多项式

视频讲解

在工程与科学分析中，多项式常被用来模拟一个物理现象的解析函数。采用多项式的原因是因为多项式容易计算，多项式运算是数学中基本的运算之一。在高等数学中，多项式可以表示为如下形式：$f(x)=a_1x^n+a_2x^{n-1}+a_3x^{n-2}+\cdots+a_{n-1}x^2+a_nx+a_{n+1}$。当 x 是矩阵形式时，代表矩阵多项式，矩阵多项式是矩阵分析的一个重要组成部分，也是控制论和系统工程的一个重要工具。

1. 多项式的建立

在 MATLAB 中，多项式表示成向量的形式，它的系数是按降序排列的。只需将按降幂次序的多项式的每个系数依次构成向量，就可以在 MATLAB 中建立一个多项式。

【例 1-14】 多项式 $P(x)=x^3+2x^2+3x$ 的建立。

```
>> P=[1 2 3 0]                          %常数项为 0
```

运行结果如下：

```
P =
    1    2    3    0
```

此外，MATLAB 中还常用如下方式建立多项式。poly(A)，若 A 为方阵，则创建方阵 A 的特征多项式；poly(a)，如果向量 a=[b_n b_{n-1}···b_1 b_0]，则创建$(x-b_0)(x-b_1)$···$(x-b_{n-1})(x-b_n)$生成的多项式的系数向量，即创建全部根为 $b_n,b_{n-1},$···$,b_1,b_0$ 对应的多项式。还可以使用函数 poly2sym(P) 来直观显示相应系数的多项式。

2. 多项式的四则运算

多项式的加、减运算在阶次相同的情况下可直接运算，若两个相加减的多项式阶次不同，则低阶多项式必须用 0 填补高阶项系数，使其与高阶多项式有相同的阶次。而且通常情况下，进行加减的两个多项式的阶次不会相同，因此需特别注意。

多项式的乘法采用函数 p=conv(p1,p2) 来实现，使用时注意：p 是多项式 p1 和 p2 的乘积多项式，系数向量形式表示。

多项式的除法采用函数[q,r]=deconv(p1,p2)来实现，使用时注意：除法不一定会除尽，可能会有余子式。多项式 p1 被 p2 除的商为多项式 q，而余子式是 r。

【例 1-15】 多项式的乘法与除法运算。

```
>> a1=[1 0]                    %对应多项式 s
>> a2=[1 1]                    %对应多项式 s+1
>> a3=[1 20]                   %对应多项式 s+20
>> p1=conv(a1,a2)             %计算 s(s+1)
>> p1=conv(p1,a3)             %计算 s(s+1)(s+20)
>> [p2,r]=deconv(p1,a3)       %计算多项式除法的商和余子式
>> conv(p2,a3)+r             %用商*除式+余子式验算
```

运行结果如下：

```
a1 =
    1    0
a2 =
    1    1
a3 =
    1   20
p1 =
    1    1    0
p1 =
    1   21   20    0
p2 =
    1    1    0
```

```
r =
    0    0    0    0
ans =
    1   21   20    0
```

3. 多项式求值

在 MATLAB 中可用函数 polyval 来进行多项式求值运算。函数 polyval 常用的一种常用语法格式为 y=polyval(p,x)，其中 p 代表多项式各阶系数向量，x 为要求值的点。当 x 表示矩阵时，需用 y=polyvalm(p,x) 来计算相应的值。此时多项式中的常数项 a0 被当作 a0*eye(n) 处理。

【例 1-16】　多项式的求值运算。

```
>> x=linspace(0,9,10)        %在[0,9]区间产生 10 个离散点
>> p=[1 2 3 4]               %输入多项式 x³+2x²+3x+4
>> v=polyval(p,x)            %计算多项式的值
```

运行结果如下：

```
x =
  1至 9 列
    0    1    2    3    4    5    6    7    8
  10 列
    9
p =
    1    2    3    4
v =
  1至 9 列
    4   10   26   58  112  194  310  466  668
  10 列
  922
```

4. 多项式求导

多项式求导的相关函数与用法如表 1-13 所示。

表 1-13　多项式求导的相关函数

函　　数	使　用　说　明
dp=polyder(p)	为多项式 p 的导数多项式为 dp
dp=polyder(p1,p2)	多项式 p1 和多项式 p2 乘积的导数多项式为 dp
[num,den]=polyder(p1,p2)	有理分式(p1/p2)的求导后的有理分式为(num/den)多项式求值

5. 多项式求根

找出多项式的根，即多项式为 0 时 x 的值，是许多学科共同的问题。在控制科学中，对于线性时不变系统的稳定性分析，求特征方程的根尤为重要。关于 x 的多项式都可以写成 $f(x)=0$ 的形式，对多项式的求根运算也即为求解一元多次方程的数值解。多项式的阶次不同，对应的根可以有一个到数个，可能为实数也可能为复数。在 MATLAB 中用函数 roots 可找出多项式所有的实根和复根。在 MATLAB 中，无论是多项式还是它的根，都是向量。调用语法为：x=roots(p)，其中 p 为多项式的系数向量，x 也为向量，即 x(1),x(2),…,x(n) 分别代表多项式的 n 个根。MATLAB 规定：多项式是行向量，根是列向量。

【例1-17】 多项式求根。

```
>> roots([1 2 3 4])                          %求多项式 x³+2x²+3x+4 的根
```

运行结果如下：

```
ans =
-1.6506+0.0000i
-0.1747+1.5469i
-0.1747 - 1.5469i
```

6. 多项式拟合和插值

在大量的应用领域中，很少能直接用分析方法求得系统变量之间的函数关系，一般都是先利用测得的一些分散的实验数据，然后运用各种拟合方法来生成一条连续的曲线。根据实验数据描述对象的不同，常用来确定经验函数 $y=f(x)$ 的方法有两种：插值和拟合。如果测量值是准确的，没有误差，一般用插值；如果测量值与真实值有误差，一般用曲线拟合。在 MATLAB 中，无论是插值还是拟合，都有相应的函数来处理。

1）多项式拟合运算

多项式曲线拟合是用一个多项式来逼近一组给定的实验数据，使用 polyfit 函数来实现。拟合的准则是最小二乘法，即找出使 $\sum_{i=1}^{n} \| f(x_i) - y_i \|^2$ 最小的 $f(x)$。

函数表达：p=polyfit(x,y,n)，使用说明：x、y 向量分别为 N 个数据点的横、纵坐标；n 是用来拟合的多项式阶次；p 为拟合的多项式，p 为 $n+1$ 个系数构成的行向量。

【例1-18】 对多项式 $y=2x^3-x^2+5x+10$ 进行曲线拟合，分别采用一阶、二阶、三阶和四阶进行拟合。

```
>> x=1:10;                                   %数据准备
>> p=[2 -1 5 10];
>> y=polyval(p,x)
>> p1=polyfit(x,y,1)                         %一阶拟合
>> p2=polyfit(x,y,2)                         %二阶拟合
>> p3=polyfit(x,y,3)                         %三阶拟合
>> p4=polyfit(x,y,4)                         %四阶拟合
```

运行结果如下：

```
y =
  1 至 4 列
        16          32          70         142
  5 至 8 列
       260         436         682        1010
  9 至 10 列
      1432        1960
p1 =
 204.8000 -522.4000
p2 =
  32.0000 -147.2000  181.6000
p3 =
   2.0000   -1.0000    5.0000   10.0000
p4 =
   0.0000    2.0000   -1.0000    5.0000   10.0000
```

2）多项式插值运算

插值运算是根据数据点的规律，找到一个多项式表达式可以连接两个点，插值得出相邻数据点之间的数值。常用的有一维插值和二维插值。

一维插值是指对一个自变量进行插值，interp1 函数是用来进行一维插值的。函数表达：yi=interp1(x,y,xi, 'method')，使用说明：x、y 为行向量；xi 是插值范围内任意点的 x 坐标，yi 则是插值运算后的对应 y 坐标；method 是插值函数的类型，linear 为线性插值（默认），nearest 为用最接近的相邻点插值，spline 为三次样条插值，cubic 为三次插值。

【例 1-19】 对多项式 $y=2x^3-x^2+5x+10$ 进行线性插值和三次样条插值，计算出横坐标为 9.5 的对应纵坐标。

```
>> x=1:10;                              %数据准备
>> p=[2 -1 5 10];
>> y=polyval(p,x)
>> y1=interp1(x,y,9.5)                  %线性插值
>> y2=interp1(x,y,9.5,'spline')        %三次样条插值
>> y3= polyval(p,9.5)                   %计算 x=9.5 的真实值
```

运行结果如下：

```
y =
  1 至 4 列
        16          32          70         142
  5 至 8 列
       260         436         682        1010
  9 至 10 列
      1432        1960
y1 =
      1696
y2 =
      1682
y3 =
      1682
```

二维插值是指对两个自变量进行插值，interp2 函数是用来进行二维插值的。函数表达为：zi=interp2(x,y,z,xi,yi, 'method')，使用说明：method 是插值函数的类型有，linear 为双线性插值（默认），nearest 为用最接近点插值，cubic 为三次插值。

7. 符号多项式及符号分式的表示及相关运算

符号多项式是指多项式中的系数不再是具体的数值，而是代表未知变量的符号。在数学和工程领域，符号多项式及符号分式被广泛应用于代数方程求解、控制系统设计等领域。MATLAB 具有强大的符号多项式及符号分式的运算功能，能够实现高效的符号多项式及符号分式的运算。这里通过示例对控制理论中常用的符号多项式及符号分式的运算需求加以说明。

【例 1-20】 符号多项式的表示示例。

解： MATLAB 示例程序如下：

```
>>p=[5,4,3,2,1]
>>poly2sym(p)
>>polyval(p,1)
```

```
>>a1=[1,2,3;2,3,4;3,5,9]
>>p1= poly(a1);
>>poly2sym(p1)
>>root=[1,2,2+i,2-i]
>>p2= poly(root);
>>poly2sym(p2)
```

运行结果如下：

```
p =
    5    4    3    2    1
ans =
5*x^4 + 4*x^3 + 3*x^2 + 2*x + 1
ans =
   15
a1 =
    1    2    3
    2    3    4
    3    5    9
ans =
x^3 - 13*x^2 + 6*x + 2
root =
   1.0000 + 0.0000i  2.0000 + 0.0000i  2.0000 + 1.0000i  2.0000 - 1.0000i
ans =
x^4 - 7*x^3 + 19*x^2 - 23*x + 10
```

【例 1-21】 符号多项式的展开示例。

解： MATLAB 示例程序如下：

```
>>syms x y a b c t
>>E1 = expand((x-2)*(x-4)*(y-t))
>>E2 = expand(cos(x+y))
>>E3 = expand(exp((a+b)^3))
>>E4 = expand(log(a*b/sqrt(c)))
>>E5 = expand([sin(2*t), cos(2*t)])
>>E6 = poly2sym([1, 2, 1])
```

运行结果如下：

```
E1 = 8*y - 8*t + 6*t*x - 6*x*y - t*x^2 + x^2*y
E2 = cos(x)*cos(y) - sin(x)*sin(y)
E3 = exp(a^3)*exp(b^3)*exp(3*a*b^2)*exp(3*a^2*b)
E4 = log((a*b)/c^(1/2))
E5 = [ 2*cos(t)*sin(t), 2*cos(t)^2 - 1]
E6 = x^2 + 2*x + 1
```

【例 1-22】 符号多项式的因式分解示例。

解： MATLAB 示例程序如下：

```
>>syms x y
>>F1 = factor(x^2*y - 2*x^2 - x*y^2 + x*y + 2*x + y^2 - 2*y)
>>F2 = factor(sym('987612345'))
>>FE1 = poly2sym([1, 2, 1]);
```

```
>>F3 =factor(FE1)
>>rts = roots([1, 2, 1])
```

运行结果如下：

```
F1 =[ y - 2, x - 1, x - y]
F2 =[ 3, 3, 3, 3, 5, 823, 2963]
F3 =[ x + 1, x + 1]
rts =-1
-1
```

【例 1-23】　将符号或数值矩阵中的每个元素转换成整系数多项式的有理式形式示例。

解：MATLAB 示例程序如下：

```
>>syms x y a b c d;
>>[n1,d1] = numden(sym(sin(1/sqrt(2))))
>>[n2,d2] = numden(x/y + y/x)
>>A = [a, 1/b;1/c d];
>>[n3,d3] = numden(A)
```

运行结果如下：

```
n1 =5851409353534157
d1 =9007199254740992
n2 =x^2 + y^2
d2 =x*y
n3 =[ a, 1]
    [ 1, d]
d3 =[ 1, b]
    [ c, 1]
```

【例 1-24】　符号表达式合并同类项示例。

解：MATLAB 示例程序如下：

```
>>syms x y;
>>R1 = collect((exp(x)+x)*(x+2))
>>R2 = collect((x+y)*(x^2+y^2+1), y)
>>R3 = collect([(x+1)*(y+1),x+y])
```

运行结果如下：

```
R1 =x^2 + (exp(x) + 2)*x + 2*exp(x)
R2 =y^3 + x*y^2 + (x^2 + 1)*y + x*(x^2 + 1)
R3 =[ (y + 1)*x + y + 1, x + y]
```

【例 1-25】　多项式符号分式的四则运算示例。

解：MATLAB 求解程序如下：

```
>>syms x;
>>y1=((x+5)/(x* (x+2)))+((x-1)/(x^2* (x-2)));
>>[num1,den1]=numden(y1)
>>y2=((x+5)/(x* (x+2)))-((x-1)/(x^2* (x-2)));
>>[num2,den2]=numden(y2)
>>y3=((x+5)/(x* (x+2)))*((x-1)/(x^2* (x-2)));
>>[num3,den3]=numden(y3)
```

```
>>y4=((x+5)/(x* (x+2)))/((x-1)/(x^2* (x-2)));
[num4,den4]=numden(y4)
```

运行结果如下：

```
num1 =
x^3 + 4*x^2 - 9*x - 2
den1 =
x^2*(x - 2)*(x + 2)
num2 =
x^3 + 2*x^2 - 11*x + 2
den2 =
x^2*(x - 2)*(x + 2)
num3 =
(x - 1)*(x + 5)
den3 =
x^3*(x - 2)*(x + 2)
num4 =
x*(x - 2)*(x + 5)
den4 =
(x - 1)*(x + 2)
```

【例 1-26】 符号分式的部分分式展开示例。

解： MATLAB 求解程序如下：

```
>>syms s
>>[n2,d2] = numden(1/(s+1) + 2/(s+2)^2+3/(s+3)+1/(s^2+1));
>>n2
>>de0=expand(d2)
>>num=sym2poly(n2);
>>den=sym2poly(de0);
>>[A,B,C] = residue(num,den)
>>[z,p,k] = tf2zp(num,den)
```

运行结果如下：

```
n2 =4*s^5 + 25*s^4 + 60*s^3 + 77*s^2 + 76*s + 42
de0 =s^6 + 8*s^5 + 24*s^4 + 36*s^3 + 35*s^2 + 28*s + 12
A =3.0000 + 0.0000i
0.0000 + 0.0000i
2.0000 + 0.0000i
-0.0000 - 0.5000i
-0.0000 + 0.5000i
1.0000 + 0.0000i
B = -3.0000 + 0.0000i
-2.0000 + 0.0000i
   -2.0000 + 0.0000i
  0.0000 + 1.0000i
   0.0000 - 1.0000i
  -1.0000 + 0.0000i
C =[]
z =-2.3856 + 0.7004i
```

```
 -2.3856 - 0.7004i
 -0.1424 + 1.1842i
 -0.1424 - 1.1842i
 -1.1941 + 0.0000i
p = -3.0000 + 0.0000i
 0.0000 + 1.0000i
 0.0000 - 1.0000i
 -2.0000 + 0.0000i
 -2.0000 - 0.0000i
 -1.0000 + 0.0000i
k =4
```

根据运行结果可知，residue 函数返回的参数 A 为部分分式展开后分子的值，参数 B 为分子对应的分母的根，C 为余式。结合本例，给出待进行部分分式展开的函数为

$$G(s) = \frac{4s^5 + 25s^4 + 60s^3 + 77s^2 + 76s + 42}{s^6 + 8s^5 + 24s^4 + 36s^3 + 35s^2 + 28s + 42} = \frac{3}{s+3} + \frac{2}{(s+2)^2} + \frac{1}{s^2+1} + \frac{1}{s+1}$$

根据 residue 函数返回的参数，对应写成

$$G(s) = \frac{4s^5 + 25s^4 + 60s^3 + 77s^2 + 76s + 42}{s^6 + 8s^5 + 24s^4 + 36s^3 + 35s^2 + 28s + 42} = \frac{3}{s+3} + \frac{0}{s+2} + \frac{2}{(s+2)^2} + \frac{-0.5i}{s-i} + \frac{0.5i}{s+i} + \frac{1}{s+1}$$

【例 1-27】　求取多项式的最大公约数示例。

解： MATLAB 求解程序如下：

```
>>syms s;
>>A=s^5+7*s^4+13*s^3+19*s^2+20*s
>>B=s^9 + 19*s^8 + 151*s^7 + 655*s^6 + 1693*s^5 + 2665*s^4 + 2493*s^3 + 1269*s^2 +
270*s
>>d=gcd(A,B)
```

运行结果如下：

```
A =
s^5 + 7*s^4 + 13*s^3 + 19*s^2 + 20*s
B =
s^9 + 19*s^8 + 151*s^7 + 655*s^6 + 1693*s^5 + 2665*s^4 + 2493*s^3 + 1269*s^2 + 270*s
d =
s^2 + 5*s
```

1.3.6　关系运算、逻辑运算和运算符

在程序设计的流程控制和解决问题的分析判断中，需要对某些命题的真假给出答案，因此 MATLAB 定义了逻辑值，包括"逻辑真"和"逻辑假"。对于逻辑值，MATLAB 有如下约定：在关系表达式和逻辑表达式中的输入中，任何非 0 数为"逻辑真"，只有 0 为"逻辑假"。

关系表达式和逻辑表达式的计算结果是一个由 0 和 1 构成的"逻辑数组"，逻辑数组中 1 表示真，0 表示假。逻辑数组属于"数值数组"的子类，它可以作为数值数组参与数值计算，也可以用于数组寻访等特殊场合。比如，用逻辑矩阵作为数组下标，可以提取数组中逻辑矩阵真值位置处的元素。关系运算符和逻辑运算符都遵循数组运算规则。

1. 关系运算符

MATLAB 提供的关系运算符如下：<（小于）；<=（小于或等于）；>（大于）；>=（大于或等于）;==（等于）；!=（不等于）。

2. 逻辑运算符

MATLAB 提供了 3 种逻辑操作，分别是数组逻辑操作、位逻辑操作和先决逻辑操作。

1）数组逻辑操作

数组逻辑操作运算符如下：&（逻辑与）；|（逻辑或）；~（逻辑非）；xor（逻辑异或），其运算规则如表 1-14 所示。

表 1-14　数组逻辑操作规则

a	b	a & b	a | b	~a	xor(a,b)
0	0	0	0	1	0
0	1	0	1	1	1
1	0	0	1	0	1
1	1	1	1	0	0

2）位逻辑操作

位逻辑操作，其操作数必须是非负整形标量或者数组。位逻辑操作函数有 bitand（位与）、bitor（位或）、bitcmp（位非）、bitnor（位异或）。

3）先决逻辑操作

先决逻辑操作要求操作数为标量，先决逻辑操作运算符为：&&（先决与），如果第一个操作数为假，则不判断其他操作数，直接给出结论"假"；||（先决或），如果第一个操作数为真，则不判断其他操作数，直接给出结论"真"。先决逻辑操作一般是为了提高运算速度。

3. 逻辑函数

MATLAB 中给出的运行结果为逻辑值的函数，一般称为逻辑函数。常用的逻辑函数如表 1-15 所示。

表 1-15　常用的逻辑函数

函　　数	使　用　说　明
all(A)	判断A的列向量元素是否全非0，全非0则为1
any(A)	判断A的列向量元素中是否有非0元素，有则为1
isequal(A,B)	判断A、B对应元素是否全相等，相等为1
isempty(A)	判断A是否为空矩阵，为空则为1，否则为0
isfinite(A)	判断A的各元素值是否有限，是则为1
isinf(A)	判断A的各元素值是否无穷大，是则为1
isnan(A)	判断A的各元素值是否为NAN，是则为1
isnumeric(A)	判断数组A的元素是否全为数值型数组
isreal(A)	判断数组A的元素是否全为实数，是则为1
isprime(A)	判断A的各元素值是否为质数，是则为1
isspace(A)	判断A的各元素值是否为空格，是则为1
find(A)	寻找A数组非0元素的下标和值

4. 运算符优先级

MATLAB 的运算符可分为 3 类：算术运算符、关系运算符和逻辑运算符。除去个别运算符外，一般可认为算术运算符的优先级最高，其次是关系运算符，再次是逻辑运算符。表 1-16 给出 MATLAB 运算符优先级的约定。

表 1-16　运算符优先级别

优 先 级 别	运　　算　　符
1（最高）	括号 ()　　成员符 .
2	转置 .'共轭转置 '　　数组幂.^　　矩阵幂 ^
3	代数正 +　　代数负 －　　逻辑非~
4	数组乘 .*　数组左除 .\ 数组右除 ./ 矩阵乘 *　矩阵左除 \　矩阵右除/
5	加 +　　减 －
6	冒号 :
7	小于< 大于> 等于 == 不小于>= 不大于<= 不等于 ~=
8	逻辑与&
9	逻辑非 |
10	先决与&&
11	先决非 ‖
12（最低）	赋值 =

注意：如果书写表达式的时候，无法弄清某些运算符的优先级，为了防止出错，可以直接使用括号来规定运算次序。

1.3.7　字符串数组

MATLAB 有强大的字符处理能力，字符串处理主要用于数据的可视化显示、宏操作、符号计算和文件操作等。MATLAB 中，对于字符和字符串有如下描述：字符是字符串中的一个元素，一个英文字符或者一个汉字都占用一个字符位。字符在内存中是用其 ASCII 码存储的，通常一个字符的 ASCII 码为 2 字节。字符或者字符串必须放在"单引号"对中。如果字符串中出现"单引号"字符，则用 2 个"单引号"表示。字符串可以看作一维字符数组。一维字符串数组可以看作二维字符数组。常用的字符串操作函数如表 1-17 所示。

表 1-17　常用的字符串操作函数

函　　数	使 用 说 明
length	用来计算字符串的长度（即组成字符的个数）
double	用来查看字符串的ASCII码存储内容，包括空格（ASCII码为32）
char	用来将ASCII码转换成字符串形式
class/ischar	用来判断某一个变量是否为字符串。class函数返回char则表示为字符串，而ischar函数返回1表示为字符串
strcmp(x,y)	比较字符串x和y的内容是否相同。返回值如果为1则相同，为0则不同

续表

函　数	使 用 说 明
findstr(x,x1)	寻找在某个长字符串x中的子字符串x1，返回其起始位置
deblank(x)	删除字符串尾部的空格

由于 MATLAB 将字符串以其相对应的 ASCII 码存储成一个行向量，因此如果字符串直接进行数值运算，则其结果就变成一般数值向量的运算，而不再是字符串的运算。

1. 使用一个变量来存储多个字符串

（1）多个字符串组成一个新的行向量，将多个字符串变量直接用 "，" 连接，构成一个行向量，就可以得到一个新字符串变量。

【例 1-28】 多个字符串拼接。

```
>> str1='Hello';                          %定义字符串
>> str2='How are you!';                   %定义字符串
>> str3=[str1,'! ',str2]                   %多个字符串并排成一个行向量
```

运行结果如下：

```
str3 =
Hello! How are you!
```

（2）使用二维字符数组，将每个字符串放在一行，多个字符串可以构成一个二维字符数组，但必须先在短字符串结尾补上空格符，以确保每个字符串（即每一行）的长度一样。否则会出错。也可以使用 str2mat、strvcat 和 char 函数构造出字符串矩阵，而不必考虑每行的字符数是否相等，总是按最长的设置，不足的末尾用空格补齐。

【例 1-29】 多个字符串构成二维字符数组。

```
>> str1='Hello';                          %定义字符串
>> str2='He';                             %定义字符串
>> str3=[str1;str2,'   ']                  %对 str2 添加 3 个空格
>> str4=str2mat(str1,str2)                %直接构成
```

运行结果如下：

```
str3 =
Hello
He
str4 =
Hello
He
```

2. 执行表达式字符串

如果需要直接 "执行" 某一表达式字符串，可以使用 eval 命令，效果就如同直接在 MATLAB 命令窗口内输入此命令。

【例 1-30】 执行表达式字符串。

```
>> str1='a=9*9'                           %定义字符串
>> eval(str1)                             %执行字符串
```

运行结果如下：

```
str1 =
a=9*9
a =
    81
```

3. 显示字符串

字符串可以直接使用 disp 命令显示出来。

【例 1-31】　显示字符串。

```
>> str1='a=9*9'                                    %定义字符串
>> disp(str1)                                       %显示字符串
```

运行结果如下：

```
str1 =
a=9*9
a=9*9
```

4. 计算字符串长度

length()和 size()虽然都能测字符串、数组或矩阵的大小，但用法上有区别。length()只从其各维中挑出最大维的数值大小，而 size()则以一个向量的形式给出所有各维的数值大小。两者的关系是：length()=max(size())。

【例 1-32】　计算字符串长度。

```
>> str1=['How, How are you'];                      %定义字符串
>> length(str1)                                     %给出字符串最大维的数值
>> size(str1)                                       %给出字符串各维的数值大小
```

运行结果如下：

```
ans =
    16
ans =
    1    16
```

1.3.8　结构体数组

结构体数组是把一组彼此相关、数据结构相同但类型不同的数据组织在一起，便于管理和引用，类似于数据库，但其数据组织形式更加灵活。结构体中的每个数据都被分派了一个名字，称之为"域名"或"成员名"。结构体数组是由多个结构体数据构成的数组，其基本元素为结构体数据。结构体类型是用户根据需要，用基本数据类型构造出来的新数据类型。结构体能够更准确直观地描述客观事物，能够把和某个事物相关的属性数据构造到一个数据结构中，并给这个事物的各个属性命名，可以用直观的名字去访问这个事物的属性。合理的构造和使用结构体，能够简化程序编码，大大提高程序的可读性和可维护性。

1. 结构体数组的创建

可以通过直接给结构体的成员赋值来创建，也可以利用构造函数 struct 创建结构体数组，其用法为：s=struct('field1',values1, 'field2',values2,…)，field1 和 field2 为成员名，必须为字符串；values1 和 values2 为成员的值。如果建立的不是单结构体变量（1×1 结构体数组），要求它们是具有相同维数的细胞数组。任何情况下，以空数组"[ ]"作为成员值可以创建新的空成员。struct 函数无法创建具有嵌套格式的结构体数据，

被嵌套的结构体成员可以通过直接输入法来创建。结构体数组的相关操作函数如表 1-18 所示。

表 1-18　结构体数组的相关操作函数

函　　数	使 用 说 明	函　　数	使 用 说 明
struct	创建结构体数组	getfield	获取成员名
isstruct	判定是否为结构数组，是结构数组时，其值为真	isfield	判定成员名是否在结构数组中，在结构数组中时，其值为真
fieldnames	获取结构数组域名	rmfield	删除结构数组中的成员名
setfield	设定成员名	orderfields	成员名排序

【例 1-33】　结构体数组的赋值创建。

```
>> student.number='001';               %创建结构体数组
>> student.name='小张';
>> student.course={'数学' '英语' '语文'};
>> student.score=[80 85 90];
>> student
```

运行结果如下：

```
student =
包含以下字段的 struct:
    number: '001'
      name: '小张'
    course: {'数学'  '英语'  '语文'}
     score: [80 85 90]
```

向所创建的 student 结构数组中增加一个元素。

```
>> student(2).number='002';
>> student(2).name='小赵';
>> student(2).course={'物理' '化学' '生物'};
>> student(2).score=[90 85 80];
>> student
```

运行结果如下：

```
student =
包含以下字段的 1×2 struct 数组:
    number
    name
    course
    score
```

【例 1-34】　结构体数组的构造函数 struct 创建。

```
>> student=struct('number',{'001','002'},'name',{'小张','小赵'},…
'course',{{'数学' '英语' '语文'},{'物理' '化学' '生物'}},…
'score',{[80 85 90],[90 85 80]})
```

运行结果如下：

```
student =
```

```
包含以下字段的 1×2 struct 数组:
    number
    name
    course
    score
```

2. 结构体数组的操作

结构体的访问约定如下: 访问结构体数据的某个成员, 要使用成员(域)运算符 ".", 其格式为: 结构体数据.成员名。访问结构体数组中的元素, 即结构体数据, 方法和访问数组元素相同。结构体数组可以是一维、二维和多维的。结构体的成员可以作为普通 MATLAB 变量使用。结构体可以嵌套使用, 即结构体的成员可以是其他的结构体。结构体的成员可以是细胞数组。

【例 1-35】 结构体数组的操作。

```
>> student.number='001';                        %创建结构体数组
>> student.name='小张';
>> student.course={'数学' '英语' '语文'};
>> student.score=[80 85 90];
>> student.score=student.score+5                 %结构体成员值操作
>> student.total=[]                              %增加结构体成员值
>> fieldnames(student)                           %获取创建的 student 结构体数组的成员值
>> student= rmfield (student,'total')            %删除 total 成员值
>> student= rmfield (student,{'number','course'})
%同时删除 number 和 course 成员值
>> xingming=getfield(student,'name')            %获取成员名内容
>> orderfields(student)                          %成员名排序
>> isstruct(student)                             %判断 student 是否为结构体数组
>> isfield(student,'score')                      %判断 score 是否为结构体数组 student 的成员名
```

运行结果如下:

```
student =
包含以下字段的 struct:
    number: '001'
      name: '小张'
    course: {'数学'  '英语'  '语文'}
     score: [85 90 95]
student =
包含以下字段的 struct:
    number: '001'
      name: '小张'
    course: {'数学'  '英语'  '语文'}
     score: [85 90 95]
     total: []
ans =
  5×1 cell 数组
    'number'
    'name'
    'course'
    'score'
```

```
        'total'
student =
包含以下字段的 struct:
    number: '001'
      name: '小张'
    course: {'数学'  '英语'  '语文'}
     score: [85 90 95]
student =
包含以下字段的 struct:
      name: '小张'
     score: [85 90 95]
xingming =
小张
ans =
包含以下字段的 struct:

      name: '小张'
     score: [85 90 95]
ans =
  logical
   1
ans =
  logical
   1
```

1.3.9　细胞数组

　　细胞数组与结构体数组类似，也是把一组类型、维数不同的数据组织在一起，存储在细胞数组中，与结构数组不同的是，结构体数组中的元素有成员及成员名，对数组元素数据的访问是通过成员名实现的。细胞数组的基本元素是细胞，每个细胞可以存储不同类型、不同维数的数据，通过下标区分不同的细胞。

　　在程序设计中，为了便于处理数据和简化程序代码，希望将不同类型的数据放置在某种数据结构中，并且通过每个数据在这种数据结构中的位置索引来访问该数据。数值数组中只能放置相同类型的数据，不能解决这样的问题。而细胞数组可以解决这样的问题，其与数值数组的区别是：数值数组和细胞数组都是数组，都可以用下标（单下标、全下标）方式访问，数值数组的元素是相同类型的数据，细胞数组的元素可以是不同类型的数据。细胞数组的相关操作函数如表 1-19 所示。

表 1-19　细胞数组的相关操作函数

函　　数	使 用 说 明	函　　数	使 用 说 明
celldisp	显示细胞数组所有元素的内容	iscell	判定是否为细胞数组，是为真，否为假
iscellstr	判定是否为字符型细胞数组，是为真，否为假	cellstr	将字符型数组转换成字符型细胞数组
char	将字符型细胞数组转换成字符型数组	cell2struct	将细胞数组转换成结构数组
struct2cell	将结构数组转换成细胞数组	mat2cell	将普通数组转换成细胞数组
cell2mat	将细胞数组转换成普通数组	num2cell	将数值数组转换成细胞数组

1．细胞数组的创建

创建结构数组的方法有两种：一种是对细胞元素直接赋值创建；另一种是利用函数 cell 创建。

通过赋值创建细胞数组的格式为"cell_name{i,j}={value}"或者"cell_name(i,j)={{value}}"。

注意： 花括号 { } 和圆括号 （ ） 在使用上的细微区别是花括号表示细胞元素的内容，圆括号表示细胞元素。这里在建立细胞数组时，是通过给细胞元素赋值来确定细胞元素的。

利用函数 cell 创建细胞数组的常用语句为：

```
(1) cell_name=cell(n)          %创建一个 n×n 的空细胞数组
(2) cell_name=cell(m,n)        %创建一个 m×n 的空细胞数组
(3) cell_name=cell([m n])      %创建一个 m×n 的空细胞数组
(4) cell_name=cell(size(A))    %创建一个与 A 维数相同的空细胞数组
```

可以看出，采用函数 cell 只是创建一个指定大小的细胞数组，仍然需要直接对细胞数组的细胞元素赋值，方法与通过赋值创建细胞数组的格式一样。

【例 1-36】 细胞数组的赋值创建。

```
>> student{1,1}=['001';'002'];                      %创建细胞数组
>> student{2,1}={'小张';'小诸葛'};
>> student{1,2}={'数学' '英语' '语文';'物理' '化学' '生物'};
>> student{2,2}={[80 85 90]; [90 85 80]};
>> student
```

运行结果如下：

```
student =
  2×2 cell 数组
    [2×3 char]    {2×3 cell}
    {2×1 cell}    {2×1 cell}
```

或者采用如下赋值方法创建

```
>> student(1,1)={['001';'002']};                    %创建细胞数组
>> student(2,1)={{'小张';'小诸葛'}};
>> student(1,2)={{'数学' '英语' '语文';'物理' '化学' '生物'}};
>> student(2,2)={{[80 85 90]; [90 85 80]}};
>> student
```

运行结果如下：

```
student =
  2×2 cell 数组
    [2×3 char]    {2×3 cell}
    {2×1 cell}    {2×1 cell}
```

给 student{1,2}、student{2,1}、student{2,2}和 student(1,2)、student(2,1)、student(2,2)赋值使用了细胞数组的嵌套，即这些细胞元素本身就是细胞数组。student{1,1}与 student{2,1}细胞元素值同样为字符串，但 student{1,1}每个字符串的长度相同，所以可以以字符型数组存储；而 student{2,1}各字符串的长度不同，所以改为字符型细胞数组存储。同理，student{1,2}也以字符型细胞数组存储。细胞数组的结构图可以通过函数 cellplot(student)绘出，如图 1-12 所示。

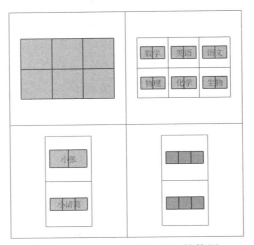

图 1-12　student 细胞数组的结构图

2. 细胞数组的操作

细胞数组也是数组，因此可以采用访问数组的方法来访问细胞数组，即通过单下标或全下标的方式访问细胞数组中的某个元素或子数组。

当细胞数组中的元素也是细胞时，可以把细胞当作一种新的数据类型。细胞的访问是通过圆括号"()"和下标实现的，就与访问数组元素一样。当细胞数组中的元素是其他类型的数据时，则采用通过花括号"{}"和下标来实现数据的访问。细胞的内容可以当作普通 MATLAB 变量，使用方法和普通变量没有区别。细胞数组可以嵌套使用，即细胞的内容可以是细胞数组。

【例 1-37】　细胞数据的操作。

```
>> student(1,1)={['001';'002']};
>> student(2,1)={{'小张';'小诸葛'}};
>> student(1,2)={{'数学' '英语' '语文';'物理' '化学' '生物'}};
>> student(2,2)={{[80 85 90]; [90 85 80]}};
>> student{1,1}(1,:)                    %显示小张的学号
>> student{2,2}{2}(1)=95;               %修改小诸葛的物理成绩
>> cell_v=student(1,2)                  %获取细胞元素 student(1,2)的结构
>> cell_c=student{1,2}                  %获取细胞元素 student(1,2)的内容
>> cell_c22=student{1,2}(2,2)           %获取细胞元素 student(1,2)的子细胞元素内容
>> iscell(student)                      %判断 student 是否为细胞数组
>> iscellstr(student{1,2})              %判断 student 是否为字符型细胞数组
```

运行结果如下：

```
ans =
001
cell_v =
  cell
    {2×3 cell}
cell_c =
  2×3 cell 数组
    '数学'        '英语'        '语文'
    '物理'        '化学'        '生物'
```

```
cell_c22 =
  cell
    '化学'
ans =
  logical
    1
ans =
  logical
    1
```

【例 1-38】　细胞数组与其他数组之间的转换操作。

```
>> char1=['姓名';'性别';'年龄']
>> cell1=cellstr(char1)                              %字符型数组转换成字符型细胞数组
>> cell2={'姓名';'性别';'年龄'}
>> char2=char(cell2)                                 %字符型细胞数组转换成字符型数组
>> cell3={'小张','男',19;  '小赵','女',20}
>> struct3=cell2struct(cell3,{'Name','Sex','Age'},2)    %细胞数组转换成结构体数组
>> cell4=struct2cell(struct3)                        %结构体数组转换成细胞数组
>> struct3(1)                                        %显示结构体数组 1 中的内容
>> a5=[1 2 3;345;5 6 7]
>> cell5= mat2cell(a5,[1,2],[2,1])                   %用 a5 中的元素转换成细胞数组 cell5
>> celldisp(cell5)                                   %显示细胞数组 cell5 中的内容
>> a6=cell2mat(cell5)                                %用细胞数组 cell5 转换成普通数组
```

运行结果如下：

```
char1 =
姓名
性别
年龄
cell1 =
  3×1 cell 数组
    '姓名'
    '性别'
    '年龄'
cell2 =
  3×1 cell 数组
    '姓名'
    '性别'
    '年龄'
char2 =
姓名
性别
年龄
cell3 =
  2×3 cell 数组
    '小张'     '男'     [19]
    '小赵'     '女'     [20]
struct3 =
```

```
包含以下字段的 2×1 struct 数组:
    Name
    Sex
    Age
cell4 =
  3×2 cell 数组
    '小张'      '小赵'
    '男'        '女'
    [  19]    [  20]
ans =
包含以下字段的 struct:
    Name: '小张'
     Sex: '男'
     Age: 19
a5 =
     1     2     3
     3     4     5
     5     6     7
cell5 =
  2×2 cell 数组
    [1×2 double]    [        3]
    [2×2 double]    [2×1 double]
cell5{1,1} =
     1     2
cell5{2,1} =
     3     4
     5     6
cell5{1,2} =
     3
cell5{2,2} =
     5
     7
a6 =
     1     2     3
     3     4     5
     5     6     7
```

【例 1-39】 含结构体数组的细胞数组创建。

```
>> cell_struct{1}.number='001';
>> cell_struct{1}.student={'小张'};
>> cell_struct{1}.course={'数学' '英语' '语文'};
>> cell_struct{1}.score=[80 85 90];
>> cell_struct{2}.ID=[1 2];
>> cell_struct{2}.teacher={'许老师' '杨老师'};
>> cell_struct{2}.course={'控制理论' '数学'};
>> cell_struct
```

运行结果如下:

```
cell_struct =
  1×2 cell 数组
    [1×1 struct]    [1×1 struct]
```

1.4　数据的可视化

视频讲解

数据的可视化就是绘图。从大量的原始数据中发现它们的内在规律和特征是很难的，而根据数据绘制图形正好可以给出直观的感受，初步地观察数据的内在联系和特质。MATLAB 不仅擅长与矩阵相关的数值运算，而且还提供了许多在二维和三维空间内显示可视信息的函数，利用这些函数可以绘制出所需的图形；MATLAB 提供了丰富的修饰方法，合理地使用这些方法，可以使绘制的图形更为精美。

1.4.1　数据可视化基础

1. 图形窗口

MATLAB 自动将图形画在图形窗口上，图形窗口相对于命令窗口是独立的窗口。图形窗口的属性由系统和 MATLAB 共同控制。当没有图形窗口时，绘图命令将新建一个图形窗口；当已经存在一个或多个图形窗口时，一般指定最后一个图形窗口作为当前图形命令的输出窗口。有关图形窗口的函数如下。

（1）figure——用默认的属性创建新的图形窗口，并将新创建的窗口作为当前绘图窗口。

（2）figure('PropertyName',PropertyValue,…)——用指定的属性创建图形窗口，并将新创建的窗口作为当前绘图窗口。其中'PropertyName'为属性名，PropertyValue 为'PropertyName'属性的值。

（3）figure(h)——如果整数 h 不是某个已经存在的图形窗口的句柄，则创建新的图形窗口，并将 h 指定为新窗口的图形句柄；如果 h 是已经存在的图形窗口的句柄，则将图形句柄为 h 的图形窗口设置为当前图形窗口，并在屏幕的最前端显示。

（4）h=figure()——创建图形窗口，并返回其图形句柄。

（5）subplot(m,n,p)——将当前图形窗口分为 m 行 n 列个子窗口，并指定第 p 个子窗口为当前的绘图子窗口。子窗口序号 p 是按照行优先的次序排列的，这点和矩阵是不同的。如果不存在当前绘图窗口，则先创建一个新的绘图窗口，然后再划分子窗口。

（6）clf——清除当前绘图窗口内的图形。

2. 设置坐标轴和文字标注

（1）title(s)——用于添加图名，s 为图名，为字符串，可以是英文或中文。

（2）xlabel(s)和 ylabel(s)——分别用于添加 x 坐标轴名和 y 坐标轴名。

（3）text(xt,yt,s)——用于在图形的(xt,yt)坐标处添加文字注释。

（4）legend(s,pos)——用于添加图例，参数 s 是图例中的文字注释，如果多个注释则可以用's1','s2',…的方式；参数 pos 是图例在图上位置的指定符，它的取值如表 1-20 所示。

表 1-20　pos取值对应的图例位置

pos取值	图 例 位 置
0	系统自动取最佳位置
1	右上角（系统默认值）
2	左上角

续表

pos取值	图 例 位 置
3	左下角
4	右下角
−1	图的右侧

3. 坐标轴的设置

坐标轴的设置所使用函数为 axis([xmin,xmax,ymin,ymax])，用于设定 x 轴和 y 轴的坐标值范围。也可采用下面的函数进行设置：axis equal，将 x 轴和 y 轴的单位刻度设置相同；axis square 将 x 轴和 y 轴的长度设置相同；axis tight 将数据范围直接设置为坐标值范围；axis image 采用相同的单位刻度，且坐标框紧贴数据。

在默认情况下，MATLAB 自动在坐标范围内生成均匀的刻度，用户可以使用 set 命令改变刻度值，其使用方法如下：set(gca,'Xtick', xs,'Ytick', ys)。其中 xs 和 ys 分别是 x 轴和 y 轴的刻度行向量。

其他与图形窗口操作相关的常见函数如表 1-21 所示。

表 1-21　其他与图形窗口操作相关的常见函数

函　　　数	使 用 说 明
grid	显示分格线
legend off	擦除当前图中的图例
box	显示坐标框
close	关闭当前图形窗口，等效于close(gcf)
close(h)	关闭图形句柄h指定的图形窗口
close name	关闭图形窗口名name指定的图形窗口
close all	关闭除隐含图形句柄的所有图形窗口
close all hidden	关闭包括隐含图形句柄在内的所有图形窗口
status=close()	调用close函数正常关闭图形窗口时，返回1；否则返回0
hold	运行hold on后，再运行plot函数，将在保持原有图形的基础上添加新的绘制图形，运行hold off 关闭此功能
clf reset	清除当前图形窗口所有可见的图形对象

4. 图形标识中常用的希腊字母、数学符号和特殊字符

表 1-22 给出了图形标识中常用的希腊字母、数学符号和特殊字符。

表 1-22　图形标识中常用的希腊字母、数学符号和特殊字符

类别	参　　数	字符	参　　数	字符	参　　数	字符	参　　数	字符
希腊字母	\ alpha	α	\ eta	η	\ nu	ν	\ upsilon	υ
	\ beta	β	\ theta	θ	\ xi	ξ	\ Upsilon	Υ
	\ epsilon	ε	\ Theta	Θ	\ Xi	Ξ	\ phi	φ
	\ gamma	γ	\ iota	ι	\ pi	π	\ Phi	Φ
	\ Gamma	Γ	\ zeta	ζ	\ Pi	Π	\ chi	χ
	\ delta	δ	\ kappa	κ	\ rho	ρ	\ psi	ψ
	\ Delta	Δ	\ mu	μ	\ tau	τ	\ Psi	Ψ

续表

类别	参　数	字符	参　数	字符	参　数	字符	参　数	字符
希腊字母	\omega	ω	\lambda	λ	\sigma	σ		
	\Omega	Ω	\Lambda	Λ	\Sigma	Σ		
数学符号	\approx	≈	\oplus	≡	\neq	≠	\leq	≤
	\geq	⩾	\pm	±	\times	×	\div	÷
	\int	∫	\exists	∝	\infty	∞	\in	∈
	\sim	≅	\forall	~	\angle	∠	\perp	⊥
	\cup	∪	\cap	∩	\vee	∨	\wedge	∧
	\surd	√	\otimes	⊗	\oplus	⊕		
特殊字符	\uparrow	↑	\downarrow	↓	\rightarrow	→	\leftarrow	←
	\leftrightarrow	↔	\updownarrow	↕				

文字字体及上、下标控制如表 1-23 所示。

表 1-23　文字字体及上、下标控制

参　数	功　能
\fontname{s}	字体设置，s为Times New Roman、Courier、宋体等
\fontsize{n}	字号大小，n为正整数，默认为10（points）
\s	字体风格，s可以为bf（黑体）、it（斜体一）、sl（斜体二）、rm（正体）等
^{s}	将s变为上标
_{s}	将s变为下标

5. 交互式图形函数

MATLAB 中常用的交互操作主要用于图形中的坐标获取，以及在指定的坐标位置放置字符串。表 1-24 给出了常用的交互操作函数。

表 1-24　常用的交互操作函数

函　数	使用说明
[x,y]=ginput(n)	用鼠标从图形上获取n个点的坐标(x,y)，数n应为正整数，是通过鼠标从图上获得数据点的个数；x、y用来存放所取点的坐标
gtext('s')	用鼠标把字符串放置到图形上，如果参数s是单个字符串或单行字符串矩阵，那么一次鼠标操作就可把全部字符以单行形式放置在图上；如果参数s是多行字符串矩阵，那么每操作一次鼠标，只能放置一行字符串，需要通过多次鼠标操作，把一行一行字符串放在图形的不同位置
zoom	具体使用参数：用zoom out将图形返回原始尺寸；用zoom(fact)设置变焦因子（每次变焦的倍数），默认的变焦因子为2；用zoom on打开当前图形的变焦功能，如果图形在变焦状态下，可以通过鼠标来放大或者缩小图形，包括用鼠标左键放大、用鼠标右键缩小、用鼠标选定显示范围等操作；用zoom off关闭当前图形的变焦功能

【例 1-40】 构建图形窗口，并在其中添加文字注释。

```
>> figure(1)
>> xlabel(' \fontsize{16}\omega')
>> ylabel(' \fontsize{16}y_\oplus(\omega)')
```

```
>> text(1,1,'100')
>> title('\fontsize{20}y_\oplus(\omega)=\int^{\infty}_{0}y(t)e^{-j\omegat}dt')
```

运行结果如图 1-13 所示。

【例 1-41】 在 $y=\sin(x)$ 的图形中任取两点坐标，并用鼠标在 $(\pi,0)$ 点附近标注 π 字符串。

```
>> x=0:0.1:2*pi;
>> plot(x,sin(x))
>> [m,n]=ginput(2)              %取两点坐标
>> gtext('\pi')                 %用鼠标写 π
```

运行结果如图 1-14 所示。

图 1-13 例 1-40 运行结果

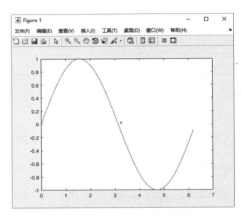

图 1-14 例 1-41 运行结果

【例 1-42】 zoom on 的使用。

```
>> x=[-pi : 0.0001: 0];
>> n1= rand(size(x)) *0.2;
>> n1(15000:31416)=1;
>> y=n1.*(sin(tan(x))-tan(sin(x)));
>> plot(x,y)
>> zoom on
```

运行结果如图 1-15 所示。

图 1-15 例 1-42 运行结果

1.4.2　二维图形

无论什么图形的绘制，其基本步骤一般为：先准备绘图所需要的数据；指定绘图的窗口或者区域；选择线型、颜色、数据点形状等绘图属性；然后调用基本绘图命令绘图；最后对坐标轴控制，包括显示范围、刻度线、比例、网格线；标注进行控制，包括坐标轴名称、标题、相应文本等；以及其他更精确的控制，如颜色、视角、剪切和镂空等。

1. 二维图形绘制的基本函数

在 MATLAB 中，主要的二维图形绘制函数如表 1-25 所示。

表 1-25　主要的二维图形绘制函数

函　　数	使 用 说 明
plot	x轴和y轴均为线性刻度
loglog	x轴和y轴均为对数刻度
semilogx	x轴为对数刻度，y轴为线性刻度
semilogy	x轴为线性刻度，y轴为对数刻度
plotyy	绘制双纵坐标图形
ezplot(f)	绘制f=f(x)的图形

其中 plot 函数是基本的二维绘图函数，表 1-26 详细给出了其调用格式。

表 1-26　plot函数的调用格式

调 用 格 式	使 用 说 明
plot(Y)	若Y为实向量，则以该向量元素的下标为横坐标，以Y的各元素值为纵坐标，绘制二维曲线；若Y为复数向量，则等效于plot(real(Y),imag(Y))；若Y为实矩阵，则按列绘制每列元素值相对其下标的二维曲线，曲线的条数等于Y的列数；若Y为复数矩阵，则按列分别以元素实部和虚部为横、纵坐标绘制多条二维曲线
plot(X,Y)	若X、Y为长度相等的向量，则绘制以X和Y为横、纵坐标的二维曲线；若X为向量，Y是有一维与X同维的矩阵，则以X为横坐标绘制出多条不同颜色的曲线，曲线的条数与Y的另一维维数相同；若X、Y为同维矩阵，则绘制以X和Y对应的列元素为横、纵坐标的多条二维曲线，曲线的条数与矩阵的列数相同
plot(X1,Y1,X2,Y2,…,Xn,Yn)	其中的每一对参数Xi和Yi(i=1,2,…,n)的取值和所绘图形与plot(X,Y)中相同
plot(X1,Y1,LineSpec)	以LineSpec字符串指定的属性，绘制所有Xn、Yn对应的曲线
plot(X1,Y1,'PropertyName', PropertyValue)	对于由plot绘制的所有曲线，按照设置的属性值进行绘制，PropertyName为属性名，PropertyValue为对应的属性值
h=plot()	调用函数plot时，同时返回每条曲线的图形句柄h（列向量）

函数 ezplot 的使用说明如表 1-27 所示。

表 1-27　函数ezplot的使用说明

调 用 格 式	使 用 说 明
ezplot(f)	按照x的默认取值范围(–2*pi<x<2*pi)绘制f=f(x)的图形。对于f=f(x,y)，x、y的默认取值范围：–2*pi<x<2*pi,、–2*pi< y<2*p，绘制f(x,y)=0的图形

续表

调 用 格 式	使 用 说 明
ezplot(f,[min,max])	按照x的指定取值范围(min<x<max)绘制函数f=f(x)的图形。对于f=f(x,y),ezplot(f,[xmin, xmax,ymin,ymax]),按照x、y的指定取值范围(xmin<x<xmax,ymin<y<ymax),绘制f(x,y)=0 的图形
ezplot(x,y)	按照t的默认取值范围(0<t<2*pi)绘制函数x=x(t)、y=y(t)的图形
ezplot(f,[xmin,xmax,ymin,ymax])	按照指定的x、y取值范围(xmin<x<xmax,ymin<y<ymax)在图形窗口绘制函数f=f(x,y)的 图形
ezplot(x,y,[tmin,tmax])	按照t的指定取值范围(tmin<t<tmax),绘制函数x=x(t)、y=y(t)的图形

2. plot函数的绘图属性控制

在调用函数 plot 时,可以指定线型、颜色和数据点的图标,常用的曲线颜色、线型字符、数据点标记字符的定义如表 1-28 所示。

表 1-28 常用的曲线颜色、线型字符、数据点标记字符的定义

颜 色		数据点间连线		数据点形	
类 型	符 号	类 型	符 号	类 型	符 号
黄色	y(Yellow)	实线（默认）	–	实点标记	.
紫色	m(Magenta)	点线	:	圆圈标记	○
青色	c(Cyan)	点画线	-.	叉号形×	×
红色	r(Red)	虚线	––	十字形+	+
绿色	g(Green)			星号标记*	*
蓝色	b(Blue)			方块标记□	s
白色	w(White)			钻石形标记◇	d
黑色	k(Black)			向下的三角形标记	^
				向上的三角形标记	^
				向左的三角形标记	<
				向右的三角形标记	>
				五角星标记☆	p
				六连形标记	h

3. 其他类型的二维图形绘制

在 MATLAB 中,还可以绘制不同类型的二维图形,以满足不同情况的要求,表 1-29 列出了常用的不同类型二维图形绘制函数。

表 1-29 常用的不同类型二维图形绘制函数

函 数	使 用 说 明
fplot(y,[a b])	精确绘图y代表某个函数,[a b]表示需要精确绘图的变量范围
bar(x,y)	绘制条形图,x是横坐标,y是纵坐标
polar(θ,r)	绘制极坐标图,θ是角度,r代表以θ为变量的函数
stairs(x,y)	绘制阶梯图,x是横坐标,y是纵坐标

续表

函　　数	使 用 说 明
stem(x,y)	绘制针状图，x是横坐标，y是纵坐标
fill(x,y,'b')	绘制实心图，x是横坐标，y是纵坐标，'b'代表颜色
scatter(x,y,s,c)	绘制散点图，s是圆圈标记点的面积，c是标记点颜色
pie(x)	绘制饼图，x为向量

【例 1-43】　用 plot 函数绘制二维图形。

```
>> x=[1 2 3];
>> y=[1 2 3;3 5 9];
>> subplot(1,3,1);
>> plot(x,y);
>> title('x=[1 2 3];y=[1 2 3;3 5 9]')
>> x1=[1 2];
>> y1=[1 3 6;2 5 9];
>> subplot(1,3,2);
>> plot(x1,y1);
>> title('x1=[1 2];y1=[1 3 6;2 5 9]')
>> x2=[1 2 3;2 3 4];
>> y2=[1 3 6;2 5 9];
>> subplot(1,3,3);
>> plot(x2,y2);
>> title('x2=[1 2 3;2 3 4];y2=[1 3 6;2 5 9]')
```

运行结果如图 1-16 所示。

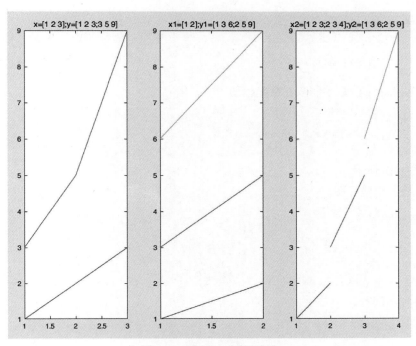

图 1-16　例 1-43 运行结果

【**例 1-44**】 用 ezplot 绘制函数图形。

```
>> x='3*t^2*sin(2*t)';
>> y='t^2*cos(-t)';
>> ezplot(x,y,[0,8*pi])
```

运行结果如图 1-17 所示。

【**例 1-45**】 用 fplot 函数精确绘制二维图形。

```
>> fplot(@(x)sin(x),[0 2*pi],'-+')
>> hold on
>> fplot(@(x)[sin(2*x),cos(x)],[0 2*pi],1e-3,'*')
```

运行结果如图 1-18 所示。

图 1-17　例 1-44 运行结果

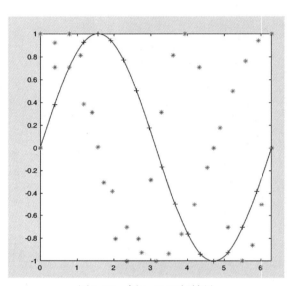

图 1-18　例 1-45 运行结果

【**例 1-46**】 用 loglog 函数绘制双对数坐标图。

```
>> x=0:0.0001:2*pi;
>> y=abs(600*cos(3*x).*sin(8*x))+1;
>> loglog(x,y)
```

运行结果如图 1-19 所示。

【**例 1-47**】 绘制极坐标图。

```
>> t=0:0.01:2*pi;
>> figure(1)
>> polar(t,abs(sin(2*t)));
>> figure(2)
>> polar (t, sin(2*t).*cos(2*t))
```

运行结果如图 1-20 所示。

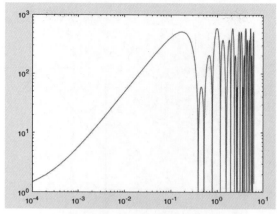

图 1-19   例 1-46 运行结果

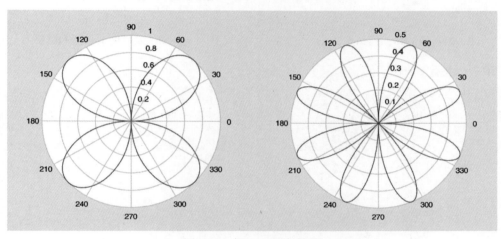

图 1-20   例 1-47 运行结果

【例 1-48】   绘制饼图。

```
>> x=[92,41,60,93,97];
>> explode=[1 1 0 0 0];                              % 表示 92 和 41 所占部分要分离
>> pie(x,explode,{'高等数学 92','英语 41','政治 60','自动控制理论 93','电子电路 97'})
```

运行结果如图 1-21 所示。

【例 1-49】   三角波绘制示例。

```
>>u1= [0:0.1:0.4]';
>>u2=[0.3:-0.1:-0.4]';
>>u3=[-0.3:0.1:0]';
>>y=[u1;u2;u3];
>>t=0:0.1:1.6;
>>plot(t,y)
>>grid on
>>xlabel ('t')
>>ylabel ('y')
```

运行结果如图 1-22 所示。

图 1-21　例 1-48 运行结果

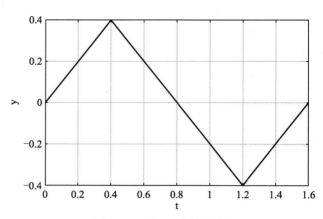

图 1-22　例 1-49 运行结果

【例 1-50】　散点图绘制示例。

```
>>x=[1:30];
>>y=rand(size(x));
>>scatter(x,y)
>>grid
```

运行结果如图 1-23 所示。

图 1-23　例 1-50 运行结果

【例 1-51】　梯形图绘制示例。

```
>>t=2*pi*(0:20)/20;
>>y=cos(t).*exp(-0.2*t);
>>stem(t,y,'r');
>>hold on;
```

```
>>stairs(t,y,'r');
>>hold off
```

运行结果如图 1-24 所示。

图 1-24　例 1-51 运行结果

【例 1-52】　柱状图绘制示例。

```
>>Y=[5,2,1;8,7,3; 9,8,6; 5,5,5; 4,3,2];
>>bar(Y)
>>grid
```

运行结果如图 1-25 所示。

图 1-25　例 1-52 运行结果

【例 1-53】　compass 函数绘制示例。

```
>>wdir=[45 90 90 45 360 335 360 270 335 270 335 335];
>>knots=[6 6 8 6 3 9 6 8 9 10 14 12];
```

```
>>rdir=wdir*pi/180;
>>[x,y]=pol2cart(rdir,knots);
>>compass(x,y)
```

运行结果如图 1-26 所示。

【例 1-54】 二维火柴杆图绘制示例。

```
>>x=0:25;
>>y= [exp(-0.06*x).*cos(x);exp(.05*x).*cos(x)]';
>>h =stem(x,y);
>>set(h(1),'MarkerFaceColor','blue')
>>set(h(2),'MarkerFaceColor','red', 'Marker','square')
>>grid
```

运行结果如图 1-27 所示。

图 1-26 例 1-53 运行结果

图 1-27 例 1-54 运行结果

【例 1-55】 双纵轴曲线图的绘制示例。

```
>>clear all
>>t=0:1000; A=1000;b=0.008;c=4*pi/1000;
>>y1=A*exp(b*t);
>>y2=cos(c*t);
>>[x,h1,h2]=plotyy(t,y1,t,y2,'semilogy','plot');
>>axes(x(1))
>>ylabel('Semilog Plot')
>>axes(x(2))
>>ylabel('Linear Plot')
>>xlabel('t(0~1000)','FontWeight','bold')
```

运行结果如图 1-28 所示。

【例 1-56】 复数图形绘制示例。

```
>>clear all
>>t=0:0.01:2*pi;
>>x=sin(t);
```

```
>>y=cos(t);
>>z=x+j*y;
>>subplot(1,2,1);plot(z)                    %绘制复数图形
>>subplot(1,2,2);plot(t,z)                  %注意，此时只绘制 z 的实部
```

运行结果如图 1-29 所示。

图 1-28 例 1-55 运行结果

图 1-29 例 1-56 运行结果

【例 1-57】 分段函数图形的绘制示例。

```
>>fplot(@(x) 3*exp(x),[-5 0],'b')
>>hold on
>>fplot(@(x) 3*cos(x),[0 4],'b')
>>hold off
>>grid on
```

运行结果如图 1-30 所示。

【例 1-58】 参数方程图形的绘制示例。

```
>>xt = @(t) cos(tan(t));
>>yt = @(t) sin(cot(t));
>>fplot(xt,yt ,[-pi,pi]);
>>grid on
```

运行结果如图 1-31 所示。

图 1-30　例 1-57 运行结果

图 1-31　例 1-58 运行结果

【例 1-59】　已知卡方分布的概率密度函数为 $f(x;k) = \dfrac{1}{2^{k/2}\Gamma(k/2)}x^{k/2-1}\mathrm{e}^{-x/2}$，$\Gamma$ 是 Gamma 函数，绘制 k 分别取 1、5、12、20、25 时的卡方分布概率密度函数曲线，各曲线图形用箭头进行标注。

```
clc;
clear all;
close all;
x = 0:.1:50;
nu = [1,5,12,20,25];
NumsOfLine = length(nu);
str = {1,NumsOfLine};
arrow_x = [0.25 0.15; 0.30 0.20; 0.42 0.32; 0.65 0.55;0.80 0.65];
arrow_y = [0.80 0.75; 0.50 0.45; 0.35 0.30; 0.25 0.20;0.20 0.15];
legtxt = {1,NumsOfLine};
hold on
```

```
for k = 1:NumsOfLine
y = chi2pdf(x,nu(k));
str{k} = ['$k =$ ',num2str(nu(k))];
plot(x,y,'LineWidth',2.5)
annotation('textarrow',arrow_x(k,:),arrow_y(k,:),'String',str{k},'Interpreter',
'Latex','FontSize',12);
legtxt{k} = [str{k}];
end
axis([0 max(x) 0 0.40]);
xlabel('$x$','Interpreter','Latex')
ylabel('概率密度函数')
title('卡方分布','FontSize',14);
legend(legtxt,'FontSize',12,'Interpreter','Latex');
```

运行结果如图 1-32 所示。

图 1-32　例 1-59 运行结果

【例 1-60】　颜色渐变折线图绘制示例。

```
>> clc;
>> clear all;
>> close all;
>> t=[0:0.01:30];
>> y = 10*sin(6*t)+8*cos(3*t);
>> N = length(y);
>> color = hsv(N);
>> colormap(color);
>> subplot(2,1,1)
>> for k = 1:N-1
>> plot(k:k+1, y(k:k+1),'LineWidth',1,'Color',color(k,:))
>> hold on
>> end
```

```
>> colorbar
>> xlabel('Time'),ylabel('Value')
>> normy = (y - min(y)) ./ (max(y) - min(y));
>> coloridx = ceil(1+normy*(N-1));
>> subplot(2,1,2)
>> for k = 1:N-1
>> plot(k:k+1, y(k:k+1),'LineWidth',1,'Color',color(coloridx(k),:))
>> hold on
>> end
>> colorbar
>> xlabel('Time'),ylabel('Value')
>> set(gca,'FontName','Times New Roman','FontSize',12)
```

运行结果如图 1-33 所示。

图 1-33　例 1-60 运行结果

1.4.3　三维图形

MATLAB 提供了多种函数来显示三维图形，这些函数可以在三维空间中画曲线，也可以在三维空间中画曲面，还可以通过改变视角看三维图形的不同侧面。

1. 三维曲线的基本绘图函数plot3

plot3 是用来绘制三维曲线的，它的使用格式与二维绘图的 plot 函数很相似。它是将 plot 函数的有关功能扩展到三维空间用来绘制三维图形。plot3 函数除了增加了第三维坐标外，其他功能与 plot 相同。

函数：plot3(X,Y,Z, 's')

使用说明：plot(x,y,z)，其中 x、y、z 为同维向量，则绘制一条以向量 x,y,z 为 X,Y,Z 轴坐标的空间曲线，plot(X,Y,Z)，若 X、Y、Z 为 m×n 的矩阵，则绘制 n 条曲线，其中第 j 条曲线是以 X、Y、Z 矩阵的第 j 列分量绘制的空间曲线。字符串 s 表示颜色、线型和点形状控制，定义同 plot；也可以简单地使用多组参数绘图，每组参数之间没有约束关系，如 plot3(x1,y1,z1,'s1',x2,y2,z2,'s2')；其中 x1,y1,z1；x2,y3,z3 表示两组三维坐标向量，s1, s2 表示相应的线型或颜色。plot3 主要用来绘制参数方程决定的三维曲线。

【例 1-61】　绘制三维螺旋线。

```
>> t=0:pi/100:8*pi;
```

```
>> x=sin(2*t);
>> y=cos(2*t);
>> plot3(x,y,t)
>> title('螺旋线');
>> text(0,0,0,'origin');
>> xlabel('sin(2t)'),ylabel('cos(2t)'),zlabel('t'); grid;
```

运行结果如图 1-34 所示。

2. 三维网线和曲面

三维网线和曲面的绘制比三维曲线要复杂。这主要表现在数据的准备和三维图形的色彩、光照、视点和消隐控制。

一元函数代表的是二维曲线，自变量的取值仅需要提供 x 轴上离散的采样点，就很容易构造离散的函数采样点。二元函数代表了三维空间的曲面，其中 x 和 y 为自变量，z 为函数值。要绘制这个曲面，需要同时准备自变量 x 和 y 的数据，而仅知道了 x 轴的离散采样点和 y 轴的离散采样点，仍无法直接绘制曲面，还要用 x 轴的采样点和 y 轴的采样点构造出 x-y 平面的离散采样点。再由 x-y 平面的离散采样点计算 z 的值才能绘制相应的三维网线和曲面。

图 1-34　例 1-61 运行结果

例如，二元函数的自变量 x 的离散值可取 1,2,3，自变量 y 的离散值可取 1,2,3，则计算 z 值需要代入 x 和 y 的坐标对为(1,1)、(1,2)、(1,3)、(2,1)、(2,2)、(2,3)、(3,1)、(3,2)、(3,3)，这 9 组数据称为曲面的采样格点矩阵。生成采样格点矩阵的函数，调用格式为：[X,Y]=meshgrid(x,y)，其中 x 和 y 分别是横轴和纵轴的离散采样点，X 和 Y 是生成的采样格点矩阵的横坐标向量和纵坐标向量。

三维网线是指绘图点之间用曲线连接起来。MATLAB 中绘制网线图的函数是 mesh。相关函数的使用说明如表 1-30 所示。

表 1-30　网线图绘制的相关函数

函　　数	使 用 说 明
mesh(Z)	用矩阵Z的列、行下标作为x轴和y轴变量，画网线图
mesh(X,Y,Z)	分别用X,Y,Z作为x,y,z轴的坐标进行绘图
mesh(X,Y,Z,C)	用数据X,Y,Z和颜色属性矩阵C绘图
meshc(X,Y,Z)	画网格曲面图和基本的等值线图
meshz(X,Y,Z)	画包含零平面的网格曲面图
waterfall(X,Y,Z)	沿x方向出现网线的曲面图
quiver(X,Y,DX,DY)	在等值线上画出方向或速度箭头
clabel(cs)	在等值线上标上高度值

曲面图是指绘图点之间用曲面连接起来。MATLAB 中绘制曲面图的函数是 surf。其相关函数的使用说明如表 1-31 所示。

表 1-31　曲面图绘制的相关函数

函　　数	使　用　说　明
surf(Z)	以矩阵Z指定的参数创建一渐变的三维曲面，坐标x=1:n,y=1:m，其中[m,n]=size(Z)，[X,Y]=meshgrid(x,y)，Z为函数z=f(x,y)在自变量采样"格点"上的函数值，Z=f(X,Y)。Z既指定了曲面的颜色，也指定了曲面的高度，所以以渐变的颜色可以和高度适配
surf(X,Y,Z)	以Z确定的曲面高度和颜色，按照X、Y形成的"格点"矩阵，创建一个渐变的三维曲面。X、Y可以为向量或矩阵，若X、Y为向量，则必须满足m=size(X),n=size(Y),[m,n]= size(Z)
surf(X,Y,Z,C)	以Z确定的曲面高度，C确定的曲面颜色，按照X、Y形成的"格点"矩阵，创建一个渐变的三维曲面
surf(X,Y,Z,'PropertyName', PropertyValue)	设置曲面的属性
surfc(X,Y,Z)	函数的使用方式同surf，同时在曲面下绘制曲面的等高线
h=surf(X,Y,Z)	采用surf创建曲面时，同时返回图形句柄h
h=surfc(X,Y,Z)	采用surfc创建曲面时，同时返回图形句柄h

　　与二维图像函数绘制函数 ezplot 对应，MATLAB 也提供了三维图像绘制函数 ezmesh，其使用说明如表 1-32 所示。

表 1-32　函数ezmesh及相关函数的使用说明

函　　数	使　用　说　明
ezmesh(f)	按照x、y的默认取值范围(–2*pi<x<2*pi,–2*pi<y<2*pi)绘制函数f(x,y)的图形
ezmesh(f,domain)	按照domain指定的取值范围绘制函数f(x,y)的图形,domain可以是向量[xmin,xmax,ymin,ymax]；也可以是向量[min,max]，此时，min<x<max,min<y<max
ezmesh(x,y,z)	按照s、t的默认取值范围(–2*pi<s<2*pi,–2*pi<t<2*pi)绘制函数x=x(s,t)、y=y(s,t)和z=z(s,t)的图形
ezmesh(x,y,z,[smin,smax, tmin,tmax])	按照指定的取值范围[smin,smax,tmin,tmax]绘制函数f(x,y)的图形
ezmesh(x,y,z,[min,max])	按照指定的取值范围[min,max]绘制函数f(x,y)的图形
ezmesh(x,y,z,n)	调用ezmesh绘制图形时，同时绘制n×n的网格,n的默认值为60
ezmesh(x,y,z,'circ')	调用ezmesh绘制图形时，以指定区域的中心绘制图形
ezcontour(f,domain)	按照domain指定的取值范围绘制函数f(x,y)的等高线
ezcontourf(f,domain)	按照domain指定的取值范围绘制函数f(x,y)的带填充颜色的等高线
ezmeshc(f,domain)	按照domain指定的取值范围绘制函数f(x,y)的带等高线的三维网线图
ezpolar(f,domain)	按照domain指定的取值范围绘制函数f(t)的极坐标图
ezsurf(x,y,z,[min,max])	按照指定的取值范围[min,max]绘制函数f(x,y)的三维曲面图
ezsurfc(x,y,z,[min,max])	按照指定的取值范围[min,max]绘制函数f(x,y)的带等高线的三维曲面图

【例 1-62】　函数 peaks 绘制。

```
>> x=linspace(-3,3,200);
>> y=linspace(-3,3,200);
>> [xx,yy]=meshgrid(x,y) ;          %产生 200×200 的栅格点坐标
>> mesh(xx)                         %查看 xx 的网线图
```

```
>> mesh(yy)
>> zz=3*(1-xx).^2.*exp(-(xx.^2) - (yy+1).^2) …
 - 10*(xx/5 - xx.^3 - yy.^5).*exp(-xx.^2-yy.^2) …
 - 1/3*exp(-(xx+1).^2 - yy.^2);                          %产生 peaks 函数
>> subplot(2,3,1);plot3(xx,yy,zz)
>> subplot(2,3,2);surf(xx,yy,zz)
>> subplot(2,3,3);surfc (xx,yy,zz)
>> subplot(2,3,4); mesh(xx,yy,zz)
>> subplot(2,3,5); meshc(xx,yy,zz)
>> subplot(2,3,6);meshz(xx,yy,zz)
```

运行结果如图 1-35 所示。

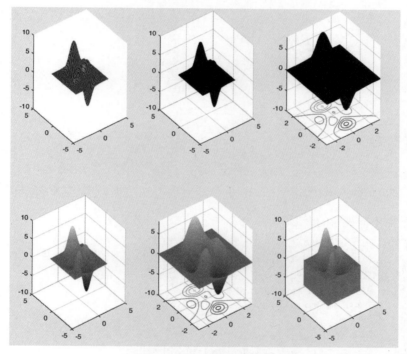

图 1-35　例 1-62 运行结果

【例 1-63】　三维图像绘制函数绘图。

```
>> x='3*s*cos(2*t)';
>> y='2*s*sin(2*t)';
>> z='t';
>> ezmesh(x,y,z,[0,2*pi,0,2*pi])
>> ezcontour('x*sin(y)',[-4,4])
>> ezcontourf('x*sin(y)',[-4,4])
>> ezmeshc('sin(x)*y',[-pi,pi])
>> ezsurfc('x*sin(2*t)','x*cos(2*t)','t',[0,pi,0,2*pi])
>> ezsurf('x*sin(2*t)','x*cos(2*t)','t',[0,10*pi])
>> ezpolar('cos(t)*sin(t)',[0,pi/2])
```

运行结果如图 1-36 所示。

3. 视角函数view的使用

从不同的视角观察物体所看到的图形是不同的，同样从不同的角度绘制的三维图形的形状也是不一样的。视角位置可由方位角和仰角表示，方位角又称旋转角，它是视角位置在 XOY 平面上的投影与 X 轴形成的角度，逆时针用正值表示，顺时针用负值表示；仰角是 XOY 平面的上仰角或下仰角，正值表示视点在 XOY 平面上方，负值表示视点在 XOY 平面下方。MATLAB 系统提供了从不同视角绘制三维图形的函数 view(α,β)，其中 α 为方位角，β 为仰角，如图 1-37 所示。

图 1-36 例 1-63 运行结果

图 1-37 视角函数角度示意图

【例 1-64】 绘制不同视角的图形。

```
>> p=peaks;
>> subplot(2,2,1); mesh(peaks,p); view(-37.5,30);
%以视角(-37.5,30)绘制子图 1
>> title('azimuth=-37.5,elevation=30');
>> subplot(2,2,2); mesh(peaks,p); view(-30,60);
%以视角(-30,60)绘制子图 2
>> title('azimuth=-30,elevation=60');
>> subplot(2,2,3); mesh(peaks,p); view(-90,0);
%以视角(-90,0)绘制子图 3
>> title('azimuth=-90,elevation=0');
>> subplot(2,2,4); mesh(peaks,p); view(-60,-10);
%以视角(-60,-10)绘制子图 4
>> title('azimuth=-60,elevation=10');
```

运行结果如图 1-38 所示。

【例 1-65】 用函数 quiver 绘制向量场图。

```
>> [X,Y]=meshgrid(-2:.2:2);
>> Z=X.*exp(-X.^4 - Y.^4);
>> [DX,DY]=gradient(Z,.2,.2);
>> contour(X,Y,Z)
>> hold on
>> quiver(X,Y,DX,DY)
>> colormaphsv
```

运行结果如图 1-39 所示。

图 1-38　例 1-64 运行结果

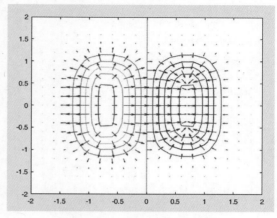

图 1-39　例 1-65 运行结果

【例 1-66】　用 clabel 函数绘制等值线图。

```
>> [X,Y,Z]=peaks(45);
>> [C,h]=contour(X,Y,Z);
>> clabel(C,h);
```

运行结果如图 1-40 所示。

【例 1-67】　用 contour3 函数绘制等高线图。

```
>> [x,y,z]=peaks(45);
>> contour3(x,y,z,16);
>> xlabel('X-axis'),ylabel('Y-axis'),zlabel('Z-axis');
>> title('等高线图');
```

运行结果如图 1-41 所示。

图 1-40　例 1-66 运行结果

图 1-41　例 1-67 运行结果

【例 1-68】 函数 mesh 与函数 surf 绘制示例。

```
>>n=30;
>>[x,y,z]=sphere(n);
>>subplot(1,2,1);
>>mesh(x,y,z)
>>title('Mesh plot');
>>axis ('equal')
>>xlabel ('x-axis')
>>ylabel ('y-axis')
>>zlabel ('z-axis')
>>subplot(1,2,2);
>>surf(x,y,z)
>>title('Surf plot');
>>axis ('equal')
>>xlabel ('x-axis')
>>ylabel ('y-axis')
>>zlabel ('z-axis')
```

运行结果如图 1-42 所示。

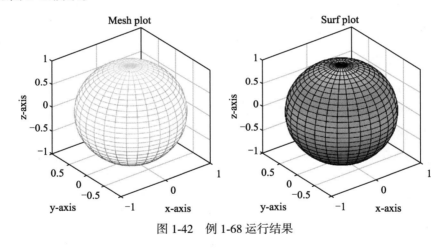

图 1-42 例 1-68 运行结果

【例 1-69】 三维火柴杆图绘制示例。

```
>>t=0:0.1:4.5;
>>s=0.1+i;
>>y=exp(-s*t).*cos(t);
>>stem3 (real(y),imag (y),t)
>>hold on
>>plot3 (real(y),imag(y),t,'r')
>>hold off
>>view(-39.5,62)
```

运行结果如图 1-43 所示。

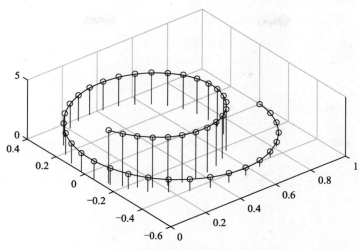

图 1-43　例 1-69 运行结果

【例 1-70】　三维路径向量图的绘制示例。

```
>>vz=10;
>>a=-32;
>>t=0:0.05:1;
>>z=vz*t+1/2*a*t.^2;
>>vx=2;
>>x=vx*t;
>>vy=3;
>>y=vy*t;
>>u=gradient(x);
>>v=gradient(y);
>>w=gradient(z);
>>scale=0;
>>quiver3(x,y,z,u,v,w,scale)
>>view([70 18])
```

运行结果如图 1-44 所示。

图 1-44　例 1-70 运行结果

【例 1-71】 复合立体图形的绘制示例。

```
>>fig1=figure('toolbar','none','position',[200 150 450 250]);
>>[x,y,z]=meshgrid(-2:0.1:2,-2:0.1:2,-2:0.1:2);
>>v=x.*exp(-x.^2-y.^2-z.^2);
>>grid on
>>fig2=surf(linspace(-2,2,20),linspace(-2,2,20),zeros(20)+0.8);
>>rotate(fig2,[1 -1 1],65)
>>dx=get(fig2,'xdata');
>>dy=get(fig2,'ydata');
>>dz=get(fig2,'zdata');
>>slice(x,y,z,v,[-2 2],2,-2)
>>hold on
>>slice(x,y,z,v,dx,dy,dz)
>>hold off
>>axis tight
>>view(-10,25)
```

运行结果如图 1-45 所示。

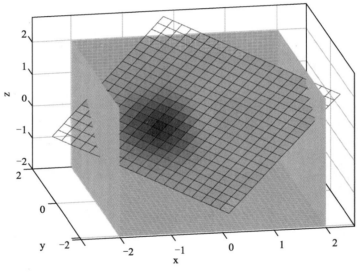

图 1-45　例 1-71 运行结果

【例 1-72】 立体透视图绘制示例。

```
>>[x0,y0,z0]=sphere(40);
>>x=3*x0;
>>y=3*y0;
>>z=1.6*z0;
>>surf(x0,y0,z0);
>>shading interp
>>hold on
>>mesh(x,y,z)
>>colormap(cool)
```

```
>>hold off
>>hidden off
>>axis equal
>>axis off
```

运行结果如图 1-46 所示。

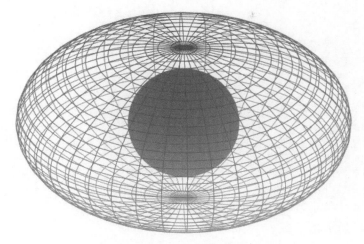

图 1-46　例 1-72 运行结果

【例 1-73】　傅里叶级数展开时，频域显示立体图的绘制示例。

```
>>clc;
>>clear all;
>>close all;
>>m =11;
>>N = 512;
>>T0 = 4;
>>T = 2;
>>t1 = linspace(-T/2, T/2, N);
>>t2 = linspace(T/2, T0-T/2, N);
>>t = [(t1-T0)'; (t2-T0)'; t1'; t2'; (t1+T0)'];
>>s = [ones(N,1);zeros(N,1);ones(N,1);zeros(N,1);ones(N,1)]';
>>y = zeros(m, length(s));
>>ys = s-0.5;
>>hold on;
>>grid on;
>>plot3(t-(t+2), t, ys,'b','LineWidth',2.5);
>>A = 0.5;
>>fsamp = 1024;
>>f = linspace(1, m+1, fsamp);
>>freq = 1:m;
>>F = A*sinc(A*f)*5;
>>plot3(f,T0+1+f*0,F,'r-','LineWidth',2.5)
>>fill3([f(1),f,f(end)],[T0+1,T0+1+f*0,T0+1],[min(F(:)),F,min(F(:))],'r',
'FaceAlpha',0.2)
```

```
>>x = A*zeros(size(t));
>>X = A*ones(size(t));
>>for k = 1:m
>>x = 2*A*sinc(A*k)*cos(2*pi*t*k/T0);
>>y(k,:) = x;
>>plot3(k+t*0,t,y(k,:),'LineWidth',1.5); % Harmonic
>>X = X + x;
>>end
>>plot3(k+1+t*0,t,X-0.5,'LineWidth',2.5,'Color','g');
>>xlabel('频域','Rotation', 15);
>>ylabel('时域','Rotation', -10);
>>zlabel('幅值');
>>axis([-2,m+1,-(T0+1),T0+1,-1,2])
>>set(gca,'XTick',-T0-1:2:m);
>>set(gca,'YTick',-T0-1:1:T0+1);
>>set(gca,'ZTick',-1:0.5:T0);
>>title('傅里叶级数展开','FontSize',15);
>>view(-49,23)
>>set(gcf,'Color','White');
```

运行结果如图 1-47 所示。

图 1-47   例 1-73 运行结果

【例 1-74】   函数 slice 绘制三维体切片平面示例。

```
>>[x,y,z]=meshgrid(-6:0.1:6);
>>v=x.*exp(-x.^2-y.^3-z.^2).*cos(x+y+z);
>>[xsurf,ysurf]=meshgrid(-3:0.3:3);
>>zsurf=xsurf.^2-ysurf.^2-cos(xsurf)-sin(ysurf);
>>slice (x,y,z,v,xsurf,ysurf,zsurf)
```

运行结果如图 1-48 所示。

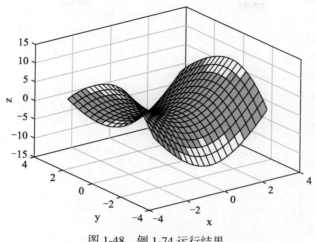

图 1-48　例 1-74 运行结果

1.4.4　动态图的绘制

1．以连续帧方式产生动画

以连续帧方式产生动画，有两个基本步骤：先使用 getframe 命令来抓取图形作为画面，每个画面都是以一个列向量的方式，置于存放在矩阵 M 中。然后使用 movie(M,k)命令来连续播放帧，并可以规定矩阵 M 的重复播放次数。

【例 1-75】　使用连续帧方式绘制动画，显示二阶系统的时域波形。

```
>> n=30;
>> for i=1:n
>> x=0:0.1:i;
>> y=1-1/sqrt(1-0.6^2)*exp(-0.6*x).*sin(sqrt(1-0.6^2)*x+acos(0.6));
>> plot(x,y)
>> axis([0,20,0,1.5]);                          %固定坐标轴
>> M(i)=getframe;                               %抓取画面
>> end
>> movie(M,1)                                   %重复播放 1 次
```

运行结果如图 1-49 所示。

2．以对象方式产生动画

以对象方式产生动画，基本步骤为：先产生一个对象，设置其擦除属性 EraseMode，EraseMode 为一个字符串，代表对象的擦除方式，即对于旧对象的处理方式。EraseMode 属性有以下几种：normal——计算整个画面的数据，重画整个图形；xor——将旧对象的点以 xor 的方式还原，即只画与屏幕色不一致的新对象点，擦除不一致的原对象点，这种方式不会擦除被擦对象下面的其他图像；background——将旧对象的点变成背景颜色，实现擦除，这种方式会擦除被擦对象下面的其他图像；none——保留

图 1-49　例 1-75 运行结果

旧对象的点，不做任何擦除。在上述 4 种 EraseMode 属性中，耗费时间从长到短的顺序依次是：normal、xor、background、none；然后在循环中产生动画，每次循环改变此对象的位置属性 xdata 或 ydata（或两者），其中 xdata 为一个向量，代表对象的 x 坐标值，ydata 为一个向量，代表对象的 y 坐标值；最后使用 drawnow 函数刷新屏幕实现动画显示。

【例 1-76】 使用对象方式产生用一个红色的小球沿着曲线运动的动画。

```
>> x=0:0.2:20;
>> y=1-1/sqrt(1-0.707^2)*exp(-0.707*x).*sin(sqrt(1-0.707^2)*x+acos(0.707));
>> plot(x,y)
>> h=line(0,0,'color','red','marker','.','markersize',30,'erasemode','none');
%定义红色的小球
>> for i=1:length(x)
>> set(h,'xdata',x(i),'ydata',y(i));            %设置小球的新位置
>> pause(0.003)                                 %暂停 0.003s
>> drawnow                                      %刷新屏幕
>> end
```

运行结果如图 1-50 所示。

3. 直接使用comet、comet3函数产生动画

直接使用 comet、comet3 函数产生动画，基本步骤为：线准备好质点完整的运动轨迹坐标值，然后使用 comet 或者 comet3 直接绘制动点实现动画。

【例 1-77】 直接使用 comet 函数动态显示二阶系统的时域波形。

```
>> x=0:0.2:20;
>> y=1-1/sqrt(1-0.707^2)*exp(-0.707*x).*sin(sqrt(1-0.707^2)*x+acos(0.707));
>> comet(x,y)
```

运行结果如图 1-51 所示。

图 1-50　例 1-76 运行结果　　　　　　　　图 1-51　例 1-77 运行结果

1.5 　M 文件和程序设计

MATLAB 有两种工作方式：一种是交互式的命令行工作方式；另一种是 M 文件的程序工作方式。在交互式的命令行工作方式下，MATLAB 是可作为一种高级"数学演算纸和图形绘制器"来使用的编程语言。

在 M 文件的程序工作方式下，MATLAB 可以像其他高级计算机语言一样进行程序设计，编制一种以.m 为扩展名的 MATLAB 程序，简称 M 文件。

　　M 文件是一个文本文件，可以使用各种文本编辑器编辑和修改，也可以使用 MATLAB 的 M 文件编辑器 / 调试器；在运行程序之前，一定要确定这个 M 文件是否在 MATLAB 的搜索路径中。若不在，可以设置路径使之位于 MATLAB 的搜索路径中，在路径设置对话框中，加入该路径到所有搜索路径的最前端。在 MATLAB 的命令窗口输入 M 文件名即可运行该命令文件，M 文件运行过程中产生的变量会驻留在基本工作空间中，即使文件运行结束也不会被自动删除，只有关闭了 MATLAB 后，基本工作空间才会被删除。

1.5.1　程序控制语句及其编程

视频讲解

　　作为一种程序设计语言，MATLAB 语言除了按正常的顺序执行的程序语句外，还提供了各种控制程序流程的语句，如选择分支语句、循环语句等。控制流程极其重要，通过对流程控制语句的组合使用，可以实现多种复杂功能的程序设计。

1. 选择分支语句

　　选择分支语句是根据给定的条件成立或不成立来确定执行不同的语句，MATLAB 提供的用于实现选择分支结构的语句有 if 语句和 switch 语句。

1）if 语句

if 语句有 3 种格式。

格式 1：

```
if 条件
程序语句
end
```

格式 2：

```
if 条件
程序语句 1
else
程序语句 2
end
```

格式 3：

```
if 条件 1
程序语句 1
elseif  条件 2
程序语句 2
…
…
elseif  条件 n
程序语句 n
else
程序语句 n+1
end
```

　　对于格式 1，当条件成立时，则执行程序语句执行完之后继续执行 if 语句的程序语句，如条件不成立，则不执行 if 中程序语句；对于格式 2，当条件成立时执行程序语句 1，否则执行程序语句 2，程序语句 1 或程序语句 2 执行后再执行 if 语句的后面的语句；格式 3 的执行过程类似，满足对应的条件，执行相应的语句，可用于实现多分支选择结构。

【例 1-78】 有分段函数

$$f(x) = \begin{cases} 3x^2 + 2x + 1, & -6 < x < 0 \\ \cos(x) + 3\sin(x), & 0 \leqslant x \leqslant 1 \\ 3\sin(x) + e^{x-6} - 1, & 1 < x < 6 \end{cases}$$

编程输入 x 的值，计算并显示函数值。

```
>> x=input('请输入自变量值(-6 至 6): ');
>> if x<0
>>     str='3x^2+2x+1';
>> y=3*x^2+2*x+1;
>> elseif x<=1
>>     str='cos(x)+3sin(x)';
>>     y= cos(x)+3*sin(x);
>> else
>>     str='3sin(x)+e^(x-6)-1';
>>     y=3*sin(x)+exp(x-6)-1;
>> end
>> disp([str,blanks(4),num2str(y)])
```

运行结果如下：

```
请输入自变量值(-6 至 6): 0.5
cos(x)+3sin(x)    2.3159
```

2）switch 语句

switch 语句根据变量或表达式取值的不同，分别执行不同的语句，其格式为：

```
switch  表达式
case  值 1
程序语句 1
case  值 2
程序语句 2
…
…
case  值 n
程序语句 n
otherwise
语句组 n+1
end
```

当表达式的值为 1 时，执行程序语句 1；当表达式的值为 2 时，执行程序语句 2；当表达式值为值 n 时，执行程序语句 n；当表达式的值不为任何 case 所列的值时，执行程序语句 n+1，当任一分支程序语句执行完成后，直接执行 switch 语句的后面程序。

语句 switch 后的表达式可以为标量或者字符串。对于标量形式，用关系运算符"= ="比较，对于字符串形式，用函数 strcmp 比较。case 语句后的值 n 可以是标量、字符串，也可以是细胞数组。对比 C 语言中，otherwise 是用 default 来表示的。

【例 1-79】 输入物品的标签号码，显示物品的种类。其中标签号码为 1、3、5 的物品为文具用品，号码为 6 到 10 的物品为体育用品，号码为 2、11、15、16 的物品为音像制品。要求：不断从键盘输入标签号码，输入一个号码显示一次物品种类，输入错误号码要给出提示，输入号码 100 则结束输入。

```
>> code1= [{1},{3},{5}];  code3=[{2},{11},{15},{16}];          %构造细胞数组,分类编号
>>      for i=6:10
>>          code2{i}=i;
>>      end
>> while 1
>> a=input('输入标签号码: ');
>>          switch a
>>              case  code1
>>                  disp('文具用品');
>>              case  code2
>>                  disp('体育用品');
>>              case  code3
>>                  disp('音像制品');
>>              case  100
>>                  break;
>>              otherwise
>>                  disp('代码错误');
>>          end
>>      end
```

运行结果如下：

```
输入标签号码: 1
文具用品
输入标签号码: 2
音像制品
输入标签号码: 8
体育用品
输入标签号码: 12
代码错误
输入标签号码: 100
```

2. 循环语句

循环是指按照给定的条件，在满足条件的情况下重复执行指定的语句。这是一种非常重要的程序结构，MATLAB 提供了两种实现循环结构的语句：for 语句和 while 语句。

1）for 语句

for 语句允许一组命令以固定的和预定的次数重复。for 循环的一般格式是：

```
for 循环变量=表达式 1: 表达式 2 : 表达式 3
    循环体语句
end
```

其中表达式 1 的值为循环变量的初值，表达式 2 的值为步长，表达式 3 的值为循环变量的终值。当步长为 1 时，表达式 2 可以省略。for 循环首先计算 3 个表达式的值，再将表达式 1 的值赋给循环变量，如果此时循环变量的值是介于表达式 1 和表达式 3 的值之间时，则执行循环体语句，否则结束循环的执行。注意，for 循环结构循环变量还可以选择 i=v 的格式，其中 v 为一个向量，循环变量 i 依次从 v 向量中取一个数值，执行一次循环体的内容，如此下去，直至执行完 v 向量中所有的分量，向量 v 的内容可以任意排列，

这种用法使得程序设计非常灵活。for 循环不能在循环内重新给循环变量赋值来终止;for 循环可以嵌套使用;为了得到更快的速度,在循环被执行之前,可以给循环体中涉及的变量根据大小预先分配数组,以免在 for 循环内每次执行时,由于迫使 MATLAB 对循环体中的变量重新分配内存而导致花费较多的时间。

【例 1-80】 用 for 循环语句计算 1~100 的和。

```
>> s=0;
>> for i=1:100
>>   s=s+i;
>> end
>> s
```

运行结果如下:

```
s =
     5050
```

2)while 语句

for 语句循环的循环次数往往是确定的,而 while 语句循环则可以不确定循环的次数,其一般格式为:

```
while 关系表达式
   程序语句
end
```

只要关系表达式的运算结果为真,就执行 while 和 end 语句之间的"程序语句"。通常,关系表达式的求值给出一个标量值,但数组值也同样有效。在数组情况下,所得到数组的所有元素必须都为真。

while 循环通常用在循环次数未知的情况下使用,而且要在循环体中修改循环关系表达式中的值,否则容易造成死循环。通常 while 循环要与 if 语句、break 语句结合使用,使程序按条件从循环体中跳出,并结束循环。

【例 1-81】 用 while 循环语句计算 1~100 的和。

```
>> s=0;
>> i=1;
>> while (i<=100)
>>   s=s+i; i=i+1;
>> end
>> s
```

运行结果如下:

```
s =
     5050
```

还可以直接用 sum 函数,计算数组的和,如直接运行 sum(1:100)实现计算 1~100 的和。

3. 其他常用程序设计语句

1)try-catch 语句

try 语句是 MATLAB 特有的语句,其一般格式是:

```
try
程序语句 1
catch
程序语句 2
end
```

try-catch 语句先试探性地执行程序语句 1，如果程序出错，则将错误信息存入系统保留的变量 lasterr 中，然后再执行程序语句 2；如果程序不出错，则转向执行 end 后面的语句。此语句可以提高程序的容错能力，增加编程的灵活性和效率。

【例 1-82】　运行下列语句，理解 try-catch 语句。

```
>> A=[1,0];
>> B=[0,1];
>> try
>> C=A*B;
>> catch
>> disp('矩阵乘法错误');
>> C=[];
>> end
>> lasterr
```

运行结果如下：

```
矩阵乘法错误
ans =
错误使用   *
内部矩阵维度必须一致
```

2）程序流控制语句

常用的程序流控制语句如表 1-33 所示。

表 1-33　常用的程序流控制语句

函　　数	使 用 说 明
continue	在for循环或while循环中遇到该语句，将跳过其后的循环体语句，进行下一次循环
break	终止本层for或while循环，跳转到本层循环结束语句end的下一条语句
return	终止被调用函数的运行，返回到调用函数
pause	暂停程序运行，按任意键继续
pause(n)	程序暂停n秒后继续
pauseon/off	允许/禁止其后的程序暂停
error('message')	显示出错信息message，中止程序运行
errortrap	发生错误后，程序继续执行或退出的状态切换
lasterr	显示MATLAB给出的最新的出错信息，并中止程序运行
warning('message')	显示警告信息message，程序继续运行
lastwarn	显示MATLAB最新给出的警告信息，程序自动运行

注意：break 语句和 continue 语句的使用区别。

【例 1-83】　计算 1～100 中所有素数的和，并找出 1～100 中所有的素数，理解 break 与 continue 语句的使用。

```
>> sumA=2;
>> ss=0;
>> NUM=2;
```

```
>> for n=3:100
>>     for m=2:fix(sqrt(n))
>>         if mod(n,m)==0
>>             ss=1;
>>             break;
>>         else
>>             ss=0;
>>         end
>>     end
>>     if ss==1
>> continue;
>>     end
>>     NUM=[NUM,n];
>>     sumA=sumA+n;
>> end
>> sumA
>> NUM
```

运行结果如下：

```
sumA =
      1060
NUM =
  1 至 9 列
     2     3     5     7    11    13    17    19    23
  10 至 18 列
    29    31    37    41    43    47    53    59    61
  19 至 25 列
    67    71    73    79    83    89    97
```

3）数据的输入与输出语句

input 语句用来提示用户应该从键盘输入数值、字符串和表达式，并接受该输入。常用格式有：

```
a=input('input a number:')              %输入数值给 a
b=input('input a number:','s')          %输入字符串给 b
```

disp 语句用来输出信息到命令窗口，可以采用 disp 语句，其调用格式为 disp(x)。此外，输出最简单的方法是直接写出希望输出的变量或数组名，后面不加分号。

4）M 文件的操作函数

常见的 M 文件操作函数如表 1-34 所示。

表 1-34　常见的M文件操作函数

函　　数	使　用　说　明
save	将所有工作空间变量存储在名为MATLAB.mat的文件中
save filename	将所有工作空间变量存储在名为filename的文件中
save filename a b c	将工作空间的指定变量a,b,c存于名为filename的文件中
load	如果MATLAB.mat文件存在，则加载MATLAB.mat文件中存储的所有变量到工作空间；否则返回一错误信息

续表

函　　数	使　用　说　明
load filename	如果filename文件存在，则加载filename文件中存储的所有变量到工作空间；否则返回一错误信息
load filename a b c	如果filename文件及存储的变量a,b,c存在，则加载filename文件中存储的变量a,b,c到工作空间；否则返回一错误信息
fileid=fopen(filename)	以只读方式打开名为 filename 的二进制文件，如果文件可以正常打开，则获得一个文件句柄号 fileid；否则 fileid =-1
fileid=fopen(filename, permission)	以permission指定的方式打开名为filename的二进制文件或文本文件，如果文件可以正常打开，则获得一个文件句柄号fileid(非0整数)；否则fileid =-1
status =fclose(fileid)	关闭句柄号fileid指定的文件。如果fileid是已经打开的文件句柄号，成功关闭，status =0；否则status=-1
status =fclose('all')	关闭所有文件（标准的输入/输出和错误信息文件除外）。成功关闭，status =0；否则status=-1
fprintf(fileid,format,A,…)	用format定义的格式化文本文件，将数据"A,…"写入以fopen打开的文件，打开文件标识符为文件句柄fileid
[A,count]=fscanf(fileid, format,num)	读取以fileid指定的文件数据，读取的数据限定为num字节，并将它转换为format定义的格式化文本，然后赋给变量A；同时返回有效读取数据的字节数count
fwrite(fileid,A,precision)	用precision指定的精度，将数组A的元素写入以fileid指定的二进制文件，返回值count为成功写入文件的元素数
[A,count]=fread(fileid,size, precision)	读取以fileid指定的二进制文件中的数组元素，并转换为precision指定的精度，赋给数组A。返回值count为成功读取数组的元素数
dl =fgetl(fileid)	读取以fileid指定的文件中的下一行数据，不包括回车符
dl =fgets(fileid,nchar)	读取以fileid指定的文件中的下一行数据，多读取nchar个字符，如果遇到回车符则不再读取数据
fgets	读入下一行，保留回车符
ferror	查询文件的错误状态
feof	检验是否到文件结尾
fseek	移动位置指针
ftell	返回当前位置指针
frewind	把位置指针指向文件头
tempdir	返回系统存放临时文件的目录
tempname	返回一个临时文件名

在使用 fopen(filename,permission)打开文件时，permission 指定的方式如表 1-35 所示。

表 1-35　打开文件操作时的参数说明

permission参数	使　用　说　明
'r'	以只读方式打开文件，为系统默认值
'w'	以写入方式打开或新建文件，如果是存有数据的文件，则删除其中的数据，从文件的开头写入数据'a'以写入方式打开或新建文件，从文件的后追加数据'r+'以读/写方式打开文件

续表

permission参数	使 用 说 明
'w+'	以读/写方式打开或新建文件，如果是存有数据的文件，写入时则删除其中的数据，从文件的开头写入数据'a+'以读/写方式打开或新建文件，写入时从文件的后追加数据
'A'	以写入方式打开或新建文件，从文件的后追加数据。在写入过程中不会自动刷新当前输出缓冲区，是为磁带驱动器的写入设计的参数
'W'	以写入方式打开或新建文件，如果是存有数据的文件，则删除其中的数据，从文件的开头写入数据。在写入过程中不会自动刷新当前输出缓冲区，是为磁带驱动器的写入设计的参数

1.5.2 命令文件和函数文件

视频讲解

按照 M 文件的组成和特点，可以分为命令文件和函数文件。命令文件（或者称为脚本文件）通常用于执行一系列简单的 MATLAB 函数，运行时只需输入文件名字，MATLAB 就会自动按顺序执行文件中的函数，等同于在交互式命令行提示符"≫"下依次输入脚本文件的函数；函数文件和命令文件不同，它可以接受参数，也可以返回参数，在一般情况下，不能靠单独输入其文件名来运行函数文件，而必须由其他函数来调用，通过传递参数来运行，是传统意义下的程序设计文件，MATLAB 的大多数应用程序都以函数文件的形式给出。

命令文件没有输入参数也没有输出参数，只是一些 MATLAB 命令和函数的组合；命令文件可以操作基本工作空间的变量，也可以生成新的变量。命令文件执行结束后新变量将保存在基本工作空间中，不会被自动清除；命令文件是以.m 为扩展名的文件，只要命令文件在搜索路径上，在命令窗口键入文件名就可以运行命令文件。

函数文件有 3 种主要类型：匿名函数、主函数与子函数、私有函数。

1. 匿名函数

匿名函数可以不含有 M 文件，只包含一个 MATLAB 表达式，任意多个输入和输出。可以在 MATLAB 命令窗口、M 函数文件或者是脚本文件中定义它，其使用格式是：f=@(arglist)expression，其中 expression 为此匿名函数的函数体，arglist 为此函数的输入参数列表。等号右边必须以@开始，@符号用来构造函数句柄，函数句柄被创建后，此匿名函数就可以被调用。函数句柄的创建方法主要有 3 种方式：方法①：直接加@，使用格式：@函数名，如 fun1=@sin；方法②：str2func 函数，使用格式：str2func('函数名')，如 fun2=str2func('cos')；方法③：单行表达式，使用格式：@(参数列表)单行表达式，如 fun3=@(x,y)x.^3+y.^3；使用函数句柄的优点：可以在更大范围调用函数，函数句柄包含了函数文件的路径和函数类型，即函数是否为内部函数、M 文件、子函数、私有函数等，因此无论函数所在的文件是否在搜索路径上，是否是当前路径，是否是子函数或私有函数，只要函数句柄存在，函数就能执行，从而提高了函数调用的速度；若不使用函数句柄，则对函数的每次调用都要为该函数进行全面的路径搜索，直接影响了速度。使函数调用像使用变量一样方便、简单。可迅速获得同名重载函数的位置、类型信息。

【例 1-84】 匿名函数的使用。

```
>> fun3=@(x,y)x.^3+y.^3;
>> f21=fun3(2,1)
```

运行结果如下：

```
f21 =
    9
```

可以将函数句柄 fun3 作为参数传递给别的函数，例如，求数值积分：integral2(fun3,0,1,0,1)，就是将 fun3 作为参数传递给了函数 integral2 进行计算得到运行结果。

如果匿名函数中不包含任何输入参数，@后面的参数列表必须用空的括号表示，如：t=@( )datestr(now)，调用此匿名函数同样也要用括号，如：运行 t()，可得结果 ans =15–Aug–2020 06:50:58，否则 MATLAB 只识别此句柄，而不会调用此函数，如：运行 t，可得结果 t=@()datestr(now)。

2. 主函数与子函数

在一个 M 函数文件中，可以包含一个以上的函数，其中只有一个是主函数，其他函数则为子函数。在一个 M 文件中，主函数必须出现在最上方，其后是子函数，子函数的次序无任何限制；子函数不能被其他文件的函数调用，只能被同一文件中的函数调用，可以是主函数也可以是子函数；同一文件的主函数和子函数变量的工作空间相互独立；用 help 和 lookfor 命令只能提供主函数的帮助信息，不能提供子函数的帮助信息。

3. 私有函数

私有函数是指存放在 private 子目录中的 M 函数文件，具有以下性质：在 private 目录下的私有函数，只能被其上一层目录的 M 函数文件所调用，而不能被其他目录的函数调用，对其他目录的文件而言，私有函数是不可见的，私有函数可以和其他目录下的函数重名；私有函数的上一层目录的 M 脚本文件也不可调用私有函数；在函数调用搜索时，私有函数优先于其他 MATLAB 路径上的函数。

4. 内联函数

可以用 M 文件来建立函数，函数的功能可以很复杂，函数的输出变量也可以有多个。对于简单的数学表达式，用 M 文件来建立函数就显得不够方便。MATLAB 提供了内联函数的功能，内联函数可以将表达式转换为函数。内联函数是 MATLAB 面向对象的一个类，其类型名为 inline。常用的内联函数及相关的操作函数如表 1-36 所示。

表 1-36　常用的内联函数及相关的操作函数

函　　数	使 用 说 明
f=inline('expr')	将串表达式expr转换为内联函数
f=inline('expr', 'arg1', 'arg2', …)	将串表达式expr转换为以arg1、arg2等为自变量（输入变量）的内联函数
f=inline('expr',n)	将串表达式expr转换为以自变量x,P1,P2,…,Pn为自变量的内联函数。其中P必须大写（语法要求）。n为P的个数
[y1,y2,…]=feval(inline_fun, arg1,arg2,…)	将arg1,arg2,…的值代入内联函数inline_fun，并执行该内联函数
[y1,y2,…]=feval(h_fun, arg1,arg2,…)	将arg1,arg2,…的值代入函数句柄h_fun对应的函数中，并执行该函数
class(fun)	获取内联函数的数据类型
char(fun)	获取内联函数的计算公式字符串
argnames(fun)	获取内联函数的输入变量名字
vectorize(fun)	使内联函数具有数组运算规则

5. 调用函数的搜索顺序

在 MATLAB 中调用一个函数，其搜索的顺序如下：查找是否为子函数；查找是否为私有函数；从当前路径中搜索此函数；从搜索路径中搜索此函数。

当在 MATLAB 命令窗口中输入一个变量时，如当输入 val 时，MATLAB 先检查 val 是否是一个变量，如果 val 是一个变量，就显示它的值；如果 val 不是一个变量，那么 MATLAB 会检查 val 是不是自己的命令之一？如果 val 是命令，就执行它；如果 val 不是命令，那么 MATLAB 会在当前目录中查找名为 val 的文件，如果 MATLAB 找到 val 这个文件，就执行它；如果 MATLAB 找不到这个文件，那么 MATLAB 会在搜索路径中去搜索目录，然后查找该 val，找到了就执行它，找不到就报错。

6. 基本工作空间与函数工作空间

有了函数文件后，工作空间会变得复杂起来。MATLAB 将工作空间分成基本工作空间与函数工作空间。

1）基本工作空间

基本工作空间是 MATLAB 启动后自动创建的，只有关闭了 MATLAB 后，基本工作空间才会被删除。基本工作空间内部包括 MATLAB 建立的特殊变量（如 pi、i、j、NaN 等）和命令窗口执行语句过程中生成的变量。

2）函数工作空间

函数工作空间是函数文件运行时自动创建的工作空间，它是临时的，当函数运行完毕后，会被系统自动撤销。其中保存了函数内部定义或者运算生成的临时变量，它们在函数执行完成后就不存在了。

7. 局部变量与全局变量

无论在脚本文件还是在函数文件中，都会定义一些变量。函数文件所定义的变量是局部变量，这些变量独立于其他函数的局部变量和工作空间的变量，即只能在该函数的工作空间引用，而不能被其他函数工作空间所引用。但是如果某些变量被定义成全局变量，就可以在整个 MATLAB 工作空间进行存取和修改，以实现全局操作。因此，定义全局变量是函数间传递信息的一种方法。在 MATLAB 中，用 global 关键字来定义全局变量，其格式为"global A B"，即将 A、B 这两个变量定义为全局变量。在 M 文件中定义全局变量时，如果在当前工作空间已经存在同名的变量，系统将会给出警告，说明由于将该变量定义为全局变量，可能会使变量的值发生改变。为避免发生这种情况，习惯上将全局变量用大写字母来定义，局部变量用小写字母来使用。

8. 函数文件的设计

如果 M 文件的第一个可执行语句以 function 关键字开始，该文件就是函数文件，每一个函数文件都定义一个函数。MATLAB 提供的函数命令大部分都是由函数文件来编写的。从应用上来看，函数是一个"数据处理单元"，只需了解数据加工的功能，而不必了解数据处理的过程，把所需数据传递给函数，经函数处理后，把结果返回给调用函数的语句即完成了函数的使用。注意，函数文件内定义的变量为局部变量，只在函数文件内部操作时起作用，当函数文件执行完后，这些内部变量将会被删除。

函数文件的设计具有如下主要特点：

（1）第一行总是以 function 引导的函数声明行；

函数声明行的格式：

```
function [输出变量列表]=函数名(输入变量列表)
```

也可以没有输出变量，其格式：

```
function 函数名(输入变量列表)
```

（2）函数定义行下的第一个注释行，可以供 MATLAB 的 lookfor 函数查询时使用。一般来说，为了充分利用 MATLAB 的搜索功能，在编制 M 文件时，应在第一个注释行中包含该函数的特征信息。

（3）在函数定义行后面，连续的注释行不仅可以起到解释与提示作用，更重要的是为函数文件建立在线查询信息，以供 MATLAB 的 help 函数在线查询时使用。

（4）函数体：函数体包含了全部的用于完成计算及给输出参数赋值等工作的语句，这些语句可以是调用函数、流程控制、交互式输入/输出、计算、赋值、注释和空行。函数文件在运行过程中产生的变量都存放在函数本身的工作空间；当文件执行完最后一条命令或遇到 return 命令时，就结束函数文件的运行，同时函数工作空间的变量就被清除；函数的工作空间随具体的 M 函数文件调用而产生，随调用结束而删除，是独立的、临时的，在 MATLAB 运行过程中可以产生任意多个临时的函数空间。

（5）注释：以%起始到行尾结束的部分为注释部分，MATLAB 的注释可以放置在程序的任何位置，可以单独占一行，也可以在需注释的语句之后。

函数文件的调用格式为：

[输出参数表]=函数名(输入参数表)

调用函数时应注意：

（1）当调用一个函数时，输入和输出参数的顺序应与函数定义时的一致，其数目可以按少于函数文件中所规定的输入和输出参数调用函数，但不能多于函数文件所规定的输入和输出参数数目。如果输入和输出参数个数多于函数文件所允许的数目，则调用时会提示错误信息。对于调用时输入和输出参数少于函数文件中所规定的输入和输出参数数目的情况，需要通过 nargin、nargout 函数来设置输入参数，并决定相应的输出参数。检测输入变量和输出变量的函数，输入变量和输出变量数目可变的函数说明如表 1-37 所示。

表 1-37　与输入、输出变量操作相关的函数

函　　数	使　用　说　明
n =nargin	用于函数内，返回实际输入变量的个数
n =nargin('fun')	获取fun函数的声明的输入变量个数
n =nargout	用于函数体，返回实际输出变量的个数
n =nargout('fun')	获取fun函数的声明的输出变量个数
vname=inputname(n)	用于函数内，返回第n个输入变量的实际调用变量名字
varargin	数目可变的输入变量列表
varargout	数目可变的输出变量列表

编写参数数目可变的函数时，函数定义行的"数目可变的变量"要放在"普通变量"之后。varargin 是一个细胞数组，里面放置的是"数目可变的变量"；函数被调用时，输入变量的传递规则是：实际输入变量依次逐个传递给函数定义的输入变量列表中的"普通输入变量"，然后把剩余的实际输入变量依次传递给 varargin 细胞数组中的细胞；varargin 细胞数组中的细胞作为一个"普通输入变量"来使用。varargout 的工作过程和 varargin 类似，只是其对应的是函数的输出变量操作。

当函数有一个以上输出参数时，输出参数包含在方括号内。例如，[m,n]=fun(x)。注意：[m,n]在左边表示函数的两个输出参数 m 和 n；不要与[m,n]在等号右边的情况相混淆，如 y=[m,n]表示数组 y 由变量 m 和 n 组成。

（2）当函数有一个或多个输出参数，但调用时未指定输出参数，则不给输出变量赋任何值。

（3）如果变量说明是全局的，函数可以与其他函数、MATLAB 命令工作空间和递归调用本身共享变量。

为了在函数内或 MATLAB 命令工作空间中访问全局变量，所涉及全局变量在每一个所希望的工作空间都必须加以说明。

（4）函数文件名通常由函数名再加上扩展名 ".m" 组成，函数文件名与函数名不同时，MATLAB 会忽略函数名，而根据函数文件名来调用，因此为了避免出错，一般使文件名和函数名一致。

视频讲解

【例 1-85】 找到满足 $\sum_{i=1}^{m} i > 1000$ 的最小 m，并计算和值。

（1）用 while 循环实现。

```
>> s=0;
>> m=0;
>> while (s<=1000)
>> m=m+1;
>> s=s+m;
>> end
>> [s,m]
```

运行结果如下：

```
ans =
      1035          45
```

（2）用 for 循环实现。

```
>> s=0;
>> for i=1:100
>>    s=s+i;
>> if s>1000
>> break;
>> end
>> end
>> [s,i]
```

运行结果如下：

```
ans =
      1035          45
```

这个例子中和值如果不为 1000，那么上面的脚本文件就需要修改。如果用 M 函数实现，以函数的参数形式来改变就更加方便。

在 M 函数编辑窗口中编辑如下函数，并以文件名 findsum.m 保存在 MATLAB 的工作路径下。

```
function [m,s]=findsum(k)
s=0;
m=0;
while (s<=k)
m=m+1;
s=s+m;
end
```

然后在命令窗口输入

```
>> [m,s]=findsum(1000)
>> [m,s]=findsum(50000)
```

运行结果如下：

```
m =
    45
s =
      1035
m =
   316
s =
      50086
```

【例 1-86】 函数设计计算 3 个数或 2 个数的和。

```
function y=sum1(d1, d2, d3)
% sum1 is the sum of data
% d1, d2, d3 are scalars
if nargin == 2
y=d1+d2;
return
end
y= d1+d2+d3;
end
```

然后在命令窗口输入

```
>> sum1(1,2)
>> sum1(1,2,3)
```

运行结果如下：

```
ans =
    3
ans =
    6
```

1.5.3 字符串的求值

MATLAB 提供了字符串求值的函数，利用这些函数，可以用字符串构造 MATLAB 的函数和命令，并运行这些字符串命令。

1. eval函数

eval 函数的使用格式为

- f=eval('expr')，用于计算字符串表达式 expr 的值。
- [a1,a2,…]=eval('fun(b1,b2,…)')，用于计算函数调用的字符串表达式。

注意：eval 的输入变量只能是字符串；eval 函数的功能就是将括号内的字符串视为语句并运行，括号内的字符串应符合语句规则；eval('y1=sin(2)')相当于在 MATLAB 命令窗口输入了 y1=sin(2)这条命令。

【例 1-87】 运行如下程序，理解 eval 函数的使用。

```
>> for x=1:3
>>     eval(['y',num2str(x),'=',num2str(x^2+x^3),';'])
```

```
>> end
>> y1,y2,y3
```

运行结果如下：

```
y1 =
    2
y2 =
    12
y3 =
    36
```

2. feval函数

feval 函数的使用格式为：

```
[y1, y2, …]=feval('fun', x1, …, xn)
```

注意：'fun'只能是函数名，或函数的句柄（@fun），不能是表达式字符串；x1,x2,…,xn 是调用函数'fun'的输入变量，即函数的自变量值；y1,y2, …是函数的输出变量，即函数的返回值；feval 就是把已知的数据或符号代入一个定义好的函数句柄中，用来计算指定函数在某点的函数值，如 a=feval(fun,x)，就相当于 a=fun(x)。

【例 1-88】 函数与函数句柄的理解。

```
>> xsq=@(x)1/5.*(x==-1/2)+1.*(x>-1/2&x<1/2)+1.5.*(x==-1/2)
```

运行结果如下：

```
xsq =
```

包含以下值的 function_handle：

```
@(x)1/5.*(x==-1/2)+1.*(x>-1/2&x<1/2)+1.5.*(x==-1/2)
```

相当于建立了一个函数文件：

```
% xsq.m
function y=xsq(x)
y=1/5.*(x==-1/2)+1.*(x>-1/2&x<1/2)+1.5.*(x==-1/2);
end
```

【例 1-89】 运行如下程序，理解 feval 函数的使用。

```
>> a=feval(@(x)(x^2+x^3),2)
```

运行结果如下：

```
a =
    12
```

1.5.4 程序性能优化

MATLAB 语言是解释执行的语言，其优点是编程简单、使用方便，但其缺点是程序执行速度较慢，执行效率较低。对于复杂的程序，需要考虑程序性能的优化，让应用程序既能够完成预期的功能，又能够具有较快的运行速度和较高的执行效率。

1．采用源代码优化

1）循环的向量化

MATLAB 的运算功能是针对向量的，因此尽量少使用 for 循环和 wile 循环，用向量化的数组代替单个元素的循环运算，即循环的向量化。循环的向量化不但能缩短源代码的长度，还能加快程序的运行速度，提高程序的执行效率。

2）数组大小的预定义

MATLAB 在使用变量之前，不需要预先定义变量的名字和大小。如果变量的大小没有被显式的指定，则每当新赋值的元素下标超过变量的维数时，MATLAB 就自动为变量扩充维数，这会大大降低程序的运行效率。如果预先知道变量的维数，就可以预先定义好变量尺寸，通常采用 ones 等函数预定义变量维数。

3）内存管理

MATLAB 系统的运行会占用大量的内存，在编写 MATLAB 程序的时候要给变量分派合理内存，提高内存使用效率，减少内存碎片产生。没有用的变量最好用 clear 语句删除，尽量不产生大的临时变量，使用 save 和 load 命令保存和读取变量，尽量采用函数文件代替命令文件，尽可能采用 MATLAB 提供的函数，MATLAB 提供了大量的函数供调用，这些函数涵盖了绝大多数的运算操作。

4）混合编程

把程序中耗时的部分单独用 C 语言或其他高效语言写成 MEX 文件，通常能提高运行速度。但同时也要注意 MATLAB 调用这类函数时的时间消耗。

5）利用代码剖析工具 profile 全面优化程序设计

2．采用程序加速器

MATLAB 提供了 JIT（Just In Time，即时）编译器和加速器，用来加快函数文件和命令文件的运行速度。JIT 和加速器可以通过 MATLAB 命令开启和关闭，默认情况下 JIT 和加速器都是启动的。程序加速相关函数如表 1-38 所示。

表 1-38　程序加速相关函数

函　　数	使 用 说 明
feature　accel　on	开启加速器
feature　accel　off	关闭加速器
feature　JIT　on	开启JIT
feature　JIT　off	关闭JIT

1.5.5　面向对象的编程方法

面向对象的程序设计是一种运用对象、类、封装、继承、多态和消息等概念来构造、测试、重构软件的方法，它使得复杂的工作条理清晰、编写容易。这里主要以 MATLAB 中面向对象进行程序设计的实例进行简要说明。

视频讲解

1．基本概念

类是一个抽象的概念，它是具有相同特征和行为的对象的集合。对象是类的具体实例，相当于类集合中的具体元素。例如，浮点数 double 是一个类，a=0.01 定义了浮点数变量 a，a 就是浮点数类的一个对象。

类中封装了该类对象共有的特征和行为。对象的特征称为属性，用数据来表示。对象的属性通常用结构体来描述，因此可以像访问结构体的一样用成员运算符"．"来访问对象的属性，也可以用 get 和 set 函数访问对象的属性。使用函数 get(h,'PropertyName')，可以返回对象 h 的 PropertyName 属性的值，使用函数 set(H,'PropertyName', Value,…)可以给对象 H 的 PropertyName 属性赋值为 Value。对象的行为称为方法，用函数来表示。某个类的方法只能操作该类的对象。MATLAB 中没有类的声明语句。定义对象要调用类的构造函数（Constructor）。构造函数的名字必须与类同名，比如 cell 函数和 struct 函数就分别是细胞数组类和结构体数组类的构造函数。一些行为具有相同的定义，但实现方法不同，可以用同样名称的方法来描述这些操作，这种技术称为重载。被重载的函数也具有相同的名字，但是对不同对象操作的时候表现出来的行为是不同的，调用的函数代码也不同。重载包括函数重载和运算符重载。例如，乘法运算符"*"就被系统重载了，分别用来实现矩阵乘法和传递系统的串联运算。继承可以使得子类具有父类的属性和方法，子类可以重新定义、追加属性和方法等。通过继承，使得子类拥有父类的特征，同时具有父类所没有的特征，父类中只定义一般属性和方法，父类更加通用，而子类更具体，继承的使用能够提高代码的重用性，减少编程工作量。

2. 建立一个新类

除了 MATLAB 内建的类之外，用户可以根据实际应用情况创建新类。创建一个新类的基本步骤包括如下内容。

（1）创建类目录，在 MATLAB 的搜索路径上创建一个子目录，子目录的名字为@加上类名，这个目录称为类目录，该类的代码就放在类目录下。

（2）创建类的属性数据，类的属性用结构体来表示，抽象出该类共有的特征，定义为结构体成员。

（3）编写类的构造函数，用户通过调用和类同名的构造函数来创建类的对象。

（4）添加强制数据转换方法，添加必要的强制转换方法，将该类的对象转换为其他类型的数据，重载所需要的运算符和函数，根据具体需要添加类的其他方法。

3. MATLAB类的基本方法

创建类的基本方法是为了使类的特性在 MATLAB 环境中符合逻辑，在创建一个新类时，应该尽量使用 MATLAB 类的标准方法。MATLAB 类的基本方法列于表 1-39 中，不是所有的方法在创建一个新类时都要使用，应视创建类的目的而选用，但其中对象构造方法和显示方法通常是需要的。

表 1-39　MATLAB类的基本方法

类 方 法	使 用 说 明
class constructor	类构造器，以创建类的对象
display	显示对象的内容
set/get	设置/获取对象的属性方法
subsref/subsasgn	使对象可以被编入索引目录，分配索引号
end	支持在使用对象的索引表达式中结束句法
subsindex	支持在索引表达式中使用对象
converters	将对象转换为MATLAB数据类型的方法

4. 面向对象的函数

在 MATLAB 面向对象的程序设计中，常用的有关面向对象的函数如表 1-40 所示。

表 1-40　面向对象的函数

函　　数	使 用 说 明
class(object)	返回对象 object 的类名
class(object,class,parent1,parent2,…)	返回 object 为 class 的变量。如果返回的对象要有继承属性，则应给定参数 parent1,parent2,…
isa(object,class)	如果 object 是 class 类型，则返回 1；否则返回 0
isobject(x)	如果 x 是一个对象，则返回 1；否则返回 0
superiorto(class1,class2,…)	将一个类定义成 superiorto，控制优先权的次序
inferiorto(class1,class2,…)	将一个类定义成 inferiorto，控制优先权的次序
methodsclass	返回类 class 定义的方法名称

【例 1-90】　面向对象的程序设计实例。

这里采用 MATLAB 图形界面设计工具 Guide 结合面向对象的程序设计方法，设计如下功能的程序，其运行界面如图 1-52 所示，完成功能为通过输入系统的传递函数模型，由选择的菜单项实现该系统的 bode 图、nyquist 图、nichols 图、step 响应曲线、impulse 响应曲线、rlocus 图的绘制。

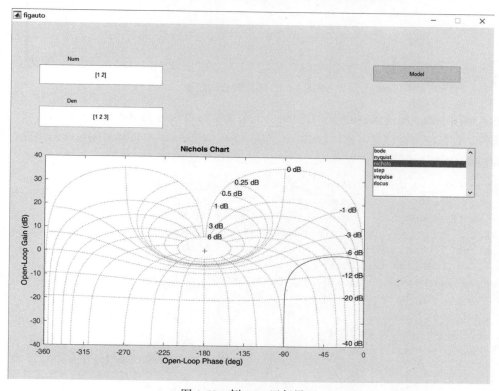

图 1-52　例 1-90 运行界面

首先在命令窗口中键入 guide 函数，然后进行图形界面的绘制，绘制过程直接通过 guide 命令运行后的界面的工具栏实现，如图 1-53 所示，设置对象的相关初始属性，通过双击控件来实现，此时要设置的主要属性是 Tag，用于对象句柄的获取。这一步完成后保存为 figauto.fig 文件，系统会自动生成一个框架程序 figauto.m。

图 1-53　图形界面的绘制

　　这里输入框用于输入传递函数的分子和分母，需要编写的函数是 Model 对象的模型获取，以及下拉列表的功能选择，都是将鼠标移至对象，通过右击选择 View Callbacks→Callback 编写回调函数，实现响应功能。对应的函数为：

```
function editden_CreateFcn(hObject,eventdata, handles)
% hObject    handle to editden (see GCBO)
% eventdata  reserved - to be defined in a future version of MATLAB
% handles    empty - handles not created until after all CreateFcns called
% Hint: edit controls usually have a white background on Windows.
%       See ISPC and COMPUTER.
if ispc&&isequal(get(hObject,'BackgroundColor'), get(0,'defaultUicontrolBackgroundColor'))
    set(hObject,'BackgroundColor','white');
end
% --- Executes on button press inbutmodel.
function butmodel_Callback(hObject,eventdata, handles)
n=eval(get(handles.editnum,'string'));          % 读入系统模型的分子多项式系数
m=eval(get(handles.editden,'string'));          % 读入系统模型的分母多项式系数
G=tf(n,m);                                       % 得到系统传递函数模型
set(handles.butmodel,'UserData',G);             % 传递函数存入 UserData 供其他对象使用

function listbox1_Callback(hObject,eventdata, handles)
% hObject    handle to listbox1 (see GCBO)
% eventdata  reserved - to be defined in a future version of MATLAB
```

```
% handles    structure with handles and user data (see GUIDATA)
axes(handles.axmain);                    %设置坐标轴
G=get(handles.butmodel,'UserData');      %获取存在 UserData 的系统模型
switch get(handles.listbox1, 'Value')    %根据选择分别绘制响应图形
case 1, bode(G); grid
case 2,nyquist(G); grid
case 3,nichols(G); grid
case 4, step(G);
case 5, impulse(G);
case 6,rlocus(G);
end
```

1.6　数值计算

数值计算指有效使用计算机求数学问题近似数值解的方法与过程。数值计算主要研究如何利用计算机更好地解决各种数学问题，包括连续系统离散化和离散形方程的求解等，同时考虑计算误差、数值解的收敛性和数值解的稳定性等问题。这里不涉及相关的深入理论，仅从应用的角度，给出矩阵的运算、函数的数值解、数据拟合、插值和样条、常微分方程的数值解的 MATLAB 使用方法。

1.6.1　矩阵运算

除了前面数组运算中提到的部分基本矩阵运算，表 1-41 还给出了其他常用的一些基本矩阵运算。

表 1-41　常用的一些基本矩阵运算

函　　数	使　用　说　明
pinv(A)	求矩阵A的伪逆
pinv(A,tol)	tol为误差：max(size(A))*norm(A)*eps
C=kron(A,B)	A为m×n矩阵，B为p×q矩阵，则C为矩阵A和B的张量积，为mp×nq矩阵
w=conv(u,v)	u、v为向量，w为u和v卷积，其长度可不相同
C=dot(A,B)	若A、B为向量，则返回向量A与B的点积，A与B长度相同；若为矩阵，则A与B有相同的维数
c=intersect(a,b)	返回向量a、b的公共部分，即c=a∩b
c=setdiff(a,b)	返回属于a但不属于b的不同元素的集合，c=a−b
c=setxor(a,b)	返回集合a、b交集的非
c=union(a,b)	返回a、b的并集，即c=a∪b
b=unique(a)	取集合a的不重复元素构成的向量
pinv(A)	求矩阵A的伪逆
trace(A)	返回矩阵A的迹，即A的对角线元素之和
det(X)	计算方阵X的行列式
cond(X)	计算矩阵X的二范数的条件数（X的最大奇异值与最小奇异值之比），大的条件数表示X接近于奇异的矩阵
rank(X)	计算方阵X的秩

函　　数	使　用　说　明
norm(X,k)	计算方阵X的范数，k=2时为计算二范数，此时k可省略；k=1时为计算一范数；k=Inf时为计算无穷范数
poly(A)	当A是方阵时，计算特征多项式的系数； 当A是向量时，计算以A的元素为根的多项式的系数
Y = polyvalm(P,X)	计算以P为系数的矩阵X的多项式，即 $Y = P(1)X^N + P(2)X^{(N-1)} + \cdots + P(N)X + P(N+1)I$
[V,D] = eig(A)	计算方阵A的特征值和特征向量
[V,D,W] = eig(A,B)	计算广义特征值和特征向量，满足A*V = B*V*D
[V,J] = jordan(A)	计算矩阵A的变换矩阵和约当标准型
Q = orth(A)	计算矩阵A的正交基矩阵
R = chol(A)	计算对称矩阵A的三角分解（Cholesky分解）
[U,S,V] = svd(X)	矩阵X的奇异值分解，生成一个对角矩阵S，其维数与X相同，且非负对角线元素按降序排列，以及酉矩阵U和V，满足：X = U*S*V'
X = lyap(A,Q)	求解Lyapunov矩阵方程：X = lyap(A,Q)
X = lyap(A,B,C)	求解Sylvester矩阵方程：A*X + X*B + C = 0
X = lyap(A,Q,[],E)	求解广义Lyapunov矩阵方程：A*X*E' + E*X*A' + Q = 0，注意Q要求是对称的
X = dlyap(A,Q)	求解离散Lyapunov矩阵方程：A*X*A' − X + Q = 0
X = dlyap(A,B,C)	求解离散Sylvester矩阵方程：A*X*B − X + C = 0
X = dlyap(A,Q,[],E)	求解广义离散Lyapunov矩阵方程：A*X*A' − E*X*E' + Q = 0
X = are(A, B, C)	计算连续时间 Riccati 矩阵方程的稳定解：A'*X + X*A − X*B*X + C = 0，注意B是对称非负定的，C是对称的
[X,L,G] = dare(A,B,Q,R,S,E)	计算离散时间代数Riccati矩阵方程的稳定解
expm(A)	计算矩阵A的矩阵指数函数
tril(X)	抽取X的主对角线的下三角部分构成矩阵
tril(X,k)	抽取X的第k条对角线的下三角部分；k=0为主对角线；k>0为主对角线以上；k<0为主对角线以下
triu(X)	抽取X的主对角线的上三角部分构成矩阵
triu(X,k)	抽取矩阵X的第k条对角线的上三角部分；k=0为主对角线；k>0为主对角线以上；k<0为主对角线以下
diag(v,k)	以向量v的元素作为矩阵X的第k条对角线元素，当k=0时，v为矩阵X的主对角线；当k>0时，v为上方第k条对角线；当k<0时，v为下方第k条对角线
X=diag(v)	以v为主对角线元素，其余元素为0构成X
v=diag(X,k)	抽取矩阵X的第k条对角线元素构成向量v。k=0：抽取主对角线元素；k>0：抽取上方第k条对角线元素；k<0抽取下方第k条对角线元素
v=diag(X)	抽取主对角线元素构成向量v
rot90(A)	将矩阵A逆时针方向旋转90°
B=rot90(A,k)	将矩阵A逆时针方向旋转(k×90°)，k可取正负整数
fliplr(A)	将矩阵A左右翻转

函　　　数	使 用 说 明
flipud(A)	将矩阵A上下翻转
repmat(A,m,n)	将矩阵A复制m×n块平铺构成新矩阵
R=chol(X)	矩阵X的Cholesky分解如果X为n阶对称正定矩阵，则存在一个实的非奇异上三角阵R，满足R'*R=X；若X非正定，则产生错误信息
[L,U,P]=lu(X)	矩阵X的LU分解，U为上三角阵，L为下三角阵，P为单位矩阵的行变换矩阵，满足LU=PX
[Q,R,E]=qr(A)	矩阵X的QR分解，求出正交矩阵Q和上三角阵R，E为单位矩阵的变换形式，R的对角线元素按大小降序排列，满足AE=QR
T=schur(A)	矩阵A的Schur分解，产生schur矩阵T，即T的主对角线元素为特征值的三角阵

【例 1-91】　LU 分解示例。

```
>> A=[1 2 3;4 5 6;7 8 9];
>> [L,U]=lu(A)
>> [L,U,P]=lu(A)
```

运行结果如下：

```
L =
    0.1429    1.0000         0
    0.5714    0.5000    1.0000
    1.0000         0         0
U =
    7.0000    8.0000    9.0000
         0    0.8571    1.7143
         0         0   -0.0000
L =
    1.0000         0         0
    0.1429    1.0000         0
    0.5714    0.5000    1.0000
U =
    7.0000    8.0000    9.0000
         0    0.8571    1.7143
         0         0   -0.0000
P =
     0     0     1
     1     0     0
     0     1     0
```

【例 1-92】　产生三阶 Hilbert 矩阵，计算该矩阵的行列式、2-范数、逆矩阵、奇异值与奇异值分解、特征值与特征向量、LU 分解、QR 分解。

```
>>A=hilb(3)
>>d=det(A)
>>n=norm(A,2)
>>B=inv(A)
>>s=svd(A)
>>[U,S,V] = svd(A)
```

```
>>[V1,D1]=eig(A)
>>[L1,U1]=lu(A)
>>[Q,R]=qr(A)
```

运行结果如下：

```
A =
    1.0000    0.5000    0.3333
    0.5000    0.3333    0.2500
    0.3333    0.2500    0.2000
d =
  4.6296e-04
n =
    1.4083
B =
    9.0000   -36.0000    30.0000
  -36.0000   192.0000  -180.0000
   30.0000  -180.0000   180.0000
s =
    1.4083
    0.1223
    0.0027
U =
   -0.8270    0.5474    0.1277
   -0.4599   -0.5283   -0.7137
   -0.3233   -0.6490    0.6887
S =
    1.4083         0         0
         0    0.1223         0
         0         0    0.0027
V =
   -0.8270    0.5474    0.1277
   -0.4599   -0.5283   -0.7137
   -0.3233   -0.6490    0.6887
V1 =
   -0.1277    0.5474    0.8270
    0.7137   -0.5283    0.4599
   -0.6887   -0.6490    0.3233
D1 =
    0.0027         0         0
         0    0.1223         0
         0         0    1.4083
L1 =
    1.0000         0         0
    0.5000    1.0000    1.0000
    0.3333    1.0000         0
U1 =
    1.0000    0.5000    0.3333
         0    0.0833    0.0889
```

```
              0         0   -0.0056
Q =
   -0.8571    0.5016    0.1170
   -0.4286   -0.5685   -0.7022
   -0.2857   -0.6521    0.7022
R =
   -1.1667   -0.6429   -0.4500
        0   -0.1017   -0.1053
        0         0    0.0039
```

【例 1-93】　约旦标准形求解示例。

```
>>A = [1 -3 -2; -1 1 -1; 2 4 5];
>>[V,J] = jordan(A)
>>V = double(V);
>>Test = all(all(V\A*V == J))
```

运行结果如下:

```
V = -1     1    -1
    -1     0     0
     2     0     1
J = 2     1     0
     0     2     0
     0     0     3
Test =logical
    1
```

【例 1-94】　Jacobian 矩阵计算示例。

解: MATLAB 求解程序如下:

```
>>syms x y z u v w
>>w = [x*y*z; y; x+z];
>>v = [x,y,z];
>>R = jacobian(w,v)
>>b = jacobian(x+u, v)
```

运行结果如下:

```
R =
[ y*z, x*z, x*y]
[   0,   1,   0]
[   1,   0,   1]
b =
[ 1, 0, 0]
```

1.6.2　函数的数值解

函数的数值解主要涉及函数的零点、函数的极值点、函数的数值微积分运算。表 1-42 给出了常见数值解的运算函数。

表 1-42 常见数值解的运算函数

函　　数	使　用　说　明
roots(p)	求取多项式的全部根
x=fzero(fun,x0)	求解一元函数在x0附近的单个零点，fun表示一元函数，可以是字符串、内联函数或者函数句柄，x0为标量，则求距离x0最近的那个零点；如果x0=[a,b]，要求fun(a)和fun(b)异号，此时求自变量在[a,b]区间内的零点
x=fsolve(fun,x0)	求解多元非线性方程在x0附近的零点
[x,fval,exitflag,output]=fminbnd(fun,x1,x2,options)	求一元函数fun在自变量(x1,x2)区间的最小值
[x,fval,exitflag,output]=fminsearch(fun,x0,options)	用单纯形法求多元函数fun在自变量向量x0附近的极小值点
[x,fval,exitflag,output]=fminunc(fun,x0,options)	用拟牛顿法求多元函数fun在自变量向量x0附近的极小值点
DX=diff(X)	求X相邻元素的一阶差分，即后一个元素减去当前元素
DX=diff(X,n)	求X相邻元素的n阶差分
DX=diff(X,n,dim)	在dim指定的维上，求X相邻元素的n阶差分
q=quadl(fun,a,b,tol,trace)	采用递推自适应Lobatto法计算一元函数的积分，a和b为积分变量的积分上下限，为常数数值
q=dblquad(fun,x1,x2,y1,y2,tol,method)	二重数值积分的计算，x2和x1是变量x的积分上下限，y2和y1是变量y的积分上下限，method表示选用的积分算法，不能计算内重积分上下限为函数表达式的情况
q=triplequad(fun,x1,x2,y1,y2,z1,z2,tol,method)	三重数值积分的计算，x2和x1是变量x的积分上下限，y2和y1是变量y的积分上下限，z2和z1是变量z的积分上下限

【例 1-95】　通过观察，采用单击鼠标的方法求取函数的零点。

```
>> y=inline('1-25*exp(-2*t)*cos(5*t+6.8)', 't');
>> t=0:0.01:5;
>> ya=feval(vectorize(y), t);
>> plot(t,ya);
>> [tb,yb]=ginput(3);
>> [t1,fa1,flag]=fzero(y,tb(1))
>> [t2,fa2,flag]=fzero(y,tb(2))
>> [t3,fa3,flag]=fzero(y,tb(3))
```

运行结果如下：

```
t1 =
    0.1989
fa1 =
   3.9968e-15
flag =
     1
t2 =
    0.8867
fa2 =
   2.7756e-15
flag =
```

```
     1
t3 =
    1.3422
fa3 =
-6.6613e-16
flag =
    1
```

【例 1-96】　求解二元函数在(−3,3)附近的极值。

```
>> x=linspace(-4,4,200);
>> y=linspace(-4,4,200);
>> [xx,yy]=meshgrid(x,y) ;
>> zz=30*(yy.^3.*sin(xx)-xx.^2).^2-(1-exp(xx)).^2-cos(yy+xx);
>> surf(xx,yy,zz)
>> fun=inline('30*(xa(2)^3*sin(xa(1))-xa(1)^2)^2-(1-exp(xa(1)))^2-cos(xa(2)+xa(1));',
'xa');
>> [xa,fval]=fminsearch(fun, [-3, -3])
```

运行结果如下：

```
xa =
-2.9190   -3.3794
fval =
  -1.8948
```

【例 1-97】　求三元函数的数值积分。

```
>> fun=inline('y.^3*sin(x.^2)+z.^2*cos(y.^3)','x','y','z');
>> q=triplequad(fun,0,pi,0,1,-1,1)
```

运行结果如下：

```
q =
  2.3377
```

【例 1-98】　计算如下多重积分 $f_1 = \int_1^3 \int_{\sqrt{x}}^{x^3} (x^2 + y^3)\mathrm{d}y\mathrm{d}x$，　$f_2 = \int_1^3 \int_{\sqrt{x}}^{x^3} \int_{\sqrt{xy}}^{xy^3} (x^2 + y^3 + z^4)\mathrm{d}z\mathrm{d}y\mathrm{d}x$ 的值。

```
>> syms x y z
>> f1=int (int(x^2 +y^3,y, sqrt(x),x^3),x,1,3)
>> f2=int(int (int(x^2 +y^3 +z^4,z,sqrt(x*y),x*y^3),y, sqrt(x),x^3),x,1,3)
>> vpa(f1,5)
```

运行结果如下：

```
f1 = 8402801/273 - (54*3^(1/2))/7
f2 = (63936*3^(1/4))/4165 - (486*3^(1/2))/77 + (8*3^(3/4))/5 +
38296871636419444702213250 4632/28451115
ans = 30766.0
```

1.6.3　数据拟合

在解决实际问题的过程中，通常需要通过研究某些变量之间的函数关系来认识事物的内在规律和本质属性，而这些变量之间的未知函数关系又常常隐含在从实验、观测得到的一组数据之中。因此，能否根据 **视频讲解**

一组实验数据找到变量之间相对准确的函数关系就成为解决实际问题的关键。

给定函数的实验数据，需要用比较简单和合适的函数来拟合实验数据。这种拟合的特点是：实验数据要尽可能准确，对于某些问题，需要有一些特殊的信息能够用来选择拟合实验数据的数学函数，拟合时达到可接受的拟合精度。常用的拟合方法为最小二乘拟合，其又可以分为线性最小二乘拟合和非线性最小二乘拟合。

线性最小二乘拟合方法一般是指多项式拟合方法，前面在多项式部分已给出了拟合函数 polyfit 的使用方法，这里给出非线性最小二乘拟合的 MATLAB 实现。MATLAB 提供了 Curve Fitting Tool 工具箱可用于非线性最小二乘拟合，在命令提示符后键入 Curve Fitting Tool 即可打开工具箱如图 1-54 所示。

图 1-54　数据拟合工具箱 Curve Fitting Tool 操作界面

Curve Fitting Tool 数据拟合工具箱的使用过程为：首先在工作窗口输入待拟合数据，打开 Curve Fitting Tool 数据拟合工具箱，导入数据，选择合适的拟合函数，最后由工具箱完成数据拟合。在常用的操作中，图形绘制及异常数据处理的操作如图 1-55 所示。

当拟合情况较差时，可以通过对数据进行中心化与比例化处理得到更好的拟合效果，具体操作为选中 Center and scale 复选框。可选择的拟合函数如表 1-43 所示。

图 1-55　图形绘制及异常数据处理按钮

表 1-43　Curve Fitting Tool数据拟合工具箱可选择的拟合函数

选　项	使 用 说 明
Custom Equations	自定义函数类型
Exponential	指数逼近，有2种类型：a*exp(b*x)、a*exp(b*x)+c*exp(d*x)
Fourier	傅里叶逼近，有7种类型，基础型为a0+a1*cos(x*w)+b1*sin(x*w)
Gaussian	高斯逼近，有8种类型，基础型为a1*exp(−((x−b1)/c1)^2)
Interpolant	插值逼近，有4种类型：linear、nearestneighbor、cubicspline、shape−preserving

续表

选　　项	使 用 说 明
Polynomial	多形式逼近, 有9种类型: linear polynomial、quadratic polynomial、cubic polynomial、4–9th degree polynomial
Power	幂逼近, 有2种类型: a*x^b、a*x^b+c
Rational	有理数逼近, 分子、分母共有的类型是linear rational、quadratic rational、cubic rational、4–5th degree rational; 此外, 分子还包括constant型
Smoothing Spline	平滑逼近
Sum of Sin Functions	正弦曲线逼近, 有8种类型, 基础型为a1*sin(b1*x+c1)
Weibull	只有一种, a*b*x^ (b–1)*exp(–a*x^b)

1.6.4　插值和样条

在实际问题中所遇到的插值问题一般可以分为一维插值问题和二维插值问题, 这里主要介绍最常用的一维插值方法及其 MATLAB 函数的使用。

一维插值问题的数学描述为: 已知某一未知函数 $y=g(x)$在区间$[a,b]$上 n 个互异点 x_i 处的函数值 $y_i, i=1,2,\cdots,n$, 且 $g(x)$在区间$[a,b]$上有若干阶导数, 如何求出 $g(x)$在区间$[a,b]$上任一点 x 的近似值。

一维插值方法的基本思想是: 根据 $g(x)$在区间$[a,b]$上 n 个互异点 x_i 的函数值 $y_i, i=1,2,\cdots,n$, 求一个足够光滑、易于计算的函数 $f(x)$作为 $g(x)$的近似表达式, 使得 $f(x_i)=y_i, i=1,2,\cdots,n$, 然后计算 $f(x)$在区间$[a,b]$上点 x 的值作为原函数 $g(x)$在该点的近似值。求插值函数 $f(x)$的方法称为插值方法, $f(x_i)=y_i, i=1,2,\cdots,n$ 称为插值条件。

用多项式作为 $f(x)$的原型比较简单, 因此常用多项式作为插值函数, 多项式插值的 MATLAB 实现前面已经介绍过, 这里介绍分段线性插值的 MATLAB 实现。

在整个区间采用高次多项式插值, 往往会造成插值多项式的收敛性与稳定性变差, 逼近效果反而不理想, 甚至发生龙格现象。由此引入了将整个区间分成一些小区间, 在每一个小区间上用低次多项式进行插值的方法, 在整个插值区间上就得到一个分段低次多项式插值函数。区间的划分可以是任意的, 各小区间上插值多项式次数的选取也可按具体问题的要求而选择。分段低次多项式插值通常有较好的收敛性和稳定性, 算法简单, 但插值函数光滑性变差。常用的分段多项式插值法有两类: 一类是这里介绍的分段线性插值法; 另一类是三次样条插值法。

MATLAB 中提供了一维分段线性插值函数, 使用格式: y=interp1(x0,y0,x,'method'),使用说明: 参数 method 指定插值的方法, 默认为线性插值。其值可为: 'nearest'(最近项插值)、'linear' (线性插值)、'spline' (立方样条插值)、'cubic' (立方插值)。所有的插值方法要求 x0 是单调的。当 x0 为等距时可以实现快速插值法。

【例 1-99】　分段线性插值示例。

```
>> X=0:12;
>> V=cos(X);
>> Xq=0:.5:12;
>> Vq=interp1(X,V,Xq);
>> plot(X,V,'o',Xq,Vq,':.')
```

运行结果如图 1-56 所示。

分段线性插值函数在节点处的一阶导数一般是不存在的, 光滑性不高, 这影响了实际应用中要求插值曲线为光滑的一些情形。例如, 机械加工中对零件光滑的要求。这就引入了样条的思想, 首先将这些数据点描绘在平面图纸上，然后再把一根富有弹性的细直条（称为样条）弯曲，使其一边通过这些数据点，用压铁固定细直条的形状，沿样条边沿绘出一条光滑曲线。往往要用几根样条分段完成上述工作，这时应使样条在连接处也保持光滑。理论证明，这样画出的曲线，在相邻两数据点之间是次数不高于 3 的多项式，即三次样条插值即可满足要求。

MATLAB 中提供了三次样条插值的实现方法，使用格式：y=interp1(x0,y0,x,'spline')，或 y=spline(x0,y0,x)，或 pp=csape(x0,y0,conds,valconds)，y=ppval(pp,x)。使用说明：x0,y0 是已知数据点，x 是插值点，y 是插值点的函数值。

【例 1-100】　三次样条插值示例。

```
>> X=0:12;
>> V=cos(X);
>> Xq=0:.5:12;
>> Vq=spline(X,V,Xq);
>> plot(X,V,'o',Xq,Vq,':.')
```

运行结果如图 1-57 所示。

图 1-56　例 1-99 运行结果

图 1-57　例 1-100 运行结果

1.6.5　常微分方程的数值解

视频讲解

微分方程是描述一个变量关于另一个变量的变化率的数学模型。很多基本的物理定律表示为微分方程的形式。在 MATLAB 中利用函数 dsolve 可求解微分方程（组）的解析解，本部分内容在常微分方程（组）的求解中给出详细的 MATLAB 实现方法。由于在实际问题与科学研究中遇到的微分方程往往比较复杂，在很多情况下，都不能得到解析表达式，因此无法采用现有的数学知识来得到解析结果，而需采用数值解法来求近似解。常微分方程数值解法的基本思路是：对求解区间进行剖分，然后把微分方程离散成在节点上的近似公式或近似方程，后结合定解条件求出近似解。下面详细介绍常微分方程在 MATLAB 中的求解方法。

MATLAB 中给出了常微分方程的数值解法，使用格式：[t,y] =solver(odefun,tspan,y0,options,p1,p2, …)，将参数 p1,p2,…传递给函数 odefun，再进行计算。若没有参数设置,则令 options=[]。使用说明：solver 为函数 ode45、ode23、ode113、ode15s、ode23s、ode23t、ode23tb 之一，用于在区间[t0,tf]上，根据初始条件 y0 求解显式微分方程 y'=f(t,y),y'=f(t,y)用 odefun 表示，区间[t0,tf]用 tspan=[t0,tf]表示。

1. odefun的表示方法

（1）根据问题的规律、定律，用微分方程与初始条件进行描述。

$$F(y, y^{(1)}, y^{(2)}, \cdots, y^{(n)}, t) = 0$$

初始条件

$$y(0) = y_0, \quad y^{(1)}(0) = y_1, y_2, \cdots, y^{(n-1)}(0) = y_{n-1}$$

（2）运用数学中的变量替换：$y_n = y(n-1), y_{n-1} = y(n-2), \cdots, y_2 = y(1)$，把高阶的方程（组）写成一阶微分方程组。

$$y' = \begin{bmatrix} y'_1 \\ y'_2 \\ \vdots \\ y'_n \end{bmatrix} = \begin{bmatrix} y_2 \\ y_3 \\ \vdots \\ y_{n+1} \end{bmatrix}, \quad y_0 = \begin{bmatrix} y_{10} \\ y_{20} \\ \vdots \\ y_{n0} \end{bmatrix}$$

（3）根据（1）与（2）的结果，编写能计算导数的函数文件 odefun。

（4）将文件 odefun 与初始条件传递给求解器 Solver 进行求解。

2. 常用的数值求解函数

常用的数值求解函数如表 1-44 所示，其中函数 ode45 为大部分场合的首选算法。

表 1-44　常用的数值求解函数

函　数	使 用 说 明
ode23	普通2–3阶法解
ode23s	低阶法解刚性ODE
ode23t	解适度刚性ODE
ode23tb	低阶法解刚性ODE
ode45	普通4–5阶法解ODE
ode15s	变阶法解刚性ODE
ode113	普通变阶法解ODE

3. Solver中options的常用属性

Solver 中 options 的常用属性如表 1-45 所示。

表 1-45　Solver中options的常用属性

属 性 名	使 用 说 明
AbsTol	指定求解时允许的绝对误差，有效值：正实数，默认值：1e–6
RelTol	指定求解时允许的相对误差，有效值：正实数，默认值：1e–3，在每步（第k步）计算过程中，误差估计为：e(k)<=max(RelTol*abs(y(k)),AbsTol(k))
NormControl	控制解向量范数的相对误差，有效值：on、off，默认值：off，为on时，在每步计算中，满足：norm(e)<=max(RelTol*norm(y),AbsTol)
Events	是否返回相应的事件记录，有效值：on、off
OutputFcn	解向量可视化，有效值：odeplot、odephas2、odephas3、odeprint，默认值：odeplot
Refine	用于增加每个积分步中的数据点记录，使解曲线更加光滑，有效值：正整数k>1，默认值：k=1
雅可比矩阵	用于返回相应的ode函数的Jacobi矩阵，有效值：on、off，默认值：off

属　性　名	使　用　说　明
Jpattern	用于返回相应的ode函数的稀疏Jacobi矩阵，有效值：on、off，默认值：off
MaxStep	指定最大积分步长，有效值：正实数，默认值：tspans/10

【例 1-101】　求解 Ver der Pol 微分方程，μ=0.3，在(0.2,0)初始条件下的数值解。

由 $y(0)=0.2$，$y'(0)=0$ 令 $x_1=y, x_2=dy/dx$，则 $dx_1/dt=x_2$ $dx_2/dt=\mu(1-x_2)-x_1$

编写函数文件 verderpol.m：

```
function xdot=verderpol(t,x)
global U
xdot=[x(2);U*(1-x(1)^2)*x(2)-x(1)];
```

再在命令窗口中执行：

```
>> globalU
>> U=0.3;
>> Y0=[0.2;0];
>> [t,x]=ode45('verderpol',[0,100],Y0);
>> x1=x(:,1);
>> x2=x(:,2);
>> plot(t,x1,t,x2)
```

运行结果如图 1-58 所示。

图 1-58　例 1-101 运行结果

视频讲解

1.7　符号计算

MATLAB 的符号计算工具箱与一般专业工具箱不同，它仍是一个负责一般数学运算的工具箱，但是又与一般高级语言不同，一般高级语言是以求得数学运算的数值解为目标。MATLAB 的符号计算通过引入符号对象，使用符号对象或字符串来进行符号分析和运算。符号数学工具箱分析对象是符号，它的结果形式也是符号，实现了解析形式的数学运算，能以解析形式求得函数的极限、微分、积分以及方程的解，可以对未赋值的符号对象（可以是常数、变量、表达式）进行运算和处理。这种符号运算能力是 MATLAB 所特有的，一般高级语言难以实现。

1.7.1　符号对象及其表达方式

符号对象是对参与符号运算的各种形式量的统称，包括符号常量、符号变量、符号表达式和符号矩阵或数组。符号常量和变量是最基本的两种符号对象。与数值常量和变量相比，仅从概念上去理解并无明显区别，符号常量依然是常量，而符号变量依然是变量。值得注意的是，符号常量和符号变量在被当作符号对象引用时，必须有符号对象的说明，这种说明需借助函数 sym 或命令 syms 来完成。

1. 符号常量的定义与使用

符号常量是不含变量的符号表达式，用 sym 命令来创建符号常量。其使用格式为：

```
sym('常量')                                    %创建符号常量
sym(常量,'参数')                               %把常量按某种格式转换为符号常量
```

其中，参数可以选择为'd'、'f'、'e'或'r' 4 种格式，也可以省略，其参数的说明如表 1-46 所示。

表 1-46　参数设置

参　　数	使　用　说　明
d	返回最接近的十进制数值（默认位数为32）
f	返回该符号值最接近的浮点表示
r	返回该符号值最接近的有理数型，可表示为p/q、p*q、10^q、pi/q、2^q和sqrt(p)形式之一
e	返回最接近的带有机器浮点误差的有理值

【例 1-102】　创建符号常量。

```
>> a=sym('sin(6)')
>> b=sym(log(6),'d')
>> c=sym(0.12354278,'r')
```

运行结果如下：

```
a =
sin(6)
b =
1.7917594692280549573126791074174
c =
8902195487557043/72057594037927936
```

2. 符号变量的定义与使用

定义符号变量有两种方式。

使用函数 sym()，其使用格式为：

```
sym('x')
sym('x','real')                                %参数'real'定义为实型符号量
sym('x','unreal')                              %参数'unreal'定义为非实型符号量
```

使用函数 syms，其使用格式为：

```
syms arg1 arg2 …
```

```
syms arg1 arg2 … real
syms arg1 arg2 … unreal
```

【例 1-103】 创建符号变量。

```
>> syms x y real                    %创建实数符号变量
>> z=x+i*y;                         %创建复数符号变量 z
>> real(z)                          %取出复数 z 的实部
```

运行结果如下：

```
ans =
x
```

3. 符号表达式的定义与使用

由符号对象参与运算的表达式即是符号表达式。与数值表达式不同，符号表达式中的变量可以是未知数。符号方程式是含有等号的符号表达式。定义符号表达式有两种方式。

使用函数 sym()，其使用格式为：

```
sym('表达式')                       %创建符号表达式
```

使用函数 syms，其使用格式为：

```
syms arg1 arg2 …
```

然后用符号变量 arg1,arg2,…直接构成符号表达式。

【例 1-104】 构造符号表达式。

```
>> sym('exp(x)^2+exp(y)^2+sin(z)')
>> syms x y z;
>> exp(x)^2+exp(y)^2+sin(z);
```

运行结果如下：

```
ans =
exp(2*x)+exp(2*y)+sin(z)
```

注意，函数 syms 可以同时定义多个符号变量，与使用函数 sym()相比，用 syms 来定义符号表达式更加简洁高效。但在使用时，只能用空格分隔各个变量，不能用逗号分隔。

4. 符号矩阵的定义

符号矩阵的定义方法与符号表达式的定义方法完全相同。

【例 1-105】 构造符号矩阵。

```
>> sym('[x y;z x+y]')
>> syms x y z;
>> A=[x y;z x+y]
```

运行结果如下：

```
ans =
[ x,    y]
[ z,  x+y]
A =
[ x,    y]
[ z,  x+y]
```

1.7.2　符号算术运算

符号算术运算与数值算术运算的区别主要有以下几点：传统的数值型运算会受到计算机运算有效位数的限制，因此每一步的运算都会产生一定的截断误差，重复多次数值运算可能引起较大的累积误差。符号运算则不会出现截断误差，因此符号运算是非常准确的；符号运算可以得出任意精度的数值解；符号运算所需的时间较长，而数值型运算则速度较快。

【例 1-106】　符号算术运算。

```
>> syms x f1f2
>> f1=2*x^3+3*x^2-4*x+5
>> f2=4*x^4-3*x^3+6*x^2-5
>> f3=f1+f2;
>> f4=f1-f2;
>> f5=f1*f2;
>> expand(f5)
>> f6=f1/f2;
>> expand(f6)
```

运行结果如下：

```
f1 =
2*x^3+3*x^2 - 4*x+5
f2 =
4*x^4 - 3*x^3+6*x^2 - 5
ans =
8*x^7+6*x^6 - 13*x^5+50*x^4 - 49*x^3+15*x^2+20*x - 25
ans =
5/(4*x^4 - 3*x^3+6*x^2 - 5) - (4*x)/(4*x^4 - 3*x^3+6*x^2 - 5)+(3*x^2)/(4*x^4 -
3*x^3+6*x^2 - 5)+(2*x^3)/(4*x^4 - 3*x^3+6*x^2 - 5)
```

【例 1-107】　求矩阵 $A = \begin{bmatrix} a_{11} & a_{12} \\ a_{21} & a_{22} \end{bmatrix}$ 的行列式、非共轭转置和特征值。

```
>> syms a11 a12 a21 a22
>> A=[a11 a12;a21 a22]          %创建符号矩阵
>> det(A)                       %计算行列式
>> A.'                          %计算非共轭转置
>> eig(A)                       %计算特征值
```

运行结果如下：

```
A =
[ a11, a12]
[ a21, a22]
ans =
a11*a22 - a12*a21
ans =
[ a11, a21]
[ a12, a22]
ans =
```

```
a11/2+a22/2 - (a11^2 - 2*a11*a22+a22^2+4*a12*a21) ^ (1/2)/2
a11/2+a22/2+(a11^2 - 2*a11*a22+a22^2+4*a12*a21) ^ (1/2)/2
```

数值计算受计算机字长的限制，每次数值计算都会产生截断误差。在 MATLAB 中，数值计算的精度大约为 16 位数字。对于符号计算来说，只要能获得解析结果，其计算结果是绝对准确的，不包含任何误差。但是当将符号数值对象转换成数值数据时，就会产生误差，涉及转换精度问题。MATLAB 的符号计算工具箱提供 3 种算术运算：数值运算，其精度为 16 位数字；符号运算，绝对准确；任意精度运算，其精度由函数指定。精度指定操作相关函数如表 1-47 所示。

表 1-47　精度指定操作相关函数

函　　数	使 用 说 明
digits	取当前采用的数值计算精度
digits(n)	设置数值计算精度的有效位为n，除非再次设定，否则始终有效
vx=vpa(x)	在当前精度下，给出变量x的数值符号结果vx
vx=vpa(x,n)	在n位精度下，给出变量x的数值符号结果vx

注意，x 可以是符号常量，也可以是数值对象，相对精度位数 n 表示有效数字位数。

常用的符号对象和其他数据类型之间的转换函数如表 1-48 所示。

表 1-48　常用的符号对象和其他数据类型之间的转换函数

函　　数	使 用 说 明	函　　数	使 用 说 明
char	将符号对象转换为字符串	uint32	将符号对象转换为32位无符号整数
double	将符号对象转换为双精度数值	uint64	将符号对象转换为64位无符号整数
int8	将符号对象转换为8位整数	single	将符号对象转换为单精度数值
int16	将符号对象转换为16位整数	sym2poly	将符号多项式转换为数值系数向量
int32	将符号对象转换为32位整数	poly2sym	多项式系数向量转换为符号多项式
int64	将符号对象转换为64位整数	vpa	转换为符号运算结果
uint8	将符号对象转换为8位无符号整数	sym	转为符号对象
uint16	将符号对象转换为16位无符号整数	pretty	转换为易读的显示方式

1.7.3　独立变量与表达式化简

在数学表达式中，一般都含有自变量。为了便于进行数学运算，通常要显式地指定表达式中的自变量，如果不指定自变量，那么 MATLAB 会自动识别表达式中默认的自变量，也就是独立自由的符号变量。在 MATLAB 中，识别表达式中自变量的基本原则是：按照字母表中靠近小写字母 x 的顺序识别，最靠近字母 x 的变量被第一个识别为自变量。MATLAB 还提供了自变量识别函数 findsym。如使用 findsym(S)，将以字母表的顺序返回符号表达式 S 中的所有符号变量，注意，不包含 i 与 j 的字母与数字构成的、字母打头的字符串。

与符号表达式相关的常用操作函数使用如表 1-49 所示。

表 1-49　常用的符号表达式操作函数

函　　数	使 用 说 明
collect(expr, x)	合并符号表达式expr中符号对象x的同类项系数
expand(expr)	对表达式expr进行多项式、三角函数、指数对数等函数展开
factor(expr)	对符号表达式expr做因式分解
horner(expr)	把多项式expr分解为嵌套形式
[n,d]=numden(expr)	提取表达式最小分母公因子d和相应的分子多项式n
[RS,vn]=subexpr(S,vn)	用符号变量vn置换S中的子表达式，并重写S为RS
RS=subs(S, old, new)	用new置换S中的old，生成RS，old是被替换的子表达式，可以是符号变量，也可以是字符串表达式。new用来替换old的值，可以是符号常量，若要替换多个子表达式，则old和new为细胞数组
g =finverse(f,v)	求指定自变量为v的函数f(v)的反函数g(v)
g =finverse(f)	求函数f对默认的自变量的反函数g
fg=compose(f, g, x, y, z)	对f和g求复合函数fg
fg=compose(f,g)	对f和g求复合函数，自变量由MATLAB确定
simplify(expr)	用多种恒定变换对表达式expr进行综合化简
pretty(expr)	将符号表达式expr显示成数学书写形式

【例 1-108】　对表达式 $9\sqrt{5}+2\pi$ 进行任意精度控制的比较。

```
>> a=sym('9*sqrt(5)+2*pi')
>> digits                          %显示默认的有效位数
>> vpa(a)                          %用默认的位数计算并显示
>> vpa(a,12)                       %按指定的精度计算并显示
>> digits(16)                      %改变默认的有效位数
>> vpa(a)                          %按 digits 指定的精度计算并显示
>> a1=double(a)                    %转换为双精度数值
```

运行结果如下：

```
a =
2*pi+9*5^ (1/2)
Digits=32
ans =
26.407797104677693744607849785114
ans =
26.4077971047
ans =
26.40779710467769
a1 =
   26.4078
```

【例 1-109】　用 3 种形式的符号表达式表示。

```
>> f=sym('x^4+15*x^3+65*x^2+105*x+54')
>> factor(f)                       %因式分解表示
>> horner(f)                       %嵌套形式表示
```

运行结果如下：

```
f =
x^4+15*x^3+65*x^2+105*x+54
ans =
[ x+9, x+3, x+2, x+1]
ans =
x*(x*(x*(x+15)+65)+105)+54
```

【例 1-110】 复合函数的计算示例。

```
>>syms x y z t u v;
>>f = 1/(1 + x^2*y);  h = x^t;  g = sin(y);  p = sqrt(-y/u);
>>C1 = compose(f,g)
>>C2 = compose(f,g,t)
>>C3 = compose(h,g,x,z)
>>C4 = compose(h,g,t,z)
>>C5 = compose(h,p,x,y,z)
>>C6 = compose(h,p,t,u,z)
```

运行结果如下：

```
C1 =1/(y*sin(y)^2 + 1)
C2 =1/(y*sin(t)^2 + 1)
C3 =sin(z)^t
C4 =x^sin(z)
C5 =((-z/u)^(1/2))^t
C6 =x^((-y/z)^(1/2))
```

【例 1-111】 符号函数的反函数求解示例。

```
>>syms x p q u v;
>>V1 = finverse(1/((x^2+p)*(x^2+q)),x)
>>V2 = finverse(exp(u-2*v),u)
```

运行结果如下：

```
V1 =(2^(1/2)*(-(p*x + q*x + (p^2*x^2 - 2*p*q*x^2 + q^2*x^2 + 4*x)^(1/2))/x)^(1/2))/2
V2 =2*v + log(u)
```

【例 1-112】 符号表达式求和示例。

```
>>syms k n x
>>r1 = symsum(k^3)                                    %缺省时，对 0 ~ k-1 的值进行求和计算
>>r2 = symsum(k^2-k)
>>r3 = symsum(sin(k*pi/3)/k,1,3)
>>r4 = symsum(k^2,0,10)
>>r5 = symsum(x^k/sym('k!'), k, 0,inf)
```

运行结果如下：

```
r1 = k^4/4 - k^3/2 + k^2/4
r2 = k^3/3 - k^2 + (2*k)/3
r3 = (3*3^(1/2))/4
r4 = 385
r5 = exp(x)
```

【例 1-113】　符号表达式代入数值与函数计算示例。

```
>>syms x y t a w;
>>f=x^2;
>>subs(f,2)
>>subs(f,(w+1)/(w-1))
>>f1=x^2+y^2;
>>subs(f1,{x, y},{3,2})
>>subs(f1,x,2)
>>subs(f1,x,(w+1)/(w-1))
>>subs(f1,findsym(f),2)
>>subs(exp(a*t), 'a', [1 0;0 1])
```

运行结果如下：

```
ans = 4
ans = (w + 1)^2/(w - 1)^2
ans = 13
ans = y^2 + 4
ans = (w + 1)^2/(w - 1)^2 + y^2
ans = y^2 + 4
ans =
[ exp(t),      1]
[      1, exp(t)]
```

【例 1-114】　符号函数的 Taylor 级数展开求解示例。

```
>>syms x y z;
>>T1=taylor(exp(-x))
>>T2=taylor(sin(x+pi/3),x,pi/2,'Order',6)
>>T3=taylor(sin(x+pi/3)*cos(y+pi/4)*exp(x+pi/5),[x y z],[0 0 0],'Order',4)
>>T4=taylor(exp(-x/sin(x)),x,'OrderMode','Relative','Order',8)
>>T5=taylor(log(x),x,'ExpansionPoint',1,'Order',4)
>>T6=taylor([exp(x),cos(y)],[x,y],'ExpansionPoint',[1 1],'Order',4)
>>T7=taylor(exp(z)/(x - y),[x,y,z],'ExpansionPoint',[Inf,0,0], 'OrderMode',
'Absolute','Order',6)
```

运行结果如下：

```
T1 =- x^5/120 + x^4/24 - x^3/6 + x^2/2 - x + 1
T2 =(3^(1/2)*(x - pi/2)^3)/12 - (3^(1/2)*(x - pi/2))/2 - (3^(1/2)*(x - pi/2)^5)/240
- (x - pi/2)^2/4 + (x - pi/2)^4/48 + 1/2
T3 =
((2^(1/2)*exp(pi/5))/12 - (2^(1/2)*3^(1/2)*exp(pi/5))/12)*x^3 - (2^(1/2)*exp(pi/5)*
x^2*y)/4 + (2^(1/2)*exp(pi/5)*x^2)/4 + (- (2^(1/2)*exp(pi/5))/8 - (2^(1/2)*3^(1/2)*
exp(pi/5))/8)*x*y^2 + (- (2^(1/2)*exp(pi/5))/4 - (2^(1/2)*3^(1/2)*exp(pi/5))/4)*x*y
+ ((2^(1/2)*exp(pi/5))/4 + (2^(1/2)*3^(1/2)*exp(pi/5))/4)*x + (2^(1/2)*3^(1/2)*
exp(pi/5)*y^3)/24 - (2^(1/2)*3^(1/2)*exp(pi/5)*y^2)/8 - (2^(1/2)*3^(1/2)*exp(pi/5)*y)/4
+ (2^(1/2)*3^(1/2)*exp(pi/5))/4
T4 =(19*exp(-1)*x^6)/45360 - (exp(-1)*x^4)/180 - (exp(-1)*x^2)/6 + exp(-1)
T5 =x - (x - 1)^2/2 + (x - 1)^3/3 - 1
T6 =
```

```
[ exp(1) + exp(1)*(x - 1) + (exp(1)*(x - 1)^2)/2 + (exp(1)*(x - 1)^3)/6, cos(1) +
(sin(1)*(y - 1)^3)/6 - sin(1)*(y - 1) - (cos(1)*(y - 1)^2)/2]
T7 =y^2/x^3 + z^2/(2*x) + z^3/(6*x) + z^4/(24*x) + y/x^2 + z/x + 1/x + (y*z)/x^2 +
(y*z^2)/(2*x^2)
```

1.7.4 符号微积分运算

极限、微分和积分是微积分学的核心，并广泛用于工程技术中。求符号极限、微分和积分是 MATLAB 重要的符号运算功能。常用的符号微积分运算的函数如表 1-50 所示。

表 1-50 常用的符号微积分运算的函数

函 数	使 用 说 明
limit(f,x,a)	计算符号对象f当指定变量x→a时的极限
limit(f,a)	求符号对象f当默认的独立变量趋近于a时的极限
limit(f)	求符号对象f当默认的独立变量趋近于0时的极限
limit(f,x,a,'fight')/limit(f,x,a,'left')	计算符号函数f的单侧极限：左极限x→a$^-$或右极限x→a$^+$
diff(F,'x')	对符号对象F中指定的符号变量x求其1阶导数
diff(F)	对符号对象F中的默认的独立变量求其1阶导数
diff(F,n)	对符号对象F中的默认的独立变量求其n阶导数
diff(F,'x',n)	对符号对象F中指定的符号变量x求其n阶导数
R=jacobian(f,v)	计算求多元向量函数f(v)的雅可比矩阵
f=int(F,x)	对符号对象F中指定的符号变量x计算不定积分。注意，表达式f只是函数F的一个原函数，后面没有带任意常数
f=int(F)	对符号对象F中的默认的独立变量计算不定积分
f=int(F,x,a,b)	对符号对象F中指定的符号变量x计算从a到b的定积分
f=int(F,a,b)	对符号对象F中的默认的独立变量计算从a到b的定积分
symsum(s,x,a,b)	计算表达式s的级数和，x为自变量，x省略则默认为对自由变量求和；s为符号表达式；[a,b]为参数x的取值范围
fn=taylor(f,n,x)	返回符号表达式f中指定的符号自变量x（若表达式f中有多个变量时）的n-1阶的Maclaurin多项式（即在零点附近x=0）近似式，其中x可以是字符串或符号变量
fn=taylor(f)	返回符号表达式f中默认的独立变量的6阶的Maclaurin多项式的近似式
fn=taylor(f,n,x,a)	返回符号表达式f中指定的符号自变量x的n-1阶的泰勒级数（在指定的a点附近x=a）的展开式。其中a可以是一数值、符号、代表一数字值的字符串或未知变量。注意，可以以任意的次序输入参量n、x与a，taylor函数能根据它们的位置与类型确定它们的目的

【例 1-115】 符号微积分运算。

```
>> syms x y n k
>> f=sin(x^2)/tan(x^2);
>> fx=limit(f)                              %求极限
>> y=tan(x) ^ n*sin(n*x);
>> Xd=diff(y)                               %求微分
>> diff(y,n,2)                              %求以 n 为变量的二阶微分
>> F1=int(x^2*sin(1+x^2),0,1)               %求定积分
```

```
>> s1=symsum(1/k^2,1,inf)          %级数求和
>> s2=symsum(x^-k,k,1,6)           %级数求和
>> f2=sin(x^2+5*pi/6);
>> T1=taylor(f2)                   %求泰勒级数展开
```

运行结果如下：

```
fx =
1
Xd =
n*cos(n*x)*tan(x) ^ n+n*sin(n*x)*tan(x) ^ (n - 1)*(tan(x) ^ 2+1)
ans =
log(tan(x)) ^ 2*sin(n*x)*tan(x) ^ n - x^2*sin(n*x)*tan(x) ^ n+2*x*log(tan(x))*
cos(n*x)*tan(x) ^ n
F1 =
(cos(1)*hypergeom(5/4, [3/2, 9/4], -1/4))/5+(sin(1)*hypergeom(3/4, [1/2, 7/4],
-1/4))/3
s1 =
pi^2/6
s2 =
1/x+1/x^2+1/x^3+1/x^4+1/x^5+1/x^6
T1 =
- x^4/4 - (3^ (1/2)*x^2)/2+1/2
```

【例 1-116】　符号函数的导数（偏导数）计算示例。

```
>>syms x y t
>>D1 = diff(sin(x^2)*y^2,2)
>>D2 = diff(D1,y)
>>D3 = diff(t^8,7)
```

运行结果如下：

```
D1 =2*y^2*cos(x^2) - 4*x^2*y^2*sin(x^2)
D2 =4*y*cos(x^2) - 8*x^2*y*sin(x^2)
D3 =40320*t
```

【例 1-117】　符号函数的积分计算示例。

```
>>syms x z t alpha
>>INT1 = int(-2*x/(1+x^3)^2)
>>INT2 = int(x/(1+z^2),z)
>>INT3 = int(INT2,x)
>>INT4 = int(x*log(1+x),0,1)
>>INT5 = int(2*x, sin(t), 1)
>>INT6 = int([exp(t),exp(alpha*t)])
```

运行结果如下：

```
INT1 = (2*log(x + 1))/9 + log(x - (3^(1/2)*1i)/2 - 1/2)*((3^(1/2)*1i)/9 - 1/9) - log(x
+ (3^(1/2)*1i)/2 - 1/2)*((3^(1/2)*1i)/9 + 1/9) - (2*x^2)/(3*(x^3 + 1))
INT2 =x*atan(z)
INT3 =(x^2*atan(z))/2
INT4 =1/4
```

```
INT5 =cos(t)^2
INT6 = [ exp(t), exp(alpha*t)/alpha]
```

【例 1-118】 函数的留数计算示例。

```
>>syms z;
>>f=cos(z+pi/4)*exp(-6*z)/(z^5*(z-6))
>>r1=limit(diff(f*z^5,z,4)/prod(1:4),z,0)
>>r2=limit(f*(z-6),z,1)
```

运行结果如下：

```
f =
(exp(-6*z)*cos(z + pi/4))/(z^5*(z - 6))
r1 =
-(93559*2^(1/2))/15552
r2 =
exp(-6)*cos(pi/4 + 1)
```

1.7.5 符号积分变换

1. 傅里叶变换及其逆变换

傅里叶变换和逆变换可以利用积分函数 int 来实现，也可以直接使用 fourier 或 ifourier 函数实现。

1）傅里叶变换

fourier 函数用于求时域函数 f(t)的傅里叶变换，使用格式：F=fourier(f)或 F=fourier(f,t,w)，使用说明：返回结果 F 是符号变量 w 的函数，当参数 w 省略时，默认返回结果为 w 的函数；f 为 t 的函数，当参数 t 省略时，默认自由变量为 x。

2）傅里叶逆变换

ifourier 函数用于求频域函数 F(w)的傅里叶逆变换，使用格式：f=ifourier(F)或 f=ifourier(F,w,t)，使用说明：返回结果 f 是符号变量 t 的函数，当参数 t 省略时，默认返回结果为 t 的函数；F 为 w 的函数，当参数 w 省略时，默认自由变量为 x。

【例 1-119】 计算 $f(t)=t^2+1$ 的傅里叶变换 F 以及 F 的傅里叶逆变换。

```
>> syms t w
>> F=fourier(t^2+1,t,w)                    %傅里叶变换
>> f=ifourier(F,t)                         %傅里叶逆变换
```

运行结果如下：

```
F =
2*pi*dirac(w) - 2*pi*dirac(2, w)
f =
(2*pi*t^2+2*pi)/(2*pi)
```

2. 拉普拉斯变换及其逆变换

1）拉普拉斯变换

laplace 函数用于求时域函数 f(t)的拉普拉斯变换，使用格式：F=laplace(f,t,s)，使用说明：返回结果 F 为 s 的函数，当参数 s 省略时，返回结果 F 默认为 s 的函数；f 为 t 的函数，当参数 t 省略，默认变量为 t。

2）拉普拉斯逆变换

ilaplace 函数用于求复频域函数 F(s)的拉普拉斯逆变换，使用格式：f=ilaplace(F,s,t)，使用说明：返回结果 f 为 t 的函数，当参数 t 省略时，返回结果 f 默认为 t 的函数；F 为 s 的函数，当参数 s 省略时，默认变量为 s。

【例 1-120】　计算 $f(t)=t^2+1$ 的拉普拉斯变换 F 以及 F 的拉普拉斯逆变换。

```
>> syms t w s
>> F=laplace(t^2+1,t,s)              %拉普拉斯变换
>> f=ilaplace(F,s,t)                 %拉普拉斯逆变换
```

运行结果如下：

```
F =
1/s+2/s^3
f =
t^2+1
```

3. Z变换及其逆变换

1）Z 变换

ztrans 函数用于求时域序列 f(n)的 Z 变换，使用格式：F=ztrans(f,n,z)，使用说明：返回结果 F 是以符号变量 z 为自变量；当参数 n 省略时，默认变量为 n；当参数 z 省略时，返回结果默认为 z 的函数。

2）Z 逆变换

iztrans 函数用于复变函数 F(z)的 Z 逆变换，使用格式：f=iztrans(F,z,n)，使用说明：返回结果 f 是以符号变量 n 为自变量；当参数 z 省略时，默认变量为 z；当参数 n 省略时，返回结果默认为 n 的函数。

【例 1-121】　计算序列 $f(n)=t^2+1$ 的 Z 变换 F 以及 F 的 Z 逆变换。

```
>> syms n z
>> F=ztrans(1+n^2,n,z)               %Z 变换
>> f=iztrans(F,z,n)                  %Z 逆变换
```

运行结果如下：

```
F =
z/(z - 1)+(z*(z+1))/(z - 1) ^ 3
f =
3*n+2*nchoosek(n - 1, 2) - 1
```

【例 1-122】　已知 $G(s)=\dfrac{s^2+4s+5}{s^3+3s^2+2s}$，采用两种方法进行 Z 变换，取采样周期为 0.1s。

方法一，直接由 $G(s)$ 经部分分式展开，得到 $G(s)$ 的 Z 变换，MATLAB 求解程序如下：

```
>>T=0.1;
>>num=[1 4 5];
>>den=[1 3 2 0];
>>n=length(den);
>>Gs=tf(num,den)
>> [r,p,k]=residue(num,den);
>>for i=1:1:n-1
>>pz(i)=exp(p(i)*T);
```

```
>>end
>>[numz,denz]=residue(r,pz,k);
>>numz1=conv(numz,[1 0]);
>>Gz=tf(numz1,denz,T)
```

运行结果如下：

```
Gs =
    s^2 + 4 s + 5
  -----------------
  s^3 + 3 s^2 + 2 s
Continuous-time transfer function.
Gz =
    z^3 - 1.624 z^2 + 0.667 z
  -------------------------------
  z^3 - 2.724 z^2 + 2.464 z - 0.7408
Sample time: 0.1 seconds
Discrete-time transfer function.
```

方法二，先求 $G(s)$ 的拉普拉斯逆变换，采样后，根据 Z 变换的定义求 $G(s)$ 的 Z 变换，MATLAB 求解程序如下：

```
>>T=0.1;
>>syms s t k z
>>Gs=(s^2+4*s+5)/(s^3+3*s^2+2*s)
>>et=ilaplace(Gs);
>>ekT=subs(et,t,k*T);
>>Gz=ztrans(ekT)
```

运行结果如下：

```
Gs =
(s^2 + 4*s + 5)/(s^3 + 3*s^2 + 2*s)
Gz =
(5*z)/(2*(z - 1)) + z/(2*(z - exp(-1/5))) - (2*z)/(z - exp(-1/10))
```

1.7.6 方程的解析解

方程的求解是工程技术问题求解的基本要求。为配合求出方程的解析解，在 MATLAB 符号工具箱中给出了相关的命令。这些命令中有求解代数方程（组）的函数 solve，也有求解常微分方程（组）的函数 dsolve。

1. 代数方程（组）的求解

函数 solve 可以求解出代数方程（组）的解析解，当方程不存在解析解又无其他自由参数时，solve 函数还能给出代数方程（组）的数值解。使用格式：solve('eq','x')或 solve('eq1','eq2','x1','x2',…)，使用说明：求方程关于指定变量 x 的解，或求方程组关于指定变量 x1,x2, …的解，方程 eq,eq1,eq2,…可以是含等号的符号表达式的方程，也可以是不含等号的符号表达式，但其含义仍然是令 eq=0 的方程；当参数 x 省略时，默认为方程中的自由变量；其输出结果为结构数组类型。

【例 1-123】 方程组解析求解。

```
>> syms x1 x2 a b sita;
>> eq1=x1 * tan(sita)-x2 * cot(sita)-a;
```

```
>> eq2=x1 * cos(sita)+x2 * sin(sita)-b;
>> [x1,x2]=solve(eq1,eq2,x1,x2)
```

运行结果如下：

```
x1 =
(b*cot(sita)+a*sin(sita))/(cos(sita)*cot(sita)+sin(sita)*tan(sita))
x2 =
-(a*cos(sita) - b*tan(sita))/(cos(sita)*cot(sita)+sin(sita)*tan(sita))
```

【例 1-124】　代数方程的解析解示例。

```
>>syms x y a b c u v;
>>solve('a*x^2 + b*x + c')
>>solve('a*x^2 + b*x + c','b')
>>solve('x + y = 1','x - 11*y = 5') ;
>>x1=ans.x
>>y1=ans.y
>>A = solve('a*u^2 + v^2', 'u - v = 1', 'a^2 - 5*a +6');
>>a=A.a
>>u=A.u
>>v=A.v
```

运行结果如下：

```
ans =
 -(b + (b^2 - 4*a*c)^(1/2))/(2*a)
 -(b - (b^2 - 4*a*c)^(1/2))/(2*a)
ans =
-(a*x^2 + c)/x
x1 = 4/3
y1 = -1/3
a =
 2
 2
 3
 3
u =
 1/3 - (2^(1/2)*1i)/3
 (2^(1/2)*1i)/3 + 1/3
 1/4 - (3^(1/2)*1i)/4
 (3^(1/2)*1i)/4 + 1/4
v =
 - (2^(1/2)*1i)/3 - 2/3
   (2^(1/2)*1i)/3 - 2/3
 - (3^(1/2)*1i)/4 - 3/4
   (3^(1/2)*1i)/4 - 3/4
```

【例 1-125】　方程组数值解。

```
>> eq1=sym('x^2+2*y+1');
>> eq2=sym('y+2*z=4');
```

```
>> eq3=sym('y*z=6');
>> [x,y,z]=solve(eq1,eq2,eq3)
```

运行结果如下：

```
x =
  (- 2^ (1/2)*4i - 5) ^ (1/2)
  (- 5+2^ (1/2)*4i) ^ (1/2)
-(- 2^ (1/2)*4i - 5) ^ (1/2)
-(- 5+2^ (1/2)*4i) ^ (1/2)
y =
 2+2^ (1/2)*2i
 2 - 2^ (1/2)*2i
 2+2^ (1/2)*2i
 2 - 2^ (1/2)*2i
z =
 1 - 2^ (1/2)*1i
1+2^ (1/2)*1i
 1 - 2^ (1/2)*1i
1+2^ (1/2)*1i
```

2. 常微分方程（组）的求解

MATLAB 求解常微分方程的函数是 dsolve。应用此函数可以求得常微分方程（组）的通解，以及给定边界条件（或初始条件）后的特解。

使用格式：g=dsolve('eq1', 'eq2',…,'eqn','cond1','cond2',…,'condn','x')，使用说明：'eq1','eq2',…,'eqn'是微分方程，只能用字符串形式给出；微分方程是函数必需的输入变量，微分方程需写成标准形式，如给出的微分方程常写成 $y''+y'=x$ 的形式，需改成 $y'+y''-x=0$；'cond1','cond2',…,'condn'是初始条件，也只能用字符串形式给出，初始条件应写成'y(a)=b,Dy(c)=d'的格式，当初始条件少于微分方程数时，在所得解中将出现任意常数符 C1,C2,…，解中任意常数符的数目等于所缺少的初始条件数；'x'定义了微分方程的独立变量名，只能用字符串形式。默认的独立变量名为 t；微分方程字符串中，Dny 表示 y 的 n 阶导数，Dy 表示 y 的一阶导数；返回值 g 是一个结构体变量，要引用其成员才能得到方程的解。

【例 1-126】 常微分方程的求解。

```
>> y=dsolve('2*x*D2y-5*Dy=3*x^2+x','x')            %求微分方程的通解
>> y=dsolve('2*x*D2y-5*Dy=3*x^2+x','y(1)=0,y(5)=0','x')   %求微分方程的特解
```

运行结果如下：

```
y =
C1+C2*x^ (7/2) - x^2/6 - x^3
y =
(128*x^ (7/2))/(125*5^ (1/2) - 1) - x^2/6 - x^3+(25*(35*5^ (1/2) - 31))/(6*(125*5^
(1/2) - 1))
```

【例 1-127】 常微分方程组的求解。

```
>> s=dsolve('Dx=y+x,Dy=-x+y');
>> x=s.x, y=s.y
```

运行结果如下：

```
x =
C2*exp(t)*cos(t)+C1*exp(t)*sin(t)
y =
C1*exp(t)*cos(t) - C2*exp(t)*sin(t)
```

【例 1-128】 微分方程的解析解示例

```
>>D1 = dsolve('t*D2f = Df*log((Dy)/t)')
>>D2 = dsolve('(Dy)^2 + y^2 = 1','s')
>>D3 = dsolve('Dy = a*y', 'y(0) = b')
>>D4 = dsolve('D2y = -a^2*y', 'y(0) = 1', 'Dy(pi/a) = 0')
>>[x,y] = dsolve('Dx = y', 'Dy = -x')
>>[u,v] = dsolve('Du=u+v,Dv=u-v')
```

运行结果如下：

```
D1 =C4 + int(t*exp((t*diff(f(t), t, t))/diff(f(t), t)), t, 'IgnoreSpecialCases', true,
'IgnoreAnalyticConstraints', true)
D2 =                                    1
                                       -1
 (exp(C9*1i + s*1i)*(exp(- C9*2i - s*2i) + 1))/2
 (exp(C6*1i - s*1i)*(exp(- C6*2i + s*2i) + 1))/2
D3 =b*exp(a*t)
D4 =exp(-a*t*1i)/2 + exp(a*t*1i)/2
x =C15*cos(t) + C14*sin(t)
y =C14*cos(t) - C15*sin(t)
u =C16*exp(2^(1/2)*t)*(2^(1/2) + 1) - C17*exp(-2^(1/2)*t)*(2^(1/2) - 1)
v =C16*exp(2^(1/2)*t) + C17*exp(-2^(1/2)*t)
```

习　　题

1. 创建一个有 10 个元素的一维数组[1 2 3 20 1 10 20 20 50 20]，并做如下处理：

直接寻访一维数组的第 8 个元素；

寻访一维数组的第 2、4、10 个元素；

寻访一维数组中第 6 个至最后 1 个元素；

寻访一维数组中大于 10 的元素。

2. 建立矩阵 $A = \begin{bmatrix} -3 & -1 & -4 \\ 2 & 1 & 2 \\ 2 & 0 & 0 \end{bmatrix}$，然后找出在区间[−1,1]中元素的位置。

3. 求 $\dfrac{s^6 + 3s^5 + 4s^4 + 3s^3 + 2s^2 + 3s + 9}{s^3 + 3s + 1}$ 的 "商" 及 "余" 多项式。

4. 在区间[0,2π]内，绘制曲线 $y = 3e^{-0.5x}\cos(6\pi x) + \sin(3\pi x)$。

5. 绘制空间曲线：$\begin{cases} x^2 + y^2 + z^2 = 1 \\ 3y + 2z = 0 \end{cases}$。

6. 编写程序，计算满足 $1+2^2+\cdots+n^n<10000$ 时的最大 n 值。

7. 分别用 for 和 while 循环结构编写程序，求出 $m = \sum\limits_{i=0}^{31} 2^i$。

8. 有分段函数 $f(x) = \begin{cases} 3x^2 + 2x + 1, & -6 < x < 0 \\ \cos x + 3\sin x, & 0 \leqslant x \leqslant 1 \\ 3\sin x + e^{x-6} - 1, & 1 < x < 6 \end{cases}$，绘制其图形。

9. 计算函数 $f(x) = \sqrt[3]{e^x + x(\cos x + \sin 2x)}$ 的导数。

第 2 章

控制系统基本概念与仿真概述

控制技术是研究控制共同规律的技术科学。随着科学技术和工程技术的迅速发展，逐步形成了适应时代发展和要求的一门独立学科——控制论。控制论包括工程控制论、生物控制论和经济控制论等。这样，控制理论和技术从工程技术学科领域（如机械、化工、电气、电子、航空、航天、人工智能等）的理论研究及工程应用，渗透到生物学（如生物医药工程等）、社会科学（如经济预测与调控等）等领域，控制技术及其应用在科研工作和日常生活中扮演着越来越重要的角色。在了解控制系统仿真的相关概念之前，首先需要了解一下控制系统的基本概念。

2.1　控制系统的基本概念

什么是控制系统？控制系统是指在没有人直接操作的情况下，利用控制装置使被控制对象（如机器、设备或生产过程）的某一物理量或工作状态自动地按照预定的规律运行或变化。这里的"控制系统"是相对于"人工操控"而言的，例如，人造地球卫星在预定轨道上运行，无人驾驶的飞机自动按预定的航迹飞行，数控机床自动按预定的程序加工零件，化工生产过程中反应塔的温度、流量、物料成分、压力自动保持恒定不变，机器人自动按预定程序在人工不便操作的环境中工作等，都是控制系统的典型应用。

系统是指若干个部件的组合，这些部件组合在一起完成指定的任务。应该指出，系统不局限于物理系统，还可以应用于抽象的动态现象。控制系统就是指能够对被控制对象的工作状态进行控制的系统。

控制系统一般由控制装置和被控制对象组成。被控制对象（简称被控对象）是指要求实现控制的机器、设备或生产过程，例如，人造地球卫星、数控机床、传动电机以及化工生产过程等。控制装置是指对被控对象起控制作用的设备全体，包括测量装置、比较装置、放大装置和执行机构等。控制系统的组成和功能是多种多样的，它可以是只控制一个物理量（如温度、压力、电流等）的简单系统，也可以是包括一个化工流程全部过程的复杂系统；可以是一个具体的工业工程系统，也可以是抽象的社会系统、经济系统乃至生态系统等。控制的基本形式通常有开环控制系统、闭环控制系统和复合控制系统，而复合控制系统就是开环控制系统和闭环控制系统相结合的一种控制方式。这里以电动机为被控对象，简要讨论开环控制系统和闭环控制系统的基本概念。

2.1.1　开环控制系统与闭环控制系统

环控制系统是指组成系统的控制装置与被控对象之间只有顺向作用，而没有反向联系的控制系统。也就是说，在开环控制系统中，输入端信号与输出端信号之间只有前向通道，不存在由输出端到输入端的反馈回路。

图 2-1 所示的他激直流电动机转速控制系统就是一个开环控制系统。它的任务是控制直流电动机以恒定的转速带动负载工作。

系统的工作原理是：调节电位器的触头，使其输出给定电压 u_r。经电压放大器和功率放大器后成为电动机的电枢电压 u_a，送到电动机的电枢端，用来控制电动机转速。在负载恒定的条件下，他激直流电动机的转速 ω 与电枢电压 u_a 成正比，只要通过调节电位器的触头，就可以改变给定电压 u_r，便可得到相应的电动机转速 ω。

在本开环控制系统中，直流电动机是被控对象，电动机的转速 ω 是被控量，也称为系统的输出量或输出信号。给定电压 u_r 通常称为系统的给定量或输入量。在本开环控制系统中，只有输入量 u_r 对输出量 ω 的单向控制作用，而输出量 ω 对输入量却没有任何影响和关联，这种系统称为开环控制系统。

直流电动机转速开环控制系统对应的方框图可用图 2-2 来表示。图中用方框代表系统中具有相应功能的元件；用箭头表示元件之间的信号及其传递方向。电动机负载转矩的任何变化，都会使输出量 ω 偏离期望值，导致变化的这种作用称为干扰或扰动，在图 2-2 中可用一个画在直流电动机（被控对象）上的箭头来表示。

图 2-1 直流电动机转速开环控制系统   图 2-2 直流电动机转速开环控制系统方框图

开环控制系统控制精度不高和适应性不强的主要原因是缺少从系统输出到输入的反馈回路。若要提高控制精度，就必须把输出量的信息反馈到输入端，通过比较输入值与输出值，产生偏差信号，该偏差信号以一定的控制指标来产生控制作用，逐步减小以至消除这一偏差，从而实现所要求的控制指标。系统的控制作用受输出量影响的控制系统称为闭环控制系统。

在如图 2-2 所示的直流电动机转速开环控制系统中，加入一台测速发电机，并对电路稍做修改，便构成了如图 2-3 所示的直流电动机转速闭环控制系统。

在图 2-3 中，测速发电机由电动机同轴带动，它将电动机的实际转速 ω（系统输出量）测量出来，并转换成反馈电压 u_f，再连接到系统的输入端，与给定电压 u_r（系统输入量）进行比较，从而得出电压 u_e。该电压能反映出误差的性质（即误差的大小和正负变化方向），通常称为偏差信号，简称偏差。偏差经放大器放大后成为电动机的电枢电压 u_a，用以控制电动机转速 ω。直流电动机转速闭环控制系统的方框图可用图 2-4 表示。

图 2-3 直流电动机转速闭环控制系统   图 2-4 直流电动机转速闭环控制系统方框图

通常把从系统输入量到输出量之间的通道称为前向通道；从输出量到反馈信号之间的通道称为反馈通道。方框图中用符号"⊗"表示比较环节，其输出量等于各个输入量的代数和。因此，在系统方框图中各个输入量均须用正负号表明其极性。图 2-4 清楚地表明：由于采用了反馈回路，使信号的传输路径形成闭合回路，使输出量反过来直接影响控制作用。这种通过反馈回路使系统构成闭环，并按偏差产生控制作用，用以减小或消除偏差的控制系统，称为闭环控制系统，或称反馈控制系统。

必须指出，在系统主反馈通道中，只有采用负反馈才能达到控制的目的。若采用正反馈，将使偏差越来越大，导致系统发散而无法正常工作。闭环系统工作的本质原理是：将系统的输出信号引回到输入端，与输入信号相比较，利用所得的偏差信号对系统进行调节，达到减小偏差或消除偏差的目的。这就是负反馈控制原理，它是构成闭环控制系统的核心。闭环控制是常用的控制方式，通常所说的控制系统，一般都是指闭环控制系统。

一般来说，开环控制系统结构比较简单，成本较低。开环控制系统的缺点是控制精度不高，干扰抑制能力差，而且对系统参数变化非常敏感。一般用于可以不考虑外界影响或精度要求不高的场合，如洗衣机、步进电机的控制等。

在闭环控制系统中，不论是输入信号的变化、干扰的影响，还是系统内部参数的变化，只要变化的量在闭环内，就可以通过反馈使被控量偏离给定值，从而产生相应的作用去消除偏差。因此，闭环控制抑制干扰能力很强，与开环控制相比，系统对参数变化不敏感，可以选用不太精密的元件构成较为精密的控制系统，获得比较满意的动态特性和控制精度。但是采用反馈装置需要添加元件，造价较高，同时也增加了系统的复杂性。如果系统的结构参数选取不适当，控制过程可能会变差，甚至出现振荡或发散等不稳定的情况。因此，如何分析系统，合理选择系统的结构参数，从而获得满意的系统性能，是控制系统设计必须要研究和解决的问题。

2.1.2　闭环控制系统组成结构

任何一个闭环控制系统都是由被控对象和控制器构成的。闭环控制系统根据被控对象和具体用途不同，可以有各种不同的结构形式。图 2-5 是一个典型闭环控制系统方框图。除被控对象外，控制装置通常是由测量元件、比较元件、放大元件、执行机构、校正元件以及给定元件组成。这些功能元件分别承担相应的职能，共同完成控制任务。

图 2-5　典型闭环控制系统方框图

被控对象：一般是指生产过程中需要进行控制的工作机械、装置或生产过程。
被控量：描述被控对象工作状态的、需要进行控制的物理量。
给定元件：用于产生给定信号或控制输入信号。

测量元件：用于检测被控量或输出量，产生反馈信号。如果测出的物理量属于非电量，那么一般要转换成电量以便传输和处理。

比较元件：用来比较输入信号和反馈信号之间的偏差。它可以是一个差动电路，也可以是一个物理元件，如电桥电路、差动放大器、自整角机等。

放大元件：用来放大偏差信号的幅值和功率，使之能够驱动执行机构来调节被控对象输出，如功率放大器。

执行机构：用于直接对被控对象进行操作，调节被控量，阀门、伺服电动机等。

校正元件：用来改善或提高系统的性能。常用串联或反馈的方式连接在系统中，如 RC 网络、测速发电机等。

2.1.3 反馈控制系统性能指标

对于反馈控制系统，在给定信号 $R(t)$ 的作用下，系统输出量 $C(t)$ 的变化情况用跟随性能指标来描述。对于不同变化方式的给定信号，其输出响应是不一样的。通常，反馈控制系统性能指标是指在初始条件为 0 的情况下，以系统对单位阶跃输入信号的输出响应（称为单位阶跃响应）为依据提出的，典型的单位阶跃响应曲线如图 2-6 所示。具体的跟随性指标有下述几项。

图 2-6　典型的单位阶跃响应曲线

1. 上升时间 t_r

单位阶跃响应曲线从 0 起第一次上升到稳态值 C_m 所需的时间称为上升时间，它表示动态响应的快速性。

2. 超调量 δ

动态过程中，输出量超过输出稳态值的最大偏差与稳态值之比，用百分数表示，称为超调量。超调量用来说明系统的相对稳定性，超调量越小，说明系统的相对稳定性越好，即动态响应比较平稳。

3. 调节时间 t_s

调节时间又称过渡过程时间，它衡量系统整个动态响应过程的快慢。原则上它应该是系统从给定信号阶跃变化起，到输出量完全稳定下来为止的时间。对于线性控制系统，理论上要到 $t=\infty$ 才能真正稳定。在实际应用中，一般将单位阶跃响应曲线衰减到与稳态值的误差进入并且不再超出允许误差带（通常取稳态值的±5%或±2%）所需的最小时间定义为调节时间。

控制系统在稳态运行中，如果受到外部扰动（如负载变化、系统结构变化），就会引起输出量的变化。输出量变化多少？经过多长时间能恢复稳定运行？这些问题反映了系统抵抗扰动的能力。一般以系统稳定运行中突加阶跃扰动 N 以后的过渡过程作为典型的抗扰过程，如图 2-7 所示。常用的抗扰性能指标有最大动态变化量、恢复时间。

图 2-7 突加扰动的过渡过程和抗扰性能指标

4. 最大动态变化量

系统稳定运行时，突加一定数值的扰动所引起的输出量的最大变化，用原稳态值输出 C_{m_1} 的百分数表示，称为最大动态变化量。输出量在经历动态变化后逐渐恢复，达到新的稳态值 C_{m_2}，$C_{m_1} - C_{m_2}$ 是系统在该扰动作用下的稳态误差（即静差）。

5. 恢复时间 t_v

从阶跃扰动作用开始，到输出量基本上恢复稳态，与新稳态值 C_{m_2} 误差进入某基准值 C_b 的 ±5% 或 ±2% 范围之内所需的时间，定义为恢复时间 t_v。其中，C_b 称为抗扰指标中输出量的基准值，视具体情况选定。

上述动态指标都属于时域上的性能指标，它们能够比较直观地反映出生产要求。但是，在进行工程设计时，作为系统的性能指标还有一套频域上的提法。根据系统开环频率特性提出的性能指标为相角裕量 γ 和截止频率 ω_c；根据系统的闭环幅频特性提出的性能指标为闭环幅频特性峰值 M_r 和闭环特性通频带 ω_b。相角裕量 γ 和闭环幅频特性峰值 M_r 反映系统的相对稳定性，开环特性截止频率 ω_c 和闭环特性通频带 ω_b 反映系统的快速性等。

2.2 自动控制系统分类

自动控制系统的形式是多种多样的，用不同的标准进行划分，就有不同的分类方法。常见的有如下几种。

2.2.1 线性系统和非线性系统

按系统是否满足叠加原理，可以将系统分为线性系统和非线性系统。由线性元件组成的系统称为线性系统，系统的运动方程能用线性常系数微分方程描述。线性系统的主要特点是系统满足齐次性和叠加性，系统的响应与初始状态无关，系统的稳定性与输入信号无关。

如果控制系统中含有一个或一个以上非线性元件，这样的系统就属于非线性控制系统。非线性系统不满足叠加原理，系统响应与初始状态和外作用都有关。实际的物理系统都具有某种程度的非线性，但在一定范围内通过合理简化，大量的物理系统都可以用线性系统来近似描述，其精度满足工程要求。

2.2.2 离散系统和连续系统

如果系统中各部分的信号都是连续函数形式的模拟量，则这样的系统就称为连续系统。如果系统中有一处或几处的信号是离散信号（脉冲序列或数码），则这样的系统就称为离散系统（包括采样系统和数字系统）。计算机控制系统就是离散控制系统的典型例子。

2.2.3 恒值系统、随动系统和程序控制系统

按给定信号的形式不同，可将系统划分为恒值控制系统和随动控制系统。

恒值控制系统也称为定值系统或调节系统，恒值控制系统的控制输入是恒定值，要求被控量保持给定值不变。例如，液位高度控制系统、直流电动机匀速控制系统等。

随动控制系统也称为伺服系统，随动控制系统的控制输入是变化规律未知的时间函数，系统的任务是使被控量按同样的规律变化，并与输入信号的误差保持在规定范围内。例如，函数记录仪、自动火炮控制系统等。

程序控制系统的给定信号按预先规定的程序确定，要求被控量按相应的规律随控制信号变化。例如，金属表面热处理的升、降温控制，机械加工中的数控机床等。

2.3 控制系统仿真基本概念

控制系统仿真是一门涉及控制理论、计算数学与计算机技术的综合性新型学科。这门学科的产生及发展几乎是与计算机的发明及发展同步进行的。它包含控制系统分析、综合、设计、检验等多方面的计算机运算处理。计算机仿真基于计算机高速而精确的运算，以实现各种功能。

2.3.1 计算机仿真基本概念

视频讲解

系统：系统是物质世界中相互制约又相互联系着的、以期实现某种目的的一个运动整体。"系统"是一个很大的概念，通常研究的系统有工程系统和非工程系统。工程系统有电力系统、机械系统、水力、冶金、化工、热力学系统等。非工程系统有宇宙、自然界、人类社会、经济系统、交通系统、管理系统、生态系统、人口系统等。

通常用下列术语来描述所要研究的系统。

实体：存在于系统中的具有确定意义的物体，即组成系统的具体对象。例如，直流电动机转速闭环控制系统中的控制器、功率放大器及直流电动机等都是实体。

属性：实体所具有的每一项有效特征。例如，直流电动机的转速、电枢电流、励磁电压等。

活动：系统内部发生的变化过程称为内部活动，系统外部发生的对系统具有影响的任何过程都称为外部活动。例如，直流电动机的励磁电压的变化、电枢电流的变化等均为内部活动；直流电动机的外加负载的变化就是外部活动。

事件：使系统状态发生变化的行为。例如，在一个由购票顾客和售票员构成的售票系统中，可以定义"顾客到达"为一类事件，而这类事件的发生引起了系统的状态售票员的状态从"闲"变成"忙"，或者引起系统的另一个状态——排队的人数发生变化。

模型：对所要研究的系统在某些特定方面的抽象。通过模型对原型系统进行研究，将具有更深刻、更集中的特点。模型分为物理模型和数学模型两种。数学模型可分为机理模型、统计模型与混合模型。

模型通常作为实际系统的一种简化，实际系统的输入和输出都应在模型中表示出来。所以，模型的输入在特征上应当与实际系统一致，这是由研究目的决定的，而它们的输出可能存在较大区别，这取决于模型的精度，模型仅仅是系统的一种抽象和简化。系统和模型都可以被认为是输入输出之间的函数映射关系时，模型的输出就可以用来预测或推断系统的输出。系统与模型的关系如图 2-8 所示。

图 2-8 系统与模型的关系

系统仿真：以系统数学模型为基础，以计算机为工具对系统进行实验研究的一种方法。要对系统进行研究，首先要建立系统的数学模型。对于一个简单的数学模型，可以采用分析法或数学解析法进行研究，但对于复杂的系统，则需要借助于仿真的方法来研究。那么，什么是仿真呢？顾名思义，仿真就是模仿真实的事物，也就是用一个模型（包括物理模型和数学模型）来模仿真实的系统，对其进行实验研究。用物理模型来进行仿真一般称为物理仿真，它主要是应用几何相似及环境条件相似来进行。而由数学模型在计算机上进行实验研究的仿真一般称为计算机仿真。计算机仿真就是指把系统的数学模型转化为仿真模型，并编成程序在计算机上投入运行、实验的全过程。

2.3.2 控制系统仿真

控制系统仿真是系统仿真的一个重要分支，它辅助完成控制系统的建模、分析，以及控制器设计、验证的功能。设计自动控制理论、计算数学、计算机科学以及系统科学的新型学科。

控制系统仿真就是以控制系统模型为基础，采用控制系统模型代替实际控制系统，以计算机为工具，完成对控制系统的仿真、分析、评估和预测的一种方法和技术。

2.3.3 控制系统计算机仿真基本过程

控制系统计算机仿真是研究控制系统的一种高级方法。下面通过一个具体的实例来说明如何利用计算机仿真来研究系统。

【例 2-1】 如图 2-9 所示的 RLC 电路系统，取 $L=1H, C=1F$，考虑系统在单位阶跃输入情况下，讨论系统不产生振荡时电阻 R 的取值，其中 R 的取值大于 0.1Ω。

视频讲解

图 2-9 RLC 电路系统

1. 问题的描述

要求研究的问题是：当 $L=1\text{H},C=1\text{F}$ 时，分析系统在输入作用 $u_r(t)=1(t)$ 的作用下，要使响应不发生振荡，通过计算机仿真研究 R 应在什么范围内取值。

2. 建立系统的数学模型

（1）根据电学中的基尔霍夫定律，可写出原始方程

$$L\frac{\mathrm{d}i(t)}{\mathrm{d}t} + Ri(t) + \frac{1}{C}\int i(t)\mathrm{d}t = u_r(t) \tag{2-1}$$

（2）式（2-1）中 i 是中间变量，它与输出有如下关系：

$$u_c(t) = \frac{1}{C}\int i(t)\mathrm{d}t \tag{2-2}$$

（3）消去式（2-1）、式（2-2）的中间变量 i 后，便得输入与输出的微分方程式

$$LC\frac{\mathrm{d}^2 u_c(t)}{\mathrm{d}t^2} + RC\frac{\mathrm{d}u_c(t)}{\mathrm{d}t} + u_c(t) = u_r(t) \tag{2-3}$$

（4）将式（2-3）转换成状态方程及输出方程形式

$$\begin{bmatrix} \dot{x}_1(t) \\ \dot{x}_2(t) \end{bmatrix} = \begin{bmatrix} 0 & 1 \\ -\dfrac{R}{L} & -\dfrac{1}{LC} \end{bmatrix} \begin{bmatrix} x_1(t) \\ x_2(t) \end{bmatrix} + \begin{bmatrix} 0 \\ \dfrac{1}{LC} \end{bmatrix} u_r(t) \tag{2-4}$$

$$u_c(t) = \begin{bmatrix} 1 & 0 \end{bmatrix} \begin{bmatrix} x_1(t) \\ x_2(t) \end{bmatrix} \tag{2-5}$$

（5）将第（4）步所得方程转换成离散状态方程及输出方程，用于计算机仿真编程

$$\begin{bmatrix} x_1((k+1)T) \\ x_2((k+1)T) \end{bmatrix} = \begin{bmatrix} x_1(kT) \\ x_2(kT) \end{bmatrix} + \begin{bmatrix} 0 & 1 \\ -\dfrac{R}{L} & -\dfrac{1}{LC} \end{bmatrix} \begin{bmatrix} x_1(kT) \\ x_2(kT) \end{bmatrix} + \begin{bmatrix} 0 \\ \dfrac{1}{LC} \end{bmatrix} u_r(kT)T \tag{2-6}$$

$$u_c((k+1)T) = x_1((k+1)T) \tag{2-7}$$

式中，T 为采样周期。

3. 仿真程序编写和程序调试

为了使式（2-6）和式（2-7）所表示的仿真模型能够在计算机上运行，必须用编程语言加以描述，即编写仿真程序，并进行调试。采用 MATLAB 语言进行编程，程序如下：

```
>> clear all
>> L=1;                              % 输入 RLC 电路的电感值
>> C=1;                              % 输入 RLC 电路的电容值
>> R=input('请输入 R 的电阻值(Ω):');   %输入 R 的电阻值(Ω)
>> t=0;
>> T=0.001;                          %设置系统采样时间 T 的值
>> A=[0 1;-R/L -1/(L*C)];            %计算系统状态方程矩阵的值
>> B=[0 1/(L*C)]';
>> tmax=60;                          %设置系统的仿真总时间 tmax
>> x=[0,0]';                         %设置状态变量初值
>> Y=0;                              %Y 为记录输出
>> H=t;                              %H 用于记录 t 的值
>> while(t<tmax)
>> xs=x+(A*x+B)*T;                   %计算离散状态方程
```

```
>> y=xs(1);                          %计算离散输出方程
>> t=t+T;
>> Y=[Y;y];
>> H=[H;t];                          %记录 y 和 t 的值
>> x=xs;
>> end
>> plot(H,Y,'k');                    %绘制输出曲线
```

运行结果如图 2-10 所示。

图 2-10　RLC 电路系统的单位阶跃响应曲线

4. 仿真模型的验证

为了使仿真研究更加有效，一般需要比较仿真程序运行所获得的数据与实际系统在相同条件下运行所观测到的数据，以确认数学模型的准确性。由于模型是基于物理定律建立起来的，所以假设模型是正确的。

5. 进行仿真试验，分析仿真结果

为了确定 R 在大于 0.1Ω 的范围内，系统的阶跃响应不发生振荡，首先取 $R=0.1\Omega$ 进行一次试验，响应曲线如图 2-10（a）所示，此时系统响应不发生振荡。然后增大 R 的取值，取 $R=0.25\Omega,R=0.3\Omega,R=1\Omega$，$R=3\Omega,R=6\Omega$，分别得到仿真曲线如图 2-10（b）、图 2-10（c）、图 2-10（d）、图 2-10（e）、图 2-10（f）所示，结合二阶系统的特点，根据以上仿真试验结果的分析，可以初步得出粗略的取值范围为：当 R 在区间[0.1,0.3]上取值时，系统响应不会发生振荡。更精确的 R 取值范围需要更多的仿真结果和分析。

通过上面的例子，可以得出计算机仿真研究时的一般步骤，具体如下。

1）确定仿真目的和基本需求

确定仿真要解决的问题并给出明确的说明，给出仿真的研究对象。

2）建立研究对象的数学模型

对实际系统进行简化或抽象，用数学的形式对系统的行为、特征等进行描述，保持模型的物理机理及信息传递与实际系统的一致性和相似性。所得到的数学模型是仿真的重要依据。将数学模型通过一定的方式转换成能在计算机上实现和运行的数学模型，即为计算机仿真模型。

3）仿真程序编写和程序调试

编写计算机仿真模型的程序，并进行调试。这个任务要结合所选用的程序设计语言来进行。

4）仿真模型的验证

仿真模型的验证是指计算机仿真模型与数学模型的一致性检验，即检验计算机仿真模型是否与实际系统在一定条件下，其精度足以满足要求。

5）进行仿真试验，分析仿真结果

这个过程包括仿真试验设计、参数选取、运行仿真模型，并根据试验结果对实际系统的运行得出预测性结论等。

计算机仿真的基本步骤如图 2-11 所示。

图 2-11　计算机仿真的基本步骤

2.3.4　计算机仿真技术发展趋势

计算机仿真技术已经被广泛应用于各种工程和非工程领域。通过仿真研究，可以预测系统的特性及外界干扰对系统的影响，从而为制定控制方案和控制决策提供定量依据。

虽然仿真是近几十年特别是计算机出现之后才迅速发展起来的一门综合性技术学科，但应用仿真技术的一些方法已经有了悠久的历史。仿真学科形成于 20 世纪 40 年代。在第二次世界大战末期，对火炮和飞行控制动力学的研究，促进了模拟机仿真技术的发展。1946 年第一台通用数字计算机的问世及 1948 年电子微分器的研制成功，开创了计算机仿真的新纪元。20 世纪 50 年代中期开始出现数字仿真，并在以后的一段时间内得到了迅速发展。20 世纪 50 年代末至 20 世纪 60 年代初，由于导弹技术和航天技术的需要，出现了仿真专用的混合计算机，混合仿真的发展处于领先地位。20 世纪 60 年代至 20 世纪 70 年代是数字仿真技术和混合仿真技术互相竞争的时期，几乎所有先进国家都建立了混合仿真试验基地。20 世纪 70 年代以后，随着采用超大规模集成电路的微型计算机的大量投入应用，计算机的内存容量计算速度及其他性能有了显著的提高，价格大大降低，从而促进了数字仿真技术的飞速发展。近 20 年来，大量适合于在微型机上运行的仿真软件的出现，更为推广和普及仿真技术注入了新的力量。与此同时，基于并行处理的全数字仿真计算机系统已经面世。目前，全数字仿真已逐步取代了混合计算机仿真。

国际上设有专门的计算机仿真协会——国际仿真数学和仿真计算机协会（International Association for Mathematics and Computers in Simulation，IAMCS），我国也于 1989 年成立了系统仿真学会。国内外高等学校的理、工科专业都普遍开设了计算机仿真类的课程。

近年，计算机仿真技术有了许多突破性的进展。结合问题领域的扩展和仿真支持技术的发展，系统仿真方法学致力于更自然地描述事物的属性特征，寻求使模型研究者更自然地参与仿真活动的方法，催生了一批关于仿真的新研究热点，如面向对象仿真、定性仿真、智能仿真、分布交互仿真、可视化仿真、多媒体仿真、虚拟现实仿真等前沿技术。仿真的应用领域也不断扩大，已经从航空、航天转向冶金、化工、电力及其他工业生产部门，从工程领域转向生物、生态、经济及管理等非工程领域。计算机仿真技术已经成为一般科技工作者和工程技术人员都可以方便使用的先进技术手段。

2.4　MATLAB 中控制相关的工具箱

MATLAB 工具箱是采用 MATLAB 语言编写的实现特定功能的工具，其中与控制相关的基础工具箱主要有 6 个。

- 控制系统工具箱（Control system toolbox），提供了一般的经典和现代的控制系统设计方法，包括根时域分析法、轨迹方法、频率域方法、极点配置法、线性二次型最优控制设计等。除了包含丰富的 M 函数，该工具箱还提供了线性时不变系统分析器（LTI Viewer）和单输入单输出设计工具（SISO Tool）。
- 系统辨识工具箱（System identification toolbox），提供了许多用于辨识和建模的专用函数。
- 模型预测控制工具箱（Model predictive control toolbox），主要用于解决大规模、多变量的过程控制问题。
- 鲁棒控制工具箱（Robust control toolbox），提供了用于多变量控制系统设计和分析的许多算法。
- 神经网络工具箱（Neural network toolbox），提供了神经网络设计和模拟的工具，包括大多数已提出的网络结构，如 BP、Hopfield、自组织、径向基网络等。
- 模糊逻辑工具箱（Fuzzy logic toolbox），提供了图形化界面的模糊逻辑推理设计方法。

习　　题

1. 什么是控制系统？
2. 什么是开环控制系统？开环控制系统控制精度不高的原因是什么？
3. 结合典型闭环控制系统的方框图，解释各部分的含义。
4. 说明控制系统的跟随性指标含义。
5. 什么是恒值系统、随动系统和程序控制系统？
6. 说明计算机仿真研究的一般步骤。

第 3 章

Simulink 基础

3.1　Simulink 简介

Simulink 是美国 Mathworks 公司推出的 MATLAB 中的一种可视化仿真工具。Simulink 是一个模块图环境，用于多域仿真以及基于模型的设计。它支持系统设计、仿真、自动代码生成以及嵌入式系统的连续测试和验证。Simulink 提供图形编辑器、可自定义的模块库以及求解器，能够进行动态系统建模和仿真。

Simulink 与 MATLAB 集成之后能够在 Simulink 中将 MATLAB 算法融入模型，还能将仿真结果导出至 MATLAB 做进一步分析。Simulink 应用领域包括工业自动化、复杂系统建模、复杂系统仿真、信号处理、电力电子、航空航天等方面。

3.1.1　Simulink 的特点

Simulink 具有适应面广、结构和流程清晰及仿真精度高、方法直观、效率高、灵活等优点，基于以上优点，Simulink 已被广泛应用于控制理论和数字信号处理的复杂仿真和设计。其特点具体表现在如下几方面。

（1）适应面广。可构造的系统包括：线性、非线性系统；离散、连续及混合系统；单任务、多任务离散事件系统。

（2）易于扩充。Simulink 具有丰富的可扩充的预定义模块库。

（3）结构和流程清晰，使用简单。Simulink 的模块以图形方式呈现，交互式的图形编辑器来组合和管理直观的模块图，采用分层结构，既适于自上而下的设计流程，又适于自下而上逆程设计。通过 Model Explorer 导航、创建、配置、搜索模型中的任意信号、参数、属性，生成模型代码。

（4）可访问 MATLAB 从而对结果进行分析与可视化，定制建模环境，定义信号参数和测试数据。

（5）仿真更为精细。它提供的许多模块更接近实际，易于使用者对工程问题更精确的仿真。

（6）提供 API 用于与其他仿真程序的连接或与手写代码集成，模型内码更容易向 DSP、FPGA 等硬件移植。

3.1.2　Simulink 的工作环境

Simulink 的工作环境由菜单、工具栏、模型浏览器窗口、模型框图窗口以及状态栏组成，如图 3-1 所示。

图 3-1 Simulink 的工作环境

Simulink 的模型窗口中的部分常用菜单如表 3-1 所示。

表 3-1 Simulink的模型窗口中的部分常用菜单

菜 单 名	菜 单 项	使 用 说 明
File	New→Model	创建新模型
	Model properties	模型的属性
	Preferences	Simulink界面的默认设置选项
	Print…	打印模型
	Close	关闭当前Simulink窗口
	Exit MATLAB	退出MATLAB系统
Edit	Create subsystem	创建子系统
	Mask subsystem…	封装子系统
	Look under mask	查看封装子系统的内部结构
	Update diagram	更新模型框图的外观
View	Go to parent	显示当前系统的父系统
	Model browser options	模型浏览器设置
	Block data tips options	鼠标指针位于模块上方时显示模块内部数据
	Library browser	显示库浏览器
	Fit system to view	自动选择最合适的显示比例
	Normal	以正常比例显示模型
Simulation	Start/Stop	启动/停止仿真
	Pause/Continue	暂停/继续仿真
	Simulation Parameters…	设置仿真参数
	Normal	普通Simulink模型
	Accelerator	产生加速Simulink模型
Display	Text alignment	标注文字对齐工具
	Flip name	翻转模块名
	Show/Hide name	显示/隐藏模块名

续表

菜　单　名	菜　单　项	使　用　说　明
Display	Flip block	翻转模块
	Rotate Block	旋转模块
	Library link display	显示库链接
	Show/Hide drop shadow	显示/隐藏阴影效果
	Sample time colors	设置不同的采样时间序列的颜色
	Wide nonscalar lines	粗线表示多信号构成的向量信号线
	Signal dimensions	注明向量信号线的信号数
	Port data types	标明端口数据的类型
	Storage class	显示存储类型
Tools	Data explorer…	数据浏览器
	Simulink debugger…	Simulink调试器
	Data class designer	用户定义数据类型设计器
	Linear Analysis	线性化分析工具

3.1.3　Simulink 仿真基本步骤

启动 Simulink 后，就可以进行 Simulink 仿真了，其仿真的基本过程如下。

（1）打开一个空白的 Simulink 模型窗口，根据要仿真的系统框图，在该模型窗口中选择模块，构建仿真模型。

（2）设置模块参数。

（3）设置仿真参数。

（4）启动仿真。

（5）观测仿真结果，分析结果，修改模型参数直至满足仿真精度要求。

3.2　模型的创建

根据要仿真的系统框图，构建系统仿真的模型时，涉及如下概念和常用操作。

3.2.1　模型概念和文件操作

Simulink 是一种强有力的仿真工具，它能让使用者在图形方式来模拟真实动态系统进行模型的建立。Simulink 这种通过图形化的模块进行模型的搭建，使得 Simulink 的模型具有层次性，通过底层子系统可以构建上层主系统。

Simulink 建模具有如下特点。

（1）方便建立动态的系统模型并进行仿真。Simulink 是一种图形化的仿真工具，用于对动态系统建模和控制规律的研究制定。由于支持线性、非线性、连续、离散、多变量和混合式系统结构，Simulink 几乎可分析任何一种类型的真实动态系统。

（2）能以直观的方式建模。利用 Simulink 可视化的建模方式，可迅速地建立动态系统的框图模型。只需在 Simulink 元件库中选出合适的模块并放置到 Simulink 建模窗口，通过信号线连接就可以了。Simulink 标准库拥有众多可用于构成各种不同种类的动态模型系统。模块包括输入信号源、动力学元件、代数函数和非线性函数、数据显示模块等。Simulink 模块可以被设定为触发和使能的，用于模拟大模型系统中存在条件作用的子模型的行为。

（3）方便地定制模块元件和用户代码。Simulink 模块库是可制定的，能够扩展以适应使用者自定义的系统环节模块。用户也可以修改已有模块，重新设定对话框，甚至换用其他形式的弹出菜单和复选框。Simulink 允许使用者把自编的 C、FORTRAN、Ada 代码直接植入 Simulink 模型中。

（4）可以快速、准确地进行设计模拟。Simulink 优秀的积分算法给非线性系统仿真带来了极高的精度。先进的常微分方程求解器可用于求解刚性和非刚性的系统、具有时间触发或不连续的系统和具有代数环的系统。Simulink 的求解器能保证连续系统或离散系统的仿真精度。Simulink 还为用户准备一个图形化的调试工具，以辅助用户进行系统开发。

（5）可以分层次地表达复杂系统。Simulink 的分级建模能力使得体积庞大、结构复杂的模型构建也简便易行。根据需要，各种模块可以组织成若干子系统。在此基础上，整个系统可以按照自上向下或自下向上的方式搭建。子模型的层次数量完全取决于所构建的系统，不受软件本身的限制。为方便大型复杂结构系统的操作，Simulink 还提供了模型结构浏览的功能。

（6）实现了交互式的仿真分析。Simulink 的示波器可以动画和图像显示数据，运行中可调整模型参数进行 What-if 分析，能够在仿真运算进行时，同步监视仿真结果。这种交互式的特征可以帮助使用者快速地评估不同的算法，进行参数优化。由于 Simulink 完全集成于 MATLAB，在 Simulink 下计算的结果可以方便地保存到 MATLAB 工作空间中，因而就能为 MATLAB 所具有的众多工具提供数据。

Simulink 文件操作主要涉及新建仿真模型文件和打开仿真模型文件。

新建仿真模型文件的几种操作方法：在 MATLAB 的命令窗口选择菜单 File→New→Model；在 Simulink 模块库浏览器窗口选择菜单 File→New→Model，或者单击工具栏的 ◱ 图标；在 Simulink 模型窗口选择菜单 File→New→Model，或者单击工具栏的 ◱ 图标。

打开仿真模型文件的几种操作方法：在 MATLAB 的命令窗口输入不加扩展名的文件名，该文件必须在当前搜索路径中；在 MATLAB 的命令窗口选择菜单 File→Open，或者单击工具栏的 ☞ 图标打开文件；在 Simulink 模块库浏览器窗口选择菜单 File→Open，或者单击工具栏的 ☞ 图标打开.xls 文件；在 Simulink 模型窗口中选择菜单 File→Open，或者单击工具栏的 ☞ 图标打开文件。

3.2.2　模块操作

1.　对象的选定

选定单个对象：选定对象只要在对象上单击，被选定的对象的四角处都会出现小框用于拖动。

选定多个对象：如果选定多个对象，可以按下 Shift 键，然后再单击所需选定的模块；或者用鼠标拉出矩形虚线框，将所有待选模块框在其中，则矩形框中所有的对象均被选中，如图 3-2 所示。

选定所有对象：如果要选定所有对象，可以选择菜单 Edit→Select all 命令。

2.　模块的复制

不同模型窗口之间的模块复制：选定模块，用鼠标将其拖到另一模型窗口，或使用菜单/工具栏的 Copy 和 Paste 命令，或使用菜单/工具栏中的 Copy 和 Paste 按钮。

在同一模型窗口内的模块复制：选定模块，按下鼠标右键，拖动模块到合适的地方，释放鼠标；或按住 Ctrl 键，再用鼠标将对象拖动到合适的地方，释放鼠标，如图 3-3 所示。

图 3-2　选定多个对象　　　　　　　　　图 3-3　在同一模型窗口内的模块复制

3. 模块的移动

在同一模型窗口移动模块：选定需要移动模块，用鼠标将模块拖到合适的地方。当模块移动时，与之相连的连线也随之移动。

在不同模型窗之间移动模块：在用鼠标移动的同时按下 Shift 键。

4. 模块的删除

要删除模块，先选定待删除模块，按 Delete 键；或用菜单 Edit→Clear 或 Cut 命令；或用工具栏的 Cut 按钮。

5. 改变模块大小

选定需要改变大小的模块，出现小黑块编辑框后，用鼠标拖动编辑框，可以实现放大或缩小。

6. 模块的翻转

为了系统模型结构美观清晰，常需要对模块进行翻转。

模块翻转 180°：选定模块，选择菜单 Format→Flip Block 可以将模块旋转 180°；还可以选定模块后，直接用 Ctrl+I 快捷键实现翻转。

模块翻转 90°：选定模块，选择菜单 Format→Rotate Block 可以将模块旋转 90°，如果一次翻转不能达到要求，可以多次翻转来实现，如图 3-4 所示；还可以选定模块后，直接用 Ctrl+R 快捷键实现翻转。

图 3-4　模块的翻转

7. 模块名的编辑

修改模块名：单击模块下面或旁边的模块名，出现虚线编辑框就可对模块名进行修改。

模块名字体设置：选定模块，选择菜单 Format→Font 命令，打开字体对话框设置字体。

模块名的显示和隐藏：选定模块，选择菜单 Format→Hide/Show name 命令，可以隐藏或显示模块名。

模块名的翻转：选定模块，选择菜单 Format→Flip name 命令，可以翻转模块名。

8. 常用的模块

连续系统模块是构成连续系统的环节，常用的连续系统模块如表 3-2 所示。

表 3-2 常用的连续系统模块

名　　称	模　　块	使 用 说 明
Integrator	$\frac{1}{s}$	积分环节
Derivative	du/dt	微分环节
State-Space	$\dot{x} = Ax+Bu$ $y = Cx+Du$	状态方程模型
Transfer Fcn	$\frac{1}{s+1}$	传递函数模型
Zero-Pole	$\frac{(s-1)}{s(s+1)}$	零–极点增益模型
Transport Delay		把输入信号按给定的时间做延时

离散系统模块是用来构成离散系统的环节，常用的离散系统模块如表 3-3 所示。

表 3-3 常用的离散系统模块

名　　称	模　　块	使 用 说 明
Discrete Transfer Fcn	$\frac{1}{z+0.5}$	离散传递函数模型
Discrete Zero-Pole	$\frac{(z-1)}{z(z-0.5)}$	离散零极点增益模型
Discrete State-Space		离散状态方程模型
Discrete Filter	$\frac{1}{1+0.5z^{-1}}$	离散滤波器
Zero-Order Hold		零阶保持器
First-Order Hold		一阶保持器
Unit Delay	$\frac{1}{z}$	采样保持，延迟一个周期

3.2.3 信号线操作

1. 模块间的连线

先将光标指向一个模块的输出端，待光标变为十字形状后，按下鼠标左键并拖动，直到另一模块的输入端。

2. 信号线的引出

信号线的引出：将光标指向信号线的分支点，右击，光标变为十字形状，拖动鼠标直到分支线的终点，释放鼠标；或者按住 Ctrl 键，同时按下鼠标左键拖动鼠标到分支线的终点，如图 3-5 所示。

3. 信号线文本注释

添加文本注释：双击需要添加文本注释的信号线，则

图 3-5 信号线的引出

出现一个空的文字填写框，在其中输入文本。

复制文本注释：单击需要复制的文本注释，按下 Ctrl 键同时移动文本注释，或者用菜单和工具栏的复制操作。

4. 在信号线中插入模块

如果模块只有一个输入端口和一个输出端口，则该模块可以直接被插入一条信号线中。

3.2.4 对模型的注释

添加模型的注释：在需要做注释区的中心位置双击，就会出现编辑框，在编辑框中就可以输入注释内容。

注释的移动：在注释内容处单击，当出现文本编辑框后，用鼠标就可以拖动该文本编辑框实现注释的移动。

3.2.5 常用的信源

信源模块是用来向模块提供输入信号。常用的信源模块如表 3-4 所示。

表 3-4 常用的信源模块

名　　称	模　　块	使 用 说 明
Constant	1	恒值常数
Step		阶跃信号
Ramp		斜坡信号
Sine Wave		正弦信号
Signal Generator		信号发生器
From File	untitled.mat	从文件获取数据作为下级模块输入
From Workspace	simin	从当前工作空间定义的矩阵读取数据
Clock		仿真时钟，输出每个仿真步点的时间
In	1	输入模块

3.2.6 常用的信宿

信宿模块是用来接收模块信号的，常用的信宿模块如表 3-5 所示。

表 3-5 常用的信宿模块

名　　称	模　　块	使 用 说 明
Scope		示波器
Display		实时数值显示

续表

名　　称	模　　块	使 用 说 明
XY Graph	◻	X-Y 关系图
To File	untitled.mat	将数据保存为文件
To Workspace	simout	将数据输出到工作空间
Stop Simulation	STOP	输入不为零时终止仿真（常与关系模块配合使用）
Out	①—	输出模块

3.2.7　仿真的配置

在模型窗口选择菜单 Simulation→Simulation parameters 命令，会打开参数设置对话框，如图 3-6 所示。

图 3-6　求解器 Solver 参数设置

需要设置的选项主要是仿真开始和结束的时间，选择解法器，并设定它的参数，选择输出项。

仿真时间：注意这里的时间概念与真实的时间并不一样，只是计算机仿真中对时间的一种表示，比如 10 秒的仿真时间，如果采样步长定为 0.01，则需要执行 1000 步；若把步长减小，则采样点数增加，那么实际的执行时间就会增加。一般仿真开始时间设为 0，而结束时间视不同的仿真要求来确定。执行一次仿真要耗费的时间依赖于很多因素，包括模型的复杂程度、解法器及其步长的选择、计算机 CPU 的速度等。

仿真步长：用户在 Type 后面的第一个下拉选项框中指定仿真的步长选取方式，可供选择的有 Variable-step（变步长）和 Fixed-step（固定步长）方式。变步长模式可以在仿真的过程中改变步长，提供误差控制和过零检测。固定步长模式在仿真过程中提供固定的步长，不提供误差控制和过零检测。用户还可以在第二个下拉选项框中选择对应模式下仿真所采用的算法。

变步长模式解法器有 ode45、ode23、ode113、ode15s、ode23s、ode23t、ode23tb 和 discrete。默认情况

下，具有状态的系统用的是 ode45；没有状态的系统用的是 discrete。

ode45 采用显式四阶–五阶 Runge–Kutta 公式来求解微分方程。它是一个单步求解器。也就是说，它在计算输出时，仅仅利用前一步的计算结果。对于绝大多数问题，在第一次仿真时可选择 ode45。

ode23 采用显式二阶–三阶 Runge–Kutta 公式来求解微分方程。对于宽误差容限和存在轻微刚性的系统，该解法器比 ode45 更有效。ode23 也是单步求解器。

ode23s 是基于一个二阶改进的 Rosenbrock 公式的解法器。因为它是一个单步求解器，所以对于宽误差容限，可以用它解决。

ode23t 是使用"自由"内插式梯形规则来实现的解法器。如果问题是适度刚性的，而且需要没有数字阻尼的结果，可以考虑采用该求解器。

ode23tb 是使用 TR–BDF2 来实现的解法器。即基于隐式 Runge–Kutta 公式，其第一级是梯形规则步长，第二级是二阶反向微分公式，两级计算使用相同的迭代矩阵，与 ode23s 相似，适用于宽误差容限。

discrete（变步长）是 Simulink 在检测到模型中没有连续状态时所选择的一种求解器。

定步长求解可以选择的求解器有 ode5、ode4、ode3、ode2、ode1 和 discrete。

- ode5 是 ode45 的一个定步长版本。
- ode4 是基于四阶 Runge–Kutta 公式的求解器。
- ode3 是 ode23 求解器的定步长版本。
- ode2 是采用 Heun 方法的求解器。
- ode1 是采用 Euler 方法的求解器。
- discrete（定步长）是不执行积分的定步长求解器，它适用于没有状态的模型，以及对过零点检测和误差控制不重要的模型。

选择 SimulationParameters 对话框的 Diagnostics 标签可以用来指明在仿真期间遇到一些事件或者条件时希望执行的动作。对于每一事件类型，可以选择是否需要提示消息，是警告消息还是错误消息。警告消息不会终止仿真，而错误消息则会中止仿真的运行。

一致性检查是一个调试工具，用它可以验证 Simulink 的 ODE 求解器所做的某些假设，它的主要用途是确保 s 函数遵循 Simulink 内建模块所遵循的规则。一致性检查会导致求解速度大幅度下降，所以一般应将它设为关闭状态。使用一致性检查可以验证 s 函数，并有助于查找导致意外仿真结果的原因。

根据需要选择输出模式（Output options），可以达到不同的输出效果。

可以设置 Simulink 从工作空间输入数据、初始化状态模块，也可以把仿真的结果、状态模块数据保存到当前工作空间。包括从工作空间装载数据（Load from workspace），保存数据到工作空间（Save to workspace），选中 Time 栏后，模型将把时间变量以在右边空白栏填写的名称（默认名为 tout）存放于工作空间。选中 States 栏后，模型将把其状态变量以在右边空白栏填写的名称（默认名为 xout）存放于工作空间。如果模型窗口中使用输出模块 Out，那么必须选中 Output 栏，并填写在工作空间中的输出数据变量名，默认名为 yout。若选中 Final state 栏则将向工作空间以在右边空白栏填写的名称（默认名为 xFinal）存放最终状态值。

3.2.8 启动仿真

执行菜单 Simulation→Start 命令，仿真立即启动，这时 Start 变为 Stop。若要停止仿真，可执行菜单 Simulation→Stop 命令，仿真运行立即停止。若要使仿真运行暂停，可执行菜单 Simulation→Pause 命令，这时 Pause 变为 Continue。若要使仿真继续运行，则选择 Continue。

3.3　子系统与封装

1. 建立子系统

建立如图 3-7（a）所示的控制系统模型，然后将控制系统中的整个被控对象建立为一个子系统。

在模型窗口中，将控制系统中的整个被控对象用鼠标左键拖出的虚线框框住，右击选择 Edit→Create subsystem 命令，则系统如图 3-7（b）所示。

(a) 基本模块构成的控制系统模型

(b) 被控对象封装为子系统的控制系统模型

(c) 封装的被控对象子系统的内部模型

图 3-7　子系统建立

双击图 3-7（b）中的子系统 Subsystem，则会出现封装的被控对象子系统的内部模型窗口，如图 3-7（c）所示。可以看到，子系统模型除了如图 3-7（a）所示虚线框框住的模块，还自动添加了一个输入模块 In1 和一个输出模块 Out1。

2. 子系统的封装

封装子系统的步骤如下。

（1）选中子系统双击打开，给需要进行赋值的参数指定一个变量名。

（2）选择菜单 Edit→Mask subsystem 命令，出现封装对话框。

（3）在封装对话框中的设置参数，主要有 Icon、Parameters、Initialization 和 Documentation 4 个选项卡。

Icon 选项卡：用于设定封装模块的名字和外观，如图 3-8 所示。

● Drawing commands 栏：用来建立用户化的图标，可以在图标中显示文本、图像、图形或传递函数等。

在 Drawing commands 栏中的命令如图 3-8 中 Examples of drawing commands 的下拉列表所示，包括 plot、disp、text、port_label、image、patch、color、droots、dploy 和 fprintf。

● Icon options 栏：用于设置封装模块的外观。

图 3-8　Icon 参数设置

Parameters 选项卡：用于输入变量名称和相应的提示，如图 3-9 所示。

图 3-9　Parameters 参数设置

Add、Delete、Move up 和 Move down 按钮分别用于添加、删除、上移和下移输入变量。Dialog parameters 参数如下所述。

● Prompt：指定输入变量的含义，其内容会显示在输入提示中。

- Variable：指定输入变量的名称。
- Type：给用户提供设计编辑区的选择。edit 提供一个编辑框；checkbox 提供一个复选框；popup 提供一个弹出式菜单。
- Evaluate：用于配合 type 的不同选项提供不同的变量值，有两个选项 Evaluate 和 Literal，其含义如表 3-6 所示。
- Tunable：用于确定参数在仿真时是否可以修改，选中时，在仿真时可以修改。

表 3-6　Assignment 选项的不同含义

选 项	on	off
edit	输入的文字是程序执行时所用的变量值	将输入的内容作为字符串
checkbox	输出 1 和 0	输出为 on 或 off
popup	将选择的序号作为数值，第一项则为 1	将选择的内容当作字符串

Options for selected parameter 选项如下所述。

- Popup：当 type 选择 Popup 时，用于输入下拉菜单项。
- Callback：用于输入回调函数。

Initialization 选项卡：用于初始化封装子系统。

Documentation 选项卡：用于编写与该封装模块对应的 Help 和说明文字，分别有 Mask type、Mask Description 和 Mask help 栏。

- Mask type 栏：用于设置模块显示的封装类型。
- Mask description 栏：用于输入描述文本。
- Mask help 栏：用于输入帮助文本。

3.4　Simulink 仿真示例

【例 3-1】 创建一个在阶跃信号激励下，二阶系统 $\dfrac{1}{s^2+s+1}$ 的响应仿真模型，通过示波器观察输出。步骤如下。

（1）在 MATLAB 的命令窗口运行 Simulink 命令，或单击工具栏中的 ▦ 图标，就可以打开 Simulink 模块库浏览器（Simulink Library Browser）窗口，如图 3-10 所示。

（2）单击工具栏上的 ▦ 图标或选择菜单 File→New→Model 命令，新建一个名为 untitled 的空白模型窗口。

（3）在图 3-10 的右侧子模块窗口中，单击 Source 子模块库前的"+"号（或双击 Source），或者直接在左侧模块和工具箱栏单击 Simulink 下的 Sources 子模块库，便可看到各种输入源模块。

（4）单击所需要的输入信号源模块 Step（阶跃信号），如图 3-11 所示，将其拖放到的空白模型窗口 untitled，则 Step 模块就被添加到 untitled 窗口；也可以用鼠标选中 Step 模块，右击，在快捷菜单中选择 add to 'untitled' 命令，将 Step 模块添加到 untitled 窗口。

（5）用同样的方法分别打开连续系统模块 Continuous，选择其中的 Transfer Fcn 模块（传递函数模块）拖放到 untitled 窗口中。接收模块库 Sinks，选择其中的 Scope 模块（示波器）拖放到 untitled 窗口中。

图 3-10　模块库浏览器

图 3-11　选择阶跃输入信号

（6）在 untitled 窗口中，用鼠标指向 Step 右侧的输出端，当光标变为十字形状时，按住鼠标拖向 Transfer Fcn 的输入端，然后用鼠标指向 Transfer Fcn 右侧的输出端，按住鼠标拖向 Scope 模块的输入端，松开鼠标按键，就完成了两个模块间的信号线连接，一个简单模型已经建成。

（7）双击 Transfer Fcn 模块，按指定的二阶系统传递函数 $\dfrac{1}{s^2+s+1}$，根据分子和分母多项式的系数输入模型，如图 3-12 所示。

（8）最终生成的仿真模型如图 3-13 所示。然后就可以进行仿真了，单击 untitled 模型窗口中开始仿真图标▶，或者选择菜单 Simulink→Start 命令，则仿真开始。双击 Scope 模块，出现示波器显示屏，可以看到黄色的二阶系统的响应曲线如图 3-14 所示。

图 3-12　传递函数模型参数设置

图 3-13　二阶系统的仿真模型

图 3-14　二阶系统的响应曲线

（9）保存模型，单击工具栏的▤图标，可将该模型保存为 ch3_lt01.mdl 或 ch3_lt01.slx 文件，其中后缀为.mdl 的文件可兼容低版本 MATLAB。

习　　题

1. 建立被控对象为 $\dfrac{3s+9}{s^3+3s+1}$ 单位负反馈的 PI 控制系统，并采用阶跃信号作为输入，示波器观察输出。

2. 构建如图 3-15 所示的系统，并保存。

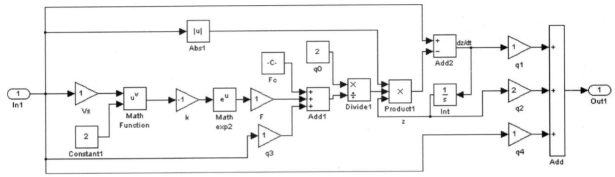

图 3-15　习题 2 系统模型

3. 试采用 MATLAB 函数得到习题 2 的传递函数。

第 4 章

M 函数与 S 函数的 Simulink 仿真设计

4.1　M 函数的概念与仿真示例

1. M函数Simulink仿真的概念

1.5 节中已给出了 M 文件的相关概念及 M 函数的格式与编写方法，这里简要叙述 M 函数的 Simulink 仿真设计，此时只能实现静态模块的功能。

在模型中使用 M 函数，为了将一个 M 函数组合到一个 Simulink 模型中，首先从 Simulink 用户定义的函数块库中拖出一个 MATLAB Fcn 模块，然后在 MATLAB Fcn 模块对话框中的 MATLAB Function 区域指定 M 函数的名字，如图 4-1 所示。

图 4-1　M 函数模块、对话框及特定功能实现的源文件之间的关系

2. M函数的Simulink仿真示例

【例 4-1】　采用 Simulink 的 M 函数模块实现对三相–三相矩阵式变换器的仿真。

三相–三相矩阵式变换器结构如图 4-2 所示，该拓扑结构中的电路包括 9 个双向开关，分为 3 行和 3 列，在设计的 9 个双向开关中每个双向开关都可以实现双向导通与关断。对这 9 个双向开关（ $i=1,2,3; j=1,2,3$ ）进行不同的逻辑控制，可以把三相交流输入中的任一相和三相交流输出中的任一相进行连接，也可以将三相进行变换，从而对输入电源端的电压和频率进行改变，得到需要的输出电压和频率。

图 4-2   三相–三相矩阵式变换器结构

三相对称输入相电压：

$$U_{\mathrm{i}} = \begin{bmatrix} u_a \\ u_b \\ u_c \end{bmatrix} = U_{\mathrm{im}} \times \begin{bmatrix} \cos(\omega_i t) \\ \cos(\omega_i t - 2\pi/3) \\ \cos(\omega_i t + 2\pi/3) \end{bmatrix} \tag{4-1}$$

三相对称输出相电流：

$$I_{\mathrm{o}} = \begin{bmatrix} i_A \\ i_B \\ i_C \end{bmatrix} = I_{\mathrm{om}} \times \begin{bmatrix} \cos(\omega_o t + \varphi_o - \varphi_1) \\ \cos(\omega_o t + \varphi_o - \varphi_1 - 2\pi/3) \\ \cos(\omega_o t + \varphi_o - \varphi_1 + 2\pi/3) \end{bmatrix} \tag{4-2}$$

三相期望输出相电压：

$$U_{\mathrm{o}} = \begin{bmatrix} u_A \\ u_B \\ u_C \end{bmatrix} = U_{\mathrm{om}} \times \begin{bmatrix} \cos(\omega_o t + \varphi_o) \\ \cos(\omega_o t + \varphi_o - 2\pi/3) \\ \cos(\omega_o t + \varphi_o + 2\pi/3) \end{bmatrix} \tag{4-3}$$

三相期望输入相电流：

$$I_{\mathrm{i}} = \begin{bmatrix} i_a \\ i_b \\ i_c \end{bmatrix} = I_{\mathrm{im}} \times \begin{bmatrix} \cos(\omega_i t - \varphi_i) \\ \cos(\omega_i t - \varphi_i - 2\pi/3) \\ \cos(\omega_i t - \varphi_i + 2\pi/3) \end{bmatrix} \tag{4-4}$$

式中，U_{im}——输入相电压的幅值；I_{om}——输出相电流的幅值；U_{om}——输出相电压的幅值；I_{im}——输入相电流的幅值；ω_i——输入角频率；ω_o——输出角频率；φ_i——输入功率因数角；φ_o——输出相位角。

根据矩阵式变换器的拓扑结构可知，可以通过矩阵式变换器中的开关函数进行控制，得到期望的输出值。其中开关函数的控制用函数矩阵 $M(t)$ 表示。

$$U_{\mathrm{o}} = M(t) \times U_{\mathrm{i}} \tag{4-5}$$

$$I_{\mathrm{i}} = [M(t)]^{\mathrm{T}} \times I_{\mathrm{o}} \tag{4-6}$$

应为该矩阵式变换器中有 9 个双向开关，且 9 个开关的连接组合为 3 行 3 列，所以函数矩阵 $M(t)$ 可以设定为

$$M(t) = \begin{bmatrix} m_{11}(t) & m_{12}(t) & m_{13}(t) \\ m_{21}(t) & m_{22}(t) & m_{23}(t) \\ m_{31}(t) & m_{32}(t) & m_{33}(t) \end{bmatrix} \tag{4-7}$$

该函数矩阵 $M(t)$ 中的元素表示的是对每个开关的控制，决定对应开关的开通与关断时间，得到期望的输出值。根据矩阵式变化器的原理，可解出式（4-7）中各元素的值为

$$m_{11} = \frac{1+p}{6}\left[1+2q\cos(-(\omega_o-\omega_i)t)\right]+\frac{1-p}{6}\left[1+2q\cos((\omega_o+\omega_i)t)\right]$$

$$m_{12} = \frac{1+p}{6}\left[1+2q\cos(-(\omega_o-\omega_i)t-\alpha)\right]+\frac{1-p}{6}\left[1+2q\cos((\omega_o+\omega_i)t-\alpha)\right]$$

$$m_{13} = \frac{1+p}{6}\left[1+2q\cos(-(\omega_o-\omega_i)t-2\alpha)\right]+\frac{1-p}{6}\left[1+2q\cos((\omega_o+\omega_i)t-2\alpha)\right]$$

$$m_{21} = \frac{1+p}{6}\left[1+2q\cos(-(\omega_o-\omega_i)t+\alpha)\right]+\frac{1-p}{6}\left[1+2q\cos((\omega_o+\omega_i)t-\alpha)\right]$$

$$m_{22} = \frac{1+p}{6}\left[1+2q\cos(-(\omega_o-\omega_i)t)\right]+\frac{1-p}{6}\left[1+2q\cos((\omega_o+\omega_i)t-2\alpha)\right] \quad (4\text{-}8)$$

$$m_{23} = \frac{1+p}{6}\left[1+2q\cos(-(\omega_o-\omega_i)t-\alpha)-\alpha\right]+\frac{1-p}{6}\left[1+2q\cos((\omega_o+\omega_i)t)\right]$$

$$m_{31} = \frac{1+p}{6}\left[1+2q\cos(-(\omega_o-\omega_i)t+2\alpha)\right]+\frac{1-p}{6}\left[1+2q\cos((\omega_o+\omega_i)t-2\alpha)\right]$$

$$m_{32} = \frac{1+p}{6}\left[1+2q\cos(-(\omega_o-\omega_i)t+\alpha)\right]+\frac{1-p}{6}\left[1+2q\cos((\omega_o+\omega_i)t)\right]$$

$$m_{33} = \frac{1+p}{6}\left[1+2q\cos(-(\omega_o-\omega_i)t)\right]+\frac{1-p}{6}\left[1+2q\cos((\omega_o+\omega_i)t-\alpha)\right]$$

式中，p——输入电流位移因素；q——电压传输比；ω_o——输出电压频率；ω_i——输入电压频率。由此可得 Simulink 仿真图，如图 4-3 所示。

图 4-3　矩阵式变换器 Simulink 仿真图

其中开关导通时间用 Simulink 的 M 函数模块实现，以 m_{11} 为例，根据式（4-8）中 m_{11} 表达式，编写程序如下：

```
function y=fcn1(u)
y=(1+u(2))*(1+2*u(3)*cos(-(u(5)-u(4))*u(1)))/6+(1-u(2))*(1+2*u(3)*cos((u(4)+u(5))*
u(1)))/6;
```

子系统为矩阵开关，其结构如图 4-4 所示。

图 4-4 矩阵开关结构

双向开关结构如图 4-5 所示。

图 4-5 双向开关结构

运行结果为，当输入峰值为 310V、频率为 50Hz 交流电时，通过矩阵式变换器，设置输出频率为 150Hz 的输出结果如图 4-6 所示。

图 4-6　输出结果

4.2　S 函数的概念与仿真示例

S 函数（S-function）就是系统函数，其功能是扩展 Simulink 的功能。当 MATLAB 所提供的模型不能完全满足要求时，就可以通过 S 函数提供给使用者编写特定程序的功能，来满足特殊模型的仿真需求。S 函数有固定格式，只能用于基于 Simulink 的仿真，并不能将其转换成独立于 MATLAB 的程序。S 函数的功能非常全面，适用于连续、离散以及混合系统。

S 函数可以使用 MATLAB、C、C++、Ada 或 Fortran 语言来编写。使用 MEX 实用工具，将 C、C++、Ada 和 Fortran 语言的 S 函数编译成 MEX-文件，在需要的时候，它们可与其他的 MEX-文件一起动态地链接到 MATLAB 中。S 函数可以使用一种特殊的调用格式与 Simulink 方程求解器相互作用，这与发生在求解器和内置 Simulink 模块之间的相互作用非常相似。编写一个 S 函数，并将函数名放置在一个 S 函数块中之后，可通过使用封装定制用户界面；还可以与 Real-Time Workshop（RTW）一起使用 S 函数，也可以通过编写目标语言编译器（TLC）文件来定制由 RTW 生成的代码。

这里主要介绍采用 MATLAB 提供的 S 函数模板文件来编写 S 函数。该模板文件位于 MATLAB 根目录 toolbox\Simulink\blocks 下，文件名为 sfuntmpl.m，该文件给出了 S 函数完整的框架结构，包含一个主函数和若干子函数，每一个子函数都对应一个 flag 值，用户可以根据编程需要加以修改。

在模型中使用 S 函数，可以实现动、静态模块的功能。为了将一个 S 函数组合到一个 Simulink 模型中，首先从 Simulink 用户定义的函数块库中拖出一个 S 函数块，然后在 S 函数块对话框中的 S-function name 区域指定 S 函数的名字，如图 4-7 所示。

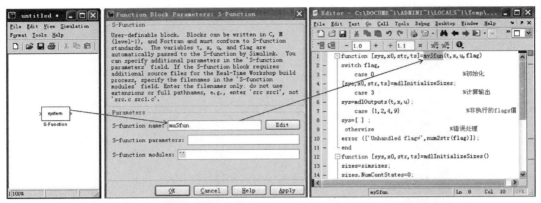

图 4-7　S 函数模块、对话框及特定功能实现的源文件之间的关系

在 S 函数块的 S-function parameters 区域可以指定参数值，这些值将被传递到相应的 S 函数中。要使用这个区域，必须先确定 S 函数所需要的参数及参数的顺序。输入参数值时，参数之间应使用逗号分隔，并按照 S 函数要求的参数顺序进行输入。参数值可以是常量、MATLAB 表达式等。

视频讲解

4.2.1　S 函数的概念与模板函数使用

1．S函数的工作原理

要创建 S 函数，必须先了解 S 函数是如何工作的。要了解 S 函数如何工作，则需要了解 Simulink 是如何进行模型仿真的。这里首先简要叙述一下 Simulink 的仿真工作原理。

Simulink 模块包含一组输入、一组状态和一组输出。其中，输出是采样时间、输入和模块状态的函数，如图 4-8 所示。

上述输入、输出和状态之间的数学关系可用如下方程描述。

图 4-8　Simulink 模块功能示意图

$$y = f(t, x, u) \tag{4-9}$$

$$\dot{x}_c = f_d(t, x, u) \tag{4-10}$$

$$x_{d_{k+1}} = f_u(t, x, u) \tag{4-11}$$

式（4-9）完成输出计算，式（4-10）完成动态系统状态求导，式（4-11）完成状态更新，再由式（4-9）完成新时刻的输出计算，Simulink 按照此"仿真循环"，每次循环可认为是一个"仿真步"。在每个仿真步期间，Simulink 按照初始化阶段确定的模块执行顺序依次执行模型中的每个块。对于每个块来说，Simulink 调用函数来计算块在当前采样时间下的状态、导数和输出。如此反复，一直持续到仿真结束。Simulink 执行仿真的步骤如图 4-9 所示。

2．S函数执行过程

S 函数包含了一组 S 函数的回调程序，用来执行在每个仿真阶段所必需的任务。在模型仿真期间，Simulink 对于模型中的每个 S 函数模块调用对应的程序，通过 S 函数的程序来执行相应任务，这个过程包括以下几步。

（1）初始化。在仿真循环之前，Simulink 初始化 S 函数。在该阶段，Simulink 需要执行初始化 SimStruct，这是一个仿真数据结构，包含了关于 S 函数的信息，设置输入和输出端口的数量，设置模块的采样时间，分配存储空间和参数 sizes 的向量。

图 4-9　Simulink 执行仿真的步骤

（2）计算下一步采样点。如果存在变步长模块，那么在这里计算下一步的采样点，即计算下一个仿真步长。

（3）计算主步长的输出。在调用完成后，所有块的输出端口对于当前仿真步长有效。

（4）按主步长更新离散状态。在这个调用中，所有的模块应该执行"每步一次"的动作，为下一个仿真循环更新离散状态。

（5）计算积分。这一步适用于连续状态和或非采样过零的状态。如果 S-function 中具有连续状态，Simulink 在积分过程中调用 S 函数的输出和导数部分。

依次循环（2）、（3）、（4）、（5）步，直至仿真按要求结束。

3. S函数的组成

S 函数由一个 MATLAB 函数组成，该函数形式如下：

```
[sys,x0,str,ts] =f(t,x,u,flag,p1,p2,…)
```

其中，f 是 S 函数的函数名。在模型的仿真过程中，Simulink 反复调用 f，并通过 flag 参数来指示每次调用所需完成的任务。每次 S 函数执行任务，并将执行结果通过一个输出向量返回。

S 函数模板由一个顶层的函数和一组模板函数组成，这些模板函数被称为 S 函数的回调函数，每一个回调函数对应着一个特定的 flag 参数值，上层函数通过 flag 的指示来调用不同的子函数。在仿真过程中，子函数执行 S 函数所要求的仿真任务。

为了使 Simulink 运行 S 函数，必须提供给 Simulink 关于 S 函数的功能结构信息。这些信息包括输入、输出、状态的数量，以及其他特性。需要在 mdlInitializeSizes 的开头调用 simsizes：

```
sizes=simsizes;
```

该函数返回一个未初始化的 sizes 结构，然后将 S 函数的信息装载在 sizes 结构中。表 4-1 列出了 sizes

结构的域，并对每个域所包含的信息进行了说明。

表 4-1　sizes结构域的使用说明

域　名	使 用 说 明
sizes.NumContStates	连续状态的数量
sizes.NumDiscStates	离散状态的数量
sizes.NumOutputs	输出的数量
sizes.NumInputs	输入的数量
sizes.DirFeedthrough	直接馈通标志
sizes.NumSampleTimes	采样时间的数量

在初始化 sizes 结构之后，再次调用 simsizes：

```
sys=simsizes(sizes);
```

此次调用将 sizes 结构中的信息传递给 sys，sys 是一个保持 Simulink 所用信息的向量。

4．S函数的参数

Simulink 传递以下参数给 S 函数：t（当前时间），x（状态向量），u（输入向量），flag（用来指示 S 函数所执行任务的标志，是一个整数值）。表 4-2 给出了参数 flag 可以取的值，并列出了每个值所对应的函数。

表 4-2　参数flag的取值说明

flag	对应S函数	使 用 说 明
0	mdlInitializeSizes	定义S函数的基本特性，包括采样时间、连续和离散状态的初始化条件以及sizes数组
1	mdlDerivatives	计算连续状态变量的导数
2	mdlUpdate	更新离散状态、采样时间、主步长
3	mdlOutputs	计算 S函数的输出
4	mdlGetTimeOfNextVarHit	计算下一个采样点的绝对时间。当在mdlInitializeSizes中指定了变步长离散采样时间时，才使用该程序
9	mdlTerminate	执行Simulink终止时所需的任务

5．S函数的输出

S 函数返回的输出向量包含以下元素。

- sys——一个通用的返回参数。返回值取决于 flag 的值。比如 flag=3 时，sys 返回 S 函数的输出。
- x0——初始状态值，如果系统中没有状态，则向量为空。除 flag=0 外，x0 被忽略。
- str——保留以后使用，S 函数必须设置该元素为空矩阵，即[ ]。
- ts——一个两列的矩阵，用于指定采样时间和时间的偏移量。

6．S函数的编写流程

表 4-3 列出了按 MATLAB 提供的模板编写的 S 函数的流程，可结合 Simulink 执行仿真的步骤加以理解。

表 4-3　S 函数的编写流程

仿 真 阶 段	对应编写的S函数程序	flag
初始化	mdlInitializeSizes	flag=0
计算下一步的采样步长（仅用于变步长）	mdlGetTimeOfNextVarHit	flag=4
计算输出	mdlOutputs	flag=3
更新离散状态	mdlUpdate	flag=2
计算导数	mdlDerivatives	flag=1
结束仿真时的任务	mdlTerminate	flag=9

7. S函数模板文件sfuntmpl.m注释

```
function [sys,x0,str,ts,simStateCompliance] =sfuntmpl(t,x,u,flag)
switch flag,
  case 0,                           %初始化,运行函数 mdlInitializeSizes
    [sys,x0,str,ts,simStateCompliance]=mdlInitializeSizes;
  case 1,                           %计算导数,运行函数 mdlDerivatives
    sys=mdlDerivatives(t,x,u);
  case 2,                           %更新离散状态,运行函数 mdlUpdate
    sys=mdlUpdate(t,x,u);
  case 3,                           %计算输出,运行函数 mdlOutputs
    sys=mdlOutputs(t,x,u);
  case 4,                           %计算下一步的采样步长,运行函数 mdlGetTimeOfNextVarHit
    sys=mdlGetTimeOfNextVarHit(t,x,u);
  case 9,                           %结束仿真,运行函数 mdlTerminate
    sys=mdlTerminate(t,x,u);
  otherwise                         %输出错误信息
    DAStudio.error('Simulink:blocks:unhandledFlag', num2str(flag));
end


function [sys,x0,str,ts,simStateCompliance]=mdlInitializeSizes
%调用 sizes 结构的 simsize,将其置数,并将其转换为 sizes 数组
sizes =simsizes;
sizes.NumContStates  = 0;          %连续状态的数量为 0,取值根据具体需求设置,下同
sizes.NumDiscStates  = 0;          %离散状态的数量为 0
sizes.NumOutputs     = 0;          %输出的变量个数为 0
sizes.NumInputs      = 0;          %输入的变量个数为 0
sizes.DirFeedthrough=1;            %直接馈通标志为 1
sizes.NumSampleTimes=1;            %采样时间方式的数量为 1
sys=simsizes(sizes);
x0 = [];                           %初始化状态
str=[];                            %str 始终置为空数组,用于功能扩展
ts = [0 0];                        %初始化采样时间向量


simStateCompliance='UnknownSimState';
        %指定块 simStateCompliance。允许的值为: 'UnknownSimState',默认设置; 警告并假定为
        %DefaultSimState; 'DefaultSimState',与内置模块相同的模拟状态; 'HasNoSimState',
        %无模拟状态; 'DisallowSimState',保存或还原模型 sim 状态时出错
```

```
function sys=mdlDerivatives(t,x,u)          %返回连续状态的导数
sys=[];

function sys=mdlUpdate(t,x,u)               %处理离散状态更新,采样时间点以及主要时间步要求
sys=[];

function sys=mdlOutputs(t,x,u)              %返回模块输出
sys=[];

function sys=mdlGetTimeOfNextVarHit(t,x,u)
%返回此模块的下一个匹配时间。注意,结果是绝对时间。仅当在mdlInitializeSizes的采样时间数组中指
定变量离散时间采样时间在[-2 0]时,才能使用此函数
sampleTime=1;                              %将下一步时间设置为一步长之后
sys=t+sampleTime;

function sys=mdlTerminate(t,x,u)            %执行仿真任务结束时的操作
sys=[];
```

4.2.2 S 函数的仿真示例

【例 4-2】 已知微分跟踪器的离散形式为

$$\begin{cases} x_1(k+1) = x_1(k) + Tx_2(k) \\ x_2(k+1) = x_2(k) + T\mathrm{fst}(x_1(k), x_2(k), u(k), r, h) \end{cases} \tag{4-12}$$

式中,T——采样周期;$u(k)$——第 k 时刻的输入信号;r 和 h 均为参数。fst()函数由下式计算,

$$\begin{cases} \delta = rh \\ \delta_0 = \delta h \\ y = x_1 - u + hx_2 \\ a_0 = \sqrt{\delta^2 + 8r|y|} \\ a = \begin{cases} x_2 + y/h, & |y| \leqslant \delta_0 \\ x_2 + 0.5(a_0 - \delta)\mathrm{sign}(y), & |y| > \delta_0 \end{cases} \\ \mathrm{fst} = \begin{cases} -ra/\delta, & |a| \leqslant \delta \\ -r\mathrm{sign}(a), & |a| > \delta \end{cases} \end{cases} \tag{4-13}$$

试通过 S 函数,实现该微分跟踪器的仿真。

根据 S 函数的实现过程,可编写如下函数实现微分跟踪器。

```
function [sys,x0,str,ts]=mdlInitializeSizes(T)
sizes=simsizes;                            %读入参数初始化模板
sizes.NumContStates=0;                     %无连续状态
sizes.NumDiscStates=2;                     %两个离散状态
sizes.NumOutputs=2;                        %两个输出,跟踪信号和微分信号
sizes.NumInputs=1;                         %1 个系统输入信号
```

```
sizes.DirFeedthrough=0;                 %输入不直接传输到输入
sizes.NumSampleTimes=1;                 %单个采样周期
sys=simsizes(sizes);                    %由设定参数进行系统初始化
x0=[0;0];                               %初值设定
str=[];                                 %str 设置为空字符串
ts=[T 0];                  %采样周期设定,写成-1表示继承输入信号的采样周期,0表示偏移量,此处取 0

function sys=mdlUpdates(x,u,r,h,T)       %系统运行函数设置,flag=2 时,状态变量更新
sys(1,1)=x(1)+T*x(2);
sys(2,1)=x(2)+T*fst2(x,u,r,h);

function sys=mdlOutputs(x)               %flag=3 时,计算系统的输出变量,此例返回两个状态变
                                         %量的值
sys=x;

function f=fst2(x,u,r,h)                 %功能实现部分,根据公式(4-13)编写
delta=r*h;
delta0=delta*h;
b=x(1)-u+h*x(2);
a0=sqrt(delta*delta+8*r*abs(b));
a=x(2)+b/h*(abs(b)<=delta0)+0.5*(a0-delta)*sign(b)*(abs(b)>delta0);
f=-r*a/delta*(abs(a)<=delta)-r*sign(a)*(abs(a)>delta);
```

习　题

1. 简要说明 M 函数的 Simulink 仿真与 S 函数的 Simulink 仿真所实现的功能的区别。
2. 采用 S 函数构造如下非线性分段函数的仿真实现。

$$y=\begin{cases}3\sqrt{x}, & x<1 \\ 3, & 1\leqslant x<3 \\ 3-(x-3)^2, & 3\leqslant x<4 \\ 2, & 4\leqslant x<5 \\ 2-(x-5)^2, & 5\leqslant x<6 \\ 1, & x\geqslant 6\end{cases}$$

第 5 章

控制系统的数学建模与仿真

控制系统的数学模型关系到对系统各方面性能的仿真分析，建立控制系统的数学模型是分析和设计控制系统的首要工作。本章简要介绍时域建模方法、频域建模方法和神经网络建模方法，并通过仿真示例重点介绍仿真方法的使用。

数学模型有动态模型与静态模型之分。描述系统动态过程的方程式，如微分方程、偏微分方程、差分方程等，称为动态模型；在静态条件下，即变量的各阶导数为零，描述系统各变量之间关系的方程式称为静态模型。

同一个物理系统，可以用不同的数学模型来表达。例如，实际的物理系统一般含有非线性特性，因此系统的数学模型就应该是非线性的。严格地讲，实际系统的参数不可能是集中的，所以系统的数学模型又应该用偏微分方程描述。但是非线性方程或偏微分方程对应模型的参数辨识相当困难，有时甚至不可能。因此，为了便于问题的求解，常常在误差允许的范围内，忽略次要因素，用简化的数学模型来表示实际的物理系统。这样，同一个系统就有完整、复杂的数学模型和简单、准确性较差的数学模型之分。一般情况下，在建立数学模型时，必须在模型的简化性与分析结果的精确性之间做出折中选择。

此外，数学模型的形式有多种。为了便于分析研究，可能某种形式的数学模型比另一种更合适。例如，在求解最优控制问题或多变量系统的问题时，采取状态变量表达式（即状态空间表达式）比较方便；但是在对单输入、单输出系统的分析中，采用输入输出间的传递函数（或脉冲传递函数）作为系统的数学模型比较合适。

所以在建立系统数学模型时，必须做到以下两点。

（1）全面了解系统的特性，确定研究目的以及准确性要求，确定是否需要忽略一些次要因素而使系统数学模型简化，既不致造成数学处理上的困难，又不致影响分析的准确性。一般在条件允许时，最初尽可能采用简化的常系数线性数学模型，然后再在线性模型分析的基础上考虑被忽略因素所引起的误差，最后建立起系统比较完善准确的数学模型。但是必须指出，由于数学分析方法上的误差，复杂的数学模型不一定能带来预期的准确结果。

（2）根据所应用的系统分析方法，建立相应形式的数学模型（微分方程、传递函数等），有时还要考虑计算机仿真求解的要求。

建立系统的数学模型主要有两条途径。第一条途径是利用人们已有的关于系统的知识，采用机理的方法建立数学模型。机理法是一种推理方法，用这种方法建立模型时，是通过系统本身机理（物理、化学规律）的分析确定模型的结构和参数，从理论上推导出系统的数学模型。这种利用机理法得出的数学模型称为机理模型或解析模型。第二条途径是根据对系统的观察，通过测量所得到的大量输入、输出数据，推断出被研究系统的数学模型。这种方法称为实验法，利用实验法建立的数学模型称为经验模型。一般来讲，采用实验法建立的数学模型，是系统模型化问题的唯一解。而采用机理法时，能够满足观测到的输入、输出数据关系的系统模型却有很多个。

5.1　时域建模方法及示例

视频讲解

本书介绍的时域建模方法，主要是采用机理法建模。连续系统的时域模型主要是指微分方程描述系统的模型，离散系统的时域模型主要是指差分方程描述系统的模型，以及相应的状态空间模型。

1. 微分方程建模

控制系统的运动状态可由微分方程式描述，而微分方程式就是系统的一种数学模型。关于建立系统微分方程式的一般步骤如下。

（1）在允许的条件下适当简化，忽略一些次要因素。

（2）根据物理或化学定律，列出元件的原始方程式。这里所说的物理或化学定律，是指牛顿第二定律、能量守恒定律、物质不灭定律、克希霍夫定律等。

（3）列出原始方程式中中间变量与其他因素的关系式。这种关系式可能是数学方程式，或是曲线图。它们在大多数场合是非线性的。若条件允许，则应进行线性化处理，否则按非线性系统对待。

（4）将上述关系式代入原始方程式，消去中间变量，就得元件的输入、输出关系的方程式。若在步骤（3）不能进行线性化，则输入输出关系方程式将是比较复杂的非线性方程式。

（5）同理，求出其他元件的方程式。

（6）从所有元件的方程式中消去中间变量，最后的系统输入输出微分方程式。

【例 5-1】　如图 5-1 所示的一个弹簧-质量-阻尼器系统，当外力 $f(t)$ 作用时，系统产生位移 $y(t)$，要求写出系统在外力 $f(t)$ 作用下的运动方程式。在此，$f(t)$ 是系统的输入，$y(t)$ 是系统的输出。

建模的过程如下。

（1）设运动部件质量用 m 表示，按集中参数处理，列出原始方程式。根据牛顿第二定律，有

图 5-1　弹簧-质量-阻尼器系统

$$f(t) - f_1(t) - f_2(t) = m\frac{\mathrm{d}^2 y(t)}{\mathrm{d}t^2}\tag{5-1}$$

式中，$f_1(t)$——阻尼器阻力；$f_2(t)$——弹簧弹力。

（2）$f_1(t)$ 和 $f_2(t)$ 为中间变量，找出它们与其他因素的关系。由于阻尼器是一种产生黏性摩擦或阻尼的装置，活塞杆和缸体发生相对运动时，其阻力与运动方向相反，与运动速度成正比，故有

$$f_1(t) = B\frac{\mathrm{d}y(t)}{\mathrm{d}t}\tag{5-2}$$

式中，B——阻尼系数。

设弹簧为线性弹簧，则有

$$f_2(t) = Ky(t)\tag{5-3}$$

式中，K——弹簧的弹性系数。

（3）将式（5-2）和式（5-3）代入式（5-1），经整理后就得描述该弹簧-质量-阻尼器系统的微分方程式为

$$m\frac{\mathrm{d}^2 y(t)}{\mathrm{d}t^2} + B\frac{\mathrm{d}y(t)}{\mathrm{d}t} + ky(t) = f(t) \tag{5-4}$$

式中，m、B、K 均为常数，故上式为线性定常二阶微分方程，则此机械位移系统为线性定常系统。

一般列写微分方程式时，输出量及其各阶导数项列写在方程式左端，输入项列写在右端。由于一般物理系统均有质量、惯性或储能元件等物理可实现的原因，左端的导数阶次总比右端的高。在本例中，有质量 M，又有吸收能量的阻尼器 B，系统有两个时间常数，故左端导数项最高阶次为 2。

【例 5-2】 建立图 5-2 所示的 RLC 串联电路，写出输入、输出电压之间的微分方程。

建模过程如下。

（1）确定系统的输入、输出量，输入端电压 $u_\mathrm{i}(t)$ 为输入量，输出端电压 $u_\mathrm{o}(t)$ 为输出量。

（2）列写微分方程，设回路电流为 $i(t)$，由基尔霍夫定律可得

图 5-2　RLC 电路图

$$u_R + u_L + u_C = u_\mathrm{i} \tag{5-5}$$

式中，$u_R(t)$、$u_L(t)$、$u_C(t)$ 分别为 R、L、C 上的电压降。

又由

$$u_R(t) = Ri(t), \quad u_L(t) = L\frac{\mathrm{d}i(t)}{\mathrm{d}t}$$

可得

$$L\frac{\mathrm{d}i(t)}{\mathrm{d}t} + Ri(t) + u_C(t) = u_\mathrm{i}(t) \tag{5-6}$$

（3）消去中间变量，得出系统的微分方程。考虑 $u_C(t)=u_\mathrm{o}(t)$，根据电容的特性可得

$$i(t) = C\frac{\mathrm{d}u_C(t)}{\mathrm{d}t} = C\frac{\mathrm{d}u_\mathrm{o}(t)}{\mathrm{d}t} \tag{5-7}$$

将式（5-7）代入式（5-6），可得到系统的微分方程为

$$LC\frac{\mathrm{d}^2 u_\mathrm{o}(t)}{\mathrm{d}t^2} + RC\frac{\mathrm{d}u_\mathrm{o}(t)}{\mathrm{d}t} + u_\mathrm{o}(t) = u_\mathrm{i}(t) \tag{5-8}$$

比较式（5-4）和式（5-8）可知，当两个方程式的系数相同时，从动态性能角度来看，两个系统是相同的。这就有可能利用电气系统来模拟机械系统，进行试验研究。而且从系统理论来说，就有可能脱离系统的具体物理属性，进行普遍意义的研究。

一般而言，线性定常系统的微分方程所建模型可由下述 n 阶微分方程描述

$$a_n\frac{\mathrm{d}^n y(t)}{\mathrm{d}t^n} + a_{n-1}\frac{\mathrm{d}^{n-1} y(t)}{\mathrm{d}t^{n-1}} + \cdots + a_1\frac{\mathrm{d}y(t)}{\mathrm{d}t} + a_0 y(t)$$

$$= b_m\frac{\mathrm{d}^m u(t)}{\mathrm{d}t^m} + b_{m-1}\frac{\mathrm{d}^{m-1} u(t)}{\mathrm{d}t^{m-1}} + \cdots + b_1\frac{\mathrm{d}u(t)}{\mathrm{d}t} + b_0 u(t)$$

式中，$y(t)$——系统输出量；$u(t)$——系统输入量；$a_0,a_1,\cdots,a_n$ 和 $b_0,b_1,\cdots,b_m$——与系统结构参数有关的常数。

2. 差分方程建模

由于数字计算机、微处理器的迅速发展和广泛应用，数字控制器在许多场合都取代了模拟控制器。由于数字控制器接收、处理和传送的都是数字信号，所以如果在控制系统中有一处或几处信号不是时间的连续函数，而是以离散的脉冲序列或数字脉冲序列形式出现，那么这样的系统则称为离散控制系统。通常将系统中的离散信号是脉冲序列形式的离散系统称为采样控制系统或脉冲控制系统；将系统中的离散信号是

数字序列形式的离散系统称为数字控制系统或计算机控制系统。

离散控制系统和连续控制系统相比,既有本质上的不同,又有分析研究方面的相似性。利用 Z 变换法研究离散系统,可以把连续系统中的一些概念和方法推广到线性离散系统的分析和设计中。

描述离散控制系统的时域数学模型主要是差分方程,这里通过例子简要介绍差分方程的基本概念及其建立方法。

与线性定常连续系统用线性微分方程描述相似,线性定常离散系统常用差分方程来描述。下面举例进行说明。

设离散控制系统的结构如图 5-3 所示。

图 5-3　离散控制系统的结构

在第 k 个采样时间间隔中,零阶保持器的输出为 $e_h(t)=e(kT)$, $kT \leq t \leq (k+1)T$。在该周期内的输出 $c(t)$ 则为

$$c(t) = c(kT) + e(kT)(t - kT) \tag{5-9}$$

式中, $kT \leq t \leq (k+1)T$。

根据 $c[(k+1)T]=c(kT)+Te(kT)$,可简写为

$$c(k+1) = c(k) + Te(k) \tag{5-10}$$

考虑到 $e(k)=r(k)-c(k)$,将之代入式(5-10),得

$$c(k+1) + (T-1)c(k) = Tr(k) \tag{5-11}$$

上式就是如图 5-3 所示采样控制系统的差分方程模型。

更一般的描述,线性定常离散系统通常可用如下 n 阶前向差分方程来描述:

$$c(k+n) + a_1 c(k+n-1) + \cdots + a_{n-1}c(k+1) + a_n c(k)$$
$$= b_0 r(k+m) + b_1 r(k+m-1) + \cdots + b_{m-1}r(k+1) + b_m r(k)$$

式中, n 为系统阶次; k 为第 k 个采样周期, $a_1, a_2, \cdots, a_n$ 和 $b_0, b_1, \cdots, b_m$ 是与系统结构参数有关的常数。

3. 状态空间表达建模

从 20 世纪 50 年代后期开始,Bellman 等提出了状态变量法。在用状态空间法分析系统时,系统的动态特性是由状态变量构成的一阶微分方程组来描述的。在计算机上求解一阶微分方程组比求解与之相应的高阶微分方程容易得多,而且可以同时得到系统全部独立变量的响应,因而可以同时确定系统的全部内部运动状态。此外,状态空间法还可以方便地处理初始条件,可以用来分析设计多变量、时变和非线性控制系统,也可以应用于随机过程和采样数据系统,因此它是研究复杂控制系统的理论基础。现代控制理论是在引入状态和状态空间概念的基础上发展起来的。确定控制系统状态空间的描述,即建立状态空间的数学模型是一个基本问题。状态空间数学模型的建立需要理解如下基本概念。

状态:动态系统的状态是指系统的过去、现在和将来的运动状态。状态需要一组必要而充分的数据来说明。如 RLC 电路所示的系统,这个系统的状态就是 RLC 电路每一时刻的回路电流和输出电压。

状态变量:系统的状态变量就是指可以完全确定系统运动状态的最小一组变量。一个用 n 阶微分方程描述的系统,就有 n 个独立变量,求得这 n 个独立变量的时间响应,系统的运动状态也就被完全确立了。因此,系统的状态变量就是 n 阶系统的 n 个独立变量。

设 $x_1(t), x_2(t), \cdots, x_n(t)$ 为系统的一组状态变量，满足下列两个条件：在初始时刻 $t=t_0$，这组变量 $x_1(t_0), x_2(t_0), \cdots, x_n(t_0)$ 的值可以表示系统在初始时刻的状态；当系统在 $t \geq t_0$ 的输入和上述初始状态确定以后,状态变量便能完全确定系统在任何 $t \geq t_0$ 时刻的行为。

对同一个系统来说，究竟选取哪些变量作为状态变量不是唯一的，关键是这些状态变量是相互独立的，且其个数应等于微分方程的阶数，因为微分方程的阶数唯一地取决于系统中独立储能元件的个数，因此，状态变量的个数就应等于系统独立储能元件的个数。还应该指出，状态变量不一定是物理上可量测或可观测的量，但通常选择易于测量或观测的量作为状态变量，这样在系统实现最佳控制规律时，就可以得到所有需要反馈的状态变量。

状态向量：如果完全描述一个系统的动态行为需要 n 个状态变量 $x_1(t), x_2(t), \cdots, x_n(t)$，那么这 n 个状态变量作分量所构成的向量 $\boldsymbol{X}(t)$ 叫作该系统的状态向量，记作 $\boldsymbol{X}(t)=[x_1(t) x_2(t) \cdots x_n(t)]^{\mathrm{T}}$。

状态空间：以状态变量 $x_1(t), x_2(t), \cdots, x_n(t)$ 为坐标所构成的 n 维空间称为状态空间。任何状态都可以用状态空间中的一个点来表示。即在特定时刻 t，状态向量 $\boldsymbol{X}(t)$ 在状态空间中是一点。已知初始时刻 t_0 的状态 $\boldsymbol{X}(t_0)$，就得到状态空间中的一个初始点。随着时间的推移，状态 $\boldsymbol{X}(t)$ 将在状态空间中描绘出一条轨迹，称为状态轨迹。这一轨线的形状完全由系统在 t_0 时刻的初始状态 $\boldsymbol{X}(t_0)$ 和 $t \geq t_0$ 的输入以及系统的动态结构唯一决定。状态向量的状态空间模型联系了向量的代数结构和几何结构。

状态方程：描述系统状态变量与系统输入之间关系的一阶微分方程组称为状态方程。

对于式（5-8）所描述的 RLC 电路系统，若令 $x_1(t)=u_0(t), x_2(t)=\dot{x}_1(t)$，即取 x_1、x_2 为此系统的一组状态变量，则可以得到一阶微分方程组：

$$\begin{bmatrix} \dot{x}_1 \\ \dot{x}_2 \end{bmatrix} = \begin{bmatrix} 0 & 1 \\ -\dfrac{1}{LC} & -\dfrac{R}{L} \end{bmatrix} \begin{bmatrix} x_1 \\ x_2 \end{bmatrix} + \begin{bmatrix} 0 \\ \dfrac{1}{LC} \end{bmatrix} u_i \tag{5-12}$$

式（5-12）即为该系统的状态方程，上式可简写成

$$\dot{\boldsymbol{X}} = \boldsymbol{A}\boldsymbol{X} + \boldsymbol{B}u_i \tag{5-13}$$

式中：

$$\boldsymbol{A} = \begin{bmatrix} 0 & 1 \\ -\dfrac{1}{LC} & -\dfrac{R}{L} \end{bmatrix}, \quad \boldsymbol{B} = \begin{bmatrix} 0 \\ \dfrac{1}{LC} \end{bmatrix}, \quad \boldsymbol{X} = \begin{bmatrix} x_1 \\ x_2 \end{bmatrix}$$

输出方程：描述系统的状态变量与输出变量关系的一组代数方程称为输出方程。

对于式（5-8）所描述的 RLC 电路系统，指定 $u_0(t)$ 为输出，则有

$$u_0(t) = x_1(t) \tag{5-14}$$

写成

$$u_0 = \boldsymbol{C}^{\mathrm{T}} \boldsymbol{X} \tag{5-15}$$

式中，

$$\boldsymbol{C}^{\mathrm{T}} = [1 \quad 0], \quad \boldsymbol{X} = \begin{bmatrix} x_1 \\ x_2 \end{bmatrix}$$

式（5-15）即为该系统的输出方程。

状态方程和输出方程一起构成一个系统动态的完整描述，称为系统的状态空间模型表达式。如式（5-13）和式（5-15）就是式（5-8）所描述的 RLC 电路系统的状态空间模型表达式。

一般地，对于一个复杂系统，它可以有 r 个输入，m 个输出，此时状态方程为

$$\begin{cases} \dot{x}_1 = a_{11}x_1 + a_{12}x_2 + \cdots + a_{1n}x_n + b_{11}u_1 + \cdots + b_{1r}u_r \\ \dot{x}_2 = a_{21}x_1 + a_{22}x_2 + \cdots + a_{2n}x_n + b_{21}u_1 + \cdots + b_{2r}u_r \\ \qquad\qquad\qquad\qquad \vdots \\ \dot{x}_n = a_{n1}x_1 + a_{n2}x_2 + \cdots + a_{nn}x_n + b_{n1}u_1 + \cdots + b_{nr}u_r \end{cases} \tag{5-16}$$

输出方程不仅是状态变量的组合，而且在特殊情况下可以有输入向量的直接传递，因而有以下一般形式：

$$\begin{cases} y_1 = c_{11}x_1 + c_{12}x_2 + \cdots + c_{1n}x_n + d_{11}u_1 + \cdots + d_{1r}u_r \\ y_2 = c_{21}x_1 + c_{22}x_2 + \cdots + c_{2n}x_n + d_{21}u_1 + \cdots + d_{2r}u_r \\ \qquad\qquad\qquad\qquad \vdots \\ y_m = a_{m1}x_1 + a_{m2}x_2 + \cdots + a_{mn}x_n + d_{m1}u_1 + \cdots + d_{mr}u_r \end{cases} \tag{5-17}$$

多输入−多输出系统状态空间表达式的向量矩阵形式表示为

$$\begin{cases} \dot{\boldsymbol{x}} = \boldsymbol{A}\boldsymbol{x} + \boldsymbol{B}\boldsymbol{u} \\ \boldsymbol{y} = \boldsymbol{C}\boldsymbol{x} + \boldsymbol{D}\boldsymbol{u} \end{cases} \tag{5-18}$$

式中，$\boldsymbol{x}$ 和 $\boldsymbol{A}$ 分别为 n 维状态向量和 $n \times n$ 状态矩阵；$\boldsymbol{u}$ 表示 r 维输入（或控制）向量；$\boldsymbol{y}$ 表示 m 维输出向量；$\boldsymbol{B}$ 表示 $n \times r$ 输入（或控制）矩阵；$\boldsymbol{C}$ 表示 $m \times n$ 输出矩阵；$\boldsymbol{D}$ 表示输入量的 $m \times r$ 直接传递矩阵。

下面简要叙述定常连续状态空间模型的离散化方法。

已知定常连续系统状态方程

$$\dot{\boldsymbol{x}} = \boldsymbol{A}\boldsymbol{x} + \boldsymbol{B}\boldsymbol{u} \tag{5-19}$$

在 $\boldsymbol{x}(t_0)$ 以及输入 $\boldsymbol{u}(t)$ 作用下的解为

$$\boldsymbol{x}(t) = \boldsymbol{\Phi}(t - t_0)\boldsymbol{x}(t_0) + \int_{t_0}^{t} \boldsymbol{\Phi}(t - \tau)\boldsymbol{B}\boldsymbol{u}(\tau)\mathrm{d}\tau \tag{5-20}$$

令 $t_0 = kT$，有 $\boldsymbol{x}(t_0) = \boldsymbol{x}(kT) = \boldsymbol{x}(k)$，令 $t = (k+1)T$，则有

$\boldsymbol{x}[(k+1)T] = \boldsymbol{x}(k+1)$ 在 $t \in [k, k+1]$ 时，有 $\boldsymbol{u}(k) = \boldsymbol{u}(k+1)$ 为常数，于是其解为

$$\boldsymbol{x}(k+1) = \boldsymbol{\Phi}(T)\boldsymbol{x}(k) + \int_{kT}^{(k+1)T} \boldsymbol{\Phi}[(k+1)T - \tau]\boldsymbol{B}\mathrm{d}\tau \boldsymbol{u}(k) \tag{5-21}$$

记 $\boldsymbol{G}(t) = \int_{kT}^{(k+1)T} \boldsymbol{\Phi}[(k+1)T - \tau]\boldsymbol{B}\mathrm{d}\tau$，为了便于计算 $\boldsymbol{G}(T)$，引入变换 $(k+1)T - \tau = \tau'$，则有 $\boldsymbol{G}(t) = \int_{T}^{0} -\boldsymbol{\Phi}(\tau')\boldsymbol{B}\mathrm{d}\tau' = \int_{0}^{T} \boldsymbol{\Phi}(\tau)\boldsymbol{B}\mathrm{d}\tau$，因此离散化系统的状态方程为

$$\boldsymbol{x}(k+1) = \boldsymbol{\Phi}(T)\boldsymbol{x}(k) + \boldsymbol{G}(T)\boldsymbol{u}(k) \tag{5-22}$$

式中，$\boldsymbol{\Phi}(T)$ 根据连续系统的状态转移矩阵 $\boldsymbol{\Phi}(t)$ 导出，即 $\boldsymbol{\Phi}(T) = \boldsymbol{\Phi}(t)|_{t=T}$。

离散化系统输出方程为

$$\boldsymbol{y}(k) = \boldsymbol{C}\boldsymbol{x}(k) + \boldsymbol{D}\boldsymbol{u}(k) \tag{5-23}$$

4. 时域模型的仿真实现

（1）对于微分方程模型的求解，第 1 章中已详细介绍了采用函数 dsolve 进行数值求解，采用函数 solve 进行解析求解的使用方法。

（2）对于差分方程模型的求解，可以运用 MATLAB 提供的函数 filter 和 filtic。这两个函数的使用说明如下。

函数 filtic 为函数 filter 求解差分方程设定初始条件。

filtic 函数的使用格式为 Z=filtic(B,A,Y,X)。其中 B，A 分别为差分方程 a(1)*y(n)+a(2)*y(n-1)+a(3)*y(n-2)

+…+a(nb+1)*y(n−nb)=b(1)*x(n)+b(2)*x(n−1)+…+b(nb+1)*x(n−nb)的输入和输出变量前的系数；X,Y 分别为输入和输出的初值。

函数 filter 用于求解差分方程。

filter 函数的使用格式为 Y=filter(B,A,X)。其中 B,A 分别为差分方程 a(1)*y(n)+a(2)*y(n−1)+a(3)*y(n−2)+…+a(nb+1)*y(n−nb)=b(1)*x(n)+b(2)*x(n−1)+…+b(nb+1)*x(n−nb)的输入和输出变量前的系数；X 为输入序列。

【例 5-3】 求解差分方程 $y(n)−0.4y(n−1)−0.45y(n−2)=0.45x(n)+0.4x(n−1)−x(n−2)$，初值为 $y(−1)=0,y(−2)=1$，$x(−1)=1,x(−2)=2$。

```
>> B=[0.45 0.4 -1];
>> A=[1 -0.4 -0.45];
>> x0=[1 2];                          %设定初值
>> y0=[0 1];
>> N=50;
>> n=[1:N-1]';
>> x=0.2.^n;                          %生成输入序列
>> Zi=filtic(B,A,y0,x0);              %生成初始条件
>> [y,Zf]=filter(B,A,x,Zi);
>> plot(n,x,'R-',n,y,'b--');
>> xlabel('n');ylabel('(n)--y(n)');
```

运行结果如图 5-4 所示。

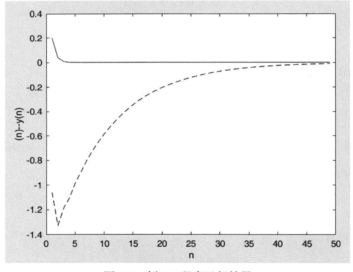

图 5-4　例 5-3 程序运行结果

（3）对于状态空间模型的求解，可以先用 ss 命令来建立状态空间模型，然后求解。

对于连续系统，其格式为 sys=ss(A,B,C,D)，其中 A,B,C,D 为描述线性连续系统的矩阵。当 sys1 是一个用传递函数表示的线性定常系统时，可以用命令 sys=ss(sys1)将其转换成为状态空间形式。也可以用命令 sys=ss(sys1,'min')计算出系统 sys 的最小实现。

和连续系统状态空间表达式的输入方法相类似，如果要输入离散系统的状态空间表达式：

$$\begin{cases} x(k+1) = Gx(k) + Hu(k) \\ y(k) = Cx(k) + du(k) \end{cases}$$

（5-24）

首先需要输入矩阵 G、H、C、d，然后输入语句 sys=ss(G,H,C,d,T)，即可将其输入 MATLAB 的工作空间中，并且用变量名来表示这个离散系统，其中 T 为采样时间。如果 Gyu 表示一个以脉冲传递函数描述的离散系统，也可以用 ss(Gyu)命令，将脉冲传递函数模型转换成状态空间表达式。

在 MATLAB 中，还提供了函数 c2d，其功能就是将连续时间的系统模型转换成离散时间的系统模型。其调用格式为 sysd=c2d(sysc,T,method)。其中，输入参量 sysc 为连续时间的系统模型；T 为采样周期；method 用来指定离散化采用的方法。可以选用的离散化采用的方法有：'zoh'为采用零阶保持器；'foh'为采用一阶保持器；'tustin'为采用双线性逼近方法；'prewarm'为采用改进的 tustin 方法；'matched'为采用 SISO 系统的零极点匹配方法；当 method 默认，即调用格式为 sysd=c2d(sysc,T)时，默认的方法是采用零阶保持器。

【例 5-4】　已知系统状态方程为

$$\dot{x} = \begin{bmatrix} 0 & 1 \\ -2 & -3 \end{bmatrix} x + \begin{bmatrix} 0 \\ 1 \end{bmatrix} u, \quad x(0) = \begin{bmatrix} 1 \\ 0 \end{bmatrix}, \quad 求解系统在阶跃信号作用下的输出。$$

方法 1，数值求解，求解程序如下：

```
>> A=[0 1;-2 -3];
>> B=[0 1]';
>> C=[1 0;0 1];
>> D=[0 0]';
>> x0=[1 0]';
>> t=0:0.01:10;
>> u(length(t))=1;
>> u(:)=1;
>> sys=ss(A,B,C,D);
>> lsim(sys,u,t,x0)
```

运行结果如图 5-5 所示。

图 5-5　例 5-4 程序运行结果

方法 2, 解析求解, 求解程序如下:

```
>> syms s t x0 x tao p p0;
>> A=[0 1;-2 -3];
>> B=[0 1]';
>> I=[1 0;0 1];
>> E=s*I-A;
>> C=det(E);
>> D=collect(inv(E));
>> p0=ilaplace(D);
>> x0=[1 0]';
>> x1=p0*x0;
>> p=subs(p0,'t',(t-tao));
>> F=p*B*1;
>> x2=int(F,tao,0,t);
>> x=collect(x1+x2)
```

运行结果如下:

```
x =
  2*exp(-t) - exp(-2*t) + (exp(-2*t)*(exp(t) - 1) ^2)/2
    2*exp(-2*t) - 2*exp(-t) + exp(-2*t)*(exp(t) - 1)
```

【例 5-5】 线性连续系统的状态方程为

$$\begin{cases} \dot{x} = Ax + Bu \\ y = Cx + Du \end{cases}$$

其中,

$$A = \begin{bmatrix} 0 & 1 & 0 \\ 0 & 0 & 1 \\ -6 & -11 & -6 \end{bmatrix}, \quad B = \begin{bmatrix} 1 & 0 \\ 2 & -1 \\ 0 & 2 \end{bmatrix}, \quad C = \begin{bmatrix} 1 & -1 & 0 \\ 2 & 1 & -1 \end{bmatrix}, \quad D = \begin{bmatrix} 0 & 0 \\ 0 & 0 \end{bmatrix}$$

采用零阶保持器将其离散化, 设采样周期为 0.1s。求离散化的状态方程模型, 及其在零初始条件下, 该离散化系统的阶跃信号响应。

求解程序如下:

```
>> A=[0 1 0;0 0 1;-6 -11 -6];
>> B=[1 0;2 -1;0 2];
>> C=[1 -1 0;2 1 -1];
>> D=zeros(2);
>> T=0.1;
>> sys=ss(A,B,C,D);
>> sysd=c2d(sys,T)
>> step(sysd)
```

运行结果如下:

```
sysd =
  a =
        x1        x2        x3
```

```
 x1     0.9991     0.0984   0.004097
 x2   -0.02458     0.9541    0.07382
 x3   -0.4429     -0.8366     0.5112
 b =
            u1          u2
 x1     0.1099   -0.004672
 x2     0.1959     -0.0902
 x3    -0.1164      0.1936
 c =
      x1   x2   x3
 y1    1   -1    0
 y2    2    1   -1
 d =
      u1   u2
 y1    0    0
 y2    0    0
 Sample time: 0.1 seconds
 Discrete-time state-space model.
```

该离散化系统的阶跃信号响应如图 5-6 所示。

图 5-6　离散化系统的阶跃信号响应

5.2　频域建模方法及示例

视频讲解

控制系统的复频域数学模型主要有传递函数、结构图、信号流图和频率特性，下面先简要叙述这些模型的基本概念，再介绍相应的 MATLAB 函数实现。

1. 传递函数模型

对于描述控制系统的微分方程模型，在给定初始条件下的情况下，可以通过求解微分方程直接得到系统的输出响应，但如果方程阶次较高，则计算很烦琐，从而给系统的分析设计带来不便。经典控制理论的主要研究方法，都不是直接利用求解微分方程的方法，而是采用与微分方程有关的传递函数模型进行描述。传递函数是经典控制理论中最重要的数学模型。利用传递函数不必求解微分方程就可研究初始条件为零的系统在输入信号作用下的动态性能。利用传递函数还可研究系统参数变化或结构变化对动态过程的影响，因而极大地简化了系统分析的过程。另外，还可以把对系统性能的要求转化为对系统传递函数的要求，使综合设计问题易于实现。

所谓传递函数，即线性定常系统在零初始条件下，系统输出量的拉普拉斯变换与输入量的拉普拉斯变换之比。如图 5-7 表示一个具有传递函数 $G(s)$ 的线性系统，图中表明，系统输入量与输出量的关系可以用传递函数联系起来。

$$R(s) \rightarrow \boxed{G(s)} \rightarrow C(s)$$

图 5-7 传递函数的图示

设线性定常系统为下述 n 阶线性常微分方程所描述：

$$a_n \frac{\mathrm{d}^n c(t)}{\mathrm{d}t^n} + a_{n-1} \frac{\mathrm{d}^{n-1} c(t)}{\mathrm{d}t^{n-1}} + \cdots + a_1 \frac{\mathrm{d}c(t)}{\mathrm{d}t} + a_0$$

$$= b_m \frac{\mathrm{d}^m r(t)}{\mathrm{d}t^m} + b_{m-1} \frac{\mathrm{d}^{m-1} r(t)}{\mathrm{d}t^{m-1}} + \cdots + b_1 \frac{\mathrm{d}r(t)}{\mathrm{d}t} + b_0 \tag{5-25}$$

式中，$c(t)$——系统输出量；$r(t)$——系统输入量。

在初始状态为零时，对上式两端取拉普拉斯变换，得

$$a_n s^n C(s) + a_{n-1} s^{n-1} C(s) + \cdots + a_1 s C(s) + a_0 C(s)$$

$$= b_m s^m R(s) + b_{m-1} s^{m-1} R(s) + \cdots + b_1 s R(s) + b_0 R(s) \tag{5-26}$$

式（5-26）用传递函数可表述为

$$G(s) = \frac{C(s)}{R(s)} = \frac{b_m s^m + b_{m-1} s^{m-1} + \cdots + b_1 + b_0}{a_n s^n + a_{n-1} s^{n-1} + \cdots + a_1 + a_0} \tag{5-27}$$

式中，$C(s)$——输出量的拉普拉斯变换；$R(s)$——输入量的拉普拉斯变换；$G(s)$——系统或环节的传递函数。

由于传递函数在经典控制理论中是非常重要的概念，故有必要对其性质、适用范围及表示形式等方面作出以下说明：传递函数只适用于描述线性定常系统；传递函数和微分方程一样，表征系统的运动特性，是系统的数学模型的一种表示形式，它和系统的运动方程是一一对应的。传递函数分子多项式系数及分母多项式系数，分别与相应微分方程的右端及左端微分算符多项式系数相对应。在零初始条件下，将微分方程的算符 $\mathrm{d}/\mathrm{d}t$ 用复数 s 置换便得到传递函数；反之，将传递函数多项式中的变量 s 用算法 $\mathrm{d}/\mathrm{d}t$ 置换便得到微分方程；传递函数是系统本身的一种属性，它只取决于系统的结构和参数，与输入量和输出量的大小和性质无关，也不反映系统内部的任何信息。且传递函数只反映系统的动态特性，而不反映系统物理性能上的差异，对于物理性质截然不同的系统，只要动态特性相同，它们的传递函数就具有相同的形式；传递函数为复变量 s 的真有理分式，即 $n \geqslant m$，因为系统或元件总是具有惯性的，而且输入系统的能量也是有限的；传递函数是在初始条件为零时定义的，因此，在非零初始条件下，传递函数不能完全表征系统的动态性能。另外，系统内部往往有多种变量，但传递函数只是通过系统输入量和输出量之间的关系来描述系统，而对内部其他变量的情况却无法得知。特别是某些变量不能由输出变量反映时，传递函数就不能正确表征系统的特征。现代控制理论采用状态空间法描述系统，引入了可控性和可观测性的概念，从而对控制系统进行全面的了解，可以弥补传递函数的不足；传递函数 $G(s)$ 的拉普拉斯逆变换是脉冲响应 $g(t)$。

作为线性定常离散控制系统的数学模型，采用脉冲传递函数描述。脉冲传递函数的定义与连续系统的传递函数的定义类似。

以图 5-8 为例，如果系统的初始条件为零，输入信号为 $r(t)$，采样后 $r^*(t)$ 的 Z 变换函数为 $R(z)$，系统连续部分的输出为 $c(t)$，采样后 $c^*(t)$ 的 Z 变换函数为 $C(z)$，则线性定常离散系统的脉冲传递函数定义为系统输

出采样信号的 Z 变换与输入采样信号的 Z 变换之比，记作

$$G(z) = \frac{C(z)}{R(z)} \qquad （5-28）$$

此处，零初始条件是指 $t<0$ 时，输入脉冲序列各采样值 $r(-T),r(-2T),\cdots$ 及输出脉冲序列各采样值 $c(-T),c(-2T),\cdots$ 均为零。

(a) 理想离散系统

(b) 实际离散系统

图 5-8 离散系统

由式（5-28）所描述的关系可以得知，输出的采样信号如下式所描述：

$$c^*(t) = Z^{-1}[C(z)] = Z^{-1}[G(z)R(z)] \qquad （5-29）$$

由于输入信号的 Z 变换 $R(z)$ 通常为已知的，因此求 $c^*(t)$ 的关键在于求出系统的脉冲传递函数 $G(z)$。

关于线性定常离散控制系统的脉冲传递函数，还需着重指出：$G(s)$ 是一个线性环节的传递函数，而 $G(z)$ 表示的是线性环节与理想开关两者的组合的脉冲传递函数。如果不存在理想采样开关，那么式（5-29）是不成立的；利用线性环节的脉冲传递函数只能得出在采样时刻上的信息。为了强调这一点，往往在环节的输出端画上一个假想的同步理想开关，如图 5-8（b）所示。实际上，线性环节的输出仍然是一个连续信号 $c(t)$。

脉冲传递函数的求法，连续系统的脉冲传递函数 $G(z)$，可以通过其传递函数 $G(s)$ 求取。具体步骤如下：

（1）对连续系统或元件的传递函数 $G(s)$ 取拉普拉斯逆变换，求得脉冲响应 $g(t)$ 为

$$g(t) = L^{-1}[G(s)]$$

（2）对 $g(t)$ 进行 Z 变换，则得到系统或元件的脉冲传递函数 $G(z)$。

脉冲传递函数还可由连续系统的传递函数，经部分分式法，通过查 Z 变换表求得。

MATLAB 提供了如表 5-1 所示的传递函数、脉冲传递函数、状态空间模型的仿真函数。

表 5-1 传递函数、脉冲传递函数、状态空间模型的仿真函数

函　　数	使 用 说 明
SYS=TF(NUM,DEN)	返回变量SYS为连续系统传递函数模型
SYS=TF(NUM,DEN,TS)	返回变量SYS为离散系统传递函数模型。TS为采样周期，当TS=-1或者TS=[]时，表示系统采样周期未定义
S=TF('s')	定义拉普拉斯变换算子（拉普拉斯 variable），以原形式输入传递函数
Z=TF('z',TS)	定义Z变换算子及采样时间TS，以原形式输入传递函数
PRINTSYS(NUM,DEN,'s')	将系统传递函数以分式的形式打印出来，'s'表示传递函数变量
PRINTSYS(NUM,DEN,'z')	将系统传递函数以分式的形式打印出来，'z'表示传递函数变量
GET(sys)	可获得传递函数模型对象sys的所有信息
SET(sys,'Property',Value,…)	为系统不同属性设定值
[NUM,DEN]=ord2(Wn,Z)	生成标准二阶系统
[NUM,DEN]=TFDATA(SYS,'v')	以行向量的形式返回传递函数分子分母多项式
C=CONV(A, B)	多项式A,B以系数行向量表示，进行相乘。结果C仍以系数行向量表示
sys=zpk(z,p,k)	得到连续系统的零极点增益模型
sys=zpk(z,p,k,Ts)	得到连续系统的零极点增益模型，采样时间为Ts
s=zpk('s')	得到拉普拉斯算子，按原格式输入系统，得到系统zpk模型
z=zpk('z',Ts)	得到Z变换算子和采样时间Ts，按原格式输入系统，得到系统zpk模型

函　数	使用说明
[Z,P,K]=ZPKDATA(SYS,'v')	得到系统的零极点和增益，参数'v'表示以向量形式表示
[p,z] =pzmap(sys)	返回系统零极点
pzmap(sys)	得到系统零极点分布图
sys=ss(A,B,C,D)	由A,B,C,D矩阵直接得到连续系统状态空间模型
sys=ss(A,B,C,D,Ts)	由A,B,C,D矩阵和采样时间Ts直接得到离散系统状态空间模型
[A,B,C,D] =ssdata(sys)	得到连续系统参数
[A,B,C,D,Ts] =ssdata(sys)	得到离散系统参数

　　MATLAB 提供的传递函数、脉冲传递函数、状态空间模型之间的转换函数如表 5-2 所示。

表 5-2　传递函数、脉冲传递函数、状态空间模型之间的转换函数

函　数　名	使用说明
tfsys=tf(sys)	将其他类型的模型转换为多项式传递函数模型
zsys=zpk(sys)	将其他类型的模型转换为zpk模型
sys_ss=ss(sys)	将其他类型的模型转换为ss模型
[A,B,C,D]=tf2ss(num,den)	tf模型参数转换为ss模型参数
[num,den]=ss2tf(A,B,C,D,iu)	ss模型参数转换为tf模型参数，iu表示对应第i路传递函数
[z,p,k]=tf2zp(num,den)	tf模型参数转换为zpk模型参数
[num,den]=zp2tf(z,p,k)	zpk模型参数转换为tf模型参数
[A,B,C,D]=zp2ss(z,p,k)	zpk模型参数转换为ss模型参数
[z,p,k]=ss2zp(A,B,C,D,i)	ss模型参数转换为zpk模型参数，iu表示对应第i路传递函数
sys_min=minreal(sys)	对传递函数sys进行约分后，输出最小实现系统
sysd=c2d(sysc,Ts)	将连续系统转换为采样周期为Ts的离散系统
sysd=c2d(sysc,Ts, 'method')	指定连续系统的离散化方法
[sysd,G] =c2d(sysc,Ts, 'method')	对于ss模型，求得初始条件的转换阵G
[Ad,Bd,Cd,Dd] =c2dm(A,B,C,D,Ts,'method')	连续ss模型的离散化
sysc=d2c(sysd)	将离散系统转换为连续系统
sysc=d2c(sysd,method)	指定离散系统的连续化方法method
[Ac,Bc,Cc,Dc] =d2cm(A,B,C,D,Ts,'method')	用于离散ss模型的连续化
sysd1 =d2d(sysd,Ts)	改变采样周期，生成新的离散系统

　　MATLAB 提供的模型特征分析的相关函数如表 5-3 所示。

表 5-3　模型特征分析的相关函数

函　数　名	使用说明
class	返回模型的类型名称，'tf'、'zpk'、'ss'或者'frd'
hasdelay	如果LTI模型有任何类型的滞后时间，则返回1
isa	判断LTI模型的输入参量是否为指定的类型

函 数 名	使 用 说 明
isct	判断模型是否为连续系统模型
isdt	判断模型是否为离散系统模型
isempty	判断LTI模型是否为空
isproper	判断模型是否为正则系统（传递函数分母阶次大于或等于分子的阶次）
issiso	判断模型是否为MIMO系统
ndims	返回LTI数组的维数
reshape	改变LTI数组的形状
size	返回输入输出状态的维数
cover	计算输出的协方差和状态的协方差
damp	求取系统特征根的无阻尼自振频率和阻尼比
dcgain	返回系统的低频增益
dsort	离散系统的极点按幅值排序
esort	连续系统的极点按实部排序
norm	LTI模型的范数
pole,eig	求系统的极点
pzmap	求取系统的零极点分布
zero	LIT系统的传输零点

【例 5-6】 已知传递函数模型 $G(s) = \dfrac{10(2s+1)}{s^2(s^2+7s+13)}$ ，将其输入 MATLAB 工作空间中。

方法 1，程序如下：

```
>> num=conv(10,[2,1]);
>> den=conv([1 0 0],[1 7 13]);
>> G=tf(num,den)
```

运行结果如下：

```
G =
     20 s + 10
  --------------------
 s^4 + 7 s^3 + 13 s^2
Continuous-time transfer function
```

方法 2，程序如下：

```
>> s=tf('s');
>> G=10*(2*s+1)/s^2/(s^2+7*s+13)
```

运行结果如下：

```
G =
     20 s + 10
  --------------------
 s^4 + 7 s^3 + 13 s^2
Continuous-time transfer function
```

【例 5-7】 设置传递函数模型 $G(s) = \dfrac{10(2s+1)}{s^2(s^2+7s+13)}$，时间延迟常数为 $\tau=1.2$，即系统模型为 $G(s)e^{-1.2s}$。

可以通过在已有 MATLAB 模型基础上设置时间延迟常数来完成模型的输入，程序如下：

```
>> s=tf('s');
>> G=10*(2*s+1)/s^2/(s^2+7*s+13);
>> set(G,'ioDelay',1.2) %或 G.ioDelay=1.2
>> G
```

运行结果如下：

```
G =
                    20 s + 10
  exp(-1.2*s) * --------------------
                s^4 + 7 s^3 + 13 s^2
Continuous-time transfer function
```

【例 5-8】 已知一系统的传递函数 $G(s) = \dfrac{7s^2+2s+8}{4s^3+12s^2+4s+2}$，求取其零极点向量和增益值，并得到系统的零极点增益模型。

```
>> Gtf=tf([7 2 8],[4 12 4 2]);
>> [z,p,k]=zpkdata(Gtf,'v');
>> Gzpk=zpk(z,p,k)
>> [p1,z1] = pzmap(Gtf)
```

运行结果如下：

```
Gzpk =
    1.75 (s^^2 + 0.2857s + 1.143)
    --------------------------------
    (s+2.698) (s^2 + 0.302s + 0.1853)
Continuous-time zero/pole/gain model
p1 =
-2.6980 + 0.0000i
-0.1510 + 0.4031i
-0.1510 - 0.4031i
z1 =
-0.1429 + 1.0595i
-0.1429 - 1.0595i
```

【例 5-9】 已知系统的零极点模型 $G(s) = \dfrac{5(s+2)(s+4)}{(s+1)(s+3)}$，求其 TF 模型及状态空间模型。

```
>> z=[-2 -4]';
>> p=[-1 -3]';
>> k=5;
>> Gzpk=zpk(z,p,k);
>> [a,b,c,d]=zp2ss(z,p,k)
>> [num,den]=zp2tf(z,p,k)
>> Gtf=tf(Gzpk)
```

运行结果如下:

```
a =
-4.0000  -1.7321
   1.7321        0
b =
   1
   0
c =
  10.0000  14.4338
d =
   5
num =
   5   30   40
den =
   1   4   3
Gtf =
  5 s^2 + 30 s + 40
  -----------------
    s^2 + 4 s + 3
Continuous-time transfer function
```

【例 5-10】 系统的被控对象传递函数为 $G(s) = \dfrac{10}{(s+2)(s+5)}$，采样周期 T_s=0.01s，试将其进行离散化。

```
>> num=10;
>> den=conv([1,2],[1,5]);
>> ts=0.01;
>> sysc=tf(num,den);
>> sysd=c2d(sysc,ts)
```

运行结果如下:

```
sysd =
  0.0004885 z + 0.0004772
  -----------------------
   z^2 - 1.931 z + 0.9324
  Sample time: 0.01 seconds
Discrete-time transfer function
```

【例 5-11】 以下数据为某一单输入单输出二阶线性时不变系统的脉冲响应的数据，采样周期为 0.1s，采用 MATLAB 确定描述该系统的脉冲传递函数。

k	0	1	2	3	4	5	6	7	8	9
$y(k)$	0	1.0000	0.5000	0.4000	0.2750	0.1975	0.1400	0.0996	0.0708	0.0503

```
>>T=0.1;
>>y=[0;1.0000;0.5000;0.4000;0.2750;0.1975;0.1400; 0.0996;0.0708;0.0503];
>>p=length(y)-1;
>>M=p/2; N=M;
>>for i=1:N
```

```
>>for j=1:M
>>H1(i,j)=y(i+j);
>>end
>>end;
>>[u,s,v]=svd(H1);
>>n=2;
>>ubar=(u(:,1:n))';
>>sbar=s(1:n,1:n);
>>vbar=v(1:n,:);
>>for i=1:M
>>  for j=1:N
>>  H2(i,j)=y(i+j+1);
>>  end
>>end;
>>int1=(sqrt(sbar)*ubar)';
>>int2=sqrt(sbar)*vbar;
>>Ahat=pinv(int1)*H2*pinv(int2);
>>Bhat=int2(:,1);
>>Chat=int1(1,:);
>>[num1,den1]=ss2tf(Ahat,Bhat,Chat,0);
>>Ghat=tf(num1,den1,T)
```

运行结果如下：

```
Ghat =
    0.9097 z - 0.1991
  -----------------------
  z^2 - 0.4849 z - 0.06934
```

根据运行结果可知，系统的脉冲传递函数为 $G(z) = \dfrac{0.9097z - 0.1991}{z^2 - 0.4849z - 0.06934}$，本例题的系统阶次已知，如果系统阶次未知，在建模时既要进行阶次的辨识，又要进行参数的估计。很多阶次辨识方法采用参数估计方法作为工具，一般先假定系统阶次为 $n=1,2,\cdots,p$，然后在各个假定的阶次下进行参数估计，同时确定一个准则，把不同阶次下得到的结果进行仿真比较，从中找出最合适的阶次及相应的参数估计量，进而得到系统的数学模型。

【例 5-12】 采样控制系统结构如图 5-9 所示，其中 $D(s) = \dfrac{3}{s(s+6)}$，$G(s) = \dfrac{10(s+1)}{s^2 + 3s + 10}$，采样周期为 0.1s，确定闭环系统的脉冲传递函数。

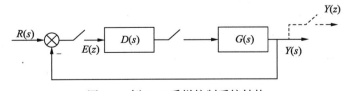

图 5-9 例 5-12 采样控制系统结构

```
>>z=[];
>>p=[0 -6];
```

```
>>k=3;
>>D= zpk(z,p,k);
>>Dd =c2d(D,0.1);
>>num = 10*[1 1];
>>den =[1 3 10];
>>G= tf(num,den);
>>Gd= c2d(G,0.1);
>>GDd = Dd*Gd;
>>GH = feedback(GDd,1)
>>Gh=tf(GH)
```

运行结果如下：

```
GH =
        0.011094 (z+0.8192) (z-0.9042)
  ---------------------------------------------
  (z-0.4818) (z-0.9625) (z^2 - 1.76z + 0.8591)
 Sample time: 0.1 seconds
Discrete-time zero/pole/gain model.
Gh =
     0.01109 z^2 - 0.0009437 z - 0.008218
  ---------------------------------------------
  z^4 - 3.204 z^3 + 3.864 z^2 - 2.057 z + 0.3984
 Sample time: 0.1 seconds
Discrete-time transfer function.
```

【例 5-13】　在 MATLAB 中进行状态空间模型的变换，其中状态空间模型和变换矩阵分别为

$$\begin{cases}\dot{x}=\begin{bmatrix}4 & -5 & 2\\1 & 0 & 0\\0 & 1 & 0\end{bmatrix}x+\begin{bmatrix}1\\0\\0\end{bmatrix}u\\y=\begin{bmatrix}0 & 1 & 1\end{bmatrix}x\end{cases} \text{和} P=\begin{bmatrix}4 & -1 & -3\\2 & -1 & -3\\1 & -1 & -1\end{bmatrix}$$

```
>>A=[4 -5 2;1 0 0;0 1 0];
>>B=[1 0 0]';
>>C=[0 1 1];
>>D=0;
>>sys=ss(A,B,C,D);
>>P=[4 -1 -3;2 -1 -2;1 -1 -1];
>>sysP = ss2ss(sys,inv(P))
```

运行结果如下：

```
sysP =
 A =
           x1          x2          x3
  x1         2  -1.11e-16  -4.441e-16
  x2  4.441e-16          1           1
  x3 -4.441e-16  -2.22e-16           1
 B =
           u1
```

```
    x1        1
    x2  5.551e-17
    x3        1
C =
      x1 x2 x3
  y1   3 -2 -3
D =
      u1
  y1   0
Continuous-time state-space model.
```

由此可得，变换后的系统状态空间表达式为

$$
\begin{cases}
\begin{bmatrix} \dot{x}_1 \\ \dot{x}_2 \\ \dot{x}_3 \end{bmatrix} = \begin{bmatrix} 2 & 0 & 0 \\ 0 & 1 & 1 \\ 0 & 0 & 1 \end{bmatrix} \begin{bmatrix} x_1 \\ x_2 \\ x_3 \end{bmatrix} + \begin{bmatrix} 1 \\ 0 \\ 1 \end{bmatrix} u \\
y = \begin{bmatrix} 3 & -2 & -3 \end{bmatrix} \begin{bmatrix} x_1 \\ x_2 \\ x_3 \end{bmatrix}
\end{cases}
$$

【例 5-14】 系统的动态特性由微分方程 $\dddot{y} + 5\ddot{y} + 7\dot{y} + 3y = \ddot{u} + 3\dot{u} + u$ 描述，在 MATLAB 中写出其状态空间表达式的能控标准型。

```
>>num=[1 3 2];
>>den=[1 5 7 3];
>>an=numel(den);
>>bn=numel(num);
>>beta=[];
>>if(bn<an)
>>a_b=an-bn;
>>num=[zeros(1,a_b) num];
>>end
>>den_up=rot90(den);
>>num_up=rot90(num);
>>n=an-1;
>>for i=1:n
>>beta(i)=num_up(i)-den_up(i)*num_up(n+1);
>>end
>>A1=zeros(n-1,n);
>>B1=zeros(n,1);
>>for i=1:n-1
>>A1(i,i+1)=1;
>>end
>>A1=[A1;-den_up(1:n)'];
>>B1(n,1)=1
>>C1=beta
>>D1=num_up(n+1)
```

运行结果如下：

```
A1 =
     0     1     0
     0     0     1
    -3    -7    -5
B1 =
     0
     0
     1
C1 =
     2     3     1
D1 =
     0
```

由此可得，状态空间表达式的能控标准型为

$$\begin{cases} \begin{bmatrix} \dot{x}_1 \\ \dot{x}_2 \\ \dot{x}_3 \end{bmatrix} = \begin{bmatrix} 0 & 1 & 0 \\ 0 & 0 & 1 \\ -3 & -7 & -5 \end{bmatrix} \begin{bmatrix} x_1 \\ x_2 \\ x_3 \end{bmatrix} + \begin{bmatrix} 0 \\ 0 \\ 1 \end{bmatrix} u \\ y = \begin{bmatrix} 2 & 3 & 1 \end{bmatrix} \begin{bmatrix} x_1 \\ x_2 \\ x_3 \end{bmatrix} \end{cases}$$

【例 5-15】　在 MATLAB 中，将如下状态空间模型变换为 Jordan 标准型。

$$\begin{cases} \dot{x} = \begin{bmatrix} 0 & 1 & 0 \\ 0 & 0 & 1 \\ -2 & -5 & -4 \end{bmatrix} x + \begin{bmatrix} 0 \\ 0 \\ 1 \end{bmatrix} u \\ y = \begin{bmatrix} 1 & 0 & 0 \end{bmatrix} x \end{cases}$$

解： MATLAB 求解程序如下：

```
>>A=[0 1 0; 0 0 1; -2 -5 -4];
>>B=[0; 0; 1];
>>C=[1 0 0];
>>D=0;
>>sys_in=ss(A,B,C,D);
>>[P,J]=jordan(A);
>>sys_out=ss2ss(sys_in,inv(P))
```

运行结果如下：

```
sys_out =
  A =
      x1  x2  x3
  x1  -2   0   0
  x2   0  -1   1
  x3   0   0  -1
  B =
       u1
  x1    1
```

```
    x2  -0.5
    x3   0.5
  C =
       x1  x2  x3
   y1   1   2   0
  D =
       u1
   y1   0
Continuous-time state-space model.
```

由此可得，状态空间表达式的 Jordan 标准型为

$$\begin{cases} \begin{bmatrix} \dot{x}_1 \\ \dot{x}_2 \\ \dot{x}_3 \end{bmatrix} = \begin{bmatrix} -2 & 0 & 0 \\ 0 & -1 & 1 \\ 0 & 0 & -1 \end{bmatrix} \begin{bmatrix} x_1 \\ x_2 \\ x_3 \end{bmatrix} + \begin{bmatrix} 1 \\ -0.5 \\ 0.5 \end{bmatrix} u \\ y = \begin{bmatrix} 1 & 2 & 0 \end{bmatrix} \begin{bmatrix} x_1 \\ x_2 \\ x_3 \end{bmatrix} \end{cases}$$

2. 结构图模型

传递函数是由代数方程组通过消去系统中间变量得到的，如果系统结构复杂，方程组数目较多，那么消去中间变量就比较麻烦，并且中间变量的传递过程在系统输入与输出关系得不到反映，因此，结构图作为一种数学模型，在控制理论中得到了广泛的应用。结构图是将方块图与传递函数结合起来的一种将控制系统图形化了的数学模型。如果把组成系统的各个环节用方块表示，在方块内标出表征此环节输入输出关系的传递函数，并将环节的输入量、输出量改用拉普拉斯变换来表示，这种图形成为动态结构图，简称结构图。如果按照信号的传递方向将各环节的结构图依次连接起来，形成一个整体，这就是系统结构图。结构图不但能清楚表明系统的组成和信号的传递方向，而且能清楚地表示出系统信号传递过程中的数学关系。

建立系统结构图的步骤如下：

（1）首先应分别列写系统各元件的微分方程，在建立微分方程时，注意分清输入量和输出量，同时应考虑相邻元件之间是否存在负载效应。

（2）设初始条件为零时，将各元件的微分方程进行取拉普拉斯变换，并作出各元件的结构图。

（3）将系统的输入量放在最左边，输出量放在最右边，按照各元件的信号流向，用信号线依次将各元件的结构图连接起来，便构成系统的结构图。

MATLAB 提供结构图模型的化简涉及的函数如表 5-4 所示。

表 5-4　结构图模型的相关操作函数

函 数 名	使 用 说 明
sys=parallel(sys1,sys2)	并联两个系统，等效于sys=sys1+sys2
sys=parallel(sys1,sys2,inp1,inp2, out1,out2)	对MIMO系统，表示sys1的输入inp1与sys2的输入inp2相连，sys1输出out1与sys2输出out2相连
sys=series(sys1,sys2)	串联两个系统，等效于sys=sys2 * sys1
sys=feedback(sys1,sys2)	两系统负反馈连接，默认格式

续表

函 数 名	使 用 说 明
sys=feedback(sys1,sys2,sign)	sign=−1表示负反馈，sign=1表示正反馈。等效于sys=sys1/(1±sys1*sys2)
sys=feedback(sys1,sys2,feedin, feedout,sign)	对MIMO系统，部分反馈连接。sys1的指定输出feedout连接到sys2的输入，而sys2的输出连接到sys1的指定输入feedin，最终实现的反馈系统与sys1具有相同的输入、输入端。sign标识正负反馈
sys=append(sys1,sys2,…,sysN)	将子系统sys1,sys2,…,sysN的所有输入作为系统的输入，所有输出作为系统输出，且各子系统间没有信号连接，从而扩展为一个系统
sysc=connect(sys, Q, inputs, outputs)	将多个子系统按照一定的连接方式构成一个系统。sys是待连接的子系统被append函数扩展后的系统。Q矩阵声明了子系统的连接方式。Q矩阵的行向量声明了sys输入信号的连接方式，每个行向量的第1个元素为sys系统的输入端口号，其他元素为与该输入信号相连接的sys端口号。inputs声明了整个系统的输入信号是由sys系统的哪些输入端口号构成。outputs声明了整个系统的输出信号是由sys系统的哪些输出端口号构成

【例 5-16】 化简如图 5-10 所示的系统，求系统的传递函数。

图 5-10 例 5-16 系统图

```
>> clear
>> G1=tf(1,[1 1]);
>> G2=tf(1,[3 4 1]);
>> Gp=G1+G2;
>> G3=tf(1,[1 0]);
>> Gs=series(G3,Gp);
>> Gc=Gs/(1+Gs)
>> Gc1=minreal(Gc)
```

运行结果如下：

```
Gc =
         9 s^6 + 36 s^5 + 56 s^4 + 42 s^3 + 15 s^2 + 2 s
    -----------------------------------------------------------------
  9 s^8 + 42 s^7 + 88 s^6 + 112 s^5 + 95 s^4 + 52 s^3 + 16 s^2 + 2 s
Continuous-time transfer function.
Gc1 =
             s^4 + 3.667 s^3 + 5 s^2 + 3 s + 0.6667
    -----------------------------------------------------------------
  s^6 + 4.333 s^5 + 8.333 s^4 + 9.667 s^3 + 7.333 s^2 + 3.333 s + 0.6667
Continuous-time transfer function.
```

3. 信号流图模型

系统的结构图可以用来直接绘制信号流图，以图 5-11 为例简要说明信号流图的相关概念。

（1）源节点（输入节点）：只有输出支路而没有输入支路的节点，称为源节点。它一般表示系统的输入变量，亦称输入节点，如图 5-10 中的节点 R 和 N。

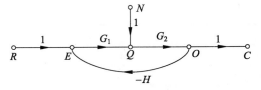

图 5-11　典型闭环控制系统的信号流图

（2）阱节点（输出节点）：只有输入支路而没有输出支路的节点，称为阱节点。它一般表示系统的输出变量，亦称输出节点，如图 5-10 中的节点 C。

（3）混合节点：既有输入支路又有输出支路的节点，称为混合节点，如图 5-10 中的节点 E、Q、O。

（4）通路：沿着支路箭头的方向顺序穿过各相连支路的路径，如图 5-10 中的 R、E、Q、O、C 等。

（5）前向通路：从源节点出发并且终止于阱节点，与其他节点相交不多于一次的通路称为前向通路，如图 5-10 中的 N、Q、O、C 等。

（6）回路：起点和终点在同一个节点，并且与其他节点相交不多于一次的闭合路径称为回路，如图 5-10 中的 E、Q、O、E。

（7）前向通路传输（增益）：前向通路中各支路传输（增益）的乘积。

（8）回路传输（增益）：回路中各支路传输（增益）的乘积。

（9）不接触回路：信号流图中，没有任何公共节点的回路，称为不接触回路或互不接触回路。

用信号流图代替系统的结构图，其优点在于不简化信号流图的情况下，利用梅逊公式直接求得源节点和阱节点之间的总增益。对于动态系统来说，这个总增益就是系统相应的输入和输出间的传递函数。

计算任意输入节点和输出节点之间传递函数 $G(s)$ 的梅逊公式为

$$G(s)=\frac{1}{\Delta}\cdot\sum_{k=1}^{n}P_k\Delta_k \tag{5-30}$$

式中，Δ——特征式，其计算公式为

$$\Delta=1-\sum L_a+\sum L_bL_c-\sum L_dL_eL_f+\cdots$$

n——从输入节点到输出节点间前向通路的条数；

P_k——从输入节点到输出接点间第 k 条前向通路的总增益；

$\sum L_a$——所有不同回路的回路增益之和；

$\sum L_bL_c$——所有两两互不接触回路的回路增益乘积之和；

$\sum L_dL_eL_f$——所有 3 个互不接触回路的回路增益乘积之和。

Δ_k——第 k 条前向通路的余子式，即把与该通路相接触的回路增益置为 0 后，特征式 Δ 所余下的部分。

【例 5-17】　根据典型闭环控制系统的信号流图，求传递函数 $C(s)/R(s)$。

```
>> syms g1 g2 H
>> syms R x1 x2 x3 x4 N
>> RaC=solve('x1=R-x3*H','x2=x1*g1','x3=x2*g2','x4=x3','x1,x2,x3,x4');
>> pretty(simplify(RaC.x4/R))
```

运行结果如下：

```
  g1 g2
-----------
H g1 g2 + 1
```

4. 频率特性模型

设线性定常系统的传递函数为 $G(s)$，其对正弦输入信号的稳态响应仍然是与输入信号同频率的正弦信号，输出信号的振幅是输入信号的 $|G(j\omega)|$ 倍，输出信号相对输入信号的相移为 $\varphi=\angle G(j\omega)$，输出信号的振幅及相移都是角频率 ω 的函数。

$G(j\omega)=|G(j\omega)|e^{j\angle G(j\omega)}$ 称为系统的频率特性，它表明了正弦信号作用下，系统的稳态输出与输入信号的关系。其中，$|G(j\omega)|$ 为幅频特性，它反映了系统在不同频率的正弦信号作用下，稳态输出的幅值与输入信号幅值之比。$\angle G(j\omega)=\arctan\dfrac{\text{Im}\,G(j\omega)}{\text{Re}\,G(j\omega)}$ 称为相频特性，它反映了系统在不同频率的正弦信号作用下，输出信号相对输入信号的相移。系统的幅频特性和相频特性统称为系统的频率特性。

比较系统的频率特性和传递函数可知，频率特性与传递函数有如下关系：

$$G(j\omega) = G(s)\big|_{s=j\omega} \tag{5-31}$$

一般地，若系统具有以下传递函数：

$$G(s) = \frac{b_m s^m + b_{m-1} s^{m-1} + \cdots + b_1 s + b_0}{a_n s^n + a_{n-1} s^{n-1} + \cdots + a_1 s + a_0} \tag{5-32}$$

则系统频率特性可写为

$$G(j\omega) = \frac{b_m (j\omega)^m + b_{m-1}(j\omega)^{m-1} + \cdots + b_1(j\omega) + b_0}{a_n (j\omega)^n + a_{n-1}(j\omega)^{n-1} + \cdots + a_1(j\omega) + a_0} \tag{5-33}$$

由式（5-32）可推导出线性定常系统的频率特性。对于稳定的系统，可以由实验的方法确定系统的频率特性，即在系统的输入端作用不同频率的正弦信号，在输出端测得相应的稳态输出的幅值和相角，根据幅值比和相位差，就可得到系统的频率特性。对于不稳定的系统，则不能由实验的方法得到系统的频率特性，这是由于系统传递函数中不稳定极点会产生发散或振荡的分量，随时间推移，其瞬态分量不会消失，所以不稳定系统的频率特性是观察不到的。

频率特性的曲线表示方法主要有 3 种形式，即对数坐标图、极坐标图、对数幅相图。

对数坐标图又称伯德（Bode）图，包括对数幅频和对数相频两条曲线。在实际应用中，经常采用这种曲线来表示系统的频率特性。对数幅频特性曲线的横坐标是频率 ω，按对数分度，单位是 rad/s。纵坐标表示对数幅频特性的函数值，采用线性分度，单位是 dB。对数幅频特性用 $L(\omega)$ 表示，定义为：$L(\omega)=20\lg|G(j\omega)|$，对数相频特性曲线的横坐标也是频率 ω，按对数分度，单位是 rad/s。纵坐标表示相频特性的函数值，记作 $\varphi(\omega)$，单位是度。

极坐标图又称幅相频率特性曲线、奈奎斯特曲线。其特点是以角频率 ω 作自变量，把幅频特性和相频特性用一条曲线同时表示在复平面上。

对数幅相图又称 Nichols 曲线，是将对数幅频特性和对数相频特性两张图，在角频率 ω 为参变量的情况下合成一张图。即以相位 $\varphi(\omega)$ 为横坐标，以 $20\lg A(\omega)$ 为纵坐标，以 ω 为参变量的一种图示法。

MATLAB 提供的频率特性相关的函数如表 5-5 所示，注意 bode、nyquist、nichols 函数前加上的 d，可得到绘制离散系统的对应功能图的函数，一般还要指定采样周期。

表 5-5 频率特性相关函数的说明

函 数 名	使 用 说 明
bode(G)	绘制系统伯德图
bode(G,w)	绘制指定频率范围的系统伯德图

续表

函 数 名	使 用 说 明
bode(G1,'r--',G2,'gx',…)	同时绘制多系统伯德图。图形属性参数可选
[mag,phase,w]=bode(G)	返回系统伯德图相应的幅值、相位和频率向量，可用magdb=20*log10(mag)将幅值转换为分贝值
[mag,phase]=bode(G,w)	返回系统伯德图与指定w相应的幅值、相位
nyquist(sys)	绘制系统奈奎斯特图。系统自动选取频率范围
nyquist(sys,w)	绘制系统奈奎斯特图。由用户指定选取频率范围
nyquist(G1,'r--',G2,'gx',…)	同时绘制多系统带图形参数奈奎斯特图
[re,im,w]=nyquist(sys)	返回系统奈奎斯特图相应的实部、虚部和频率向量
[re,im]=nyquist(sys,w)	返回系统奈奎斯特图与指定w相应的实部、虚部
nichols(G)	绘制系统Nichols图
nichols(G,w)	绘制指定频率范围的系统Nichols图
nichols(G1,'r--',G2,'gx',…)	同时绘制多系统带图形参数Nichols图
[mag,phase,w]=nichols(G)	返回系统Nichols图相应的幅值、相位和频率向量
[mag,phase]=nichols(G,w)	返回系统Nichols图与指定w相应的幅值、相位
sigma(sys)	绘制系统sys的奇异值曲线
evalfr(sys,x)	计算系统sys的单个复频率点x的频率响应
freqresp(sys,w)	计算系统sys在给定频率区间w的频率响应
ngrid	在Nichols曲线图上绘制等M圆和等N圆
ngrid('new')	绘制网格前清除原图，然后设置hold on

【例 5-18】 二阶振荡环节的传递函数为 $G(s) = \dfrac{\omega_n^2}{s^2 + 2\zeta\omega_n s + \omega_n^2}$，绘制 ζ 取不同值时的伯德图，ω_n=5，ζ 取 0.1 : 0.2 : 1.0。

```
>> wn=5;
>> kosi=[0.1:0.2:1.0];
>> w=logspace(-1,1,100);
>> figure(1)
>> num=[wn. ^ 2];
>> for kos=kosi
>> den=[1 2*kos*wn wn. ^2];
>> [mag,pha,w1]=bode(num,den,w);
>> subplot(2,1,1);hold on
>> semilogx(w1,mag);
>> subplot(2,1,2);hold on
>> semilogx(w1,pha);
>> end
>> subplot(2,1,1);grid on
>> title('Bode Plot');
>> xlabel('Frequency(rad/sec)');
>> ylabel('Gain dB');
>> subplot(2,1,2);grid on
```

```
>> xlabel('Frequency(rad/sec)');
>> ylabel('Phase deg');
>> hold off
```

运行结果如图 5-12 所示。

图 5-12　例 5-13 程序运行结果

【例 5-19】　系统的传递函数为 $G(s) = \dfrac{30(10s+1)}{(3s+1)(0.5s+1)(0.03s+1)(s^2+s+1)}$，采用 MATLAB 绘制系统的

视频讲解

渐进幅频特性。

先编写 asympbode.m 函数用于计算绘制渐进幅频特性的数据。

```
function [wpos,ypos]=asympbode(G,w)
G1=zpk(G);
wpos=[];
pos1=[];
if nargin==1,w=freqint2(G);
end
zer=G1.z{1}; pol=G1.p{1};
gain=G1.k;
for i=1:length(zer);
    ifisreal(zer(i))
        wpos=[wpos,abs(zer(i))];
        pos1=[pos1,20];
    else
        if imag(zer(i))>0
            wpos=[wpos,abs(zer(i))];
            pos1=[pos1,40];
        end
    end
end
for i=1:length(pol);
```

```
        if isreal(pol(i))
        wpos=[wpos,abs(pol(i))];
        pos1=[pos1,-20];
        else
            if imag(pol(i))>0
                wpos=[wpos,abs(pol(i))];
                pos1=[pos1,-40];
            end
        end
end
wpos=[wpos w(1) w(length(w))];
pos1=[pos1,0,0];
[wpos,ii]=sort(wpos);
pos1=pos1(ii);
ii=find(abs(wpos)<eps);
kslp=0;
w_start=1000*eps;
if length(ii)>0
    kslp=sum(pos1(ii));
    ii=(ii(length(ii))+1):length(wpos);
    wpos=wpos(ii);
    pos1=pos1(ii);
end
while 1
    [ypos1,pp]=bode(G,w_start);
    if isinf(ypos1),w_start=w_start*10;
    else break;
    end
end
wpos=[w_start wpos];
ypos(1)=20*log10(ypos1);
pos1=[kslp pos1];
for i=2:length(wpos)
    kslp=sum(pos1(1:i-1));
ypos(i)=ypos(i-1)+kslp*log10(wpos(i)/wpos(i-1));
end
ii=find(wpos>=w(1)&wpos<=w(length(w)));
wpos=wpos(ii);
ypos=ypos(ii);
```

然后在命令窗口中输入：

```
>> s=tf('s');
>> G1=30*(10*s+1)/((3*s+1)*(0.5*s+1)*(0.03*s+1)*(s*s+s+1));
>> w=10e-3:0.1:1000;
>> [x1,y1]=asympbode (G1,w);
>> semilogx(x1,y1)
>> grid;
```

运行结果如图 5-13 所示。

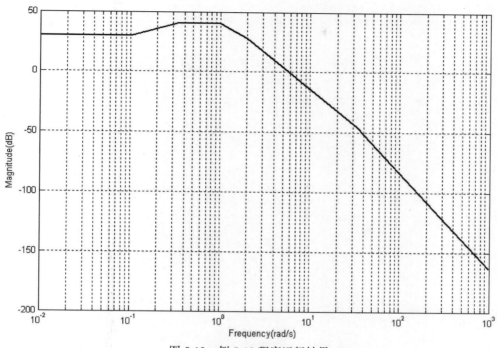

图 5-13　例 5-19 程序运行结果

5.3　常用模型的表示、转换及示例

本节通过一个例子详细介绍时域模型、频域模型、方框图模型的表示与转换。

【**例 5-20**】　已知系统的传递函数为 $G(s) = \dfrac{s^2 + 2s + 5}{s^3 + 6s^2 + 2s + 5}$，编写程序将传递函数模型、状态空间模型、零极点增益模型、Simulink 中的模型进行相互转换。

1）传递函数模型、零极点增益模型与状态空间模型的相互转换

```
>>s=tf('s');
>>G=(s^2+2*s+5)/(s^3+6*s^2+2*s+5);
>>[num, den] = tfdata(G,'v');
>>[z,p,k] = tf2zp(num, den);              %传递函数模型转换为零极点增益模型
>>G_zpk=zpk(z,p,k)
>>[A, B, C, D] = tf2ss (num, den);        %传递函数模型转换为状态空间模型
>>G2ss=ss(A,B,C,D)
>>[A1 B1 C1 D1] = ssdata(G2ss);
>>[z1,p1,k1] = ss2zp(A1,B1,C1,D1);        %状态空间模型转换为零极点增益模型
>>G_ss2zpk=zpk(z1,p1,k1)
>>[num1, den1] = ss2tf(A1, B1, C1, D1);   %状态空间模型转换为传递函数模型
>>G_ss2tf = tf(num1,den1)
>>[z1, p1, k1] = zpkdata(G_zpk,'v');
>>[A2 B2 C2 D2] = zp2ss(z1,p1,k1);        %零极点增益模型转换为状态空间模型
```

```
>>G_zkp2ss=ss(A2,B2,C2,D2)
>>[num2, den2] = zp2tf(z1, p1, k1) ;        %零极点增益模型转换为传递函数模型
>>G_zpk2tf = tf(num2, den2)
```

运行结果如下：

```
G_zpk =
             (s^2 + 2s + 5)
    --------------------------------
    (s+5.804) (s^2 + 0.1962s + 0.8615)
G2ss =
  A =
        x1  x2  x3
    x1  -6  -2  -5
    x2   1   0   0
    x3   0   1   0
  B =
        u1
    x1   1
    x2   0
    x3   0
  C =
        x1  x2  x3
    y1   1   2   5
  D =
        u1
    y1   0
G_ss2zpk =
             (s^2 + 2s + 5)
    --------------------------------
    (s+5.804) (s^2 + 0.1962s + 0.8615)
G_ss2tf =
        s^2 + 2 s + 5
    --------------------
    s^3 + 6 s^2 + 2 s + 5
G_zkp2ss =
  A =
              x1        x2        x3
    x1    -5.804        0         0
    x2        1    -0.1962   -0.9282
    x3        0     0.9282        0
  B =
        u1
    x1   1
    x2   0
    x3   0
  C =
```

```
        x1    x2    x3
   y1    1  1.804 4.459
 D =
       u1
   y1   0
G_zpk2tf =
     s^2 + 2 s + 5
   --------------------
   s^3 + 6 s^2 + 2 s + 5
```

2）Simulink 中的模型转换为传递函数模型、零极点增益模型和状态空间模型

首先在 Simulink 中建立如图 5-14 所示的模型，并保存为文件 Sim2tfzpkss.slx。

图 5-14　Simulink 中所建模型

然后在命令行窗口中编写如下程序：

```
>>[A,B,C,D] = linmod('Sim2tfzpkss');
>>Gsim2ss = ss(A,B,C,D)
>>[z, p, k] = ss2zp(A,B,C,D);
>>Gsim2zpk=zpk(z, p, k)
>>[num,den]=ss2tf(A, B, C, D);
>>Gsim2tf=tf(num,den)
```

运行结果如下：

```
Gsim2ss =
  A =
     x1  x2  x3
  x1  -6  -2  -5
  x2   1   0   0
  x3   0   1   0
  B =
     u1
  x1  1
  x2  0
  x3  0
  C =
     x1  x2  x3
  y1   1   2   5
  D =
     u1
  y1   0
```

```
    Gsim2zpk =
                 (s^2 + 2s + 5)
        -----------------------------------
         (s+5.804) (s^2 + 0.1962s + 0.8615)
    Gsim2tf =
             s^2 + 2 s + 5
        ---------------------
         s^3 + 6 s^2 + 2 s + 5
```

5.4　神经网络建模及示例

神经网络是由大量人工神经元（处理单元）广泛互联而成的网络，它是在现代神经生物学和认识科学对人类信息处理研究的基础上提出来的，具有很强的自适应性和学习能力、非线性映射能力、鲁棒性和容错能力。充分地将这些神经网络特性应用于控制领域，可使控制系统的智能化向前迈进一大步。随着被控系统越来越复杂，人们对控制系统的要求越来越高，特别是要求控制系统能适应不确定的、时变的对象与环境。传统的基于精确模型的控制方法难以适应要求，现在关于控制的概念也已更加广泛，要求包括一些决策、规划以及学习功能。神经网络由于具有上述优点而越来越受到人们的重视。本书介绍最为常用的反向传播（Back Propagation，BP）网络。

人工神经元是神经网络的基本元素，其原理可以用图 5-15 表示。

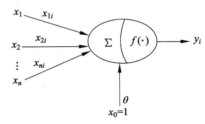

图 5-15　人工神经元结构示意图

人工神经元是对生物神经元的一种模拟与简化，它是神经网络的基本处理单元。如图所示为一种简化的人工神经元结构。它是一个多输入、单输出的非线性元件。其输入、输出关系为

$$I_i = \sum_{j=1}^{n} w_{ji} x_j - \theta_i$$
$$y_i = f(I_i)$$

其中，$x_j(j=1,2,\cdots,n)$是从其他神经元传来的输入信号；w_{ji} 表示神经元 i 到神经元 j 的连接权值；θ_i 为阈值；$f(\cdot)$ 称为激发函数或作用函数。方便起见，常把 $-\theta_i$ 看成是恒等于 1 的输入 x_0 的权值，则上式可写成

$$I_i = \sum_{j=0}^{n} w_{ji} x_j$$

其中，$w_{0i}=-\theta_i$，$x_0=1$。

输出激发函数 $f(\cdot)$ 又称为变换函数，它决定神经元（节点）的输出。该输出为 0 或 1，取决于其他输入之和是大于还是小于内部阈值 θ_i。$f(\cdot)$ 一般具有非线性特征。常用的激活函数有线性函数、斜坡函数、阈值函数，这 3 个激活函数都属于线性函数，还有两个常用的非线性激活函数。分别是 S 形函数和双极 S 形函数。双极 S 形函数与 S 形函数的主要区别在于函数的值域，双极 S 形函数值域是(-1,1)，而 S 形函数值域是(0,1)。由于 S 形函数与双极 S 形函数都是可导的，因此适合用在 BP 神经网络中。根据网络中神经元的互联方式，常见网络结构主要可以分为如下 3 类。

前馈神经网络：前馈网络也称前向网络。这种网络只在训练过程会有反馈信号，而在分类过程中数据只能向前传送，直到到达输出层，层间没有向后的反馈信号，因此被称为前馈神经网络。感知机与 BP 神经网络就属于前馈网络。

反馈神经网络：反馈型神经网络是一种从输出到输入具有反馈连接的神经网络，其结构比前馈网络要复杂得多。典型的反馈型神经网络有 Elman 网络和 Hopfield 网络。

自组织网络：自组织神经网络是一种无导师学习网络。它通过自动寻找样本中的内在规律和本质属性，自组织、自适应地改变网络参数与结构。

误差反向传播神经网络，简称 BP 网络，是一种单向传播的多层前向网络。在模式识别、图像处理、系统辨识、函数拟合、优化计算、最优预测和自适应控制等领域有着较为广泛的应用。图 5-16 是 BP 网络的示意图。

图 5-16　BP 网络示意图

误差反向传播的 BP 算法简称 BP 算法，其基本思想是最小二乘算法。采用梯度搜索技术，以使网络的实际输出值与期望输出值的误差均方值为最小。BP 算法的学习过程由正向传播和反向传播组成。在正向传播过程中，输入信息从输入层经隐含层逐层处理，并传向输出层，每层神经元（节点）的状态只影响下一层神经元的状态。如果在输出层不能得到期望的输出，则转入反向传播，将误差信号沿原来的连接通路返回，通过修改各层神经元的权值，使误差信号最小。

设 BP 网络的结构如图所示，有 M 个输入节点，输入层节点的输出等于其输入。输出层有 L 个输出节点，网络的隐含层有 q 个节点，w_{ij} 是输入层和隐含层节点之间的连接权值。w_{jk} 是隐含层和输出层节点之间的连接权值，隐含层和输出层节点的输入是前一层节点的输出的加权和，每个节点的激励程度由它的激发函数来决定。

1. BP网络的前馈计算

在训练该网络的学习阶段，设有 N 个训练样本，先假定用其中的某一固定样本中的输入/输出模式对网络进行训练。若网络输出与期望输出值不一致，则将其误差信号从输出端反向传播，并在传播过程中对加权系数不断修正，使在输出层节点上得到的输出结果尽可能接近期望输出值。对样本完成网络加权系数的调整后，再送入另一样本模式对，进行类似的学习，直到完成所有样本的训练学习为止。

2. BP网络权值的调整规则

设每一样本 p 的输入输出模式对的二次型误差函数定义为

$$E_p = \frac{1}{2}\sum_{k=1}^{L}(d_{pk} - O_{pk})^2$$

系统的平均误差代价函数为

$$E = \frac{1}{2} \sum_{p=1}^{P} \sum_{k=1}^{L} (d_{pk} - O_{pk})^2 = \frac{1}{2} \sum_{p=1}^{P} E_p$$

式中，P 为样本模式对数，L 为网络输出节点数。

下面介绍基于一阶梯度法的优化方法，即最速下降法。简便起见，略去下标 p，有

$$E = \frac{1}{2} \sum_{k=1}^{L} (d_k - O_k)^2$$

权系数应按 E 函数梯度变化的反方向进行调整，使网络的输出接近期望的输出。

（1）输出层权系数的调整。

权系数的修正公式为

$$\Delta w_{jk} = -\eta \frac{\partial E}{\partial w_{jk}}$$

式中，η 为学习速率，$\eta > 0$；

$$\frac{\partial E}{\partial w_{jk}} = \frac{\partial E}{\partial \text{net}_k} \frac{\partial \text{net}_k}{\partial w_{jk}}$$

定义反传误差信号 δ_k 为

$$\delta_k = -\frac{\partial E}{\partial \text{net}_k} = \frac{\partial E}{\partial O_k} \frac{\partial O_k}{\partial \text{net}_k}$$

式中：

$$\frac{\partial E}{\partial O_k} = -(d_k - O_k)$$

$$\frac{\partial O_k}{\partial \text{net}_k} = \frac{\partial}{\partial \text{net}_k} f(\text{net}_k) = f'(\text{net}_k)$$

因此

$$\delta_k = (d_k - O_k) f'(\text{net}_k) = O_k (1 - O_k)(d_k - O_k)$$

$$\frac{\partial \text{net}_k}{\partial w_{jk}} = \frac{\partial}{\partial w_{jk}} \left(\sum_{j=1}^{q} w_{jk} O_j \right) = O_j$$

由此可得输出层的任意神经元权系数的修正公式为

$$\Delta w_{jk} = \eta (d_k - O_k) f'(\text{net}_k) O_j = \eta \delta_k O_j$$
$$= \eta O_k (1 - O_k)(d_k - O_k) O_j$$

（2）隐含层节点权系数的调整。

计算权系数的变化量为

$$\Delta w_{ij} = -\eta \frac{\partial E}{\partial w_{ij}} = -\eta \frac{\partial E}{\partial \text{net}_j} \frac{\partial \text{net}_j}{\partial w_{ij}} = -\eta \frac{\partial E}{\partial \text{net}_j} O_i$$

$$= \eta \left(-\frac{\partial E}{\partial O_j} \frac{\partial O_j}{\partial \text{net}_j} \right) O_i = \eta \left(-\frac{\partial E}{\partial O_j} \right) f'(\text{net}_j) O_i = \eta \delta_j O_i$$

式中，$\partial E / \partial O_j$ 不能直接计算，需通过其他间接量进行计算，即

$$-\frac{\partial E}{\partial O_j} = -\sum_{k=1}^{L}\frac{\partial E}{\partial \text{net}_k}\frac{\partial \text{net}_k}{\partial O_j} = \sum_{k=1}^{L}\left(-\frac{\partial E}{\partial \text{net}_k}\right)\frac{\partial}{\partial O_j}\left(\sum_{j=1}^{q}w_{jk}O_j\right)$$

$$= \sum_{k=1}^{L}\left(-\frac{\partial E}{\partial \text{net}_k}\right)w_{jk} = \sum_{k=1}^{L}\delta_k w_{jk}$$

显然有

$$\delta_j = f'(\text{net}_j)\sum_{k=1}^{L}\delta_k w_{jk}$$

将样本标记 p 记入公式后，对于输出节点 k，有

$$\Delta_p w_{jk} = \eta f'(\text{net}_{pk})(d_{pk} - O_{pk})O_{pj} = \eta O_{pk}(1 - O_{pk})(d_{pk} - O_{pk})O_{pj}$$

对于隐含节点 j，有

$$\Delta_p w_{ij} = \eta f'(\text{net}_{pj})\left(\sum_{k=1}^{L}\delta_{pk}w_{jk}\right)O_{pi} = \eta O_{pj}(1 - O_{pj})\left(\sum_{k=1}^{L}\delta_{pk}w_{jk}\right)O_{pi}$$

式中，O_{pk} 是输出节点 k 的输出；O_{pj} 是隐含节点 j 的输出；O_{pi} 是输入节点 i 的输出。

从上面推导的结果可得网络连接权值调整式

$$w_{ij}(t+1) = w_{ij}(t) + \eta\delta_i O_i + \alpha[w_{ij}(t) - w_{ij}(t-1)]$$

式中，$t+1$ 表示第 $t+1$ 步；α 为平滑因子，$0<\alpha<1$。

3. BP 学习算法的计算步骤

（1）初始化：置所有权值为较小的随机数。

（2）提供训练集：给定输入向量 $\boldsymbol{X}=(x_1,x_2,\cdots,x_M)$ 和期望的目标输出向量 $\boldsymbol{D}=(d_0,d_1,\cdots,d_L)$。

（3）计算实际输出，计算隐含层、输出层各神经元输出。

（4）计算目标值与实际输出的偏差 E。

（5）计算 $\Delta_p w_{jk}$。

（6）计算 $\Delta_p w_{ij}$。

（7）返回步骤（2）重复计算，直到误差 E_p 满足要求为止。

BP 学习算法流程图如图 5-17 所示。

4. 使用 BP 算法应注意的问题

（1）隐含层节点的个数对于识别率的影响并不大，但是节点个数过多会增加运算量，使得训练较慢。

（2）学习开始时，各隐含层连接权系数的初值应以设置较小的随机数较为适宜。

（3）采用 S 型激发函数时，由于输出层各神经元的输出只能趋于 1 或 0，不能达到 1 或 0。在设置各训练样本时，期望的输出分量不能设置为 1 或 0。

图 5-17 BP 学习算法流程图

（4）学习速率 η 的选择，在学习开始阶段，η 选较大的值可以加快学习速度。学习接近优化区时，η 值必须相当小，否则权系数将产生振荡而不收敛。

MATLAB 提供了实现神经网络功能的大量函数和集成化 GUI 工具箱 nntool，表 5-6 给出了神经网络相关的函数说明，供编写复杂神经网络程序时查用。

表 5-6 神经网络的相关函数说明

函数名	使 用 说 明	函数名	使 用 说 明	函数名	使 用 说 明
newp	创建感知器网络	newlind	设计线性层	newlin	创建线性层
newff	创建前馈BP网络	newcf	创建多层前馈BP网络	newfftd	创建前馈输入延迟BP网络
newrb	创建径向基网络	newrbe	创建严格的径向基网络	newgrnn	创建广义回归神经网络
newpnn	创建概率神经网络	newc	创建竞争层	newsom	创建自组织特征映射
sim	仿真神经网络	init	初始化神经网络	adapt	神经网络的自适应化
train	训练神经网络	dotprod	权函数的点积	ddotprod	权函数点积的导数
dist	Euclidean距离权函数	normprod	规范点积权函数	negdist	Negative距离权函数
mandist	Manhattan距离权函数	linkdist	Link距离权函数	netsum	网络输入函数的求和
dnetsum	网络输入函数求和的导数	hardlim	硬限幅传递函数	hardlims	对称硬限幅传递函数
purelin	线性传递函数	tansig	正切S形传递函数	logsig	对数S形传递函数
dpurelin	线性传递函数的导数	dtansig	正切S形传递函数的导数	dlogsig	对数S形传递函数的导数
compet	竞争传递函数	radbas	径向基传递函数	satlins	对称饱和线性传递函数
initlay	层与层之间的网络初始化函数	initwb	阈值与权值的初始化函数	initzero	零权/阈值的初始化函数
initnw	Nguyen_Widrow层的初始化函数	initcon	Conscience阈值的初始化函数	midpoint	中点权值初始化函数
mae	均值绝对误差性能分析函数	mse	均方差性能分析函数	msereg	均方差w/reg性能分析函数
dmse	均方差性能分析函数的导数	dmsereg	均方差w/reg性能分析函数的导数	learnp	感知器学习函数
learnpn	标准感知器学习函数	learnwh	Widrow_Hoff学习规则	learngd	BP学习规则
learngdm	带动量项的BP学习规则	learnk	Kohonen权学习函数	learncon	Conscience阈值学习函数
learnsom	自组织映射权学习函数	adaptwb	网络权与阈值的自适应函数	trainwb	网络权与阈值的训练函数
traingd	梯度下降的BP算法训练函数	traingdm	梯度下降w/动量的BP算法训练函数	traingda	梯度下降w/自适应lr的BP算法训练函数
traingdx	梯度下降w/动量和自适应lr的BP算法训练函数	trainlm	Levenberg_Marquardt的BP算法训练函数	trainwbl	每个训练周期用一个权值向量或偏差向量的训练函数
maxlinlr	线性学习层的最大学习率	gridtop	网络层拓扑函数	randtop	随机层拓扑函数

如果要使用集成化 GUI 工具箱 nntool 来完成神经网络模型的建立,只需在 MATLAB 命令窗口中命令行输入 nntool,就会运行神经网络工具箱的主界面,主界面由 6 部分组成:系统的输入数据、系统的期望输

出、网络的计算输出、网络的误差、已经建立的神经网络以及数据的导入和网络模型的建立。下面通过一个例子来说明其使用方法。

【例 5-21】　采用神经网络工具箱 nntool 来逼近函数 $f(x)=0.08\sin(\cos(x))+e^{-x}, x\in[1,20]$。

第 1 步，在 MATLAB 命令行窗口中输入 nntool 后按回车键，打开 GUI 编辑窗口，如图 5-18 所示。

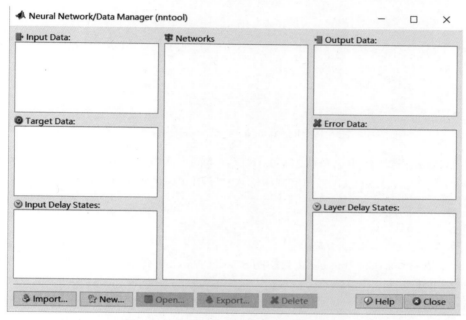

图 5-18　Neural Network/Data Manager 窗口

其各区域和按钮的含义如下。

- Input Data 区域——显示指定的输入数据。
- Output Data 区域——显示网络对应的输出数据。
- Target Data 区域——显示期望输出数据。
- Error Data 区域——显示误差。
- Input Delay States 区域——显示设置的输入延迟参数。
- Layer Delay States 区域——显示层的延迟状态。
- Networks 区域——显示设置网络的类型。
- Help 按钮——Network/Data Manager 窗口有关区域和按钮的详细介绍。
- Close 按钮——关闭 Network/Data Manager 窗口。
- Import 按钮——将 MATLAB 工作空间或者文件中的数据和网络导入 GUI 工作空间。
- New 按钮——创建新网络或者生成新的数据。
- Open 按钮——打开选定的数据或网络，以便查看和编辑。
- Export 按钮——将 GUI 工作空间的数据和网络导出到 MATLAB 工作空间或文件中。
- Delete 按钮——删除所选择的数据或者网络。

第 2 步，导入数据，在主界面 Neural Network/Data Manager 窗口中单击 Import 按钮，弹出 Import to Network/Data Manager 窗口，如图 5-19 所示。

图 5-19　Import to Network/Data Manager 窗口

可以在左侧 Source 选项组中选择从 MATLAB 工作空间导入数据或者加载文件中的数据，这里选择从工作空间导入。首先在 MATLAB 工作空间中输入如下语句来模拟未知系统的输入向量 x 和目标输出向量 y。

```
>> x=[1:0.05:20];
>> y=0.08.*sin(cos(x))+exp(-x);
```

此时 Import to Network/Data Manager 窗口中的 Select a Variable 列表框显示出当前工作空间中的所有变量，从中选择输入向量 x，并在 Import As 选项组中选中 Input Data，单击 Import 按钮；再选择目标输出向量 y，并在 Import As 列表框中选中 Target Data，单击 Import 按钮，就完成了输入输出数据的导入。单击 Close 按钮返回 Neural Network/Data Manager 主窗口。在主窗口中双击向量 x，就可以查看变量的内容，同理，向量 y 也一样能查看到。

第 3 步，创建 BP 网络。在 Neural Network/Data Manager 主窗口，单击 New 按钮，在弹出的 Create Network or Data 窗口中选择 Network 选项，开始创建网络。根据要求在窗口中修改相应的参数：在 Name 文本框中输入所创建的网络名称，将该网络命名为 BPexenet。在 Network Type 下拉列表框中选择需要创建的网络类型，此处为 Feed-forward backprop。在 Input data 和 Target data 的下拉列表框中选择相应的导入数据。Training function 下拉列表框用于设置该网络训练函数的类型，这里选择 TRAINLM。在 Adaption learning function 下拉列表框中设置网络的学习函数 LEARNGDM，网络的性能函数 Performance function 取默认值 MSE，网络的层数 Number of layers 输入 2，表明所设计的网络有一层是隐含层。最后设置网络各层的传递函数和神经元的数目。在 Properties for 下拉列表框中选择 Layer1，表示接下来设置隐含层的传递函数和神经元的数目。在 Number of neurons 文本框中输入 20，表示隐含层由 20 个神经元组成。在 Transfer Function 下拉列表框中选择传递函数类型为 TANSIG，如图 5-20 所示。然后在 Properties for 下拉列表框中选择 Layer2，表示接下来设置输出层属性，输出层的 Number of neurons 文本框中不能输入数字，网络自动默认为 1，在 Transfer Function 下拉列表框中选择传递函数类型为 PURELIN。单击 View 按钮可以看到所建立 BP 神经网络的结构，如图 5-21 所示。单击图 5-20 中的 Create 按钮，就完成了神经网络的设置。单击图 5-20 中的 Close 按钮返回 Neural Network/Data Manager 主窗口。

第 4 步，训练网络。在 Neural Network/Data Manager 窗口中选中生成的 BP 神经网络 BPexenet，则 Open、Delete 按钮被激活。单击 Open 按钮，该窗口用于设置网络自适应、仿真、训练和重新初始化的参数，并执行相应的过程。单击 Train 选项卡后做相应的设置即可进行神经网络的训练：在 Training Info 选项卡中，选择输入 Inputs 为 P，期望输出 Targets 为 T。在 Training Parameters 选项卡中，设置训练步数 epochs 为 100，目标误差 goal 为 0.001，其他参数采用默认值，如图 5-22 所示。

图 5-20 网络创建窗口

图 5-21 BPexenet 的结构

图 5-22 设置训练参数窗口

参数修改完毕后，单击 Network: BPexenet 窗口右下角的 Train Network 按钮，就开始了网络训练，训练完成后会有一个结果信息界面，如图 5-23 所示。

图 5-23　网络训练结果

单击 Performance、Training State 以及 Regression 可以分别显示网络训练误差随训练次数的变化情况，训练数据的梯度、均方误差以及验证集检验失败的次数随训练次数的变化情况和训练集、验证集、测试集和全集的回归系数，回归系数越接近 1 表示模型训练的性能越好，如图 5-24 所示。

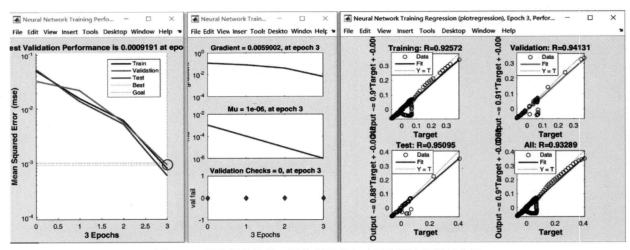

图 5-24　网路训练性能、网络训练状态、网络训练的回归分析

第 5 步，网络仿真。通过网络仿真可以验证训练后的神经网络对模型的逼近效果。在 Network: BPexenet 窗口中，单击 Simulate 标签，在 Inputs 下拉菜单中选择输入量 x，同时将网络仿真输出 Outputs 变为 BPexenet–OutSim，以区别于训练时的输出 BPexenet–outputs。单击 Simulate Network 按钮，回到 Neural

Network/Data Manager 窗口，就会看到在 Outputs 区域有一个新的变量——BPexenet-OutSim。双击变量名 BPexenet-OutSim，同样会弹出一个新的窗口，显示出对应输入向量 x 的网络输出值，主界面上单击 Export 按钮，就能在 Output Data 中选择想要查看、保存的数据，将其导出到 MATLAB 的工作空间。在 MATLAB 工作空间中输入语句 plot(x,y,x,BPexenet_outSim)来验证模型的逼近效果，如图 5-25 所示。

图 5-25　对比结果

5.5　参数辨识的最小二乘法及示例

在数学建模过程中，广泛使用的参数辨识方法是最小二乘法，它使数学模型在误差平方和最小的意义上拟合实验数据。本节给出最小二乘法的基本原理，介绍它在线性系统参数辨识中的应用及其递推算法，然后给出仿真示例。

对于给定的单输入单输出线性、定常、随机系统的数学模型

$$y(k) = \sum_{i=1}^{n} a_i y(k-i) + \sum_{i=1}^{n} b_i u(k-i) + e(k), \quad k=1,2,\cdots,n, \ i=1,2,\cdots,n$$

其中，$\{y(k)\}$、$\{u(k)\}$ 分别为测量得到的输入、输出数据集，n、a_i、b_i 为带估计的系统结构参数，$e(k)$，为噪声序列，当满足噪声的数学期望 $E[e]=0$ 时，噪声的方差为 $E[ee^{\mathrm{T}}]=\sigma^2 I$，且输入信号与噪声信号相互独立，即 $E[u(k)e(k+\tau)]=0$ 时，最小二乘法估计的系统结构参数是无偏的、一致的和有效的。

确定系统的阶次 n 是一个结构辨识问题，这里假定系统的阶次已知，利用测量得到的输入输出数据集，可以构造如下方程：

$$\begin{cases} y(n+1) = \sum_{i=1}^{n} a_i y(n+1-i) + \sum_{i=1}^{n} b_i u(n+1-i) + e(n+1) \\ y(n+2) = \sum_{i=1}^{n} a_i y(n+2-i) + \sum_{i=1}^{n} b_i u(n+2-i) + e(n+2) \\ \qquad\qquad\vdots \\ y(n+N) = \sum_{i=1}^{n} a_i y(n+N-i) + \sum_{i=1}^{n} b_i u(n+N-i) + e(n+N) \end{cases}$$

记

$$\boldsymbol{\phi}(n+i) = \left[y(n+i-1), \quad y(n+i-2), \quad \cdots \quad y(i), \quad u(n+i-1), \quad y(n+i-2), \quad \cdots \quad u(i) \right]^{\mathrm{T}}$$

$$\boldsymbol{\theta} = \left[a_1, \quad a_2, \quad \cdots \quad a_n, \quad b_1, \quad b_2, \quad \cdots \quad b_n \right]^{\mathrm{T}}$$

则有

$$y(k) = \boldsymbol{\phi}^{\mathrm{T}}(k)\theta + e(k)$$

记 $\boldsymbol{\Phi}(N) = \left[\phi^{\mathrm{T}}(n+1) \quad \phi^{\mathrm{T}}(n+2) \quad \cdots \quad \phi^{\mathrm{T}}(n+N) \right]^{\mathrm{T}}$, $y(N) = \left[y(n+1) \quad y(n+2) \quad \cdots \quad y(n+N) \right]^{\mathrm{T}}$,

$e(N) = \left[e(n+1) \quad e(n+2) \quad \cdots \quad e(n+N) \right]^{\mathrm{T}}$ ，则测量得到的输入输出数据所构造方程可记为

$$y(N) = \boldsymbol{\Phi}(N)\theta + e(N)$$

根据最小二乘法准则：在方程 $y(k) = \sum_{i=1}^{n} a_i y(k-i) + \sum_{i=1}^{n} b_i u(k-i) + e(k)$ 中找到一组参数估计 $\hat{\theta}$ ，使得模型

拟合的残差的平方和最小，即 $J = \sum_{i=1}^{n} \left(y(k) - \boldsymbol{\phi}^{\mathrm{T}}(k)\hat{\theta} \right)^2$ 最小。

由此可得最小二乘法参数辨识的计算公式为 $\hat{\theta} = (\boldsymbol{\Phi}^{\mathrm{T}}(N)\boldsymbol{\Phi}(N))^{-1}\boldsymbol{\Phi}^{\mathrm{T}}(N)y(N)$ 。最小二乘法在参数辨识领域是一种最基本的方法，它将参数辨识问题转化为一个确定性最优化问题来处理。不同于其他一些参数辨识方法，最小二乘法没有相关量的概率和统计问题。最小二乘法可用于动态的或静态的、参数的或非参数的线性系统的参数辨识问题。

下面简要介绍递推最小二乘法，常规最小二乘法是对整体所测量的数据进行处理的一种算法，当得到新数据时，随着数据的增加，会要求计算机增加存储空间，每增加一组数据就需要作一次求逆运算，导致计算量大幅增加。这样就需要一种新的改进的最小二乘法，做到不需要保留全部数据，而有效利用新测量的输入输出数据，递推最小二乘法就是这样一种算法，这种算法很好地满足了在线估计与自适应控制的需要。

根据 $y(k) = \boldsymbol{\Phi}(k)\theta + e(k)$ ，得到 $\hat{\theta}(k) = (\boldsymbol{\Phi}^{\mathrm{T}}(k)\boldsymbol{\Phi}(k))^{-1}\boldsymbol{\Phi}^{\mathrm{T}}(k)y(k)$ ，当得到一组新测量数据时，有

$$y(k+1) = \phi^{\mathrm{T}}(k+1)\theta + e(k+1)$$

此时可得

$$\hat{\theta}(k+1) = (\boldsymbol{\Phi}^{\mathrm{T}}(k+1)\boldsymbol{\Phi}(k+1))^{-1}\boldsymbol{\Phi}^{\mathrm{T}}(k+1)y(k+1)$$

令

$$P(k+1) = \left[\boldsymbol{\Phi}^{\mathrm{T}}(k+1)\boldsymbol{\Phi}(k+1) \right]^{-1}$$

可得

$$P(k+1) = \left[P^{-1}(k) + \phi(k+1)\boldsymbol{\phi}^{\mathrm{T}}(k+1) \right]^{-1}$$

$$= P(k) - \frac{P(k)\phi(k+1)\boldsymbol{\phi}^{\mathrm{T}}(k+1)P(k)}{1 + \phi^{\mathrm{T}}(k+1)P(k)\phi(k+1)}$$

可得递推最小二乘法的公式为

$$\hat{\theta}(k+1) = \hat{\theta}(k) + \frac{P(k)\boldsymbol{\phi}(k+1)}{1 + \boldsymbol{\phi}^{\mathrm{T}}(k+1)P(k)\phi(k+1)} \left[y(k+1) - \phi^{\mathrm{T}}(k+1)\hat{\theta}(k) \right]$$

从递推最小二乘法的公式可以看出新的估计是在旧的估计的基础上通过修正因子 $\dfrac{P(k)\boldsymbol{\phi}(k+1)}{1 + \boldsymbol{\phi}^{\mathrm{T}}(k+1)P(k)\phi(k+1)}$

乘以预测误差 $y(k+1) - \boldsymbol{\phi}^{\mathrm{T}}(k+1)\hat{\theta}(k)$ 得到的。在具体使用时，涉及递推初值 $P(0)$ 、 $\hat{\theta}(0)$ 的选取，一种方法是先根据一组数据，计算出 $P(k)$ 、 $\hat{\theta}(k)$ ，将其作为初值；另一种方法是任取 $\hat{\theta}(0) = 0$ ，令 $P(0) = \alpha I$ ， α 取

10^{10} 左右，可以证明这种确定初值 $P(0)$、$\hat{\theta}(0)$ 的方法忽略初值的影响。

此外还有根据数据饱和、噪声序列不满足白噪声假设等参数辨识问题而提出的改进最小二乘法，如加权最小二乘法、广义最小二乘法、增广最小二乘法等，这里不再展开介绍。

【例 5-22】 已知某系统的机理模型为 $\ddot{x}(t) = -a_1\dot{x}(t) - a_2\,\mathrm{sgn}(\dot{x}(t)) + 3u(t)$，其中 sgn(·) 为符号函数，

$a_1 = \begin{cases} a_{11} & \dot{x}(t)>0 \\ a_{12} & \dot{x}(t)<0 \end{cases}$，$a_2 = \begin{cases} a_{21} & \dot{x}(t)>0 \\ a_{22} & \dot{x}(t)<0 \end{cases}$，在 $\ddot{x}(t)=0$ 时，测得如下数据：

$u(t)$	2.3	2.5	2.7	2.9	3.1	−2.4	−2.6	−2.8	−3.1
$\dot{x}(t)$	0.02 703	0.03 989	0.05 509	0.07 694	0.10 371	−0.03 209	−0.04 324	−0.06 481	−0.10 545

采用最小二乘法辨识系统的模型参数 a_{11}、a_{12}、a_{21}、a_{22}。

```
>>X=[0  0.02703  0  1;
>>0  0.03989   0  1;
>>0  0.05509   0  1;
>>0  0.07694  0  1;
>>0  0.10371  0  1;
>>-0.03209  0  -1  0;
>>-0.04324  0   -1  0;
>>-0.06481  0  -1  0;
>>-0.10545  0   -1  0];
>>Y=[2.3 2.5 2.7 2.9 3.1 -2.4 -2.6 -2.8 -3.1]';
>>A=inv(X'*X)*X'*Y
```

运行结果为

```
A =
    9.0962
   10.2601
    2.1665
    2.0789
```

【例 5-23】 用递推最小二乘法对以下数学模型进行参数辨识。

$$y(k) + a_1 y(k-1) + a_2 y(k-2) + a_3 y(k-3) = b_1 u(k-1) + b_2 u(k-2) + b_3 u(k-3) + e(k)$$

其中，取 $a_1 = 1.2$，$a_2 = 0.6$，$a_3 = 0.5$，$b_1 = 1.1$，$b_2 = 0.7$，$b_3 = 0.3$ 模拟测量得到的输入输出数据，随机噪声 $e(k) \sim N(0,1)$。

```
>>clear all
>>randn('seed',100);
>>v=randn(1,100);
>>v2=rand(1,100)*2-1;
>>for i=1:100;
>>   if v2(i)>0.5,u(i)=-5;
>>   elseif v2(i)<0.5 && v2(i)>0,u(i)=-2;
>>   elseif v2(i)>-0.5 && v2(i)<0,u(i)=1;
>>   else u(i)=5;
>>   end
>>end
>>subplot(2,2,1);
```

```
>>stem(u)
>>grid on
>>subplot(2,2,2);
>>plot(v)
>>z(3)=0;
>>z(2)=0;
>>z(1)=0;
>>for k=4:100;
>>z(k)=-1.2*z(k-1)-0.6*z(k-2)-0.5*z(k-3)+1.1*u(k-1)+0.7*u(k-2)+0.3*u(k-3)+v(k);
>>end
>>c0=0.00001*[0 0 0 0 0 0]';
>>p0=10^6*eye(6,6);
>>E=0.000000002;
>>c=[c0,zeros(6,100)];
>>e=zeros(6,100);
>>la=1;
>>for k=4:100;
>>h1=[-z(k-1),-z(k-2),-z(k-3),u(k-1),u(k-2),u(k-3)]';
>>k1=p0*h1*inv(h1'*p0*h1+1*la);
>>new=z(k)-h1'*c0;
>>c1=c0+k1*new;
>>p1=1/la*(eye(6)-k1*h1')*p0;
>>e1=(c1-c0)./c0;
>>e(:,k)=e1;
>>c(:,k)=c1;
>>c0=c1;
>>p0=p1;
>>if norm(e1)<=E
>>break;
>>end
>>end
>>a1=c(1,:);
>>a2=c(2,:);
>>a3=c(3,:);
>>b1=c(4,:);
>>b2=c(5,:);
>>b3=c(6,:);
>>ea1=e(1,:);
>>ea2=e(2,:);
>>ea3=e(3,:);
>>eb1=e(4,:);
>>eb2=e(5,:);
>>eb3=e(6,:);
>>subplot(2,2,3);
>>i=1:100;
>>plot(i,a1(1:100),'k',i,a2(1:100),'b',i,a3(1:100),'c',i,b1(1:100),'r',i,b2(1:100),
'g',i,b3(1:100),'y')
>>legend('a1','a2','a3','b1','b2','b3');
```

```
>>title('递推最小二乘参数估计')
>>subplot(2,2,4);
>>i=1:100;
>>plot(i,ea1,'k',i,ea2,'b',i,ea3,'c',i,eb1,'r',i,eb2,'g',i,eb3,'y')
>>legend('a1','a2','a3','b1','b2','b3');
>>title('估计误差')
```

运行结果如图 5-26 所示。

图 5-26   例 5-23 程序运行结果

5.6   闭环系统的参数辨识

现有的绝大多数控制器的设计是基于被控对象模型来展开设计的，利用参数辨识技术来获得被控对象数学模型是设计控制系统的前期必要工作。辨识就是按照一种准则，在一组模型中选择一个与实测数据拟合得最好的模型。在许多实际问题中，辨识不一定都能在开环状态下进行，如一些实际运行的工业过程，利用辨识方法来得到它们的数学模型时，就不能随意地断开反馈通路，否则可能会对安全生产造成严重的影响，此时就要求模型的参数辨识必须在闭环状态下进行。对于参数自适应控制器的设计，辨识和控制是结合在一起的，此时的参数辨识一般也要在闭环状态下进行，以便实时修改控制规律以满足控制性能的要求。此外还有生物系统、经济社会系统等存在内部固有反馈规律的复杂系统，其模型参数需要在闭环条件下进行辨识几乎是难以避免的。

对于闭环系统的辨识，存在两个问题：一个是如何运用观测数据及其处理方法，即辨识的方法问题；另一个是什么条件下闭环系统才是能辨识的，即可辨识的条件问题。目前闭环系统的辨识方法大致可以分为 3 类。第一类为直接辨识法，这类方法的特点是直接将闭环系统中正向通道的输入、输出观测信息进行处理，从而获得前向通道数学模型的估计，它不需要反馈通道及其参数的先验知识。第二类为间接辨识法，它的特点是当反馈通道的数学模型已知时，通过闭环系统的数学模型估计前向通道的数学模型。由于这种方法要求反馈通道中不含噪声，其实用性受到限制。第三类为联合过程法，它的特点是将不可观测的噪声当成系统的输入，而把系统中可以观测的前向通道的控制输入和输出，联合成新的向量随机过程，由此构成一个新的数学模型，通过它来辨识前向通道和反馈通道的数学模型。这里不展开介绍相关的具体理论，仅通过一个闭环系统的频域辨识示例加以简要说明。MATLAB 中可用于闭环系统频率辨识的常用函数如表 5-7 所示。

表 5-7　MATLAB中可用于闭环系统频率辨识的常用函数

函　　数	使 用 说 明
[H,W] = freqz(SOS,N)	返回给定数字滤波器D的N点复频率响应
[B,A] = invfreqz(H,W,NB,NA)	最小二乘拟合频率响应数据的离散滤波器，返回阶数为NB和NA的实数分子和分母系数B和A，其中H是系统在频率点W处所需的复杂频率响应，W包含区间[0,Pi]内的归一化频率值
H = freqs(B,A,W)	返回滤波器B/A的复频率响应向量H
[B,A] = invfreqs(H,W,nb,na)	最小二乘拟合频率响应数据的模拟滤波器，返回阶数为nb和na的实数分子和分母系数B和A，其中H是系统在频率点W处所需的复杂频率响应，W包含以rad/s为单位的频率值

【例 5-24】　已知单位负反馈比例控制系统的被控对象传递函数为 $G(s) = \dfrac{10000}{s^3 + 90s^2 + 5000s}$，比例控制取 $k_p = 0.9$，采用闭环系统的频率辨识方法进行系统的参数辨识。

```
>>clear all
>>ts=0.001;
>>Am=0.8;
>>Gp=tf(600000,[1,90,5000,0]);
>>zGp=c2d(Gp,ts,'z');
>>[num,den]=tfdata(zGp,'v');
>>kp=0.6;
>>kk=0;
>>u_1=0.0;
>>u_2=0.0;
>>u_3=0.0;
>>y_1=0;
>>y_2=0;
>>y_3=0;
>>for F=0.5:0.5:8
>>kk=kk+1;
>>FF(kk)=F;
>>for k=1:1:3000
>>time(k)=k*ts;
>>yd(k)=Am*sin(1*2*pi*F*k*ts);
>>y(kk,k)=-den(2)*y_1-den(3)*y_2-den(4)*y_3+num(2)*u_1+num(3)*u_2+num(4)*u_3;
>>e(k)=yd(k)-y(kk,k);
>>u(k)=kp*e(k);
>>u_3=u_2;
>>u_2=u_1;
```

```
>>u_1=u(k);
>>y_3=y_2;
>>y_2=y_1;
>>y_1=y(kk,k);
>>end
>>    plot(time,yd,'r',time,y(kk,:),'b');
>>    pause(0.3);
>>end
>>Y=y;
>>kk=0;
>>for F=0.5:0.5:8
>>kk=kk+1;
>>FF(kk)=F;
>>for i=2001:1:3000
>>    fai(1,i-2000) = sin(2*pi*F*i*ts);
>>    fai(2,i-2000) = cos(2*pi*F*i*ts);
>>end
>>Fai=fai';
>>fai_in(kk)=0;
>>Y_out=Y(kk,2001:1:3000)';
>>cout=inv(Fai'*Fai)*Fai'*Y_out;
>>fai_out(kk)=atan(cout(2)/cout(1));
>>Af(kk)=sqrt(cout(1)^2+cout(2)^2);
>>mag_e(kk)=20*log10(Af(kk)/Am);
>>ph_e(kk)=(fai_out(kk)-fai_in(kk))*180/pi;
>>if ph_e(kk)>0
>>    ph_e(kk)=ph_e(kk)-360;
>>end
>>end
>>FF=FF';
>>mag_e1=Af'/Am;
>>ph_e1=fai_out'-fai_in';
>>hp=mag_e1.*(cos(ph_e1)+j*sin(ph_e1));
>>na=3;
>>nb=1;
>>w=2*pi*FF;
>>[bb,aa]=invfreqs(hp,w,nb,na);
>>Gc=tf(bb,aa)
>>hf=freqs(bb,aa,w);
>>sysmag=abs(hf);
>>sysmag1=20*log10(sysmag);
>>sysph=angle(hf);
>>sysph1=sysph*180/pi;
>>figure(1);
>>subplot(1,2,1);
>>semilogx(w,mag_e,'r',w,sysmag1,'b');
>>grid on;
>>xlabel('Angular frequency(rad/s)');
```

```
>>ylabel('Mag(dB)');
>>title('实际传递函数与辨识所得传递函数幅频特性对比');
>>subplot(1,2,2);
>>semilogx(w,ph_e,'r',w,sysph1,'b');
>>grid on;
>>xlabel('Angular frequency(rad/s)');
>>ylabel('Phase(Deg)');
>>title('实际传递函数与辨识所得传递函数相频特性对比');
>>figure(2);
>>subplot(1,2,1);
>>magError=sysmag1-mag_e';
>>plot(w,magError,'r');
>>xlabel('Angular frequency(rad/s)');
>>ylabel('Mag(dB)');
>>title('实际传递函数与辨识所得传递函数幅频特性的误差');
>>subplot(1,2,2);
>>phError=sysph1-ph_e';
>>plot(w,phError,'r');
>>xlabel('Angular frequency(rad/s)');
>>ylabel('Phase(Deg)');
>>title('实际传递函数与辨识所得传递函数相频特性的误差');
```

运行结果为

```
Gc =
       -175.4 s + 3.598e05
  ---------------------------------
  s^3 + 90 s^2 + 4821 s + 3.598e05
Continuous-time transfer function.
```

实际传递函数与辨识所得传递函数的频率特性如图 5-27 所示。

图 5-27 实际传递函数与辨识所得传递函数的频率特性

实际传递函数与辨识所得传递函数频率特性的误差如图 5-28 所示。

图 5-28　实际传递函数与辨识所得传递函数频率特性的误差

习　　题

1. 已知系统时域模型为 $\begin{cases} y' = \dfrac{y^2 - t - 2}{4(t+1)}, & 0 \leqslant t \leqslant 1 \\ y(0) = 2 \end{cases}$ 试求其数值解，并与精确解相比较，其精确解为 $y(t) = \sqrt{t+1} + 1$。

2. 求解差分方程 $y(n) - 0.8y(n-1) - 0.3y(n-2) = 0.1x(n) + 0.2x(n-1) + 0.1x(n-2)$，初值为 $y(-1) = 0, y(-2) = 1, x(-1) = 1, x(-1) = 1$。

3. 设某离散系统的脉冲传递函数为 $G(z) = \dfrac{0.3z^3 + 0.5z^2 + 0.3z + 0.8}{z^4 + 3.2z^3 + 3.9z^2 + 2.2z + 0.4}$，采样周期为 $T = 0.01\text{s}$，将其输入 MATLAB 的工作环境中，并且绘制零、极点分布图，并将该离散系统脉冲传递函数模型转换成状态空间表达式。

4. 已知线性定常系统的状态空间模型为

$$\begin{bmatrix} \dot{x}_1 \\ \dot{x}_2 \end{bmatrix} = \begin{bmatrix} 0 & 1 \\ -1 & -2 \end{bmatrix} \begin{bmatrix} x_1 \\ x_2 \end{bmatrix} + \begin{bmatrix} 1 & 0 \\ 1 & 1 \end{bmatrix} \begin{bmatrix} u_1 \\ u_2 \end{bmatrix}$$

$$\begin{bmatrix} y_1 \\ y_2 \\ y_3 \end{bmatrix} = \begin{bmatrix} 3 & 1 \\ 1 & 2 \\ -2 & -1 \end{bmatrix} \begin{bmatrix} x_1 \\ x_2 \end{bmatrix} + \begin{bmatrix} 1 & 0 \\ 0 & 0 \\ 0 & 1 \end{bmatrix} \begin{bmatrix} u_1 \\ u_2 \end{bmatrix}$$

试采用 MATLAB 求出其传递函数模型。

5. 典型反馈控制系统结构如图 5-29 所示，其中 $G(s) = \dfrac{0.5s^2 + 0.8}{s^4 + 3.2s^3 + 3.9s^2 + 2.2s + 0.4}$，$G_c(s) = \dfrac{s-1}{s+1}$，$H(s) = \dfrac{1}{0.1s + 1}$，试采用 MATLAB 求出其传递函数。

图 5-29　习题 5 的系统结构

6. 采用神经网络工具箱 nntool 来逼近函数 $f(x) = 30\sin(\text{e}^{-x})\cos(x) + \text{e}^{-x}$，$x \in [1, 20]$。

第 6 章 控制系统的时域分析与仿真

CHAPTER 6

在对一个实际系统的工作原理进行分析，并建立了数学模型之后，就可以对系统的性能进行分析与评价了。系统分析主要包括 3 方面的内容：系统稳定性分析、瞬态响应分析和稳态性能分析。经典控制理论的分析方法常用的有时域分析法、根轨迹分析方法和频域分析法，这些方法的特点是物理概念清楚、分析计算简单，因此在工程实际中得到了广泛应用。

6.1 时域分析方法

视频讲解

当系统受到外加作用而引起的随时间变化的输出信号称为系统的时间响应。时间输出响应由两部分组成：瞬态响应和稳态响应。瞬态响应是指系统从初始状态到最终状态之间的响应过程，反映了系统的动态性能，可以用瞬态性能指标来描述；稳态响应是指当时间趋于无穷大时，系统的输出状态，反映了系统跟踪控制信号的准确度或抑制扰动信号的能力，可以用稳态误差来描述。在系统的分析、设计中，稳态误差是一项重要的性能指标，它与系统本身的结构、参数及外作用的形式有关，也与元件的不灵敏、零点漂移等因素相关。

时域分析方法就是指系统在一定的输入信号作用下，根据输出量的时域表达式或时域响应数值解，分析系统的动态性能和稳态性能。时域分析法是最基本的控制系统分析方法，是学习根轨迹分析方法、频域分析法的基础。

采用 MATLAB 进行时域分析具有如下特点：通过时域分析，可以直接在时间域中对系统进行分析与校正，结果直观并且准确；可以提供系统时间响应的全部信息；基于求解系统输出信号的数值解，可以方便地对高阶系统、非线性系统进行分析。这里简要介绍典型输入信号、系统结构、参数及外作用等因素所引起稳态误差的概念。

1. 典型输入信号

对于一个实际的控制系统，测试信号的形式应该接近或反映系统工作时最常见的输入信号形式，同时也应该注意选取对系统工作最不利的信号作为测试信号。采用典型输入信号进行系统性能研究的原因主要：实际系统的输入信号千差万别，需要统一比较的基础；典型信号便于进行数学分析和实验研究；有利于确定性能指标，使分析系统化，便于比较系统的性能；预测系统在更为复杂的输入下的响应。

对各种控制系统的性能进行测试和评价时，表 6-1 列出了 5 种信号常作为系统的输入信号。

表 6-1　典型输入信号

信 号 名 称	时域表达式	复域表达式
单位阶跃函数	$1(t),t\geq 0$	$\dfrac{1}{s}$
单位斜坡函数	$t,t\geq 0$	$\dfrac{1}{s^2}$
单位加速度函数	$\dfrac{1}{2}t^2,t\geq 0$	$\dfrac{1}{s^3}$
单位脉冲函数	$\sigma(t),t=0$	1
正弦函数	$A\sin(\omega t)$	$\dfrac{A\omega}{s^2+\omega^2}$

2. 常用时域求解函数

通过系统响应的时域求解，就可以进行性能指标的分析，关于常见性能指标的定义已在第 2 章中给出。系统时域求解的常用函数及其说明如表 6-2 所示。

表 6-2　系统时域求解的常用函数及其说明

函 数 名	使 用 说 明	使 用 格 式	备 　 注

step	系统阶跃响应（假设零初始状态）	step(sys);
		step(A,B,C,D);
		step(num,den)
		step(sys,t)
		[y,t,x]=step(sys)
			对连续/离散、SISO/MIMO系统均适用；x0为给定的初始状态；t为指定的仿真时间；当调用无输出变量时，直接绘出曲线；有输出变量时，返回响应结果的数值

impulse	系统脉冲响应（假设零初始状态）	impulse(sys) impulse(sys,t) [y,t,x]=step(sys)	
lsim	系统对任意输入的响应（任意初始状态）	lsim(sys,u,t) lsim(sys,u,t,x0) [y,t,x]=lsim (sys,u,t,x0)	
initial	系统的零输入响应	initial(sys,x0) initial(sys,x0,t) [y,t,x]=initial(sys,x0)	
[u,t]=gensig('type',tau)	按照指定的类型type和周期tau生成特定类型的激励信号u	[u,t]=gensig('type',t1,t2,T)	其中type可以选择sin（正弦）、square（方波）、pulse（脉冲）

分析离散系统的相关函数一般在具有同样功能的分析连续系统的函数名前加一个字母 d，其使用方法和输入输出变量的定义和分析连续系统的函数基本相同。其输入变量均为离散系统的数学模型。比如，用于离散系统时域分析函数有 dstep、dimpulse、dinitial、dlsim 等。若系统为纯数字系统，则直接利用以 d 开头的函数进行分析计算，若系统中存在连续环节，会涉及连续系统数学模型离散化问题，要将连续系统数学模型转换为离散系统数学模型，然后再分析计算。

3. 稳态误差

稳定性是控制系统正常工作的前提条件，也是稳态误差讨论的前提。稳定性是由系统本身的结构参数决定的，与外部输入无关。关于稳定性的进一步讨论将结合 MATLAB 在第 9 章中讨论。

稳态误差用来评价系统的稳态性能，是根据典型输入信号作用下系统的响应来定义的。下面简要说明相关概念。图 6-1 是典型的反馈控制系统结构图。

图 6-1 典型的反馈控制系统结构图

系统的误差 $e(t)$ 定义为输出量的希望值与实际值之差。对于如图 6-1 所示的典型反馈控制系统，这里采用从系统的输入端来定义系统的误差

$$e(t) = r(t) - b(t) \tag{6-1}$$

其中，系统输出量的希望值是给定输入 $r(t)$，而输出量的实际值为系统主反馈信号 $b(t)$，它在系统中是可以测量的，因而这种定义具有实用性。通常 $H(s)$ 是测量装置的传递函数，故此时误差就是给定输入与测量装置的输出量之差，而测量装置的输出也就是实际输出量的折算值。

$e(t)$ 通常也称为系统的误差响应，它反映了系统在输入信号和扰动信号作用下整个工作过程中的精度。误差响应中也包含有瞬态分量和稳态分量两个部分，如果所研究的系统是稳定的，那么当时间 t 趋于无穷大时，瞬态分量趋于零，剩下的只是稳态分量。由此得到稳态误差的定义；稳定系统误差信号的稳态分量称为系统的稳态误差，以 e_{ss} 表示，即

$$e_{ss} = \lim_{t \to \infty} e(t) \tag{6-2}$$

如果不计扰动输入的影响，即令 $N=0$，可以求得系统在给定输入作用下的稳态误差。可得

$$C(s) = \frac{G(s)}{1 + G(s)H(s)} R(s) \tag{6-3}$$

由误差的定义可知

$$E(s) = R(s) - B(s) = \frac{1}{1 + G(s)H(s)} R(s) = \Phi_{er}(s)R(s) \tag{6-4}$$

式中，$\Phi_{er}(s) = \dfrac{1}{1 + G(s)H(s)}$ 称为给定输入作用下系统的误差传递函数。应用拉普拉斯变换的终值定理可以方便地求出系统的稳态误差。此时

$$e_{ss} = \lim_{t \to \infty} e(t) = \lim_{s \to 0} sE(s) = \lim_{s \to 0} \frac{sR(s)}{1 + G(s)H(s)} \tag{6-5}$$

式（6-5）表明，在给定输入作用下，系统的稳态误差与系统的结构、参数和输入信号形式有关，对于一个给定的系统，当给定输入的形式确定后，系统的稳态误差将取决于以开环传递函数描述的系统结构。为了分析稳态误差与系统结构的关系，可以根据开环传递函数 $G(s)H(s)$ 中串联的积分环节来规定控制系统的类型。表 6-3 给出了在各种典型输入信号作用下，不同类型系统的稳态误差。

表 6-3 典型输入信号作用下系统的稳态误差计算

系统型别	静态误差系数			阶跃输入 $r(t)=A\cdot1(t)$	斜坡输入 $r(t)=Bt$	抛物线输入 $r(t)=Ct^2/2$
	K_p	K_v	K_a	位置误差 $A/(1+K_p)$	速度误差 B/K_v	加速度误差 C/K_a
0	K	0	0	$A/(1+K)$	∞	∞
I	∞	K	0	0	B/K	∞
II	∞	∞	K	0	0	C/K

应该指出,若给定的输入信号不是单位信号,则将系统对单位信号的稳态误差成比例地增大,就可以得到相应的稳态误差。若给定输入信号是上述典型信号的线性组合,则系统相应的稳态误差可由叠加原理求出。

采用 MATLAB 的函数 dcgain 可以方便地求出系统的静态误差系数,对应的命令为:Kp=dcgain(num,den),Kv=dcgain([num 0],den),Ka=dcgain([num 0 0],den),其中 num 和 den 分别为系统开环传递函数的分子多项式与分母多项式的系数。

4. MATLAB LTI Viewer 图形化工具进行分析

MATLAB LTI Viewer 是 MATLAB 为线性时不变系统的分析提供的一个图形化工具。MATLAB LTI Viewer 简化了线性时不变系统的分析,可以很直观地分析控制系统的时域和频域响应。使用 MATLAB LTI Viewer 可以同时查看和比较单输入单输出系统和多输入多输出系统或多个线性模型的响应图。可以生成时间和频率响应图,以检查关键响应参数,例如,上升时间、超调量和稳定裕量等。

用 MATLAB LTI Viewer 来分析性时不变系统,需要首先在 MATLAB 中建立系统的传递函数模型。以时域响应分析为例,简要说明 MATLAB LTI Viewer 图形化工具的使用。

首先需要在系统中建立待分析系统的数学模型,然后在 MATLAB 命令窗口中输入 ltiview,得到如图 6-2 所示的界面。

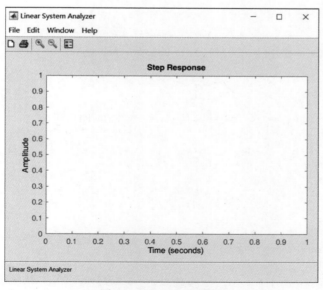

图 6-2 LTI Viewer 界面

单击 File→Import 命令可以选定 MATLAB 工作空间的系统模型，然后在绘图区右击，选择相应的菜单项进行系统时域的相关分析，如图 6-3 所示。

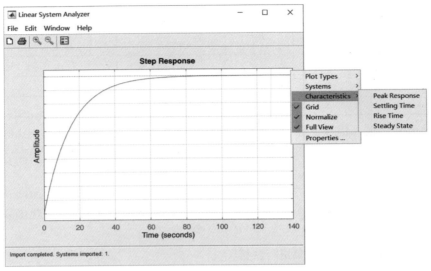

图 6-3   LTI Viewer 分析系统的功能选择

此外，还可以通过 Simulink 进行系统时域分析的模块化仿真，具体步骤已在第 3 章给出了详细介绍。

6.2   时域分析仿真示例

这里通过示例说明如何采用 MATLAB 进行时域性能仿真。

【例 6-1】   已知单位负反馈系统的开环传递函数为 $G(s) = \dfrac{1}{s^2 + s}$，编写程序求系统动态性能指标。

```
>> s=tf('s');
>> Gk=1/s/(s+1);
>> G0=feedback(Gk,1,-1);
>> [y,t]=step(G0);
>> C=dcgain(G0);
>> [max_y,k]=max(y);
>> peak_time=t(k)                    %峰值时间计算
>> overshoot=100*(max_y-C)/C         %超调量计算
>> r1=1;
>> while (y(r1)<0.1*C)
>> r1=r1+1;
>> end
>> r2=1;
>> while (y(r2)<0.9*C)
>> r2=r2+1;
>> end
>> rise_time=t(r2)-t(r1)             %上升时间计算,以从稳态值的10%上升到90%定义
>> tn=length(t);
```

```
>> while y(tn)>0.98*C&&y(tn)<1.02*C
>> tn=tn-1;
>> end
>> set_time=t(tn)                              %调整时间计算
>> step(G0)
```

运行结果如图 6-4 所示。

```
peak_time =
    3.5920
overshoot =
   16.2929
rise_time =
    1.6579
set_time =
    8.0130
```

图 6-4　例 6-1 程序运行结果

【例 6-2】　求一阶惯性环节 $G(s) = \dfrac{1}{Ts+1}$ 的脉冲响应曲线，观察 T 变化对系统性能的影响。

```
>> t=0:0.1:100;
>> T=[1 5 10 15]
>> for n=1:4
>> G=tf([1],[T(n) 1]);
>> y(:,n)=impulse(G,t);
>> end
>> plot(t,y)
>> title('系统 1/(Ts+1)脉冲响应曲线.T 取 1,5,10,15','Fontsize',20);
>> xlabel('\itt'),ylabel('\ity');
```

```
>> figure(1);
>> subplot(2,2,1)
>> plot(t,y(:,1));title('T=1');
>> xlabel('\itt'),ylabel('\ity');
>> subplot(2,2,2)
>> plot(t,y(:,2));title('T=5');
>> xlabel('\itt'),ylabel('\ity');
>> subplot(2,2,3)
>> plot(t,y(:,3));title('T=10');
>> xlabel('\itt'),ylabel('\ity');
>> subplot(2,2,4)
>> plot(t,y(:,4));title('T=15');
>> xlabel('\itt'),ylabel('\ity');
```

运行结果如图 6-5 所示。

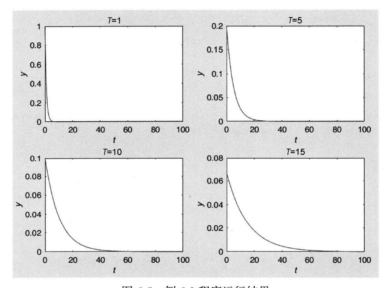

图 6-5　例 6-2 程序运行结果

【例 6-3】　已知单位负反馈系统，其开环传递函数为 $G(s) = \dfrac{1000}{s^3 + 200s^2 + 300s}$，数字 PID 控制器的参

数为 $K_p=3$，$K_d=0.01$，$K_i=0.1$，采样周期 $T=0.001\mathrm{s}$，试将系统离散化，并编程仿真离散系统的阶跃响应曲线。

```
>> clear all;
>> ts=0.001;
>> sys=tf(1000,[1,200,300,0]);
>> dsys=c2d(sys,ts,'z');
>> [num,den]=tfdata(dsys,'v');
>> u_1=0.0;u_2=0.0;u_3=0.0;
>> y_1=0.0;y_2=0.0;y_3=0.0;
>> x=[0,0,0]';
>> error_1=0;
>> for k=1:1:10000
```

```
>> time(k)=k*ts;
>> kp=3;ki=0.1;kd=0.01;
>> yd(k)=1;
>> u(k)=kp*x(1)+kd*x(2)+ki*x(3);
>> y(k)=-den(2)*y_1-den(3)*y_2-den(4)*y_3+num(2)*u_1+num(3)*u_2+num(4)*u_3;
>> error(k)=yd(k)-y(k);
>> u_3=u_2;u_2=u_1;u_1=u(k);
>> y_3=y_2;y_2=y_1;y_1=y(k);
>> x(1)=error(k);
>> x(2)=(error(k)-error_1)/ts;
>> x(3)=x(3)+error(k)*ts;
>> error_1=error(k);
>> end
>> plot(time,yd,'r',time,y,'k:','linewidth',2);
>> xlabel('time(s)');ylabel('yd,y');
>> legend('Ideal position signal','Actual position signal');
```

运行结果如图 6-6 所示。

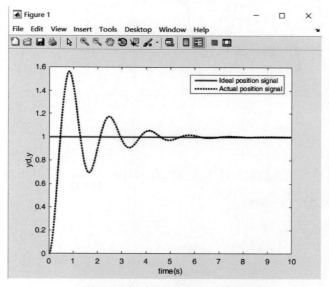

图 6-6　例 6-3 程序运行结果图

【例 6-4】　已知典型单位负反馈二阶系统的开环传递函数为 $G(s)=\dfrac{1}{s(s+2\zeta)}$，阻尼比分别取 0、0.2、0.5、0.8、1.0、1.5，绘图比较闭环系统的单位阶跃响应。

```
>>wn=1;
>>sga=[0, 0.2,0.5, 0.8, 1.0, 1.5];
>>num=wn*wn;
>>t=linspace(0,20,200)';
>>for j=1:6
>>den=conv([1,0],[1,2*wn*sga(j)]);
```

```
>>G0=tf(num,den);
>>sys=feedback(G0,1);
>>y(:,j)=step(sys,t);
>>end
>>plot(t, y(:,1:6));
>>grid
>>title('典型二阶系统不同阻尼比的单位阶跃响应');
>>gtext('sigma=0'); gtext('sigma=0.2');gtext('sigma=0.5');
>>gtext('sigma=0.8');gtext('sigma=1.0');gtext('sigma=1.5');
```

运行结果如图 6-7 所示。

图 6-7　例 6-4 运行结果

【例 6-5】　已知单位负反馈系统的开环传递函数为 $G(s) = \dfrac{K}{s(s+1)}$，开环增益分别取 0.2、0.5、0.8、1.0、1.8，绘图比较闭环系统的单位阶跃响应。

```
>>k=[0.2, 0.5, 0.8, 1.0, 1.8];
>>t=linspace(0, 20, 200)';
>>num=1;
>>den=conv([1, 0], [1, 1]);
>>for j=1:5
>>G0=tf(num*k(j),den);
>>sys=feedback(G0, 1);
>>y(:, j)=step(sys, t);
>>end
>>plot(t, y(:, 1:5));
>>grid
>>title('二阶系统不同开环增益时的单位阶跃响应')
>>gtext('k=0.2'); gtext('k=0.5'); gtext('k=0.8');
>>gtext('k=1.0'); gtext('k=1.8');
```

运行结果如图 6-8 所示。

图 6-8 例 6-5 运行结果

【**例 6-6**】 已知单位负反馈系统的开环传递函数为 $G(s) = \dfrac{2.5(s+2)}{s(s+1)(s+5)}$，输入信号为三角波，三角波

幅值是 1，周期是 4s，编程求出闭环系统的响应并绘出响应曲线。

```
>>z=[-2];
>>p=[0, -1, -5];
>>k=2.5;
>>G=zpk(z,p,k);
>>sys=feedback(G,1);
>>v1=[0:0.1:1];
>>v2=[0.9:-0.1:-1];
>>v3=[-0.9:0.1:-0.1];
>>u1=[v1,v2,v3];
>>t=[0:0.1:11.9];
>>u=[u1 u1 u1];
>>[y, x]=lsim(sys,u,t);
>>plot(t, y, t, u);
>>grid
>>xlabel('t'); ylabel('y');
>>legend('响应曲线','三角波输入')
```

运行结果如图 6-9 所示。

【**例 6-7**】 已知系统的传递函数为 $G(s) = \dfrac{s^2 + 6s + 5}{s^3 + 6s^2 + 8s + 10}$，求出系统的单位斜坡响应和输入为 $r = \mathrm{e}^{-0.3t}$

时的响应。

```
>>num=[1 6 5];
>>den=[1 6 8 10];
>>t=0:0.1:20;
>>r=t;
>>y=lsim(num,den,r,t);
>>subplot(1,2,1);
```

```
>>plot(t,r,'-',t,y,'o')
>>grid
>>title('Unit-Ramp Response')
>>xlabel('t')
>>ylabel('Output')
>>text(3,6,'Unit-Ramp Input')
>>text(6,3,'Output')
>>r1 = exp(-0.3*t);
>>y1 = lsim(num,den,r1,t);
>>subplot(1,2,2);
>>plot(t,r1,'-' ,t,y1,'o')
>>grid
>>title('Response to Input r_1 = e^-^0^.^3^t')
>>xlabel('t' )
>>ylabel('lnput and Output' )
>>text(1,1,'lnput r_1 = e^-^0^.^3^t')
>>text(6,1,'Output')
```

运行结果如图 6-10 所示。

图 6-9 例 6-6 运行结果

图 6-10 例 6-7 运行结果

【**例 6-8**】 非线性系统结构如图 6-11 所示，其中饱和函数的上下限均为 0.6，结合模型文件，在命令行窗口编写程序计算系统阶跃响应的峰值时间、终值、超调量和调节时间。

图 6-11 非线性系统结构

首先在 Simulink 窗口中搭建如图 6-11 所示的系统结构，命名为 sys001.slx，并保存在 MATLAB 工作路径所在文件夹中。MATLAB 命令行窗口中的求解程序如下：

```
>>[t,x,y]=sim('sys001.slx',[0:0.001:8]);
>>[ym,k]=max(y);
>>tp=t(k)
>>len =length(t);
>>finv=y(len)
>>mp =100 *(ym - finv)
>>while(y(len) >0.98 *finv & y(len) <1.02*finv);
>>len =len -1;
>>end
>>ts =t(len)
```

运行结果如下：

```
tp =
    0.0570
finv =
     1
mp =
   98.7810
ts =
    4.6610
```

6.3 基于状态空间模型的时域分析与仿真

对于状态空间模型，状态方程是一阶微分或差分方程组，它描述系统的动态行为，系统的状态表示系统运动的全部信息，而输出方程是一个状态变量的代数方程，表示从系统中获取的信息如何由状态变量和输入变量变换得到。可见，线性动态系统的运动分析就是在已知系统状态空间描述的基础上研究输入激励和初始状态影响引起的系统状态运动或输出响应，实质上就是求解系统的状态方程并分析解的性质，以解析形式或数值形式得出系统状态的变化规律，进而得到系统输出的变化规律。线性系统的状态响应满足叠加原理，系统的状态响应由系统对于初始条件的状态响应和对于输入作用的状态响应叠加得到。

一般形式的线性定常连续系统状态方程如下所示:

$$\begin{cases} \dot{x}(t) = Ax(t) + Bu(t) \\ x(t)\big|_{t=t_0} = x(t_0) \end{cases}$$

其中, $x(t) \in R^n$ 为系统状态变量, $u(t) \in R^r$ 为系统输入变量, $A \in R^{n \times n}$ 为系统矩阵, $B \in R^{n \times r}$ 为系统的输入矩阵, $x(t_0)$ 为 n 维状态变量在初始时刻 t_0 的初值。

$$x(t) = \boldsymbol{\Phi}(t)x(0) + \int_0^t \boldsymbol{\Phi}(t-\tau)Bu(\tau)\mathrm{d}\tau$$
$$= \boldsymbol{\Phi}(t)x(0) + \int_0^t \boldsymbol{\Phi}(\tau)Bu(t-\tau)\mathrm{d}\tau$$

其中, $\boldsymbol{\Phi}(t)$ 为系统的状态转移矩阵, 状态转移矩阵满足状态方程本身, 即 $\dot{\boldsymbol{\Phi}}(t) = A\boldsymbol{\Phi}(t)$ 或 $\dot{\boldsymbol{\Phi}}(t-t_0) = A\boldsymbol{\Phi}(t-t_0)$; 线性连续定常系统的状态转移矩阵就是矩阵指数函数本身, 即 $\boldsymbol{\Phi}(t) = \mathrm{e}^{At}$, 状态转移矩阵 $\boldsymbol{\Phi}(t)$ 是矩阵 A 的同阶方阵, 其元素均为时间的函数。根据状态转移矩阵的定义, 可以得到如下的一些性质。

① $\boldsymbol{\Phi}(t_0 - t_0) = \boldsymbol{\Phi}(0) = I$。

② $\dot{\boldsymbol{\Phi}}(t) = A\boldsymbol{\Phi}(t)$。

③ $\boldsymbol{\Phi}(t_2 - t_0) = \boldsymbol{\Phi}(t_2 - t_1)\boldsymbol{\Phi}(t_1 - t_0)$, 对于线性连续定常系统, 有 $\mathrm{e}^{A(t_2-t_0)} = \mathrm{e}^{A(t_2-t_1)}\mathrm{e}^{A(t_1-t_0)}$。

④ $\boldsymbol{\Phi}^{-1}(t - t_0) = \boldsymbol{\Phi}(t_0 - t)$, 对于线性连续定常系统, 有 $(\mathrm{e}^{At})^{-1} = \mathrm{e}^{-At}$, 此外还有 $(\mathrm{e}^{At})^{\mathrm{T}} = \mathrm{e}^{A^{\mathrm{T}}t}$。

⑤ $\boldsymbol{\Phi}(t_1 + t_2) = \boldsymbol{\Phi}(t_1) \cdot \boldsymbol{\Phi}(t_2)$, 进一步 $[\boldsymbol{\Phi}(t)]^n = \boldsymbol{\Phi}(nt)$, 对于线性连续定常系统, 有 $\mathrm{e}^{A(t_1+t_2)} = \mathrm{e}^{At_1}\mathrm{e}^{At_2}$。

⑥ 对于线性连续定常系统, 如果矩阵 P 是非奇异矩阵, 即 P^{-1} 存在, 则必有 $\mathrm{e}^{P^{-1}APt} = P^{-1}\mathrm{e}^{At}P$。

如果 $AB = BA$, 则 $\mathrm{e}^{(A+B)t} = \mathrm{e}^{At} \cdot \mathrm{e}^{Bt}$。

有 4 种常见的线性连续定常系统的状态转移矩阵的求解方法: 直接由矩阵指数函数的定义计算、线性变换法计算、拉普拉斯变换法计算和利用凯莱-哈密顿定理计算。

① 直接由矩阵指数函数的定义计算 $\mathrm{e}^{At} = I + At + \frac{1}{2!}A^2t^2 + \cdots + \frac{1}{k!}A^kt^k + \cdots$。

② 线性变换法计算 $\mathrm{e}^{At} = P\mathrm{e}^{\tilde{A}t}P^{-1}$, 矩阵 P 是非奇异矩阵, 满足 $\tilde{A} = P^{-1}AP$。

③ 拉普拉斯变换法计算 $\mathrm{e}^{At} = L^{-1}[(sI-A)^{-1}]$, $(sI-A)^{-1}$ 被称为预解矩阵, 广泛应用于系统频域分析。

④ 利用凯莱-哈密顿定理计算 $\mathrm{e}^{At} = \alpha_{n-1}(t)A^{n-1} + \alpha_{n-2}(t)A^{n-2} + \cdots + \alpha_1(t)A + \alpha_0(t)I$, 要得到系数 $\alpha_i(t)(i = 0, 1, \cdots, n-1)$ 的表达式是困难的, 但当矩阵 A 的特征根互异时, 结合线性变换的结论, 可求解如下方程组得到

$$\begin{cases} \mathrm{e}^{\lambda_1 t} = \alpha_0^{(t)} + \alpha_1^{(t)}\lambda_1 + \alpha_2^{(t)}\lambda_1^2 + \cdots + \alpha_{n-1}^{(t)}\lambda_1^{n-1} \\ \mathrm{e}^{\lambda_2 t} = \alpha_0^{(t)} + \alpha_1^{(t)}\lambda_2 + \alpha_2^{(t)}\lambda_2^2 + \cdots + \alpha_{n-1}^{(t)}\lambda_2^{n-1} \\ \cdots \\ \mathrm{e}^{\lambda_n t} = \alpha_0^{(t)} + \alpha_1^{(t)}\lambda_n + \alpha_2^{(t)}\lambda_n^2 + \cdots + \alpha_{n-1}^{(t)}\lambda_n^{n-1} \end{cases}$$

凯莱-哈密顿定理方法也被称作待定系数法, 应用该方法时, 无论矩阵 A 的特征值互异, 还是具有重根, 只要记住方程 $\mathrm{e}^{\lambda_i t} = \alpha_0^{(t)} + \alpha_1^{(t)}\lambda_i + \alpha_2^{(t)}\lambda_i^2 + \cdots + \alpha_{n-1}^{(t)}\lambda_i^{n-1}$ 即可。当特征值互异时, 对于每个特征值, 直接代入可得到 n 个独立方程。如果特征值有 m 重根, 则对方程 $\mathrm{e}^{\lambda_i t} = \alpha_0^{(t)} + \alpha_1^{(t)}\lambda_i + \alpha_2^{(t)}\lambda_i^2 + \cdots + \alpha_{n-1}^{(t)}\lambda_i^{n-1}$ 求导 $m-1$ 次, 补充缺少的 $m-1$ 个方程。联立这 n 个线性无关的方程, 即可求出系数 $\alpha_{n-1}(t)$、$\alpha_{n-2}(t)$、$\cdots$、$\alpha_1(t)$、$\alpha_0(t)$。

对于线性定常离散系统，

$$\begin{cases} x(k+1) = Gx(k) + Hu(k) \\ y(k) = Cx(k) + Du(k) \end{cases}$$

已知系统初始条件和输入作用，可采用迭代的方法求解离散系统的状态响应，求解公式为

$$x(k) = G^k x(0) + \sum_{j=0}^{k-1} G^{k-j-1} Hu(j)$$

或

$$x(k) = G^k x(0) + \sum_{j=0}^{k-1} G^j Hu(k-j-1)$$

输出为

$$y(k) = CG^k x(0) + C \sum_{j=0}^{k-1} G^{k-j-1} Hu(j) + Du(k)$$

或

$$y(k) = CG^k x(0) + C \sum_{j=0}^{k-1} G^j Hu(k-j-1) + Du(k)$$

也可以应用 Z 变换法来求系统的状态响应，求解公式为

$$\boldsymbol{x}(k) = Z^{-1} \left[(zI-G)^{-1} z\boldsymbol{x}(0) \right] + Z^{-1} \left[(zI-G)^{-1} H\boldsymbol{u}(z) \right]$$

离散系统的状态转移矩阵 $\boldsymbol{\Phi}(k)$ 的性质如下。

① $\boldsymbol{\Phi}(k+1) = G\boldsymbol{\Phi}(k)$; $\boldsymbol{\Phi}(0) = G^0 = I$

② $\boldsymbol{\Phi}(k-h) = \boldsymbol{\Phi}(k-h_1)\boldsymbol{\Phi}(h_1-h) = G^{k-h}$

③ $\boldsymbol{\Phi}^{-1}(k) = \boldsymbol{\Phi}(-k) = G^{-k}$

下面通过示例说明如何采用 MATLAB 进行基于状态空间模型的时域仿真。

【例 6-9】　采用 MATLAB，直接由矩阵函数的定义计算矩阵 $A = \begin{bmatrix} 0 & 1 \\ -2 & -3 \end{bmatrix}$ 在 $t=1.5$ 时的矩阵指数。

```
>>A=[0 1;-2 -3];
>>E=zeros(size(A));
>>F=eye(size(A));
>>k=1;
>>T=1;
>>while norm(E+F-E,1)>0
>>E=E+F;
>>F=A*T*F/k;
>>k=k+1;
>>end
>>E
```

运行结果为

```
E =
    0.6004    0.2325
   -0.4651   -0.0972
```

由此可知，矩阵 A 在 $t=1.5$ 时的矩阵指数为

$$e^{1.5A} = \begin{bmatrix} 0.3965 & 0.1733 \\ -0.3467 & -0.1236 \end{bmatrix}$$

【例 6-10】 采用两种方法计算矩阵 $A = \begin{bmatrix} 0 & 1 \\ -2 & -3 \end{bmatrix}$ 的矩阵指数函数。

方法一，MATLAB 求解程序如下：

```
>>syms s t;
>>A=[0 1;-2 -3];
>>eAt1=expm(A*t)
```

运行结果如下：

```
eAt1 =
[   2*exp(-t) - exp(-2*t),   exp(-t) - exp(-2*t)]
[ 2*exp(-2*t) - 2*exp(-t), 2*exp(-2*t) - exp(-t)]
```

运行结果为

方法二，MATLAB 求解程序如下：

```
>>syms s t;
>>A=[0 1;-2 -3];
>>isIA=inv(s*eye(2)-A);
>>eAt2=ilaplace(isIA,s,t)
```

运行结果为

```
eAt2 =
[   2*exp(-t) - exp(-2*t),   exp(-t) - exp(-2*t)]
[ 2*exp(-2*t) - 2*exp(-t), 2*exp(-2*t) - exp(-t)]
```

由此可知，矩阵 A 的矩阵指数函数为

$$e^{At} = \begin{bmatrix} 2e^{-t} - e^{-2t} & e^{-t} - e^{-2t} \\ 2e^{-2t} - 2e^{-t} & 2e^{-2t} - e^{-t} \end{bmatrix}$$

【例 6-11】 采用 MATLAB，计算矩阵 $A = \begin{bmatrix} 0 & 1 & 1 \\ 2 & 3 & 5 \\ 1 & 0 & 6 \end{bmatrix}$ 的预解矩阵 $(sI - A)^{-1}$。

```
>>A=[0,1,1;2,3,5; 1,0,6];
>>b=length(A(1,:));
>>H=eye(b);
>>J=eye(b);
>>J0=H;
>>a=-trace(A);
>>for i=2:b
>>J=A*J0+a(i-1)*eye(b);
>>J0=J;
>>H=[H,J];
>>c=-trace(A*J)/i;
>>a=[a,c];
>>end
```

```
>>num=[1];
>>for i=1:b
>>num=[num,a(i)];
>>end
>>den=[1];
>>G1=tf(num,den);
>>for i=1:b
>> for j=1:b
>> num=[H(i,j)];
>> for p=1:b-1
>> num=[num,H(i,j+p*b)];
>> end
>>G(i,j)=tf(num,den);
>>end
>>end
>>invSI_A=G/G1
```

运行结果为

```
invSI_A =
  From input 1 to output...
          s^2 - 9 s + 18
   1: ----------------------
      s^3 - 9 s^2 + 15 s + 10
              2 s - 7
   2: ----------------------
      s^3 - 9 s^2 + 15 s + 10
               s - 3
   3: ----------------------
      s^3 - 9 s^2 + 15 s + 10
  From input 2 to output...
               s - 6
   1: ----------------------
      s^3 - 9 s^2 + 15 s + 10
           s^2 - 6 s - 1
   2: ----------------------
      s^3 - 9 s^2 + 15 s + 10
                 1
   3: ----------------------
      s^3 - 9 s^2 + 15 s + 10
  From input 3 to output...
               s + 2
   1: ----------------------
      s^3 - 9 s^2 + 15 s + 10
              5 s + 2
   2: ----------------------
      s^3 - 9 s^2 + 15 s + 10
           s^2 - 3 s - 2
   3: ----------------------
```

```
    s^3 - 9 s^2 + 15 s + 10
Continuous-time transfer function.
```

由此可知，预解矩阵 $(sI-A)^{-1}$ 为

$$(sI-A)^{-1} = \begin{bmatrix} \dfrac{s^2-9s+18}{s^3-9s^2+15s+10} & \dfrac{s-6}{s^3-9s^2+15s+10} & \dfrac{s+2}{s^3-9s^2+15s+10} \\[2mm] \dfrac{2s-7}{s^3-9s^2+15s+10} & \dfrac{s^2-6s-1}{s^3-9s^2+15s+10} & \dfrac{5s+2}{s^3-9s^2+15s+10} \\[2mm] \dfrac{s-3}{s^3-9s^2+15s+10} & \dfrac{1}{s^3-9s^2+15s+10} & \dfrac{s^2-3s-2}{s^3-9s^2+15s+10} \end{bmatrix}$$

【例 6-12】 已知控制系统的状态空间表达式为

$$\begin{cases} \dot{x} = \begin{bmatrix} -1 & -1 \\ 2 & -1 \end{bmatrix} x + \begin{bmatrix} 2 \\ 1 \end{bmatrix} u \\ y = \begin{bmatrix} 0.5 & 0.5 \end{bmatrix} x \end{cases}$$

计算系统的预解矩阵、传递函数，并绘制系统在单位阶跃信号作用下的状态响应和输出响应。

```
>>A=[-1 -1;2 -1];
>>B=[2 1]';
>>C=[0.5 0.5];
>>D=0;
>>syms s
>>G=inv(s*diag(diag(ones(size(A))))-A)*B
>>Gc=simplify(C*G*B+D)
>>x=ilaplace(G/s);
>>y=ilaplace(C*G/s);
>>for i=1:101
>>Tt=0.1*(i-1);
>>xo(:,i)= subs(x(:),'t',Tt);
>>yo(i)= subs(y,'t',Tt);
>>end
>>subplot(1,2,1);
>>plot(xo(1,:));
>>hold on;
>>plot(xo(2,:));
>>ylabel('x1,x2');
>>xlabel('kT')
>>subplot(1,2,2);
>>plot(yo(:));
>>ylabel('y');
>>xlabel('kT')
```

运行结果如下：

```
G =
 (2*(s + 1))/(s^2 + 2*s + 3) - 1/(s^2 + 2*s + 3)
    4/(s^2 + 2*s + 3) + (s + 1)/(s^2 + 2*s + 3)
Gc =
```

```
      (3*(s + 2))/(s^2 + 2*s + 3)
    (3*(s + 2))/(2*(s^2 + 2*s + 3))
```

绘制的状态响应和输出响应如图 6-12 所示。

图 6-12 例 6-12 运行结果

【例 6-13】 已知控制系统的状态方程为 $\dot{x} = \begin{bmatrix} -1 & -1 \\ 2 & -1 \end{bmatrix} x$，初始条件为 $[2, 3]$，采用两种方法求解系统的零输入响应。

方法一是转化为初值幅度的阶跃信号响应的导数，方法二为直接使用 initial() 函数求解。

```
>>t=0:0.03:9;
>>A=[-1 -1;2 -1];
>>B = [2 3]';
>>C=[0 0];
>>D=[0];
>>[x,dx,t]= step(A,B,A,B,1,t);
>>x1=[1 0]*x';
>>x2=[0 1]*x';
>>subplot(1,2,1);
>>plot(t,x1,'-.',t,x2,'-')
>>grid
>>xlabel('t')
>>ylabel('x_1 , x_2')
>>gtext('x_1')
>>gtext('x_2')
>>[y,x] = initial(A,B,C,D,[2;3],t);
>>x1=[1 0]*x';
>>x2=[0 1]*x';
>>subplot(1,2,2);
>>plot(t,x1,'o',t,x1,t,x2,'+' ,t,x2)
>>grid
>>xlabel('t')
>>ylabel('x_1 , x_2')
>>gtext('x_1')
>>gtext('x_2')
```

运行结果如图 6-13 所示。

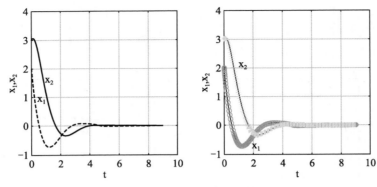

图 6-13　例 6-13 程序运行结果

【例 6-14】　设系统状态方程为 $\begin{bmatrix} \dot{x}_1(t) \\ \dot{x}_2(t) \end{bmatrix} = \begin{bmatrix} 0 & 1 \\ -2 & -3 \end{bmatrix} \begin{bmatrix} x_1(t) \\ x_2(t) \end{bmatrix} + \begin{bmatrix} 0 \\ 1 \end{bmatrix} u(t), u(t) = t \cdot 1(t)$，采用 MATLAB，计算

系统在初始状态 $\begin{bmatrix} x_1(0) \\ x_2(0) \end{bmatrix} = \begin{bmatrix} 0.1 \\ 0.3 \end{bmatrix}$ 下状态变量的响应，绘出系统状态方程的响应曲线。

```
>>A=[0 1;-2 -3];
>>B=[0;1];
>>x0=[0.1;0.3];
>>hold on;
>>for t=0:0.2:10
>>eAt=expm(A*t);
>>xt=eAt*x0+(A^(-2)*(eAt-eye(2))-A^(-1)*t)*B;
>>plot(t,xt(1),'.',t,xt(2),'*')
>>end
```

运行结果如图 6-14 所示。

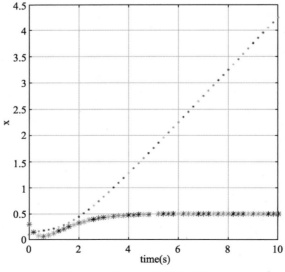

图 6-14　例 6-14 程序运行结果

【例 6-15】　已知系统的状态方程为 $\begin{bmatrix} \dot{x}_1(t) \\ \dot{x}_2(t) \end{bmatrix} = \begin{bmatrix} 0 & 1 \\ -2 & -3 \end{bmatrix}\begin{bmatrix} x_1(t) \\ x_2(t) \end{bmatrix} + \begin{bmatrix} 0 \\ 1 \end{bmatrix} u(t), u(t) = 1(t)$，初始条件为 0，求 $x(t)$ 的解析表达式。

先在编辑器中建立如下子函数：

```
function [yt,xt]=lsimYT(sys,x0,input_signal,a,b,amplitude)
syms t tau;
narginchk(2,6);
if nargin==2
input_signal='step';
    a=0;
    b=t;
ampitude=1;
elseif nargin==3
    a=0;
    b=t;
ampitude=1;
elseif nargin==5
ampitude=1;
else
    amplitude=subs(amplitude,t,tau);
end
switch input_signal(1:3)
    case 'ste'
ut=amplitude;
    case 'imp'
ut=dirac(tau);
    otherwise
ut=subs(input_signal,t,tau);
end
xt=expm(sys.a*t)*x0+int(expm(sys.a*(b-tau))*sys.b*ut*amplitude,tau,a,b);
xt=simplify(xt);
ut=subs(ut,tau,t);
amplitude=subs(amplitude,tau,t);
yt=sys.c*xt+sys.d*ut;
yt=simplify(yt);
end
```

然后在命令窗口中运行如下求解程序：

```
>>syms t;
>>A=[0 1; -2 -3];
>>B=[0; 1];
>>C=[1 0; 0 1];
>>D=0;
>>x0=[0; 0];
>>sys=ss(A,B,C,D);
>>yt=lsimYT(sys,x0,'step',0,t,1)
```

运行结果为

```
yt =
 (exp(-2*t)*(exp(t) - 1)^2)/2
       exp(-2*t)*(exp(t) - 1)
```

由程序运行结果可知，$x(t)$的解析表达式为

$$x(t) = \begin{bmatrix} -\mathrm{e}^{-t} + \dfrac{1}{2}\mathrm{e}^{-2t} + \dfrac{1}{2} \\ \mathrm{e}^{-t} - \mathrm{e}^{-2t} \end{bmatrix}$$

【例 6-16】 设离散系统状态方程为 $\begin{cases} \begin{bmatrix} x_1(k+1) \\ x_2(k+1) \end{bmatrix} = \begin{bmatrix} 0.3 & 0.1 \\ -0.2 & 0.8 \end{bmatrix} \begin{bmatrix} x_1(k) \\ x_2(k) \end{bmatrix} + \begin{bmatrix} 0 \\ 0.1 \end{bmatrix} u(k) \\ y(k) = \begin{bmatrix} 1.5 & 1.2 \end{bmatrix} \begin{bmatrix} x_1(k) \\ x_2(k) \end{bmatrix} \end{cases}$，采用 MATLAB，计

算该离散系统在初始状态 $\begin{bmatrix} x_1(0) \\ x_2(0) \end{bmatrix} = \begin{bmatrix} 0.1 \\ 0.3 \end{bmatrix}$，$u(k) = k$ 下的状态响应。

解： MATLAB 求解程序如下：

```
>>G=[0.3,0.1;-0.2,0.8];
>>H=[0;0.1];c=[1.5,1.2];D=[0];
>>x0=[0.1;0.3];
>>syms z k;
>>Pz1=(inv(z*eye(2)-G))*z;
>>fk1=iztrans(Pz1,z,k);
>>uz=ztrans(k,k,z);
>>Pz2=(inv(z*eye(2)-G))*H*uz;
>>fk2=iztrans(Pz2,z,k);
>>xk=fk1*x0+fk2;
>>xtd=double(subs(xk,'k', 1));
>>tk=1;
>>for i=2:40
>>xtd=[xtd double(subs(xk,'k', i))];
>>tk=[tk i];
>>end
>>plot(xtd,tk)
>>ylabel('x(k)')
>>xlabel('k')
```

运行结果如图 6-15 所示。

【例 6-17】 已知系统的状态空间表达式为

$$\begin{cases} \begin{bmatrix} \dot{x}_1 \\ \dot{x}_2 \end{bmatrix} = \begin{bmatrix} 0 & 1 \\ -2 & -3 \end{bmatrix} \begin{bmatrix} x_1 \\ x_2 \end{bmatrix} + \begin{bmatrix} 0 \\ 1 \end{bmatrix} u \\ y = \begin{bmatrix} 1 & 1 \end{bmatrix} \begin{bmatrix} x_1 \\ x_2 \end{bmatrix} \end{cases}$$

输入信号为 $u(t) = 1 + \mathrm{e}^{-3t} \sin(2t)$，初始条件为 $[0.3 \quad 0.6]$，采用增广状态方程的方法，求 $y(t)$的解析表达式。

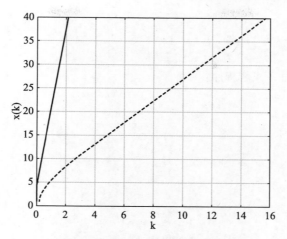

图 6-15　例 6-16 程序运行结果

先在编辑器中建立用于增广状态方程的子函数 ssaug.m：

```
function [Ga,Xa]=ssaug(G,cc,dd,X)
G=ss(G);
Aa=G.a;
Ca=G.c;
Xa=X;
Ba=G.b;
D=G.d;
if (length(dd)>0 & sum(abs(dd))>1e-5),
if (abs(dd(4))>1e-5),
Aa=[Aa dd(2)*Ba, dd(3)*Ba;zeros(2,length(Aa)),[dd(1),-dd(4); dd(4),dd(1)]];
Ca=[Ca dd(2)*D dd(3)*D];
Xa=[Xa; 1; 0];
Ba=[Ba; 0; 0];
else,
Aa=[Aa dd(2)*B; zeros(1,length(Aa)) dd(1)];
Ca=[Ca dd(2)*D];
Xa=[Xa; 1];
Ba=[B;0];
end
end
if (length(cc)>0 & sum(abs(cc))>1e-5),M=length(cc);
Aa=[Aa Ba zeros(length(Aa),M-1);
zeros(M-1,length(Aa)+1) eye(M-1);zeros(1,length(Aa)+M)];
Ca=[Ca D zeros(1,M-1)];
Xa=[Xa; cc(1)];
ii=1;
for i=2:M,
    ii=ii*i;
    Xa(length(Aa)+i)=cc(i)*ii;
end,
```

```
end
Ga=ss(Aa,zeros(size(Ca')),Ca,D);
end
```

然后在命令窗口中运行如下求解程序：

```
>>cc=[1];
>>dd=[-3,0,1,2];
>>A=[0 1; -2 -3];
>>x0=[0.3;0.6];
>>B=[0; 1];
>>C=[1 1];
>>D=0;
>>G=ss(A,B,C,D);
>>[Ga,xx0]=ssaug(G,cc,dd,x0);
>>Ga.a
>>xx0'
>>syms t;
>>y=Ga.c*expm(Ga.a*t)*xx0
```

运行结果为

```
ans =
    0    1    0    0    0
   -2   -3    0    1    1
    0    0   -3   -2    0
    0    0    2   -3    0
    0    0    0    0    0
ans =
    0.3000    0.6000    1.0000         0    1.0000
y =
(4*exp(-2*t))/5 - exp(t*(- 3 - 2i))*(1/5 + 1i/10) - exp(t*(- 3 + 2i))*(1/5 - 1i/10)
+ 1/2
```

另外，也可以直接采用状态方程的公式求解，其程序如下：

```
>>syms t tau;
>>u=1+exp(-3*tau)*sin(2*tau);
>>A=[0 1; -2 -3];
>>B=[0; 1];
>>C=[1 1];
>>D=0;
>>x0=[0.3;0.6];
>>y=C*(expm(A*t)*x0+int(expm(A*(t-tau))*B*u,tau,0,t));
>>y=simplify(y)
```

运行结果为

```
y =
(4*exp(-2*t))/5 - (2*cos(2*t)*exp(-3*t))/5 - (sin(2*t)*exp(-3*t))/5 + 1/2
```

习　　题

1. 当 ζ 取 0.2、0.4、0.6、0.8 时，通过 LTI Viewer 工具观察二阶系统 $G(s)=\dfrac{1}{s^2+2\xi s+1}$ 的阶跃响应曲线和脉冲响应曲线。

2. 系统的开环传递函数为 $G(s)=\dfrac{1}{s^2+2\xi s+1}$，在 Simulink 中构建模型，并观察系统在阶跃信号、斜坡信号、加速度信号和正弦信号作用下的响应曲线。

3. 典型二阶系统传递函数为 $G(s)=\dfrac{\omega_n^2}{s^2+2\xi\omega_n s+\omega_n^2}$ 试分析不同参数下的系统单位阶跃响应。

（1）将自然频率固定为 $\omega_n=1$，讨论 $\zeta=0,0.1,0.2,0.3,\cdots,1,2,5,10$。

（2）将阻尼比 ζ 的值固定在 $\zeta=0.6$，$\omega_n=0.1,0.2,0.3,\cdots,1$。

4. 控制系统的状态空间模型为

$$\begin{bmatrix} \dot{x}_1 \\ \dot{x}_2 \end{bmatrix}=\begin{bmatrix} 0 & 1 \\ -1 & -2 \end{bmatrix}\begin{bmatrix} x_1 \\ x_2 \end{bmatrix}+\begin{bmatrix} 1 & 0 \\ 1 & 1 \end{bmatrix}\begin{bmatrix} u_1 \\ u_2 \end{bmatrix}$$

$$\begin{bmatrix} y_1 \\ y_2 \end{bmatrix}=\begin{bmatrix} 3 & 1 \\ 1 & 2 \end{bmatrix}\begin{bmatrix} x_1 \\ x_2 \end{bmatrix}$$

绘制系统的单位阶跃响应曲线。

5. 已知系统如图 6-16 所示，PID 控制器的参数为 $K_p=1.05$、$K_d=0.21$、$K_i=1.28$，采样周期 $T=0.25\text{s}$，试绘制离散系统的阶跃响应曲线。

图 6-16　习题 5 系统图

<table>
<tr><td>第 7 章
CHAPTER 7</td><td></td></tr>
</table>

第 7 章 控制系统的根轨迹分析与仿真

闭环控制系统的稳定性可以由闭环传递函数的极点，即由闭环系统特征方程的根所决定，系统瞬态响应的基本特征也是由闭环极点起主导作用的，闭环零点则影响系统瞬态响应的形态。闭环传递函数的分子通常由一些低阶因子组成，故闭环零点容易求得。闭环传递函数的分母往往是高阶多项式，因此，必须解高阶代数方程才能求得系统的闭环极点，求根的过程非常复杂。尤其是当系统参数发生变化时，系统特征方程的根也会随之变化。如果用解析的方法直接求解特征方程就需要进行大量的运算。1948 年，W.R.Evans 提出了一种求特征根的简单方法，并且在控制系统的分析与设计中得到广泛的应用。这一方法不直接求解特征方程，而用作图的方法表示特征方程的根与系统某一参数的全部数值关系，当这一参数取特定值时，对应的特征根可在上述关系图中找到。这种方法叫根轨迹分析方法。根轨迹分析方法具有直观的特点，利用系统的根轨迹可以分析结构和参数已知的闭环系统的稳定性和瞬态响应特性，还可分析参数变化对系统性能的影响。在设计线性控制系统时，可以根据对系统性能指标的要求确定可调整参数以及系统开环零极点的位置，即根轨迹分析方法可以用于系统的分析与综合。

7.1 根轨迹分析方法

视频讲解

根轨迹是开环系统的某一参数，比如开环增益 K_g，由零到无穷大变化时，闭环特征方程的根在 s 平面上的移动轨迹。通过系统的根轨迹可以清楚地反映如下的信息：临界稳定时的开环增益；闭环特征根进入复平面时的临界增益；选定开环增益后，系统闭环特征根在根平面上的分布情况，以及参数变化时，系统闭环特征根在根平面上的变化趋势等。

由于开环传递函数 $G_o(s)$ 是复变函数，分别要满足如下的幅值方程与相角方程

$$|G_o(s)|_{s=s_g} = 1 \text{ 和 } \arg G_o(s)|_{s=s_g} = \pm 180°(2k+1), \quad k = 0,1,2,\cdots$$

将系统开环传递函数表示为 $G_o(s) = K_g \dfrac{\prod\limits_{i=1}^{m}(s-z_i)}{\prod\limits_{i=1}^{n}(s-p_j)}$，则上述方程可写成更直观实用的形式

$$K_g \frac{\prod\limits_{i=1}^{m}|s-z_i|}{\prod\limits_{j=1}^{n}|s-p_j|} = 1 \text{ 和 } \left.\sum_{i=1}^{m}\arg(s+z_i) - \sum_{j=1}^{n}\arg(s+p_j)\right|_{s=s_g} = \pm 180°(2k+1)$$

　　s 平面上的任意点 $s=s_g$ 如果满足根轨迹的幅值方程和幅角方程，则该点在根轨迹上，即存在某个开环增益 K_g，使得 s_g 为系统的一个闭环极点。实际绘制根轨迹时，可用相角方程来确定是否为根轨迹上的点，幅值方程来确定该点对应的根轨迹增益 K_g。

　　根据根轨迹绘制的基本法则，就可以用系统的开环传递函数确定系统的根轨迹。如下列出根轨迹绘制的基本法则。

　　根轨迹的起点和终点：根轨迹在 s 平面上的分支数，等于控制系统特征方程的阶次，即等于闭环极点数目，也等于开环极点数目。根轨迹起始于开环极点，终止于开环零点，如果开环零点数 m 小于开环极点数 n，则有 $n-m$ 条根轨迹终止于无穷远处。

　　根轨迹的连续性：由于根轨迹增益 K_g 在由 $0\to\infty$ 变化时是连续变化的，所以系统闭环特征方程的根也是连续变化的，即 s 平面上的根轨迹是连续的。

　　根轨迹的对称性：因为开环零点、极点或闭环极点都是实数或为成对出现的共轭复数，它们在 s 平面上的分布是对称于实轴的，所以根轨迹是对称于实轴的。

　　实轴上的根轨迹：在实轴上选取任意点 s_i，如果该点 s_i 的右侧实轴上的开环零点数和极点数的总和为奇数，则该点 s_i 所在的实轴是根轨迹的一部分，否则该段实轴不是根轨迹的一部分。即实轴上根轨迹区段的右侧，开环零极点数目之和应为奇数。

　　根轨迹的渐近线：有 $n-m$ 条渐近线，渐近线与实轴正方向的夹角以及渐近线与实轴的交点分别为

$$\varphi_a = \frac{(2k+1)\pi}{n-m}, \quad \sigma_a = \frac{\sum\limits_{j=1}^{n} p_j - \sum\limits_{i=1}^{m} z_i}{n-m}$$

其中，$k = 0, \pm1, \pm2, \cdots$。

　　根轨迹的会合点和分离点：根轨迹的分离（会合）点实质上是闭环特征方程的重根，因而可以用求解方程式重根的方法来确定其在复平面上的位置。设系统闭环特征方程为

$$D(s) + KN(s) = 0$$

满足以下任何一个方程，且保证 K 为正实数的解，即是根轨迹的分离（会合）点。

$$\begin{cases} \dfrac{\mathrm{d}f(s)}{\mathrm{d}s} = \dfrac{\mathrm{d}[D(s)+KN(s)]}{\mathrm{d}s} = 0 \\[2mm] \dfrac{\mathrm{d}K}{\mathrm{d}s} = 0 \\[2mm] \dfrac{\mathrm{d}}{\mathrm{d}s}\left[\dfrac{D(s)}{N(s)}\right] = 0 \\[2mm] \sum\limits_{i=1}^{n} \dfrac{1}{d-p_i} = \sum\limits_{j=1}^{m} \dfrac{1}{d-z_j} \end{cases}$$

　　根轨迹与虚轴的交点：根轨迹与虚轴相交时，交点坐标的 ω 值及相应的 K_g 值可由劳斯判据的临界稳定状态对应求取。也可在特征方程中令 $s=\mathrm{j}\omega$，然后由系统特征方程的实部和虚部分别为零求得。根轨迹和虚轴交点对应于系统处于临界稳定状态。

　　根轨迹的出射角和入射角：当系统的开环极点和零点位于复平面上时，根轨迹离开复数开环极点的切线方向与正实轴间的夹角称为起始角，用 θ_{p1} 表示；进入复数开环零点的切线方向与正实轴间的夹角称为终止角，用 θ_{z1} 表示，可根据下面的公式计算。

$$\theta_{pl} = 180° + \left[\sum_{j=1}^{m} \angle(s - z_j) - \sum_{\substack{i=1 \\ i \neq l}}^{n} \angle(s - p_i) \right]$$

$$\theta_{zl} = 180° - \left[\sum_{\substack{j=1 \\ j \neq l}}^{m} \angle(s - z_j) - \sum_{i=1}^{n} \angle(s - p_i) \right]$$

特别地，当 $n-m \geqslant 2$ 时，系统闭环特征方程各个根之和与开环根轨迹增益 K 无关，即无论 K 取何值，n 个开环极点之和等于 n 个闭环极点之和。此种情况下当某些根轨迹向左移动时，必有另一些根轨迹向右移动，也可用于求解未知极点。

MATLAB 中提供了 rlocus 函数，可以直接用于系统的根轨迹绘制。还允许用户交互式地选取根轨迹上的值，用于根轨迹分析的常用 MATLAB 函数如表 7-1 所示。

表 7-1　常用MATLAB根轨迹分析函数表

函　　数	使　用　说　明
rlocus(G)	绘制系统的根轨迹
rlocus(G1,G2,…)	绘制多个系统的根轨迹于同一图上
rlocus(G,k)	绘制系统的给定增益向量k的根轨迹
[r,k] =rlocus(G)	返回根轨迹参数。r为闭环根
r =rlocus(G,k)	返回指定增益k的根轨迹参数。r为闭环根
[K,POLES]=rlocfind(G)	交互式地选取根轨迹增益，同时给出该增益所有对应极点值
[K,POLES]=rlocfind(G,P)	返回P所对应根轨迹增益K，及K所对应的全部极点值
pzmap(sys)	绘制系统的零极点图
tzero(sys)	求系统的传输零点
pole(sys)	求系统的极点
[wn,z]=damp(sys)	求系统极点的固有频率和阻尼
esort(p)	连续系统极点按实部大小降序排列
dsort(p)	离散系统极点按幅值大小降序排列
sgrid	在零极点图或根轨迹图上绘制等阻尼线和等自然振荡角频率线
sgrid(z,wn)	在零极点图或根轨迹图上绘制等阻尼线和等自然振荡角频率线，用户指定阻尼系数和自然振荡角频率值

此外，MATLAB 还为线性时不变系统的根轨迹分析提供的一个图形化工具 rltool(sys)，其界面如图 7-1 所示，其具体操作可在绘图区右击，选择相应的菜单项进行根轨迹分析。

根轨迹方法除了主要用来分析系统某一参数的变化导致系统闭环稳定的变化外，还可以用于控制器的综合，其基本原理就是根据所提控制系统的性能指标确定主导极点的位置，然后加入校正装置，也就是控制器，使校正后系统的根轨迹通过该主导极点，并确定控制器参数使校正后系统的闭环极点在希望的主导极点附近。下面给出 MATLAB 的根轨迹分析和控制器校正的示例。

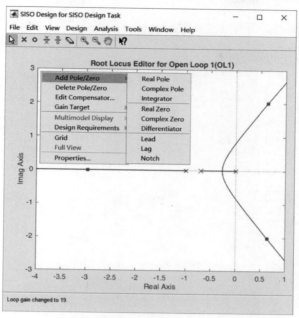

图 7-1　图形化根轨迹工具 rltool 界面

7.2　根轨迹分析仿真示例

这里通过示例说明如何采用 MATLAB 进行根轨迹分析和设计。

【例 7-1】　单位负反馈系统的开环传递函数为 $G_{\mathrm{o}}(s) = \dfrac{K(s+4)}{s(s+1)(s+2)(s+3)}$ ，试绘制系统的根轨迹图。

```
>> num=[1,4];
>> den=conv([1 3 2],[1 3 0]);
>> rlocus(num,den)
```

运行结果如图 7-2 所示。

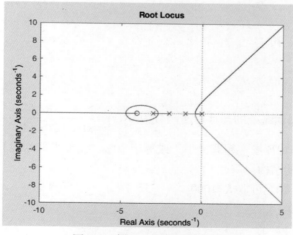

图 7-2　例 7-1 程序运行结果

【**例 7-2**】 单位负反馈系统的开环传递函数为 $G_o(s) = \dfrac{K(s^2+3s+2)}{s(3s^2+5s+1)}$ 试绘制系统的根轨迹，并确定当系统的阻尼比在 0.76 附近时系统的闭环极点。

```
>> num=[1 3 2];
>> den=[3 5 1 0];
>> rlocus(num,den)
>> sgrid
>> [k,p]=rlocfind(num,den)
```

运行结果如图 7-3 所示。

图 7-3　例 7-2 程序运行结果

在绘有由等阻尼比系数和自然频率构成的栅格线的根轨迹图上，会出现选择根轨迹上任意点的十字线，将十字线的交点移至根轨迹与阻尼比在 0.76 附近的等阻尼比线相交处，可得到

```
Select a point in the graphics window
selected_point =
-1.7197 + 1.4690i
k =
    8.6765
p =
    -1.7180 + 1.4833i
    -1.7180 - 1.4833i
    -1.1227 + 0.0000i
```

【**例 7-3**】 设单位负反馈系统的开环传递函数为 $G_o(s) = \dfrac{K}{s(s^2+20s+100)}$，指标要求：开环增益大于或等于 10；单位阶跃响应的特征量：超调量小于或等于 30%，误差带取 0.02 时调节时间小于或等于 0.8s。试确定带惯性的 PD 控制器的结构。

由开环增益大于或等于 10，可取 $K=1000$。

```
>> K=1200; Mp=0.3; ts=0.8; delta=0.02;
>> num0=1; dum0=[1 20 100 0];
```

```
>> G0=tf(K*num0,dum0);                    %先满足开环增益的条件
>> %以下计算期望的闭环主导极点
>> ksi=sqrt(1-1./(1+((1./pi).*log(1./Mp)).^2));
>> wn=-log(delta.*sqrt(1-ksi.^2))/(ksi.*ts);
>> s=-ksi.*wn+j.*wn.*sqrt(1-ksi.^2);
>> %以下根据根轨迹校正方法计算控制器
>> ngv=polyval(num0,s);
>> dgv=polyval(dum0,s);
>> g=ngv/dgv;   theta=angle(g);   phi=angle(s);
>> if theta>0
>> phi_c=pi-theta;
>> end
>> if  theta<0;
>> phi_c=-theta
>> end
>> theta_z=(phi+phi_c)/2;  theta_p=(phi-phi_c)/2;
>> z_c=real(s)-imag(s)/tan(theta_z);
>> p_c=real(s)-imag(s)/tan(theta_p);
>> nk=[1 -z_c];
>> dumc=[1 -p_c];
>> kc=abs(p_c/z_c);
>> if theta<0
>> kc=-kc
>> end
>> numc=kc*nk;
>> Gc=tf(numc,dumc)
>> G0c=tf(G0*Gc);                         %校正后系统的开环传递函数
>> b01=feedback(G0,1);                    %未校正系统的闭环传递函数
>> b02=feedback(G0c,1);                   %校正后系统的闭环传递函数
step(b01,'r--',b02,'b');axis([0,1.2,0,1.8]);grid on
```

运行结果如图 7-4 所示。

```
Gc =
  7.677 s + 38.53
  ------------------
    s + 38.53
Continuous-time transfer function.
```

由运行结果可知，控制器的设计达到性能指标的要求。

【例 7-4】　已知单位负反馈系统的开环传递函数为 $G(s) = \dfrac{K(s+4)}{s\left(s-\dfrac{9}{4}\right)}$，绘制系统根轨迹，并绘制等阻尼

比 $\zeta=0.707$ 的线和无阻尼振荡频率 $\omega_n=6\,(\text{rad/s})$ 的线，并编程计算：

1）渐近线与实轴的交点及夹角；

2）分离汇合点及该点处的增益；

3）根轨迹与虚轴的交点及增益；

4）K 从 0 到 20.5 变化，步长为 3，列出对应闭环极点的值。

图 7-4　例 7-3 程序运行结果

```
>>num=[1 4];
>>den=[1 -9/4 0];
>>rlocus(num,den);
>>sgrid(0.707,6);
>>zero=roots(num);                              %1)题
>>ploe=roots(den);
>>m=length(zero);
>>n=length(ploe);
>>drta=(sum(ploe)-sum(zero))/(n-m)
>>for i=0:1:n-m-1
>>ang(i+1)=(2*i-1)*180/(n-m);
>>end
>>ang
>>dnum=polyder(num);                            %2)题
>>dden=polyder(den);
>>fh=conv(dnum,den)-conv(num,dden);
>>sfd=roots(fh)
>>dkds=poly2sym(fh);
>>syms x;
>>fS=-poly2sym(den)/poly2sym(num);
>>kfh0=subs(fS,x,sfd);
>>kfh=vpa(kfh0,5)
>>[Gm,Pm,Wcg,Wcp]=margin(num,den);             %3)题
>>w0=Wcg
>>kfhw0=subs(fS,x,j*w0);
>>kfhw=vpa(real(kfhw0),5)
>>G=tf(num,den);
```

```
>>xj = rlocus(G,kfhw)
>>clp=rlocus(num,den,[0:3:20.5]);                        %4) 题
>>range=[0:3:20.5]';
>>[range,clp]
```

运行结果如图 7-5 所示。

图 7-5　例 7-4 运行结果

代码运行结果如下：

```
drta=  6.2500
ang = -180
sfd = -9
       1
kfh = 20.25
       0.25
w0 = 3.0000
kfhw =2.25
xj =0.0000 + 3.0000i
    0.0000 - 3.0000i
ans =
   0.0000 + 0.0000i   0.0000 + 0.0000i   2.2500 + 0.0000i
   3.0000 + 0.0000i  -0.3750 + 3.4437i  -0.3750 - 3.4437i
   6.0000 + 0.0000i  -1.8750 + 4.5260i  -1.8750 - 4.5260i
   9.0000 + 0.0000i  -3.3750 + 4.9608i  -3.3750 - 4.9608i
  12.0000 + 0.0000i  -4.8750 + 4.9228i  -4.8750 - 4.9228i
  15.0000 + 0.0000i  -6.3750 + 4.3999i  -6.3750 - 4.3999i
  18.0000 + 0.0000i  -7.8750 + 3.1598i  -7.8750 - 3.1598i
```

【例 7-5】 已知单位负反馈系统的开环传递函数为 $G(s) = \dfrac{K(s^2+6s+25)}{s(s^2+8s+25)}$，绘制系统根轨迹，根据条件 $\zeta > 0.6$ 和 $\omega_n > 3 \,(\text{rad/s})$ 确定主导极点的允许范围，并编程计算：

（1）复数开环极点的出射角；

（2）复数开环零点的入射角。

```
>>num=[1 6 25];
>>den=[1 8 25 0];
>>rlocus(num,den);
>>hold on;
>>zeta=0.6;
>>wn=3;
>>x=[-6:0.01:-zeta*wn];
>>y=-sqrt((1-zeta^2)/zeta)*x;
>>xc=[-6:0.01:-zeta*wn];
>>c=sqrt(wn^2-xc.^2);
>>plot(x,y,'-',x,-y,':',xc,c,'-.',xc,-c,'--');
>>zero=roots(num);
>>ploe=roots(den);
>>m=length(zero);
>>n=length(ploe);
>>p1=ploe(2);                              %1) 题
>>AllZ=0;
>>AllP1=0;
>>for i=1:1:m
>>AllZ=AllZ+angle(p1-zero(i));
>>end
>>for i=1:1:n
>>if p1 ~= ploe(i)
>>AllP1=AllP1+angle(p1-ploe(i));
>>end
>>end
>>angp1=180+(AllZ-AllP1)*180/pi
>>z1=zero(1);                              %2) 题
>>AllP=0;
>>AllZ1=0;
>>for i=1:1:n
>>AllP=AllP+angle(z1-ploe(i));
>>end
>>for i=1:1:m
>>if z1 ~= zero(i)
>>AllZ1=AllZ1+angle(z1-zero(i));
>>end
>>end
>>angz1=180+(AllP-AllZ1)*180/pi
```

运行结果如图 7-6 所示。

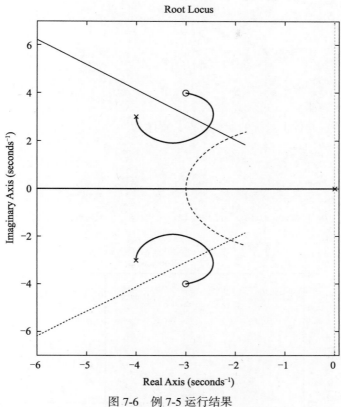

图 7-6　例 7-5 运行结果

例 7-5 的程序输出结果如下：

```
angp1 = -90
angz1 = 343.7398
```

【例 7-6】　控制系统结构如图 7-7 所示，采用根轨迹分析方法设计 $G_c(s)$ 使控制系统满足动态指标 $\sigma\% \approx 16.3\%$，　 $t_s \approx 1\mathrm{s}$ 。

根据要求的动态指标

图 7-7　控制系统结构

$$\begin{cases} \sigma\% = \mathrm{e}^{-\xi\pi/\sqrt{1-\xi^2}} = 16.3\% \\ t_s = 3.5/(\xi\omega_n) = 1 \end{cases}$$

计算可得

$$\begin{cases} \xi = 0.5 \\ \omega_n = 7 \end{cases}$$

可知系统的期望极点为 $\lambda_{1,2} = -\xi\omega_n \pm \mathrm{j}\sqrt{1-\xi^2}\,\omega_n = -3.5 \pm \mathrm{j}6.06$

上述计算过程的程序为

```
>>Mp=0.163;
>>ts=1;
>>ze=sqrt(log(Mp)^2/(pi^2+log(Mp)^2))
```

```
>>wn=3.5/(ze*ts)
>>[num,den]=ord2(wn,ze);
>>s0=roots(den)
```

运行结果如下：

```
ze =  0.5000
wn =  6.9994
s0 =  -3.5000 + 6.0615i
      -3.5000 - 6.0615i
```

绘制原系统的根轨迹，并标上系统的期望极点，程序为

```
>>s=tf('s');
>>G0=1/(s*(s+3.5));
>>rlocus(G0)
>>hold on;
>>plot(real(s0),abs(imag(s0)),'^');
```

运行结果如图 7-8 所示。

图 7-8　原系统的根轨迹

由结果可知，需要校正，下面确定校正装置 $G_c(s)$ 需要提供的相角，程序为

```
>>s1=s0(1);
>>num1=G0.num{1};
>>den1=G0.den{1};
>>n1=polyval(num1,s1);
>>d1=polyval(den1,s1);
>>g=n1/d1;
>>ang_G1=atan(imag(g)/real(g));
>>if ang_G1<0
```

```
>>ang_G1=180+atan(imag(g)/real(g))*180/pi;
>>else
>>ang_G1=atan(imag(g)/real(g))*180/pi;
>>end
>>ang_Gc=180-ang_G1
```

运行结果如下：

```
ang_Gc = 30.0028
```

由结果可知，需要超前校正装置 $G_c(s) = \dfrac{s - z_c}{s - p_c}$，为使期望极点为系统的主导极点，选取零点 $z_c = -10$，

确定极点 p_c 的程序如下：

```
>>zc=-10;
>>ang_pc=atan(imag(s1-zc)/real(s1-zc))*180/pi-ang_Gc;
>>pc=real(s1)-imag(s1)/tan(ang_pc*pi/180)
```

运行结果如下：

```
pc = -29.7597
```

所以超前校正装置 $G_c(s) = \dfrac{s + 10}{s + 29.7597}$，下面确定系统增益 K，使期望极点得以满足，程序如下：

```
>>Gc=(s-zc)/(s-pc);
>>GK=Gc*G0;
>>[num2, den2] = tfdata(GK,'v')
>>syms x;
>>fS=-poly2sym(den2)/poly2sym(num2);
>>K0=abs(subs(fS,x,s1));
>>K=vpa(K0,5)
```

运行结果如下：

```
K = 128.65
```

因此校正后的开环系统为

$$G(s) = \frac{s + 10}{s + 29.7597} \cdot \frac{128.65}{s(s + 3.5)}$$

验证闭环特征根的程序为

```
>>R=expand((x+29.7595)*x*(x+3.5)+128.65*(x+10));
>>roots(sym2poly(R))
```

运行结果如下：

```
ans =
 -26.2595 + 0.0000i
  -3.5000 + 6.0615i
  -3.5000 - 6.0615i
```

所以设计的超前校正装置满足期望极点的要求。校正后系统的根轨迹也说明了这一点，程序为

```
>>rlocus(G0*Gc)
```

运行结果如图 7-9 所示。

图 7-9　校正后系统的根轨迹

下面验证校正后的系统是否满足性能指标的要求。程序如下：

```
>>sysK=feedback(128.65*GK,1)
>>step(sysK)
>>legend('校正后的系统', 'Location', 'NorthEast')
```

运行结果如图 7-10 所示。

图 7-10　校正后的系统的单位阶跃响应

由运行结果可知，校正后的系统满足性能指标的要求。

【例 7-7】 已知采样系统结构如图 7-11 所示，其中 $G(s) = \dfrac{1}{s(s+1)}$，T=0.1s，采用根轨迹法设计增益 K 和控制器 $D(z)$，使得采样系统的单位阶跃响应无超调，调节时间小于 4s。

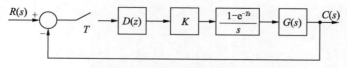

图 7-11 采样系统结构

```
>>Gp=tf([1],[1 1 0]);
>>T = 0.1;
>>Gz=c2d(Gp,T);
>>Gz=zpk(Gz);
>>subplot(1,3,1)
>>rlocus(Gz)
>>axis([0.8 1 -0.5 0.5])
>>grid
>>Ku = 0.244;
>>z0 = 0.9048;
>>zp = 0.7;
>>Kd = (1-zp)/(1-z0);
>>Dz = zpk(z0,zp,Kd,T);
>>DzGz=Dz*Gz;
>>subplot(1,3,2)
>>rlocus(DzGz)
>>axis([0.6 1.1 -0.8 0.8])
>>grid
>>zb = 0.844
>>Kc = -(zb-0.7)*(zb-1)/0.015244/(zb+0.9672);
>>Cz_uncomp=feedback(Ku*Gz,1);
>>Cz_comp=feedback(Kc*DzGz,1);
>>subplot(1,3,3)
>>step(Cz_uncomp, '-k',Cz_comp,'-k',10)
>>grid
>>disp('Unit-step performance info:')
>>Cz_uncomp_info=stepinfo(Cz_uncomp)
>>Cz_comp_info=stepinfo(Cz_comp)
```

运行结果如下：

```
Unit-step performance info:
Cz_uncomp_info =
    包含以下字段的 struct:
        RiseTime: 6.8000
    SettlingTime: 11.9000
     SettlingMin: 0.9011
     SettlingMax: 0.9991
```

```
           Overshoot: 0
          Undershoot: 0
                Peak: 0.9991
            PeakTime: 18.9000
Cz_comp_info =
   包含以下字段的 struct:
            RiseTime: 1.9000
        SettlingTime: 3.5000
         SettlingMin: 0.9012
         SettlingMax: 1.0000
           Overshoot: 5.7544e-06
          Undershoot: 0
                Peak: 1.0000
            PeakTime: 11.3000
```

系统响应曲线如图 7-12 所示。

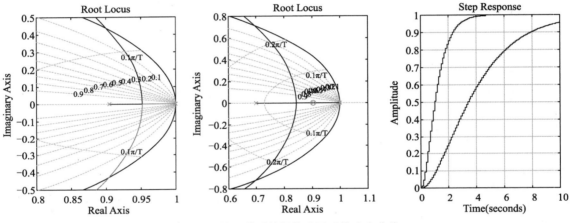

图 7-12　校正前后的根轨迹及系统响应曲线

习　　题

1. 已知单位负反馈控制系统的开环传递函数为 $G_o(s) = \dfrac{K(s+6)}{s(s+1)(s+3)}$，试绘制系统的根轨迹，并绘制 $K=5$ 时，系统的单位阶跃响应，结合根轨迹理解此时单位阶跃响应的特点。

2. 系统方框图如图 7-13 所示。绘制系统以 k 为参量的根轨迹。

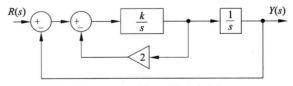

图 7-13　习题 2 系统方框图

3．单位负反馈控制系统的开环传递函数为 $G_o(s) = \dfrac{K}{s(s+1)(s+3)}$，讨论分别加入环节$(s+3.8)$、$(s+1.8)$对系统根轨迹的影响，并用阶跃响应验证结果。

4．单位负反馈控制系统的开环传递函数为 $G_o(z) = \dfrac{K(z+a)}{z(z+1)(z+3)}$，试在一张图上绘制 a 分别等于 0、0.5、1、1.5、2、2.5、3、3.5、4、4.5、10 时的根轨迹簇。

5．设单位负反馈系统的开环传递函数为 $G_o(s) = \dfrac{K}{s(s^2+2s+20)}$，指标要求：开环增益大于或等于 20；单位阶跃响应的特征量：超调量小于或等于 30%，误差带取 0.02 时调节时间小于或等于 1s。试确定带惯性的 PD 控制器的结构。

<table>
<tr><td>

第 8 章

CHAPTER 8

</td><td>

控制系统的频域分析与仿真

</td></tr>
</table>

时域分析方法通过分析控制系统对阶跃信号的时间响应，分析了系统稳态性能和瞬态性能。这里简要介绍线性系统的频域分析方法。该方法与时域分析法和根轨迹分析法不同，它不是通过系统的闭环极点和闭环零点来分析系统的时域性能，而是通过控制系统对正弦函数的稳态响应来分析系统性能。虽然频率特性是系统对正弦函数的稳态响应，但它不仅能反映系统的稳态性能，也可用来研究系统的动态性能。一般来说，用时域分析法和根轨迹分析方法对系统进行分析时，必须已知系统的开环传递函数，而频域分析法既可以根据系统的开环传递函数采用解析的方法得到系统频率特性，也可以用实验的方法测出稳定系统或元件的频率特性。实验法对于那些传递函数或内部结构未知的系统以及难以用分析的方法列写动态方程的系统尤为适用。从这个意义上讲，频域分析法更具有工程实用价值。关于频率特性的数学模型、图形表示以及相关的 MATLAB 函数已在第 5 章中给出了介绍。这里主要结合 MATLAB 仿真示例介绍控制系统的频域分析。

8.1 频域分析方法

频域分析方法是一种工程上广为采用的分析和综合系统的间接方法。它是一种图解分析法，所依据的是频率特性数学模型，对系统性能如稳定性、快速性和准确性进行分析。频域分析方法弥补了时域法的不足、使用方便、适用范围广且数学模型容易获得。

1. 频域指标与时域指标的关系

典型闭环幅频特性如图 8-1 所示，特性曲线随着频率 ω 变化的特征可用下述一些特征量加以概括：闭环幅频特性的零频值 $A(0)$；谐振频率 ω_r 和谐振峰值 $M_r = \dfrac{A_{\max}}{A(0)}$；带宽频率 ω_b 和系统带宽($0\sim\omega_b$)。

频域响应和时域响应都是描述控制系统固有特性的方法，因此两者之间一定存在某种内在的联系，这种联系通常体现在控制系统频率特性的某些特征量与时域性能指标之间的关系上。

图 8-1　典型闭环幅频特性

闭环幅频特性零频值 $A(0)$ 与系统无差度（系统型别）v 之间的关系：当系统无差度 $v>0$ 时，$A(0)=1$；当系统无差度 $v=0$ 时，$A(0)=K/(K+1)<1$，其中，K 为开环放大倍数，所以对于无差度为 0 的系统，其开环放大倍数 K 越大，闭环幅频特性的零频值 $A(0)$ 越接近 1，有差系统的稳态误差将越小。

谐振峰值 M_r 与系统超调量 δ_p 的关系：对于常见的二阶系统，M_r 与 δ_p 之间的关系为：当 $M_r\geq 1$ 时，

$\delta_p = e^{-\pi\sqrt{\frac{M_r - \sqrt{M_r^2-1}}{M_r + \sqrt{M_r^2-1}}}} \times 100\%$，由该式可以得到关系曲线如图 8-2 所示。由图可见二阶系统的相对谐振峰值 $M_r=1.2\sim$ 1.5 时，对应的系统超调量 $\delta_p=20\%\sim30\%$，这时系统可以获得较为满意的过渡过程。如果 $M_r>2$，则系统的超调量 δ_p 将超过 40%。

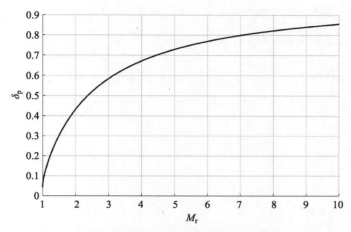

图 8-2　谐振峰值与系统超调量的关系曲线

　　谐振频率 ω_r 及系统带宽与时域性能指标的关系：对于常见的二阶系统，谐振频率 ω_r 与无阻尼自然振荡频率 ω_n 和阻尼比 ξ 之间的关系为：$\omega_r = \omega_n\sqrt{1-2\xi^2}$，$0<\xi<\dfrac{\sqrt{2}}{2}$。结合 t_p 和 t_s 的求解公式，可知：

$$\omega_r t_p = \pi\sqrt{\frac{1-2\xi^2}{1-\xi^2}} \tag{8-1}$$

$$\omega_r t_s = \frac{1}{\xi}\sqrt{1-2\xi^2}\ln\frac{1}{0.05\sqrt{1-\xi^2}} \tag{8-2}$$

　　式（8-1）和式（8-2）说明，对于一定的阻尼比 ξ，二阶系统的峰值时间 t_p 和过渡过程时间 t_s 均与系统的谐振频率 ω_r 成反比。即谐振频率 ω_r 越高，系统的反应速度越快；反之，则系统的反应速度越慢。所以系统的谐振频率 ω_r 是表征系统响应速度的量。

　　二阶系统的带宽频率可由下式求出

$$\left|\frac{\omega_n^2}{(j\omega)^2 + 2\xi\omega_n(j\omega) + \omega_n^2}\right|_{\omega=\omega_b} = \frac{1}{\sqrt{2}} \tag{8-3}$$

由此得到带宽频率 ω_b 与无阻尼自然振荡频率 ω_n 及阻尼比 ξ 的关系为

$$\omega_b = \omega_n\sqrt{1-2\xi^2 + \sqrt{2-4\xi^2+4\xi^4}} \tag{8-4}$$

进一步可得

$$\omega_b t_p = \pi\sqrt{\frac{1-2\xi^2+\sqrt{2-4\xi^2+4\xi^4}}{1-\xi^2}} \tag{8-5}$$

$$\omega_b t_s = \frac{1}{\xi}\sqrt{1-2\xi^2+\sqrt{2-4\xi^2+4\xi^4}}\ln\frac{1}{0.05\sqrt{1-\xi^2}} \tag{8-6}$$

　　式（8-5）和式（8-6）说明，对于一定的阻尼比 ξ，二阶系统的带宽频率 ω_b 与峰值时间 t_p 和过渡过程时间 t_s 也是成反比的。带宽频率 ω_b 越大，系统的响应速度越快。所以，由带宽频率 ω_b 决定的系统带宽也是表征了系统响应速度的特征量，一般来说，频带宽的系统有利于提高系统的响应速度，但同时它又有容易引入高频噪声，故从抑制噪声的角度来看，系统带宽又不宜过大。因此在设计控制系统时，要适当处理好这个矛盾，在全面衡量系统性能指标的基础上，再选择适当的频带宽度。

　　相角裕量 r 与阻尼比 ξ 的关系：对于常见的二阶系统，r 与 ξ 的关系为 $r = \arctan \dfrac{2\xi}{\sqrt{\sqrt{4\xi^2+1}-2\xi^2}}$，对于二阶欠阻尼系统的相角裕量 r 与阻尼比 ξ 之间的关系曲线如图 8-3 所示。

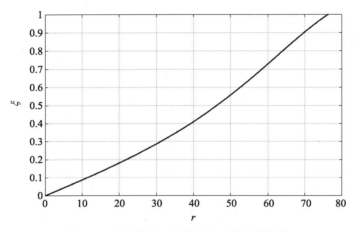

图 8-3　相角裕量 r 与阻尼比 ξ 的关系曲线

　　由图 8-3 可以看出，在阻尼比 ξ 小于 0.7 的范围内，相角裕量 r 与阻尼比 ξ 的关系可近似地用一条直线表示，这表明选择 30°～60° 的相角裕量时，对应的系统阻尼比为 0.3～0.7。

　　谐振峰值 M_r 与相角裕量 r 的关系：M_r 与 r 的关系近似为 $M_r \approx \dfrac{1}{\sin r}$，当 r 值较小时，此式的准确度较高。当闭环系统的幅频特性出现谐振峰值时的开环幅值 $A(\omega)$ 与相角裕量 r 的关系近似为 $A(\omega) \approx \dfrac{1}{\cos r}$。

　　高阶系统的频域响应和时域响应：控制系统的频域和时域响应可由傅里叶积分进行变换，即

$$C(t) = \frac{1}{2\pi} \int_{-\infty}^{\infty} G(j\omega) R(j\omega) e^{j\omega t} d\omega \tag{8-7}$$

式中，$C(t)$ 为系统的被控信号，$G(j\omega)$ 和 $R(j\omega)$ 分别是系统的闭环频率特性和控制信号的频率特性。一般情况下，这样来求解高阶系统的时域响应是很困难的。在时域分析中，采用主导极点的概念，对于具有一对主导极点的高阶系统，可用等效的二阶系统来近似进行分析。实践证明，只要满足主导极点的条件，分析的结果是令人满意的。若高阶系统不存在主导极点，则可采用以下两个近似估算公式来得到频域指标和时域指标的关系：

$$\delta = 0.16 + 0.4\left(\frac{1}{\sin r} - 1\right), \quad 35° \leqslant r \leqslant 90° \tag{8-8}$$

$$t_s = \frac{\pi}{\omega_c}\left\{\left[2 + 1.5\left(\frac{1}{\sin r} - 1\right)\right] + 2.5\left(\frac{1}{\sin r} - 1\right)^2\right\}, \quad 35° \leqslant r \leqslant 90° \tag{8-9}$$

一般而言，高阶系统实际的性能指标会比用近似公式估算的指标要好，因此在采用式（8-8）和式（8-9）对系统进行初步设计时，可以保证实际系统满足要求，并且会有一定的余量。

对于系统的频率分析，还涉及一个重要概念稳定裕量，稳定裕量是用来衡量系统相对稳定性的指标，有相角裕量和幅值裕量。

幅值裕量 h：当系统的开环相频特性为−180°时，系统开环频率特性幅值的倒数定义为幅值裕量，对应的频率 ω_g 称相角交界频率，即 $h = \dfrac{1}{\left|G(j\omega_g)H(j\omega_g)\right|}$，$\omega_g$ 满足 $\angle G(j\omega_g)H(j\omega_g)=-180°$。幅值裕量 h 的含义是，如果系统的开环增益增加为原来的 h 倍时系统临界稳定。

相角裕量 r：当系统开环频率特性的幅值为 1 时，系统开环频率特性相角与 180°的和定义为相角裕量，对应的频率 ω_c 称系统的截止频率，也称作或幅值穿越频率。即有 $r=180°+ \angle G(j\omega_c)H(j\omega_c)$，$\omega_c$ 满足 $\left|G(j\omega_c)H(j\omega_c)\right| =1$。相角裕量 r 含义是如果系统对频率为 ω_c 的信号的相角滞后再增加 r 度，对应的闭环系统处于临界稳定。

在系统开环稳定的前提下，h 和 r 越大，则系统的稳定程度越高，但仅用 h 或者 r 都不足以说明系统的稳定程度。

2. 不同频段与系统的性能关系

工程上广泛采用伯德图的三频段概念来分析系统的动态和稳态性能，并用来分析系统参数对系统性能的影响。

低频段通常指 $L(\omega)=20\log|G(j\omega)|$ 的渐近线在第一个转折频率以前的频段，这一段的特性完全由积分环节和开环放大倍数决定，低频段的斜率越小，位置越高，对应系统积分环节的数目越多(系统型别越高)、开环放大倍数 K 越大，则在闭环系统稳定的条件下，稳态误差越小，动态响应的跟踪精度越高。

中频段是指开环对数幅频特性曲线在开环截止频率 ω_c 附近（0dB 附近）的区段，这段特性集中反映闭环系统动态响应的平稳性和快速性，时域响应的动态特性主要取决于中频段的形状，反映中频段形状的 3 个参数为开环截止频率 ω_c、中频段的斜率、中频段的宽度。为了使系统稳定，并且有足够的稳定裕量，一般希望开环对数幅频特性斜率为−20dB/dec 的线段上，且中频段要有足够的宽度；或位于开环对数幅频特性斜率为−40dB/dec 的线段上，且中频段较窄。

高频段指开环对数幅频特性在中频段以后的频段，这部分的特性是由系统中时间常数很小，频带很高的元件决定的，其形状主要影响时域响应的起始段，在分析时，将高频段做近似处理，即把多个小惯性环节等效为一个小惯性环节去代替，等效小惯性环节的时间常数等于被代替的多个小惯性环节的时间常数之和。系统开环对数幅频特性在高频段的幅值，直接反映了系统对高频干扰信号的抑制能力。由于远离 ω_c，一般分贝值都较低，故对系统的动态响应影响不大。高频部分的幅值越低，系统的抗干扰能力越强。

简言之，频率特性的低频段表征了系统的稳态性能，中频段表征了系统的瞬态性能，而高频段则反映了系统的抗高频干扰的能力。为了使系统满足一定的稳态和动态要求，对开环对数幅频特性的形状一般有如下要求：低频段要有一定的高度和斜率；中频段的斜率最好为−20dB/dec，且具有足够的宽度；高频段采用迅速衰减的特性，以抑制不必要的高频干扰。在大多数实际情况中，控制系统的频域校正问题实质上是在稳态精度和相对稳定性之间进行折中的问题。

3. 串联校正的步骤和特点

（1）超前校正的主要作用是在中频段产生足够大的超前相角，以补偿原系统过大的滞后相角。超前装置的参数应根据相角补偿条件和稳态性能的要求来确定。

用频率特性法进行串联超前校正的步骤如下。

① 根据稳态性能的要求，确定系统的开环放大倍数 K。

② 利用求得的 K 值和原系统的传递函数，绘制出原系统的伯德图。

③ 在伯德图上求出原系统幅值和相角裕量，确定为使相角裕量达到规定的数值所需增加的超前相角 φ_m，即超前校正装置提供的相角，将 φ_m 值代入式 $\varphi_\mathrm{m} = \arcsin \dfrac{a-1}{a+1}$ 求出校正装置参数 a，在伯德图上确定原系统幅值等于 $-10\lg a$ dB 对应的频率 $\omega_{\mathrm{c}'}$，再以这个频率作为超前校正装置的最大超前相角所对应的频率 ω_m，即令 $\omega_\mathrm{m}=\omega_{\mathrm{c}'}$。

④ 将已求出的 ω_m 和 a 的值代入式 $\omega_\mathrm{m} = \dfrac{1}{T\sqrt{a}}$ 中，求出超前装置的参数 aT 和 T，并写出校正装置的传递函数 $G_\mathrm{c}(s)$。

⑤ 最后将原系统前向通道的放大倍数增加 $K_\mathrm{c}=a$ 倍，以补偿串联超前装置的幅值衰减作用，写出校正后系统的开环传递函数 $G(s)=K_\mathrm{c}G_0(s)G_\mathrm{c}(s)$，并绘制校正后系统的伯德图，验证校正的结果。

串联超前校正对系统性能有如下影响：增加开环频率特性在剪切频率附近的正相角，从而提高了系统的相角裕量；减小对数幅频特性在幅值穿越频率上的负斜率，从而提高了系统的稳定性；提高了系统的频带宽度，从而可提高系统的响应速度；不影响系统的稳态性能，但若原系统不稳定或稳定裕量很小，且开环相频特性曲线在幅值穿越频率附近有较大的负斜率时，不宜采用相位超前校正。因为随着幅值穿越频率的增加，原系统负相角增加的速度将超过超前校正装置正相角增加的速度，超前装置就不能满足要求了。

（2）串联滞后校正装置的主要作用是在高频段上造成显著的幅值衰减，其最大衰减量与滞后装置传递函数中的参数 $b(b<1)$ 成反比。当在控制系统中采用串联滞后校正时，其高频衰减特性可以保证系统在有较大开环放大倍数的情况下获得满意的相角裕量或稳态性能。

串联滞后校正频率特性法的步骤如下。

① 按要求的稳态误差系数，求出系统的开环放大倍数 K。

② 根据 K 值，画出原系统的伯德图，求取原系统的相角裕量和幅值裕量，根据要求的相角裕量并考虑滞后角度的补偿，求出校正后系统的剪切频率 $\omega_{\mathrm{c}'}$。

③ 令滞后装置的最大衰减幅值等于原系统对应 $\omega_{\mathrm{c}'}$ 的幅值，求出滞后装置的参数 b，即 $b = 10^{\frac{-L(\omega_{\mathrm{c}'})}{20}}$。

④ 为保证滞后装置在 $\omega_{\mathrm{c}'}$ 处的滞后角度不大于 $5°$，令它的第二转折频率 $\omega_2=\omega_{\mathrm{c}'}/10$，求出 bT 和 T 的值，即 $1/bT=\omega_{\mathrm{c}'}/10$ 和 $1/T=b\omega_{\mathrm{c}'}/10$。

⑤ 最后求出校正装置的传递函数和校正后系统的开环传递函数，画出校正后系统的伯德图，验证校正结果。

串联滞后校正对系统性能有如下影响：在保持系统开环放大倍数不变的情况下，减小了剪切频率，从而增加了系统的相角裕量，提高了系统的相对稳定性；在保持系统相对稳定性不变的情况下，可以提高系统的开环放大倍数，改善系统的稳态性能；由于降低了幅值穿越频率，系统带宽变窄，使系统的响应速度降低，但系统抗干扰能力增强。

前面介绍的串联超前校正主要是利用超前装置的相角超前特性来提高系统的相角裕量或相对稳定性，而串联滞后校正是利用滞后装置在高频段的幅值衰减特性来提高系统的开环放大倍数，从而改善系统的稳态性能。

当原系统在剪切频率上的相频特性负斜率较大又不满足相角裕量时，不宜采用串联超前校正，而应考率采用串联滞后校正。但这并不是说不能采用串联超前校正的系统，采用串联滞后校正就一定可行。实际中，存在一些系统，单独采用超前校正或单独采用滞后校正都不能获得满意的动态和稳态性能。在这种情况下，可考虑采用滞后–超前校正方式。从频率响应的角度来看，串联滞后校正主要用来校正开环频率的低频区特性，而超前校正主要用于改变中频区特性的形状和参数。因此，在确定参数时，两者基本上是可以独立进行的。可按前面的步骤分别确定超前和滞后装置的参数。可先根据动态性能指标的要求确定超前校正装置的参数，在此基础上，再根据稳态性能指标的要求确定滞后装置的参数。需要注意的是，在确定滞后校正装置时，尽量不影响已由超前装置校正好了的系统的动态指标，在确定超前校正装置时，要考虑到滞后装置加入对系统动态性能的影响，参数选择应留有裕量。在不能确定采用哪种校正方法时，可考虑采用串联滞后校正。

4. 用于频域分析的常用MATLAB函数

常用 MATLAB 频域分析函数表如表 8-1 所示。

表 8-1　常用MATLAB频域分析函数表

函　　数	使　用　说　明
margin(G)	绘制系统伯德图，同时显示幅值裕量、相角裕量、幅值穿越频率、相角穿越频率
[Gm,Pm,Wg,Wp]=margin(G)	由传递函数计算幅值裕量、相角裕量、幅值穿越频率、相角穿越频率
[Gm,Pm,Wg,Wp]=margin(mag,phase,w)	从伯德图得到的幅度，相位和频率向量计算幅值裕量、相角裕量、幅值穿越频率、相角穿越频率
S =allmargin(G)	返回相对稳定参数组成的结构体。包含幅值裕量、相角裕量及其相应频率，时滞幅值裕量和频率，是否稳定的标识符

8.2　频域分析仿真示例

视频讲解

这里通过示例说明如何采用 MATLAB 进行频域分析和设计。

【例 8-1】　设被控对象的传递函数：$G_o(s) = \dfrac{30}{s(s+1)}$，设计要求相角裕量不小于 40°，试设计串联超前校正装置。

```
>> delta=5;
>> s=tf('s');
>> G=30/(s*(s+1));
>> [gm,pm]=margin(G);
>> phim1=40;
>> phim=phim1-pm+delta;
>> phim=phim*pi/180;
>> alfa=(1+sin(phim))/(1-sin(phim));
>> a=10*log10(alfa);
>> [mag,phase,w]=bode(G);
>> adB=20*log10(mag);
>> wm=spline(adB,w,-a);
>> t=1/(wm*sqrt(alfa));
>> Gc=(1+alfa*t*s)/(1+t*s);
>> [gmc,pmc]=margin(G*Gc)
```

```
>> b1=feedback(G,1); b2=feedback(G*Gc,1);
>> step(b1,'r--', b2,'b'); grid on
>> figure, margin(G);hold on; margin(G*Gc); grid on
```

运行结果如图 8-4 所示。

图 8-4　例 8-1 程序运行结果

```
gm =
   Inf
pm =
   10.4318
gmc =
   Inf
pmc =
   42.1393
```

【例 8-2】　设被控对象的传递函数为：$G_o(s) = \dfrac{1}{s(s+10)}$，设计要求：系统速度误差系数为 10，相角

裕量不小于 60°，试设计串联滞后校正装置。

```
>> Ka=100;
>> Pm=60;
>> num0=Ka; dum0=[1,10,0]; G0=tf(num0,dum0);
>> [gm,pm,wcg,wcp]=margin(G0)
>> t=[0:0.01:5] ; w=logspace(-2,2);
>> [mu,pu]=bode(num0, dum0,w);
>> wgc=spline(pu,w,Pm+5-180);
>> ngv=polyval(num0,j*wgc);
>> dgv=polyval(dum0,j*wgc);
>> g=ngv/dgv;
>> alph=abs(1/g);T=10/alph*wgc,
>> numc=[alph*T,1]; dumc=[T,1];
>> Gc=tf(numc,dumc)
```

```
>> G0c=tf(G0*Gc);
>> b1=feedback(G0,1); b2=feedback(G0c,1);
>> step(b1,'r--', b2,'b',t);  grid on
>> figure, bode(G0,'r--',G0c,'b',w);  grid on,
>> [gm,pm,wcg,wcp]=margin(G0c)
```

运行结果如图 8-5 所示。

```
gm =
   Inf
pm =
   51.8273
wcg =
   Inf
wcp =
    7.8615
T =
   90.6308
Gc =
  46.63 s + 1
  -------------
  90.63 s + 1
Continuous-time transfer function.
gm =
   Inf
pm =
   64.8721
wcg =
   Inf
wcp =
    4.6631
```

图 8-5　例 8-2 程序运行结果

【例 8-3】 测试系统的频率特性，设计一个频率发生器，要求起始频率 10Hz，终止频率 1000Hz，步长 10Hz，每个正弦信号持续 0.3s，设待测试系统的传递函数为 $G(s) = \dfrac{(300\pi)^2}{s^2 + 120\pi s + (300\pi)^2}$，采用 Simulink 构建系统的频率特性测试实现。

采用 Simulink 构建系统的频率特性测试模型如图 8-6 所示。

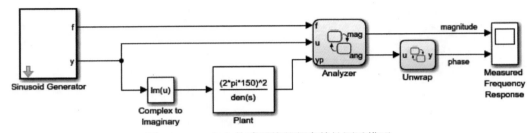

图 8-6　Simulink 构建系统的频率特性测试模型

其中，频率发生器子系统的实现如图 8-7 所示，分析子系统的实现如图 8-8 所示，相频特性生成子系统的实现如图 8-9 所示。

图 8-7　频率发生器子系统的实现

图 8-8　分析子系统的实现　　　　　　　图 8-9　相频特性生成子系统的实现

运行结果如图 8-10 所示。

图 8-10　例 8-3 程序运行结果图

【例 8-4】　已知信号为 $y = \sin(20\pi t) + 1.5\sin(70\pi t)$，取采样周期为 0.01s，绘制该信号及其双边带频谱图和单边带频谱图。

```
>>Fs=100;
>>f1=10;
>>f2=35;
>>t = 0:1/Fs:10-1/Fs;
>>x = sin(2*pi*f1*t) + 1.5*sin(2*pi*f2*t);
>>N=length(x);
>>figure(1);
>>plot(t(1:120),x(1:120));
>>title('Original Signal');
>>xlabel('Time');
>>ylabel('Amplitude');
>>y0 = abs(fft(x));
>>f = (0:N-1)*Fs/N;
>>figure(2);
>>f1=(0:N-1)*Fs/N-Fs/2;
>>y1=abs(fftshift(fft(x)));
>>plot(f1,y1);
>>xlabel('Frequency');
>>ylabel('Amplitude');
>>figure(3)
>>f3=(N/2:N-1)*Fs/N-Fs/2;
>>y2=abs(fftshift(fft(x)));
>>y3=2*y2(N/2:N-1)/N;
>>plot(f3,y3);
>>xlabel('Frequency');
>>ylabel('Amplitude');
```

运行结果如图 8-11 所示。

图 8-11 例 8-4 运行结果

根据运行结果，可以清晰地识别出原始信号中含有两种频率（10 Hz 和 35 Hz）成分，以及对应频率正弦信号的幅值大小。

【例 8-5】 已知系统的传递函数为 $G(s) = \dfrac{10k(s+18)}{s(s+4)(s+6)}$，绘制 k 取 1、5、10 时，系统的幅相频率特性曲线。

```
>>z=[-18];
>>p=[0, -4, -6];
>>k=10.*[1, 5, 10];
>>G=zpk(z, p,k(1));
>>[re1, im1]=nyquist(G);
>>G=zpk(z, p,k(2));
>>[re2, im2]=nyquist(G);
>>G=zpk(z, p,k(3));
>>[re3, im3]=nyquist(G);
>>plot(re1(:), im1(:), re2(:), im2(:), re3(:), im3(:))
>>v=[-8, 1, -8, 1];
>>axis(v)
>>grid
>>xlabel('Real Axis'); ylabel('Imaginary Axis');
>>gtext('k=1'); gtext('k=5'); gtext('k=10');
```

运行结果如图 8-12 所示。

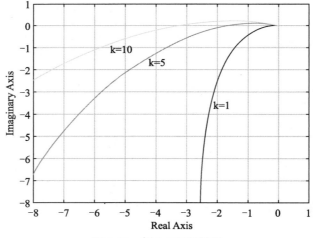

图 8-12 例 8-5 运行结果

【例 8-6】 已知系统的传递函数为 $G(s)=\dfrac{\omega_n^2(Ts+1)}{(s^2+2\xi\omega_n s+\omega_n^2)}$，计算系统频率特性的表达式。

```
>>syms T ks w wn real;
>>G=wn^2*(T*j*w+1)/((j*w)^2+2*ks*wn*w*j+wn^2);
>>Aabs=abs(G)
>>Re=simplify(real(G))
>>Im=simplify(imag(G))
>>ang=simplify(atan(Im/Re))
```
运行结果如下：

```
Aabs =
(wn^2*abs(1 + T*w*1i))/abs(- w^2 + ks*w*wn*2i + wn^2)
Re =
(wn^2*(2*T*ks*w^2*wn - w^2 + wn^2))/(4*ks^2*w^2*wn^2 + w^4 - 2*w^2*wn^2 + wn^4)
Im =
-(w*wn^2*(T*w^2 - T*wn^2 + 2*ks*wn))/(4*ks^2*w^2*wn^2 + w^4 - 2*w^2*wn^2 + wn^4)
ang =
-atan((w*(T*w^2 - T*wn^2 + 2*ks*wn))/(2*T*ks*w^2*wn - w^2 + wn^2))
```

【例 8-7】 已知单位负反馈系统的开环传递函数为 $G(s)=\dfrac{K(T_1 s+1)}{s(T_2 s+1)(T_3 s+1)}$，分别绘制 K=100，T_1=0.2，T_2=1，T_3=2；以及 K=100，T_1=3，T_2=1，T_3=2 时，开环传递函数的幅相频率特性曲线。

```
>>clear all
>>K=100;T11=0.2;T12=3;T2=1;T3=2;
>>s=tf('s');
>>G1=K*(T11*s+1)/(s*(T2*s+1)*(T3*s+1));
>>G2=K*(T12*s+1)/(s*(T2*s+1)*(T3*s+1));
>>subplot(1,2,1);nyquist(G1)
>>subplot(1,2,2);nyquist(G2)
```
运行结果如图 8-13 所示。

图 8-13 例 8-7 运行结果

【例 8-8】 在工程中，对于单位负反馈系统，可以应用等 M 圆求解闭环系统的幅频特性，应用等 N 圆求解闭环系统的相频特性，以及直接应用等 M 圆和等 N 圆的尼科尔斯（Nichols）图求解闭环系统的幅相特性，试绘制等 M 圆、等 N 圆以及等 M 圆和等 N 圆的尼科尔斯图。

```
>>syms u v;
>>M=[0.4 0.5 0.6 0.8 1.2 2 3 5];
>>for i=1:8
>>f=(M(i)^2-1)*u^2+2*M(i)^2*u+(M(i)^2-1)*v^2+M(i)^2;
>>subplot(1,3,1);
>>ezplot(f,[-6.5, 6, -3, 3])                          %绘制等 M 圆
>>hold on;
>>end
>>y=[-3:0.1:3];
>>x=-0.5*ones(length(y),1);
>>plot(x,y)
>>ang1=[20 30 40 60 80 100];
>>for i=1:5
>>N(i)=tan(ang1(i)*pi/180);
>>f=N(i)*(u^2+u+v^2)-v;
>>subplot(1,3,2);
>>ezplot(f,[-3, 2, 0, 3])                             % 绘制等 N 圆
>>hold on;
>>end
>>ang2=-[20 30 40 60 80 100];
>>for i=1:5
>>N(i)=tan(ang2(i)*pi/180);
>>f=N(i)*(u^2+u+v^2)-v;
>>subplot(1,3,2);
>>ezplot(f,[-3, 1, -3, 0])                            % 绘制等 N 圆
>>hold on;
>>end
>>subplot(1,3,3);
>>ngrid('new')                                        %绘制等 M 圆和等 N 圆的尼科尔斯图
```

运行结果如图 8-14 所示。

图 8-14　例 8-8 运行结果图

【例 8-9】　已知单位负反馈系统的开环传递函数为 $G(s) = \dfrac{200(0.5s+1)}{(4s+1)(s^2+0.8s+100)}$，绘制开环系统的伯德图，要求：

（1）计算系统的稳定裕度；

（2）计算角频率 $\omega = 2\text{rad/s}$ 时，开环传递函数频率特性的幅值和相位；

（3）计算谐振峰值、谐振频率、以及谐振频率处的相位；

（4）计算幅值为 -27.2dB 处的频率及相位；

（5）计算相位为 $-15.9°$ 处的频率及幅值，并绘制一条相位为 $-15.9°$ 的直线。

```
>>s = tf('s');
>>sys = 200*(0.5*s+1)/((4*s+1)*(s^2+0.8*s+100));
>>margin(sys);
>>[Gm,Pm,Wcg,Wcp]=margin(sys)    %1)
>>res = freqresp(sys, 2);        %2)
>>amp_true = abs(res);
>>amp_db = 20*log10(abs(res))
>>angle_true = angle(res)*180/pi
>>[amp,pha,w]=bode(sys); %3)
>>magn=amp(1,:);
>>phase=pha(1,:);
>>[M,i]=max(magn);
>>Mr=20*log10(M)
>>Phar=phase(1,i)
>>Wr=w(i,1)
>>adB=20*log10(amp);    %4)
>>wm1=spline(adB,w,-27.2)
>>resm1 = freqresp(sys, wm1);
>>resm1_angle_true = angle(resm1)*180/pi
>>w_phm1=spline(pha,w,-15.9)    %5)
>>resm2 = freqresp(sys, w_phm1);
>>resm2_amp_true = abs(resm2);
>>resm2_amp_db = 20*log10(abs(resm2))
>>ang15=-15.9* ones(length(w),1);
>>hold on;
>>semilogx(w,ang15);grid
```

运行结果如图 8-15 所示。

程序运行结果如下：

```
Gm = 3.3846
Pm = 11.6140
Wcg = 13.5947
Wcp = 11.1258
amp_db = -8.7449
angle_true = -38.8298
Mr = 10.0721
Phar = -97.5989
Wr = 9.9840
wm1 = 25.9617
resm1_angle_true = 178.2188
w_phm1 = 0.0851
resm2_amp_db = 5.5528
```

图 8-15 例 8-9 运行结果

【例 8-10】 已知单位负反馈系统的开环传递函数为 $G(s) = \dfrac{300}{s(s+5)(s+20)}$，绘制闭环系统的伯德图，计算闭环系统的幅值穿越频率、谐振频率、谐振峰值、–3dB 截止频率和–90°截止频率。

```
>>sys=zpk([],[0 -20 -5],300);
>>sysclose=feedback(sys,1);
>>w=logspace(-1,2);
>>bode(sysclose,w)
>>[mag,phase,W]=bode(sysclose,w);
>>[l,c]=size(mag);
>>mag1=zeros(c,1);
>>for i=1:c
>>mag1(i)=20*log10(mag(1,1,i));
>>end
>>disp('crossover frequency:');
>>Wc=interp1(mag1,w,0, 'spline' )
>>disp('Resonance frequency:');
>>[mag2,i]=max(mag1);
>>Wr=w(i)
>>disp('Resonance magnitude:')
```

```
>>Magmax=mag2
>>disp('-3dB frequency:');
>>W3db=interp1(mag1,w,-3, 'spline' )
>> [l,c]=size(phase);
>>pha1=zeros(c,1);
>>for i=1:c
>>pha1(i)=phase(1,1,i);
>>end
>>disp('-90 phase frequency:' );
>>W90=interp1(pha1,w,-90, 'spline' )
```

运行结果如图 8-16 所示。

图 8-16　例 8-10 程序运行结果图

程序运行结果如下:

```
crossover frequency:
Wc = 0.1763
Resonance frequency:
Wr = 2.5595
Resonance magnitude:
Magmax = 0.7477
-3dB frequency:
W3db = 9.5479
-90 phase frequency:
W90 = 3.4641
```

【例 8-11】　已知系统的传递函数为 $G(s) = \dfrac{100}{s^2 + 6s + 1}$，绘制系统的尼科尔斯图，并由尼科尔斯图转换到伯德图。

```
>>num =100;
>>den =[1 6 1];
>>subplot(2,3,1);
>>w=logspace(-1,2,100);
>>nichols(num,den,w);
>>ngrid;
>>num=100;
>>den=[1 6 1];
>>w=logspace(-1,2,100);
>>[mag,phase]=nichols(num,den,w);
>>magdB=20*log10(mag);
>>subplot(2,3,2);
>>semilogx(w,magdB);
>>title('系统幅频特性曲线');
>>xlabel(' Frequency(rad/sec)'),ylabel('Magnitude(dB)');
>>subplot(3,2,5);
>>semilogx(w,phase);
>>title('系统相频特性曲线');
>>xlabel('Frequency(rad/sec)'),ylabel('Phase(deg)');
>>subplot(2,3,3);
>>bode(num,den,w);
>>title('系统伯德图');
```

运行结果如图 8-17 所示。

图 8-17 例 8-11 运行结果

习　题

1. 设被控对象的传递函数：$G_o(s) = \dfrac{K}{s(0.001s+1)(0.1s+1)}$，设计要求：系统速度误差系数为 100，相角裕量不小于 45°，试设计串联超前校正装置。

2. 设被控对象的传递函数：$G_o(s) = \dfrac{10}{s(s+10)}$，设计要求：系统速度误差系数为 10，相角裕量不小于 65°，试设计串联滞后校正装置。

3. 设被控对象的传递函数：$G_o(s) = \dfrac{K}{s(s+1)(s+3)}$，设计要求：系统速度误差系数为 10，相角裕量不小于 40°，截止频率大于 1.5rad/s，超调量小于 20%，试设计串联超前滞后校正装置。

第 9 章

控制系统的稳定性分析与仿真

控制系统的稳定性是系统能否正常工作的首要条件，在此基础上，对系统的性能进行分析才有意义，因此稳定性问题一直是控制理论中的一个最重要的问题。任何一个系统在实际的运行过程中，总会受到外部环境或内部参数变化的影响，这些变化对正常工作的系统是一种扰动作用，任何系统在受到扰动的作用时，都会偏离原平衡状态而产生初始偏差。所谓稳定性，就是指当扰动消除后，系统由初始状态能恢复到原平衡状态的性能，若系统可恢复平衡状态，则称系统是稳定的，否则是不稳定的。本章结论性地给出稳定性的相关概念及常见的判别系统稳定性的方法，然后给出 MATLAB 的稳定性分析实现。

9.1 稳定性分析方法

1. 稳定性的概念

考虑不受外部作用的系统 $\dot{x} = f(x,t)$，其状态轨迹，即方程的解 $x(t)=\Phi(t;x_0,t_0)$称作系统的运动。满足 $\dot{x}=0$ 的状态 x_e 称作系统的平衡状态。注意，并不是所有的系统都一定存在平衡状态，有时即使存在平衡状态也未必是唯一的，也可能有无穷多个平衡状态。若某一平衡点附近任意小的邻域内没有其他的平衡点，则称该点为孤立平衡点。经过恰当的坐标变换，任一平衡点总可以变换到状态空间的坐标原点，因此仅讨论系统关于原点处的平衡状态的稳定性问题不会丧失一般性，可以使问题得到极大简化。

对于系统 $\dot{x} = f(x,t)$ 的平衡状态 $x_e=0$，如果对任意给定的 $\varepsilon>0$，存在一个 $\delta>0$，δ 与 ε 和初始时刻 t_0 有关，使得从球域 $S(\delta)$ 内任一初始状态出发的状态轨迹始终都保持在球域 $S(\varepsilon)$ 内，则称平衡状态 $x_e=0$ 是李雅普诺夫意义下稳定的。

对于系统 $\dot{x} = f(x,t)$ 的平衡状态 $x_e=0$，如果平衡状态 $x_e=0$ 是李雅普诺夫意义下稳定的，并且当 $t\to\infty$ 时，出发于原点邻域中的轨迹 $x(t)\to 0$，则称平衡状态 $x_e=0$ 在李雅普诺夫意义下是渐近稳定的。

一般将李雅普诺夫意义下的稳定性简称为稳定性，李雅普诺夫意义下的渐近稳定性简称为渐近稳定性。渐近稳定性表明了系统能完全克服扰动的影响。而渐近稳定性是一个局部的概念，是在系统的平衡状态下给出的。所以通常需要确定系统渐近稳定性的区间，即在多大范围内系统是渐近稳定的。

对所有的状态空间中的所有点，如果由这些点出发的轨迹都具有渐近稳定性，则平衡状态 $x_e=0$ 称为大范围渐近稳定。在控制问题中，总希望系统能够具有大范围渐近稳定性。

对于系统 $\dot{x} = f(x,t)$ 的平衡状态 $x_e=0$，如果对于某个实数 $\varepsilon>0$ 和任一实数 $\delta>0$，无论 ε 和 δ 多么小，在 $S(\delta)$ 内总存在一个状态 x_0，使得始于该状态的轨迹会离开 $S(\varepsilon)$，那么平衡状态 $x_e=0$ 称为不稳定。

对于分析线性定常系统的经典控制理论中所讨论的稳定性概念与李雅普诺夫意义下的稳定性概念是有

一定的区别的。在李雅普诺夫意义下的渐近稳定才是经典控制理论中的稳定，而在李雅普诺夫意义下是稳定的，但却不是渐近稳定的系统，对应于经典控制理论中的临界稳定情况。

仅考虑系统的初态和状态之间关系的稳定性问题称为内部稳定性问题。当外部输入为零时，对于任意有界初始状态，系统状态都渐近收敛于零，则称该系统是内部稳定的。仅考虑系统的输入和输出之间关系的稳定性问题称为外部稳定性问题。当系统初始状态为零时，如果对于任意有界输入必然产生有界输出，则称该系统是有界输入有界输出稳定。

2. 李雅普诺夫稳定性的方法

李雅普诺夫提出了两类解决稳定性问题的方法，即李雅普诺夫第一法和李雅普诺夫第二法。李雅普诺夫第一法是通过求解微分方程的解来分析运动稳定性，即通过分析非线性系统线性化方程的特征值分布来判别原非线性系统的稳定性，也称为间接法。李雅普诺夫第二法则是一种定性方法，无须求解非线性微分方程，而是构造一个李雅普诺夫函数，研究它的正定性及其沿系统状态轨迹对时间 t 的导数的负定或半负定，来得到稳定性的结论，也称为直接法。在非线性系统的稳定性分析中，李雅普诺夫稳定性理论具有指导性的地位，但在具体应用于确定非线性系统的稳定性时，往往还需要一些技巧和经验，比如如何构造出李雅普诺夫函数。

1）李雅普诺夫第一法

李雅普诺夫第一法的基本思路是将非线性系统线性化，然后计算线性化方程的特征值，最后根据线性化方程的特征值来判定原非线性系统的稳定性。

设非线性系统的状态方程为 $\dot{x}_i = f_i(x_1, x_2, \cdots, x_n, t), \quad i = 1, 2, \cdots, n$，将非线性函数 $f_i(\cdot)$ 在平衡状态 $x_e=0$ 处附近展成泰勒级数，则有

$$f_i(x_1, x_2, \cdots, x_n, t) = f_{i0} + \frac{\partial f_i}{\partial x_1} x_1 + \frac{\partial f_i}{\partial x_2} x_2 + \cdots + \frac{\partial f_i}{\partial x_n} x_n + \overline{f}_i(x_1, x_2, \cdots, x_n, t)$$

式中，f_{i0} 为常数，$\partial f_i/\partial x_j$ 为一次项系数，且 $\overline{f}_i(x_1, x_2, \cdots, x_n, t)$ 为所有高次项之和。由于

$$f_{i0} = f_i(0, 0, \cdots, 0, t) = 0$$

故线性化方程为 $\dot{x} = Ax$，其中

$$A = \frac{\partial f(x,t)}{\partial x^{\mathrm{T}}} = \begin{bmatrix} \dfrac{\partial f_1}{\partial x_1} & \dfrac{\partial f_1}{\partial x_2} & \cdots & \dfrac{\partial f_1}{\partial x_n} \\ \dfrac{\partial f_2}{\partial x_1} & \dfrac{\partial f_2}{\partial x_2} & \cdots & \dfrac{\partial f_2}{\partial x_n} \\ \vdots & \vdots & \vdots & \vdots \\ \dfrac{\partial f_n}{\partial x_1} & \dfrac{\partial f_n}{\partial x_2} & \cdots & \dfrac{\partial f_n}{\partial x_n} \end{bmatrix}$$

为雅可比矩阵。

李雅普诺夫给出了如下 3 个结论。这些结论为线性化方法奠定了理论基础，从而具有重要的理论与实际意义。

如果线性化系统的系统矩阵 A 的所有特征值都具有负实部，则原非线性系统的平衡状态 $x_e=0$ 总是渐近稳定的，而且系统的稳定性与高阶导数项无关。

如果线性化系统的系统矩阵 A 的特征值中至少有一个具有正实部，则不论高阶导数项的情况如何，原非线性系统的平衡状态 $x_e=0$ 总是不稳定的。

如果线性化系统的系统矩阵 A 有实部为零的特征值，而其余特征值实部均为负，则在此临界情况下，

原非线性系统平衡状态 $x_e=0$ 的稳定性决定于高阶导数项，可能不稳定，也可能稳定。此时不能用线性化后的方程来判断原非线性系统的稳定性。

2）李雅普诺夫第二法

李雅普诺夫第二法不对原非线性系统进行线性化，而是直接构造所谓的能量函数来直接判断系统平衡状态的稳定性。

设原点是系统 $\dot{x}=f(x)$ 的平衡状态，$V(x)$ 是正定的标量函数，也称能量函数，它沿系统状态轨迹对时间 t 的导数为 $\dot{V}(x)=\dfrac{\partial V(x)}{\partial x^{\mathrm{T}}}f(x)$，根据 $V(x)$ 和 $\dot{V}(x)$ 的定号性，李雅普诺夫给出了如下判别定理：

- $V(x)$正定，$\dot{V}(x)$ 负定，则原点是渐近稳定的；若|x|→∞时，$V(x)$→∞，则原点是全局渐近稳定的。
- $V(x)$正定，$\dot{V}(x)$ 半负定，则原点是稳定的；若 $\dot{V}(x)$ 除原点外沿状态轨迹不恒为零，则原点是渐近稳定的；若|x|→∞时，$V(x)$→∞，则原点是全局渐近稳定的。
- $V(x)$正定，$\dot{V}(x)$ 也正定，则原点是不稳定的。

以上条件是充分的，在找不到满足定理条件的 $V(x)$ 时不能得出是否稳定的结论。当 $V(x)$正定，且 $\dot{V}(x)$ 负定或半负定的，这样的 $V(x)$ 称为系统的李雅普诺夫函数。对一个给定的系统，$V(x)$通常不是唯一的。若 $V(x)$表示广义能量，则 $\dot{V}(x)$ 代表广义功率。若 $\dot{V}(x)<0$，则说明在状态轨迹上是消耗功率的过程。对于渐近稳定的平衡状态，则李雅普诺夫函数必定存在。对于非线性系统，通过构造李雅普诺夫函数，可以证明系统在某个稳定域内是渐近稳定的，但这并不意味着稳定域外的运动是不稳定的。对于线性系统，如果存在渐近稳定的平衡状态，则它必定是大范围渐近稳定的。这里给出的稳定性定理，既适合于线性系统、非线性系统，也适合于定常系统、时变系统，具有普遍意义。

对于非线性系统，没有一种构造 $V(x)$ 函数的通用方法，最常见的是采用二次型函数。此外，有适用于特定情形的辅助方法，其中比较有常见的有两种：克拉索夫斯基方法和变量梯度法。

对于二次型 $V(x)$ 的正定性可用赛尔维斯特准则判断，赛尔维斯特准则指出，对于二次型 $V(x)=x^{\mathrm{T}}Px$，其

实对称矩阵 $P=\begin{pmatrix} p_{11} & p_{12} & \cdots & p_{1n} \\ p_{21} & p_{22} & \cdots & p_{2n} \\ \vdots & \vdots & \ddots & \vdots \\ p_{n1} & p_{n2} & \cdots & p_{nn} \end{pmatrix}$，其中 $p_{ij}=p_{ji}$，其各阶顺序主子式的行列式满足 $p_{11}>0$，$\begin{vmatrix} p_{11} & p_{12} \\ p_{21} & p_{22} \end{vmatrix}>$

$0,\cdots,\begin{vmatrix} p_{11} & p_{12} & \cdots & p_{1n} \\ p_{21} & p_{22} & \cdots & p_{2n} \\ \vdots & \vdots & \ddots & \vdots \\ p_{n1} & p_{n2} & \cdots & p_{nn} \end{vmatrix}>0$，则 $V(x)$是正定的。如果矩阵 P 是奇异矩阵，且它的所有主子式的行列式均

非负，则 $V(x)$是半正定的。

3. 线性定常系统的常用稳定性判别方法

对线性定常系统 $\dot{x}=Ax$，原点是其平衡点。当原点是该系统的稳定，或渐近稳定平衡点时，如果存在其他平衡点，也一定是稳定或渐近稳定的。

系统 $\dot{x}=Ax$ 渐近稳定的充要条件是：对任意给定的某个正定矩阵 Q，存在正定矩阵 P 满足李雅普诺夫方程：$A^{\mathrm{T}}P+PA=-Q$，先任取正定阵 Q，由式 $A^{\mathrm{T}}P+PA=-Q$ 求 P；若 P 正定（负定），系统渐稳（不稳），否则，不渐稳。先任取正定阵 P，由式 $A^{\mathrm{T}}P+PA=-Q$ 求 Q；若 Q 正定（负定），则系统渐稳（不稳），否则，不说明任何问题。

任给正定矩阵 Q，李雅普诺夫方程 $A^{\mathrm{T}}P+PA=-Q$ 有唯一解的充要条件是：矩阵 A 没有互为相反数的特

征根。当条件满足时，P 唯一且为对称阵。

矩阵 A 所有特征值的实部均小于 $-\sigma(\sigma>0)$ 的充要条件是：对任意给定的某个正定矩阵 Q，存在正定矩阵 P 满足方程：$A^{\mathrm{T}}P+PA+2\sigma P=-Q$。

对线性定常系统而言，系统的内部稳定性取决于系数矩阵 A 的特征值，而外部稳定性取决于输入输出既约传递函数的极点，对应于系统可控并且可观的模态。

对线性定常系统，内部稳定可以导出外部稳定，反之不然，因为如果存在零、极点对消，且消去的极点是不稳定的，尽管它没有体现在外部，但将造成内部状态的不断增长，最终引起系统的瘫痪。

下面给出线性定常系统稳定性的重要结论。

系统渐近稳定的充要条件：A 的特征根全部在左半开平面内；或对任意正定阵 Q，存在正定阵 P 满足 $A^{\mathrm{T}}P+PA=-Q$；

- 系统稳定的充要条件：A 的特征根全部在左半闭平面内，且虚轴上特征根对应的约当块均为一阶；
- 系统有界输入有界输出稳定的充要条件：输入输出既约传递函数的极点全部在左半开平面内；对于最小实现的系统，有界输入有界输出稳定和内部稳定是等价的。

用于判断系统传递函数的极点是否位于左半平面，常用的判据有赫尔维茨稳定判据、劳斯判据、奈奎斯特稳定判据，此外根轨迹还可以用来确定使系统稳定的参数取值范围。

赫尔维茨稳定判据：设控制系统的特征方程为 $a_0s^n+a_1s^{n-1}+\cdots+a_{n-1}s+a_n=0$，将各系数组成如下行列式：

$$\begin{vmatrix} a_1 & a_3 & a_5 & \cdots & 0 & 0 \\ a_0 & a_2 & a_4 & \cdots & 0 & 0 \\ 0 & a_1 & a_3 & \cdots & 0 & 0 \\ 0 & a_0 & a_2 & \cdots & 0 & 0 \\ 0 & 0 & a_1 & \cdots & 0 & 0 \\ 0 & 0 & a_0 & \cdots & 0 & 0 \\ \vdots & \vdots & \vdots & \ddots & \vdots & \vdots \\ 0 & 0 & 0 & \cdots & a_n & 0 \\ 0 & 0 & 0 & \cdots & a_{n-1} & 0 \\ 0 & 0 & 0 & \cdots & a_{n-2} & a_n \end{vmatrix}$$

，系统稳定的充分必要条件是在 $a_0>0$ 的情况下，上述行列式的各阶主子式均大于零。

劳斯稳定判据：可按下述方法进行，将系统的特征方程的各项系数组成如下排列的劳斯表

s^n	a_0	a_2	a_4	a_6	$\cdots$
s^{n-1}	a_1	a_3	a_5	a_7	$\cdots$
s^{n-2}	$c_{13}=\dfrac{a_1a_2-a_0a_3}{a_1}$	$c_{23}=\dfrac{a_1a_4-a_0a_5}{a_1}$	$c_{33}=\dfrac{a_1a_6-a_0a_7}{a_1}$	c_{43}	$\cdots$
s^{n-3}	$c_{14}=\dfrac{a_{13}a_3-a_1a_{23}}{a_{13}}$	$c_{24}=\dfrac{a_{13}a_5-a_1a_{33}}{a_{13}}$	$c_{34}=\dfrac{a_{13}a_7-a_1a_{43}}{a_{13}}$	c_{44}	$\cdots$
$\vdots$	$\vdots$	$\vdots$	$\vdots$	$\vdots$	$\cdots$
s^1	$c_{1,n}$				
s^0	$c_{1,n+1}=a_n$				

有时为简化运算，在计算过程中，可用一个正整数去乘或除某一行的各项，不会改变劳斯判据判断系

统稳定性的结果。劳斯稳定判据的内容为：如果劳斯表中的第一列系数都具有相同的符号，则系统是稳定的，否则系统是不稳定的，且不稳定根的个数等于劳斯表第一列系数符号改变的次数。

在应用劳斯判据的时候，有时会遇到下面两种特殊情况。

第一种特殊情况：某行第一个系数为零，其余不全为零。这时，在计算劳斯表时会出现下一行系数为无穷大的情况。解决的办法是用一个很小的正数 $\varepsilon \approx 0$ 代替为零的系数继续计算。若符号无变化，则说明没有右半 s 平面的根，但出现这种情况，系统存在共轭虚根。

第二种特殊情况：劳斯表某行系数全部为零的情况。这说明在 s 平面内，存在以原点为对称的特征根，此时系统是不稳定的，可按照以下步骤，用劳斯判据分析这些根的分布情况：若第 k 行系数出现全零，则利用第 $k-1$ 行的系数构成辅助方程，辅助方程关于 s 的次数总是偶次的；求辅助方程对 s 的导数，并将其系数代替第 k 行，继续计算劳斯表；特征方程中以原点对称的根可由辅助方程求得。

奈奎斯特稳定判据：线性定常系统稳定的充要条件是奈奎斯特曲线，即频率特性 $G(\mathrm{j}\omega)H(\mathrm{j}\omega)$ 的幅相曲线，逆时针包围 $(-1,\mathrm{j}0)$ 的圈数 N 等于开环传递函数右半平面的极点数 P，若开环传递函数在右半 s 平面没有极点，则奈氏曲线不包围 $(-1,\mathrm{j}0)$ 点，如果 $N \neq P$ 则闭环系统不稳定，不稳定根的个数为 $Z=P-N$。

4. 离散系统的常用稳定性判别方法

对于非线性定常离散时间系统 $x(k+1)=f[x(k)]$，设 $V[x(k)]$ 为标量函数，它沿系统状态轨迹的增量为 $\Delta V[x(k)]=V[x(k+1)]-V[x(k)]$，适用于连续时间系统的李雅普诺夫各种稳定判据，只要相应地将 $V(x)$ 改为 $V[x(k)]$，将 $\dot{V}(x)$ 改为 $\Delta V[x(k)]$，即可适用于离散时间系统。

假设原点是系统 $x(k+1)=f[x(k)]$ 的平衡点，若 $V[x(k)]>0$，$\Delta V[x(k)]<0$，则原点是渐近稳定的；此外，若 $\|x(k)\| \to \infty$ 时，$V[x(k)] \to \infty$，则原点是全局渐近稳定的。

对于线性定常离散系统 $x(k+1)=Gx(k)$ 渐近稳定的充要条件是：对任意给定的正定矩阵 Q，存在正定矩阵 P 满足李雅普诺夫方程：$G^{\mathrm{T}}PG-P=-Q$。

系统 $x(k+1)=Gx(k)$ 渐近稳定的充要条件是 G 的特征根的模均小于 1。

矩阵 G 所有特征值的模均小于 $\sigma(\sigma>0)$ 的充要条件是：对任意给定的某个正定矩阵 Q，存在正定矩阵 P 满足：$\sigma^{-2}G^{\mathrm{T}}PG-P=-Q$。

MATLAB 提供了一些特殊方程的求解函数，用于稳定性分析的常用 MATLAB 函数如表 9-1 所示。

表 9-1　常用MATLAB特殊方程求解表

函　　数	使　用　说　明
X=sylv(P,S,Q)	用于Sylvester方程求解，即 $PX+XS=Q$
P=lyap(A,Q)	用于连续李雅普诺夫方程求解，即 $A^{\mathrm{T}}P+PA=-Q$
P=dlyap(G',Q)	用于离散李雅普诺夫方程求解，即 $G^{\mathrm{T}}PG-P=-Q$

9.2　稳定性分析仿真示例

这里通过示例说明如何采用 MATLAB 进行稳定性分析。

视频讲解

【例 9-1】　已知系统的传递函数为 $G(s)=\dfrac{(s+1)}{s^6+s^5+s^4+s^3+s^2+s+1}$，根据赫尔维茨稳定判据判定系统的稳定性。

```
>> num=[1 1];
>> den=[1,1,1,1,1,1,1];
>> n=length(den)-1;
>> for i=1:n, i1=floor(i/2);
>>     if i==i1*2,
>>     hzm=den(1:2:n+1);
>>     i1=i1-1;
>>     else,
>>     hzm=den(2:2:n+1); end
>>     l1=length(hzm);
>>     H(i,:)=[zeros(1,i1),hzm,zeros(1,n-i1-l1)];
>> end
>> [nr,nc]=size(H);
>> hz=[];
>> for i=1:nr
>>     hz=[hz,det(H(1:i,1:i))];
>> end
>>     key=1;
>> if any(hz<=0)
>>     key=0;
>> end
>> H
>> key
>> pzmap(num,den)
```

运行结果如下，运行结果如图 9-1 所示。

```
H =
    1    1    1    0    0    0
    1    1    1    1    0    0
    0    1    1    1    0    0
    0    1    1    1    1    0
    0    0    1    1    1    0
    0    0    1    1    1    1
key =
    0
```

根据赫尔维茨稳定判据，可知系统不稳定，由所求特征根的分布情况也说明了系统不稳定。

【例 9-2】 已知系统的传递函数为 $G(s) = \dfrac{(s+1)}{s^6+3s^5+5s^4+8s^3+10s^2+15s+1}$，根据劳斯稳定判据判定系统的稳定性，并求极点验证。

```
>> den=[1,3,5,8,10,15,1];
>> vec1=den(1:2:length(den));
>> nrT=length(vec1);
>> vec2=den(2:2:length(den)-1);
>> rcc=[vec1; vec2, zeros(1,nrT-length(vec2))];
>> if mod(length(den),2)==0
>>     vec2(length(den)/2)=den(length(den));
>>     rcc=[vec1; vec2];
```

```
>> end
>> for k=1:length(den)-2,
>>     alpha(k)=vec1(1)/vec2(1);
>>     if mod(length(den),2)==0,
>>         if k==1,
>>             columndata=length(vec2)-1;
>>         else
>>             columndata=length(vec2);
>>         end
>>     else
>>         columndata=length(vec2);
>>     end
>>     for i=1:columndata,
>>         a3(i)=rcc(k,i+1)-alpha(k)*rcc(k+1,i+1);
>>     end
>>     rcc=[rcc; a3, zeros(1,nrT-length(a3))];
>>     vec1=vec2;
>>     vec2=a3;
>> end
>> rcc
>> roots(den)
```

图 9-1　例 9-1 程序运行结果

运行结果如下：

```
rcc =
    1.0000    5.0000    10.0000    1.0000
```

```
      3.0000       8.0000      15.0000            0
      2.3333       5.0000       1.0000            0
      1.5714      13.7143            0            0
    -15.3636       1.0000            0       0
     13.8166            0            0       0
      1.0000            0            0       0
ans =
  -2.1001 + 0.0000i
  -0.9790 + 1.4045i
  -0.9790 - 1.4045i
   0.5639 + 1.4183i
   0.5639 - 1.4183i
  -0.0697 + 0.0000i
```

根据劳斯稳定判据，可知系统不稳定，且不稳定根的个数为 2，所求特征根的情况也说明了系统不稳定。

【例 9-3】 已知 $G(s) = \dfrac{1}{s^4 + 7s^3 + 19s^2 + 23s + 10}$，采样周期为 0.1s，采用修正的劳斯判据分析经过 Z 变换后的离散系统的稳定性。

```
>>T=0.1;
>>syms s t k z w;
>>Gs=1/( s^4+7*s^3+19*s^2+23*s+10)
>>et=ilaplace(Gs);
>>ekT=subs(et,t,k*T);
>>Gz=ztrans(ekT)
>>[numz,denz]=numden(Gz);
>>numzz=sym2poly(numz);
>>denzz=sym2poly(denz);
>>Gzz=(poly2sym(numzz))/(poly2sym(denzz));
>>x=(w+1)/(w-1);
>>Gw= compose(Gzz,x) ;
>>expand(Gw);
>>[numw,denw]=numden(Gw);
>>den=sym2poly(denw);
>>vec1=den(1:2:length(den));
>>nrT=length(vec1);
>>vec2=den(2:2:length(den)-1);
>>rcc=[vec1; vec2, zeros(1,nrT-length(vec2))];
>>if mod(length(den),2)==0
>>    vec2(length(den)/2)=den(length(den));
>>    rcc=[vec1; vec2];
>>end
>>for kl=1:length(den)-2,
>>   alpha(kl)=vec1(1)/vec2(1);
>>   if mod(length(den),2)==0,
>>      if kl==1,
>>         columndata=length(vec2)-1;
```

```
>>      else
>>          columndata=length(vec2);
>>      end
>>   else
>>      columndata=length(vec2);
>>   end
>>   for i=1:columndata,
>>      a3(i)=rcc(kl,i+1)-alpha(kl)*rcc(kl+1,i+1);
>>   end
>>   rcc=[rcc; a3, zeros(1,nrT-length(a3))];
>>   vec1=vec2;
>>   vec2=a3;
>>end
>>rcc
>>rotz=roots(denzz)
>>abs(rotz)
```

运行结果如下:

```
Gs =
1/(s^4 + 7*s^3 + 19*s^2 + 23*s + 10)
Gz =
z/(2*(z - exp(-1/10))) - z/(z - exp(-1/5)) - (z*exp(1/5)*(cos(1/10) - z*exp(1/5)))/
(2*(exp(2/5)*z^2 - 2*cos(1/10)*exp(1/5)*z + 1)) - (z*exp(1/5)*sin(1/10))/
(2*(exp(2/5)*z^2 - 2*cos(1/10)*exp(1/5)*z + 1))
rcc =
  1.0e+20 *
  0.0003    0.2009    4.2463
  0.0121    1.4839         0
  0.1687    4.2463         0
  1.1787         0         0
  4.2463         0         0
rotz =
  0.9048 + 0.0000i
  0.8146 + 0.0817i
  0.8146 - 0.0817i
  0.8187 + 0.0000i
ans =
  0.9048
  0.8187
  0.8187
  0.8187
```

　　根据程序运行结果可知，系统经过 Z 变换后得到的离散系统是稳定的，由所求离散系统的特征根的模小于 1 也说明了系统是稳定的。

　　【例 9-4】　已知系统稳定时，参数需满足的条件为 $\begin{cases} 6\mathrm{e}^{-k_I} + 3k_P < k_I \\ k_P > k_I - 3 \end{cases}$，绘制系统稳定时参数的取值区域。

```
>>clear all
>>f1=@(ki,kp)6*exp(-ki)+3*kp-ki;
```

```
>>ezplot(f1)
>>hold on;
>>f2=@(ki,kp) kp-ki+3;
>>ezplot(f2);
```

运行结果如图 9-2 所示。

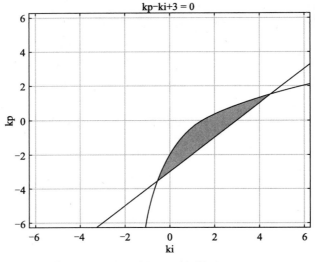

图 9-2 例 9-4 运行结果

【例 9-5】 确定如下非线性系统在原点处的稳定性。

$$\begin{cases} \dot{x}_1 = -x_1(x_1^2 + x_2^2) + x_2 \\ \dot{x}_2 = -x_2(x_1^2 + x_2^2) - x_1 \end{cases}$$

```
>>syms x1 x2;
>>f1=-x1*(x1^2+x2^2)+x2;
>>f2=-x2*(x1^2+x2^2)-x1;
>>V=x1^2+x2^2;
>>dV=diff(V,x1)*f1+diff(V,x2)*f2;
>>simplify(dV)
```

运行结果如下：

```
ans =
-2*(x1^2 + x2^2)^2
```

根据程序运行结果可知，非线性系统在原点处是渐近稳定的。

【例 9-6】 单位负反馈系统的开环传递函数为 $G(s) = \dfrac{1000}{(s-5)(s+5)(s+3)(s+2)}$ ，绘制系统的奈奎斯特曲线，并由图判断系统的稳定性，若系统不稳定，给出闭环系统的不稳定极点个数，并求闭环系统特征方程的根加以验证。

```
>> clear all;
>> G=tf(1000,conv([1,-5],conv([1,5],conv([1,3],[1,2]))));
>> nyquist(G);
```

```
>> G_close=feedback(G,1);
>> roots(G_close.den{1})
```

运行结果如图 9-3 所示。

```
ans =
-6.0191 + 3.4352i
-6.0191 - 3.4352i
   3.5191 + 2.3051i
   3.5191 - 2.3051i
```

结合奈奎斯特曲线，根据奈奎斯特稳定判据：可知系统不稳定，且不稳定根的个数为 Z=P–N=1–(–1)=2。

【例 9-7】 开环系统的传递函数为 $G(s)=\dfrac{K(s+6)}{(s^2+6s+5)^2}$，绘制系统的根轨迹，并分析系统稳定时 K 的取值范围。

```
>> num=[1,6];
>> den1=[1,6,5];
>> den=conv(den1,den1);
>> figure(1)
>> rlocus(num,den)
>> [k,p]=rlocfind(num,den)
```

运行结果如图 9-4 所示。

图 9-3　例 9-6 程序运行结果图

图 9-4　例 9-7 运行结果

```
Select a point in the graphics window
selected_point =
-0.0027 + 3.0582i
k =
   52.7580
p =
-5.9931 + 0.7430i
-5.9931 - 0.7430i
-0.0069 + 3.0603i
```

```
-0.0069 - 3.0603i
```

根据程序运行结果，可知系统稳定时 K 的取值范围为 $0<K<52.758$。

【例 9-8】 已知系统的状态方程为

$$\dot{X} = \begin{bmatrix} -4 & 6 & 15 & 2 \\ 1 & 2 & -5 & 8 \\ 7 & 9 & 4 & 1 \\ 3 & 22 & 2 & 6 \end{bmatrix} X + \begin{bmatrix} 0.9 \\ 0.3 \\ -1 \\ 2 \end{bmatrix} u, \quad y = \begin{bmatrix} 1 & 3 & -1 & 0 \end{bmatrix} X$$

应用李雅普诺夫稳定判据判定系统的稳定性。

求解程序如下：

```
>> clear all
>> A=[-4,6,15,2;
>> 1,2,-5,8;
>> 7,9,4,1;
>> 3,22,2,6];
>> B=[0.9;0.3;-1;2];
>> C=[1,3,-1,0];
>> D=0;
>> G=ss(A,B,C,D);
>> W=diag([1,1,1,1]);
>> V=lyap(G.a,-W)
>> [nr,nc]=size(V);
>> hz=[];
>> for i=1:nr
>> hz=[hz,det(V(1:i,1:i))];
>> end
>> key=1;
>> if any(hz<=0)
>> key=0;
>> end
>> key
>> hz
>> pzmap(A,B,C,D)
```

运行结果如图 9-5 所示。

```
V =
-0.7163    0.3597   -0.2466   -0.4121
  0.3597   -0.0880    0.2430    0.1914
-0.2466    0.2430    0.0931   -0.3328
-0.4121    0.1914   -0.3328   -0.3015
key =
     0
hz =
-0.7163   -0.0663   -0.0016    0.0020
```

图 9-5　例 9-8 运行结果

根据李雅普诺夫稳定判据，可知系统不稳定，由所求特征根的分布情况也说明了系统不稳定。

习　　题

1. 系统的特征多项式为 $s^6+2s^5+3s^4+4s^3+5s^2+6s+1$，试应用劳斯稳定判据判定该系统的稳定性。

2. 采样系统如图 9-6 所示，其中 $G(s)=\dfrac{2}{0.1s+1}$，编程给出采样时间分别是 1s 和 0.1s 时系统的稳定情况。

图 9-6　习题 2 采样系统

3. 单位负反馈控制系统的前向通道传递函数为 $G(s)=\dfrac{K(s+2)}{(s^2+s+1)(s^3+2s^2+6s+11)}$。试用 MATLAB 确定当系统稳定时，参数 K 的取值范围(设 $K>0$，取小数点后 4 位的精度)。

4. 已知系统的状态方程为

$$\dot{X}=\begin{bmatrix}1 & -6 & -5 & 2\\ 1 & 2 & -1 & 8\\ 2 & 11 & 9 & 1\\ 3 & 2 & 2 & 6\end{bmatrix}X+\begin{bmatrix}0.9\\ 0.3\\ -1\\ 2\end{bmatrix}u,\quad y=\begin{bmatrix}1 & 3 & -1 & 0\end{bmatrix}X+u$$

应用李雅普诺夫稳定判据判定系统的稳定性。

第 10 章

离散控制系统的设计与仿真

将计算机或者单片机引入控制系统就构成了离散控制系统。计算机进行运算和处理的是数字信号，而实际系统大部分是连续系统，连续系统中的给定量、反馈量及被控对象都是连续型的时间函数，把计算机引入连续系统，这就造成了信息表示形式与运算形式的不同，为了设计与分析计算机控制系统，就要对两种信息进行变换。用结构图（图 10-1）来说明离散控制系统的信息转换关系。

图 10-1 离散控制系统的结构图

只需要从时间和幅值两方面分析，就可以清楚地区分信号的类型。从时间上区分：连续时间信号，即时间轴上任何时刻都存在的信号；离散时间信号，即时间轴上离散出现的信号。从幅值上区分：模拟量，即幅值上连续变化，可取任意值的信号；离散量，即具有最小表达单位的模拟量，更一般地说就是幅值上只能取离散值；数字量，即幅值用一定位数的二进制编码形式表示。与计算机进行信息转换的过程是将模拟信号 $y(t)$，经过按一定周期闭合的采样装置，变成离散信号 $y^*(t)$，再经过模数转换器（Analog to Digital Converter，ADC），就转换成数字信号 $y(kT)$ 了，这里假设模数转换有足够的精度，因此由 ADC 形成的量化误差在数学上是可以忽略不计的，这样就可以把采样装置和 ADC 用周期为 T 的理想采样开关代替。如果一个连续信号不包含高于频率 ω_m 的频率分量，那么就完全可以用周期 $\omega_s \geqslant 2\omega_m$ 的均匀采样值来描述。或者说，如果采样频率 $T \leqslant \pi / \omega_m$，那么可以从采样信号中不失真地恢复原连续信号。若整个采样过程中的采样周期 T 保持不变，称这种采样为均匀采样；若采样周期 T 是变化的，则称为非均匀采样；若采样间隔的长短是随机变化的，就称为随机采样。若一个系统里各点采样器的采样周期均相同，称为单速率采样系统。若各点采样器的采样周期不相同，则称为多速率采样系统。这里只考虑单速率采样系统。计算机将输入的数字信号进行运算与处理，产生并输出数字信号 $u(kT)$，由计算机的输出通道的数模转换器（Digital to Analog Converter，DAC）将数字量转换成模拟量，DAC 在精度足够高的情况下（通常情况下 DAC 的精度是可以满足要求的），DAC 在数学上就可以用零阶保持器（Zero-Order Holder，ZOH）来代替。最后数字控制信号 $u(kT)$ 就转换成被控对象可以接收的连续模拟信号 $u(t)$，即通常所说的模拟控制信号。

10.1　离散控制系统的设计

一个典型的离散控制系统如图 10-2 所示。

图 10-2　典型的离散控制系统

　　根据处理问题的角度，可以将离散控制系统控制器 $D(z)$ 的设计方法分为两种：一种是基于等效连续系统的数字控制器设计方法，这种方法是一种间接设计法，它的实质是将数字控制器部分（模数转换、计算机和数模转换）看成一个整体，它的输入 $r(t)$ 和输出 $y(t)$ 都是模拟量，因而上述整体可等效为连续传递函数 $D(s)$，这样，离散控制系统仍可被视作控制器为 $D(s)$ 的连续控制系统，从而可以运用已有成熟的连续域控制器设计技术。另一种方法是将连续的控制对象及其零阶保持器用适当的方法离散化后，将系统完全变成离散系统，因此可以用离散系统的设计方法直接在 z 域进行控制器的设计，这就是基于等效离散系统的数字控制器 z 域直接设计方法。

　　基于等效连续系统的数字控制器设计方法对离散控制系统进行综合与设计，其实质是在采样周期较小的情况下，将离散控制系统近似看成连续系统从而进行控制器的设计，然后通过对连续控制器的离散化处理，得到离散控制系统的数字控制算法。该方法比较适用于不能获得被控对象准确数学模型的情况，但仍然属于一种近似化的设计方法。基于等效离散系统的数字控制器 z 域直接设计方法稳定性好，精度高，但是只能用于可以获得被控对象精确数学模型的情况。由于该方法是在给定的采样周期下进行设计的，因此采样周期的选择取决于被控对象的特性，不会受到分析设计方法的限制，因而采样周期可以选得较大，能够达到离散控制系统的控制指标要求即可。

10.1.1　基于等效连续系统的数字控制器设计

　　基于等效连续系统的数字控制器设计的实质是将数字控制器部分看成一个整体，其输入和输出都是模拟量，因而该整体可等效为连续传递函数 $D_e(s)$，如图 10-3 所示。

图 10-3　基于等效连续系统的数字控制器设计示意图

模数转换输出 $R^*(j\omega)$ 与输入频域 $R(j\omega)$ 的关系为

$$R^*(j\omega) = \frac{1}{T}\sum_{n=-\infty}^{\infty} R(j\omega + jn\omega_s)$$

在满足系统低通且采样频率较高的条件下，有

$$R*(j\omega) \approx \frac{1}{T}R(j\omega)$$

即 $R*(j\omega) / R(j\omega) \approx \frac{1}{T}$ 。

计算机实现的控制算法中，$D(z)$ 的频率特性可表示为 $D(e^{j\omega T})$

数模转换的频率特性为

$$G(j\omega) = T\frac{\sin(\omega T / 2)}{\omega T / 2}e^{-j\omega T/2} \approx Te^{-j\omega T/2}$$

等效连续控制器的频率特性为

$$D_e(j\omega) \approx \frac{1}{T}D(e^{j\omega T})Te^{-j\omega T/2} = D(e^{j\omega T})e^{-j\omega T/2}$$

等效连续控制器的传递函数为

$$D_e(s) = D(e^{sT})e^{-sT/2}$$

其中 $D(e^{sT}) = D(z)$，被视为脉冲传递函数 $D(z)$ 的等效传递函数，可以用 $D_{eq}(s)$ 来表示。$e^{-sT/2}$ 为模数转换和数模转换合起来的近似环节，它反映了 ZOH 相位滞后的特性，由于 $e^{-sT/2}$ 不是有理分式，所以在实际设计中可以用不同阶次的泊松近似表示，常用一阶近似式，即 $e^{-sT/2} \approx \dfrac{1}{1+sT/2}$。

基于上述分析，基于等效连续系统的数字控制器设计的步骤如下。

第 1 步：根据系统的性能，选择采样频率，并设计抗混叠前置滤波器。

第 2 步：考虑 ZOH 的相位滞后，根据系统的性能指标和连续域设计方法，设计数字控制算法等效传递函数 $D_{eq}(s)$。

第 3 步：选择合适的离散化方法，将 $D_{eq}(s)$ 离散化，获得脉冲传递函数 $D(z)$，使两者性能尽量等效。

第 4 步：检验计算机控制系统闭环性能。若满足指标要求，进行下一步；否则，重新进行设计。

改进设计的途径有：选择更合适的离散化方法；提高采样频率；修正连续域设计，如增加稳定裕度指标等。

第 5 步：将 $D(z)$ 变为数字算法，在计算机上编程实现。

等效连续系统的数字控制器设计的关键是掌握各种离散化方法，了解其特点，以便合理使用。常用的离散化方法有脉冲响应不变法（Z 变换法）、阶跃响应不变法、向前差分法、向后差分法、双线性变换法和零极点匹配法。

（1）脉冲响应不变法，要求离散环节的脉冲响应等于连续环节脉冲过渡函数的采样值，由于 $\delta(t)$ 经采样后仍为 $\delta(t)$，只要 $D(z)=Z[D(s)]$，那么必定能保证 $D(s)$ 和 $D(z)$ 两者的脉冲响应在采样时刻相等。所以脉冲响应不变法的离散化公式就是对 $D(s)$ 作 Z 变换，即

$$D(z)=Z[D(s)]$$

所以也被称为 Z 变换法。Z 变换法的工程实用意义不大。因为 Z 变换是多对一的映射，会产生严重的频率混叠，只有在窄带滤波器场合才能使用，另外 Z 变换无串联性质，即

$$Z[D_1(s) \cdot D_2(s) \cdots] \neq Z[D_1(s)] \cdot Z[D_2(s)]$$

这给复杂系统离散化造成不便。

（2）阶跃响应不变法，要求离散环节和连续环节的阶跃响应采样值保持不变，实质就是连续传递函数作带零阶保持器的 Z 变换，即

$$D(z) = Z\left[\frac{1-\mathrm{e}^{-Ts}}{s}D(s)\right]$$

采用阶跃响应不变法离散化，就能保证 $D(s)$ 和 $D(z)$ 的阶跃响应在采样时刻保持不变。由于在计算机内存中，每个采样间隔内保持信号不变，计算机的输出相当于具有零阶保持器的性能。因此，采用带 ZOH 的 Z 变换进行离散比 Z 变换法更具实用价值。阶跃响应不变法具有以下特点，与脉冲响应不变法一样，采用 Z 变换的方法离散化，由于 Z 变换将 s 左半平面映射在 z 平面单位圆内，所以若连续环节的 $D(s)$ 稳定，则离散环节的 $D(z)$ 也一定稳定；带 ZOH 的 Z 变换同样无串联性，计算也较为复杂；在频域上，由于 ZOH 的低通作用，频率混叠现象比单纯作 Z 变换能显著减轻，因而离散前后频率特性畸变较小；离散后，稳态增益能保持不变。

脉冲响应不变法与阶跃响应不变法这两种离散化方法都需要作 Z 变换，且无串联性，工程应用相对不太方便。

（3）向前差分法，是指用一阶向前差分近似代替微分所推出的置换公式。其 s 和 z 的置换公式为

$$s = \frac{z-1}{T}$$

向前差分法的物理意义是用矩形面积之和来近似代替曲线下的面积。很显然，当采样周期 T 较小时，矩形面积之和能较好地近似等于曲线下的面积。相反地，T 越大，等效的精度就越差。向前差分法的特点如下：置换公式简单，有串联性，应用方便；当采样周期 T 较大时，等效精度较差；稳态增益维持不变。

（4）向后差分法，是指用一阶向后差分近似代替微分所推出的置换公式。其 s 和 z 的置换公式为

$$s = \frac{z-1}{Tz}$$

向后差分法的主要特点与向前差分法相同，仅映射关系不同。

（5）双线性变换法，也称突斯汀（Tustin）变换法。一阶差分变换法是用矩形面积值近似代替曲线下的面积，如果用梯形面积近似代替曲线下的面积就得到了双线性变换法，其 s 和 z 的置换公式为

$$s = \frac{2}{T}\frac{z-1}{z+1}$$

双线性变换法将 s 左半平面映射到 z 平面单位圆内，这和 Z 变换的映射类似，因此，这种离散化方法也能保持稳定性不变。但要注意，Z 变换的映射是重叠映射，而双线性变换法的映射是一对一的，将整个 s 左半平面只映射为 1 个单位圆。双线性变换的一对一映射，保证了离散频率特性不产生频率混叠现象，但是产生了频率畸变，此时可采用预修正双线性变换来加以改善。

（6）无论是连续系统还是离散系统，系统的零点和极点的位置或分布都决定了系统的性能。零极点匹配法是按照 Z 变换的定义 $z = \mathrm{e}^{sT}$，将模拟控制器的 $D(s)$ 在 s 平面上的零点和极点一一对应地映射到 z 平面上，使数字控制器的 $D(z)$ 的零极点与模拟控制器 $D(s)$ 的零极点完全对应。变换后 $D(z)$ 的分母和分子的阶次总是相等的，当 $D(s)$ 的极点数比零点数多时，$D(s)$ 缺少的零点可视作在无穷远处存在零点，这可用 z 平面上 $z=-1$ 的零点匹配。因此，零极点匹配法也称为匹配 Z 变换法。

设连续系统的传递函数为

$$G(s) = \left.\frac{k(s+z_1)(s+z_2)\cdots(s+z_m)}{(s+p_1)(s+p_2)\cdots(s+p_n)}\right|_{(s+z_i)\Rightarrow(z-\mathrm{e}^{-z_i}),(s+p_i)\Rightarrow(z-\mathrm{e}^{-p_i})}$$

$n > m$，相当于在无穷远存在 $n-m$ 个零点。若系统工作在主频区，即系统工作频率 $-\dfrac{\pi}{T} \leqslant \omega \leqslant \dfrac{\pi}{T}$，所

以 $\omega \to \infty$ ，可以看作 $\omega \to \dfrac{\pi}{T}$ ，即 $z \to -1$ 。因此 s 平面上的无穷零点，可以用 z 平面上的 $z \to -1$ 来匹配。

零极点匹配法的规则为， $G(s)$ 的所有极点和所有的有限值零点按照 $z = e^{Ts}$ 变换； $G(s)$ 所有在 $s = \infty$ 处的零点变换成在 $z = -1$ 处零点，即添加 $(1+z^{-1})^{n-m}$ 项；要保证变换前后增益不变，需进行增益匹配，低通通过 $G(s)\big|_{s=0} = G(z)\big|_{z=1}$ 求 k ；高通通过 $G(s)\big|_{s=\infty} = G(z)\big|_{z=-1}$ 求 k ；零极点匹配法的特点是： $D(z)$ 和 $D(s)$ 有相同稳定性； z 平面的零极点一一对应；增益按特定点来确定。

10.1.2　基于等效离散系统的数字控制器 z 域直接设计

该方法是在给定离散控制系统闭环系统脉冲传递函数的条件下，直接计算出数字控制器的脉冲传递函数，本质上属于一种极点配置设计方法。其中，最小拍控制属于时间最优的控制系统设计，即控制的目标是整个闭环系统的调节时间最短，而大林算法则用于解决纯滞后被控对象的控制器设计问题。由于解析设计法依赖于被控对象模型的精确性建立，因此在工程化实用过程中，需要针对具体情况进行相应的控制算法改进或算法中关键参数的工程化选择。这里给出基于等效离散系统数字控制器 z 域直接设计方法的思路。

基于等效离散系统的数字控制器 z 域直接设计示意图如图 10-4 所示。

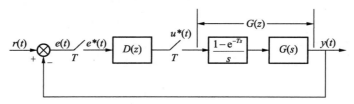

图 10-4　基于等效离散系统的数字控制器 z 域直接设计示意图

其中， $G(s)$ 为被控对象的传递函数， $\dfrac{1-e^{-Ts}}{s}$ 为零阶保持器， $G(z) = Z\left[\dfrac{1-e^{-Ts}}{s}G(s)\right]$ 为系统的广义被控对象的脉冲传递函数； $D(z)$ 为待设计的数字控制器的脉冲传递函数。

记 $\Phi(z)$ 为整个系统的闭环脉冲传递函数。

系统的开环脉冲传递函数为

$$\Phi_K(z) = D(z) \cdot G(z)$$

系统的闭环脉冲传递函数为

$$\Phi(z) = \frac{\Phi_K(z)}{1+\Phi_K(z)} = \frac{D(z)G(z)}{1+D(z)G(z)}$$

系统的误差脉冲传递函数

$$\Phi_e(z) = \frac{E(z)}{R(z)} = \frac{1}{1+D(z)G(z)} = 1-\Phi(z)$$

数字控制器输出的闭环脉冲传递函数为

$$\Phi_U(z) = \frac{U(z)}{R(z)} = \frac{D(z)}{1+D(z)G(z)} = \frac{\Phi(z)}{G(z)}$$

若已知以上脉冲传递函数，那么可计算出数字控制器 $D(z)$ 。

若已知 $\Phi(z)$ ，那么可计算出 $D(z)$ 为

$$D(z) = \frac{1}{G(z)} \cdot \frac{\Phi(z)}{1 - \Phi(z)}$$

若已知 $\Phi_e(z)$，那么可计算出 $D(z)$ 为

$$D(z) = \frac{1}{G(z)} \cdot \frac{1 - \Phi_e(z)}{\Phi_e(z)}$$

若已知 $\Phi_U(z)$，那么可计算出 $D(z)$ 为

$$D(z) = \frac{\Phi_U(z)}{1 - \Phi_U(z)G(z)} = \frac{\Phi_U(z)}{1 - \Phi(z)}$$

选取闭环脉冲传递函数的不同，$D(z)$ 的选取也不同，但是所选的 $D(z)$ 必须满足以下条件：计算得到的 $D(z)$ 是物理可实现的，即必须符合因果律，如果 $D(z)$ 的分子的阶次比分母低或与分母的相同，则 $D(z)$ 在实时控制时是可实现的，此时控制算式用到的是过去或现在的测量值与计算值。反之，如果 $D(z)$ 的分子的阶次比分母高，则控制算式中将出现未来的测量值与计算值，使实时控制无法实现。此外 $D(z)$ 必须是稳定的，即 $D(z)$ 的零、极点的分布必须满足稳定条件。

10.1.3　数字 PID 控制器

PID 控制器表示比例（proportional）-积分（integral）-微分（differential）控制规律，即控制器的输出与输入是比例积分微分的关系。PID 控制器产生于 20 世纪 30 年代末，从模拟控制器到数字控制器，经过广泛的理论研究和丰富的应用实践，取得了巨大的成功，是工业控制领域应用较广泛也是较成功的一种控制器。PID 控制器成功的本质原因是这种控制器蕴含富有哲理的深刻思想：积分反映了输入信号的"历史"变化，比例反映了输入信号的"当前"状态，微分则表征输入信号"未来"的变化趋势。

PID 控制器结构简单、稳定性好、工作可靠、调整比较方便，因此成为工业控制领域应用较广泛的核心技术。

连续控制系统的理想 PID 控制规律为

$$u = K_c \left(e + \frac{1}{T_i} \int e \, dt + T_d \frac{de}{dt} \right)$$

其中 K_c——比例增益，K_c 与比例度 δ 成倒数关系，即 $K_c = 1/\delta$；T_i——积分时间；T_d——微分时间；u——PID 控制器的输出信号；e——误差，即给定值与测量值之差。

PID 控制规律中比例增益 k_c 的增大有利于提高灵敏度、加快调节速度、减小稳态误差，但不能消除稳态误差。k_c 过大时，系统容易引起振荡，趋于不稳定状态。积分时间 T_i 是消除系统稳态误差的关键，T_i 要与对象的时间常数相匹配，T_i 太小，容易诱发系统振荡，使系统不稳定；T_i 太大，则减小稳态误差的能力将削弱，系统的过渡时间会延长。微分时间 T_d 的主要作用是加快系统的动态响应，既可以减少超调量，又可减小调节时间。但引入 T_d 后，系统受干扰的影响会增加。

对积分作用和微分作用进行离散化，得到 PID 控制算法中积分作用和微分作用相应的近似差分方程为

$$\begin{cases} \int e \, dt \approx T_s \sum_{i=0}^{n} e_i \\ \dfrac{de}{dt} \approx \dfrac{e_n - e_{n-1}}{T_s} \end{cases}$$

其中 T_s——采样周期。

根据 PID 控制规律及积分作用和微分作用相应的近似差分方程，可得到不同的控制算法。

1）位置型 PID 控制算法

第 n 次采样时计算机的输出值 u_n 为

$$u_n = K_c \left[e_n + \frac{T_s}{T_i} \sum_{i=0}^{n} e_i + \frac{T_d}{T_s} (e_n - e_{n-1}) \right]$$

式中，e_n——第 n 次采样时的偏差值。

2）增量型 PID 控制算法

第 $(n-1)$ 次采样计算机的输出值为

$$u_{n-1} = K_c \left[e_{n-1} + \frac{T_s}{T_i} \sum_{i=0}^{n-1} e_i + \frac{T_d}{T_s} (e_{n-1} - e_{n-2}) \right]$$

两次采样计算机输出值的增量为

$$\Delta u_n = u_n - u_{n-1} = K_c \left[(e_n - e_{n-1}) + \frac{T_s}{T_i} e_n + \frac{T_d}{T_s} (e_n - 2e_{n-1} + e_{n-2}) \right]$$

$$= K_c(e_n - e_{n-1}) + K_I e_n + K_D(e_n - 2e_{n-1} + e_{n-2})$$

其中，K_c——比例系数，K_I——积分系数，$K_I = K_c \frac{T_s}{T_i}$；$K_D$——微分系数；$K_D = K_c \frac{T_d}{T_s}$。

Δu_n 表示执行机构的控制增量（k 时刻相对 $k-1$ 时刻控制信号的增量），增量算法的特点是较为安全，因为一旦计算机出现故障，输出控制指令为零时，仅控制信号的增量为零，此时执行机构的位置（如阀门的开度）仍可保持前一次控制信号，不会给被控对象带来较大的扰动；计算时不会进行累加，仅需要最近几次误差的采样值，是位置型 PID 算法一种更好的表达形式。

注意：位置型 PID 算法和增量型 PID 算法是 PID 算法的两种表现形式，选择何种形式必须考虑执行机构的特性，如果执行机构带有积分性质，则选择增量型；若执行机构没有积分性质，则选择位置型。

3）实用递推算法

将 $\Delta u_n = K_c \left[(e_n - e_{n-1}) + \frac{T_s}{T_i} e_n + \frac{T_d}{T_s} (e_n - 2e_{n-1} + e_{n-2}) \right]$ 改写成下列形式：

$$\Delta u_n = K_c \left(1 + \frac{T_s}{T_i} + \frac{T_d}{T_s}\right) e_n - K_c \left(1 + \frac{2T_d}{T_s}\right) e_{n-1} + \frac{K_c T_d}{T_s} e_{n-2} \tag{10-1}$$

令 3 个动态参数为中间变量，即 $A = K_c \left(1 + \frac{T_s}{T_i} + \frac{T_d}{T_s}\right)$；$B = K_c \left(1 + \frac{2T_d}{T_s}\right)$；$C = K_c \frac{T_d}{T_s}$。

则式（10-1）可写成

$$\Delta u_n = Ae_n - Be_{n-1} + Ce_{n-2} \tag{10-2}$$

从式（10-2）中已看不出比例积分和微分作用，它只反映了每次采样偏差对控制作用的影响，又把式（10-2）称为偏差系数控制算法。

对于特殊形式的 PID 算法，其核心仍然是 PID 控制，如积分分离 PID 算法；带有死区的 PID 算法；不完全微分的 PID 算法；微分先行的 PID 算法等。

10.1.4　分数阶 $PI^\lambda D^\mu$ 控制器

区别于传统的整数阶 PID 控制器，分数阶 $PI^\lambda D^\mu$ 控制器具有更灵活的控制性能和更广泛的适应性。分

数阶 $\text{PI}^\lambda\text{D}^\mu$ 控制器是一种基于分数阶微积分理论的控制算法。它通过在控制系统中引入误差的分数阶微积分运算来实现对被控系统的精确控制。与传统的整数阶 PID 控制器相比，分数阶 $\text{PI}^\lambda\text{D}^\mu$ 控制器的控制算法是基于分数阶微分和积分理论而设计的。传统 PID 控制器中的微分和积分操作是基于整数阶微分和积分理论来实现的，而分数阶 $\text{PI}^\lambda\text{D}^\mu$ 控制器则将整数阶微分和积分理论推广到了分数阶范围内。目前分数阶微积分中最为主流的 3 种定义有 Riemann–Liouville 分数阶微积分定义、Grunwald–Letnikov 分数阶微积分定义和 Caputo 分数阶微积分定义。由于这些定义计算复杂，理论上讲分数阶系统是无限维的，整数阶系统是有限维的，因此需要将分数阶微积分运算进行近似离散化处理后，才能加以应用。常见的近似离散化处理方法有连分式近似方法、连分式展开近似方法、Carlson 近似方法、Matsuda 近似方法、Oustaloup 近似方法、Chareff 近似方法和指数序列展开近似方法等，其中 Oustaloup 近似方法是建立在传递函数近似的基础上得到的，目前该近似方法在分数阶 $\text{PI}^\lambda\text{D}^\mu$ 控制器中应用较为广泛。

　　分数阶 $\text{PI}^\lambda\text{D}^\mu$ 控制器的控制算法包含比例、分数阶积分和分数阶微分 3 部分。其中比例部分 P 主要用来根据误差的大小产生控制量，分数阶积分 I^λ 部分用来消除系统的静差，分数阶微分 D^μ 部分则可以更精确地对系统的变化进行预测和调节。对于复杂的非线性系统，传统的整数阶 PID 控制器往往难以满足要求。而分数阶 PID 控制器则具有更强大的自适应能力，可以更好地适应不同的系统特性和工况要求。分数阶 $\text{PI}^\lambda\text{D}^\mu$ 控制器可以应用于不同领域的控制系统，如工业自动化系统、机器人控制系统和生物医学系统等。

　　与传统的整数阶 PID 控制器表达式类似，描述分数阶 $\text{PI}^\lambda\text{D}^\mu$ 控制器的微分方程为

$$u(t) = K_p e(t) + K_i D^{-\lambda} e(t) + K_d D^\mu e(t)$$

其中，$u(t)$ 为控制器的输出，$e(t)$ 为控制器的输入，λ（$\lambda>0$）、μ（$\mu>0$）分别为控制器的积分阶次和微分阶次，K_p、K_i、K_d 为分数阶 $\text{PI}^\lambda\text{D}^\mu$ 控制器的参数。

　　参数 λ 的值作为分数阶控制器中积分环节的指数值，该值的大小将对系统稳态精度、超调、调节时间等性能造成很大的影响，一般来说，随着 λ 值的逐渐增大，稳态精度会明显提高，系统的超调会逐渐变大，调节时间会逐渐变长，响应速度一般会变快；随着 λ 值继续增大，调节时间缩短，但是稳态精度会降低，并且出现振荡。但当 λ 值过小时，系统的稳态精度低，存在较大的稳态误差，调节时间短；λ 值过大时，系统的稳态精度也低，调节时间变长，而且出现振荡，甚至使系统不稳定。λ 值过大或过小都会使分数阶 $\text{PI}^\lambda\text{D}^\mu$ 控制器的控制质量显著降低。

　　随着 μ 值的逐渐增加，系统的超调会减小，调节时间逐渐缩短，响应速度逐渐加快，稳态精度逐渐提高。当 μ 值过大时，调节时间变长，稳态精度降低，并且出现振荡，使系统不稳定。μ 值过大或过小，都会使控制器的控制质量显著降低，因此 μ 的值需要在合适的范围内才可能保证被控系统的控制效果良好。

10.1.5　数字滤波器设计

　　数字滤波器与模拟滤波器类似，也可以分为低通、高通、带通和带阻等滤波器形式。数字滤波器既可以用算法实现，也可以用硬件实现。由于离散控制技术的发展，离散数字信号已成为离散控制系统性能提高的一项重要技术，数字滤波器被广泛用于滤除信号中的无用或干扰部分。数字滤波器与传统模拟滤波器在实现上存在很大的差异。传统的模拟滤波器主要通过硬件来实现，它的硬件部分主要包括电容、电感、电阻和集成滤波芯片等器件；而数字滤波器主要通过软件来实现，即通过编程用算法来实现滤波功能，易于实现，便于修改。

　　对于数字滤波器，用差分方程来描述系统的特性。设输入为 $u(k)$，输出为 $y(k)$，数字滤波器的一般形式为

$$y(k)+a_1y(k-1)+\cdots+a_ny(k-n)=b_0u(k)+b_1u(k-1)+\cdots+b_mu(k-m)$$

其中，$a_i(i=1,\cdots,n)$ 和 $b_j(j=1,\cdots,m)$ 为数字滤波器待设计的参数，当所设计的数字滤波器对应的脉冲传递函数的频率特性满足低通、高通、带通和带阻的特性时，即实现了特定功能的数字滤波器的设计。

常用的 MATLAB 离散控制系统分析和设计函数见表 10-1。

表 10-1　常用的MATLAB离散控制系统分析和设计函数

函　　数	使 用 说 明
F = ztrans(f)	计算符号函数f(n)的Z变换
f = iztrans(F)	计算符号函数F(z)的Z反变换
sysd=c2d(sysc,Ts,'method')	将连续系统按method指定的方式离散化
[NUMc,DENc] = d2cm(NUM,DEN,Ts,'method')	使用method指定的方式将多项式传递函数NUM(z)/DEN(z)转换为连续时间NUMc(s)/DENc(s)
[Ac,Bc,Cc,Dc] = d2cm(A,B,C,D,Ts,'method')	使用method指定的方式将离散时间状态空间系统转换为连续时间系统
[H,T] = impz(B,A)	计算离散系统B(z)/A(z)的脉冲响应
[U,T] = gensig(TYPE,TAU)	产生一个TYPE类和周期为TAU的标量信号U，TYPE = 'sin'为正弦波，TYPE = 'square'为方波，TYPE = 'pulse'为周期脉冲，生成的信号具有单位幅度
[U,T] = gensig(TYPE,TAU,TF,TS)	产生一个TYPE类和周期为TAU的标量信号U，同时指定信号的持续时间TF和返回的时间序列T中时间样本的间距TS
y=dlsim(b,a,x)	x为输入信号，y为零状态响应，b和a分别为离散线性时不变（Linear Time Invariant，LTI）系统的系统函数H(z)的分子和分母多项式系数
[y,k]=dimpulse(b,a)	y为离散系统的单位脉冲响应，b和a分别为离散LTI系统的系统函数H(z)的分子和分母多项式系数
[h,m]=stepz(b,a)	计算因果离散LTI系统的单位阶跃响应
dsort(p)	离散系统极点按幅值大小降序排列
dbode(NUM,DEN,Ts)	绘制离散系统的Bode图
dnyquist(NUM,DEN,Ts)	绘制离散系统的Nyquist图
dnichols(NUM,DEN,Ts)	绘制离散系统的Nichols图

常用的 MATLAB 数字滤波器分析和设计函数见表 10-2。

表 10-2　常用的MATLAB数字滤波器分析和设计函数

函　　数	使 用 说 明
W = bartlett(N)	返回N点巴特利特窗
blackman(N)	返回列向量中的N点对称布莱克曼窗
chebwin(N)	返回列向量中的N点切比雪夫窗
hamming(N)	返回列向量中的N点对称汉明窗
hann(N)	返回列向量中的N点对称汉宁窗
convmtx(C,N)	返回向量C的卷积矩阵

函　　数	使 用 说 明
B = cfirpm(N,F,A,W)	返回长度为N+1的有限冲激响应（Finite Impulse Response，FIR）数字滤波器，该滤波器在极小极大意义上最接近由F和A描述的所需频率响应
B=firls(N,F,A)	返回长度为N+1的线性相位（实数、对称系数）FIR数字滤波器，该滤波器在最小二乘意义上最接近由F和A描述的所需频率响应
B = fir2(N,F,A)	设计一个N阶线性相位FIR数字滤波器，其频率响应由向量F和A指定，并返回长度为N+1的向量B的滤波器系数
B = intfilt(L,P,ALPHA)	设计一个线性相位FIR滤波器，当用于每L个样本散布有L−1个连续零的序列时，使用最近的2P个非零样本执行带限插值，并假设ALPHA的原始带限性乘以奈奎斯特频率，B是长度2LP−1
B=firpm(N,F,A)	返回长度为N+1的线性相位（实数、对称系数）FIR滤波器，该滤波器在极小极大意义上最接近由F和A描述的所需频率响应
[B,A] = butter(N,Wn)	设计一个N阶低通数字巴特沃斯滤波器，并返回长度为N+1的向量B和A的滤波器系数
[B,A] = cheby1(N,R,Wp)	设计一个N阶低通数字切比雪夫滤波器，其通带中的峰值纹波为R dB。返回长度为N+1的向量B和A的滤波器系数
[B,A] = yulewalk(N,F,M)	计算N阶递归滤波器系数B和A，使得由系数B和A构成的滤波器匹配向量F和M给出的幅频响应
[N, Wn] = buttord(Wp, Ws, Rp, Rs)	返回最低阶数字巴特沃斯滤波器的阶数N，该滤波器的通带纹波不超过Rp dB，阻带衰减至少为Rs dB，Wp和Ws是通带和阻带边缘频率
[B,A] = ellip(N,Rp,Rs,Wp)	设计一个N阶低通数字椭圆滤波器，其峰值纹波为Rp dB，最小阻带衰减为Rs dB，Wp为通带边缘频率，ellip返回长度为N+1的向量B和A的滤波器系数
[NUMT,DENT] = lp2bp(NUM,DEN,Wo,Bw)	将具有单位截止频率的低通滤波器原型NUM(s)/DEN(s)转换为具有中心频率Wo和带宽Bw的带通数字滤波器
[NUMT,DENT] = lp2bs(NUM,DEN,Wo,Bw)	将具有单位截止频率的低通滤波器原型NUM(s)/DEN(s)转换为具有中心频率Wo和带宽Bw的带阻滤波器
[NUMT,DENT] = lp2hp(NUM,DEN,Wo)	将具有单位截止频率的低通滤波器原型NUM(s)/DEN(s)转换为具有截止频率Wo的高通滤波器
[NUMT,DENT] = lp2lp(NUM,DEN,Wo)	将单位截止频率为1 rad/s的低通滤波器原型NUM(s)/DEN(s)转换为截止频率为Wo rad/s的低通滤波器
[NUMd,DENd] = bilinear(NUM,DEN,Fs)	将NUM和DEN指定的s域传递函数转换为从双线性变换获得的Z变换离散等效函数，Fs是采样频率（以Hz为单位）
[BZ,AZ] = impinvar(B,A,Fs)	创建一个分子和分母系数分别为BZ和AZ的数字滤波器，其脉冲响应等于系数B和A的模拟滤波器，通过采样频率为Fs Hz采样器的脉冲响应，B和A系数将按1/Fs缩放

10.2　离散控制系统的仿真示例

这里通过示例说明如何采用 MATLAB 进行离散控制系统的分析和设计。

【例 10-1】　分别绘制连续信号 $f(t) = \mathrm{e}^{-3t}$ 及其采样信号 $f^*(t)$ 的幅频曲线，取采样周期 $T=0.1$ s。

绘制连续信号幅频曲线的 MATLAB 程序如下：

```
>>step=0.1;
>>Wmax=100;
>>w2=-Wmax;
>>y2=abs(1/(3+w2*i));
>>W=[w2];
>>Y=[y2];
>>for w=-Wmax:step:Wmax
>>y=abs(1/(3+w*i));
>>W=[W,w];
>>Y=[Y,y];
>>end
>>plot(W,Y);
>>axis([-Wmax Wmax 0 0.4])
>>grid
```

运行结果如图 10-5 所示。

图 10-5　连续信号幅频曲线

该连续信号采样后，绘制离散信号幅频曲线的 MATLAB 程序如下（$\left|F^*(\mathrm{j}\omega_s)\right| \approx \dfrac{1}{T}\displaystyle\sum_{n=-N}^{N}\left|F(\mathrm{j}\omega+\mathrm{j}n\omega_s)\right|$，这里 N 取 3，显然 N 的取值越大，结果越精确）：

```
>>clear all;
>>step=0.1;
>>Y1= zeros(1,4002);
>>T=0.1;
>>Wmax=200;
>>for l=-3:1:3
>>w2=-Wmax;
>>y2=1/T*abs(1/(3+(w2+(2*pi*l/T))*i));
>>W=[w2];
>>Y=[y2];
>>for w=-Wmax:step:Wmax
>>y=1/T*abs(1/(3+(w+(2*pi*l/T))*i));
>>W=[W,w];
```

```
>>Y=[Y,y];
>>end
>>Y1=Y1+Y;
>>end
>>subplot(2,1,1);
>>axis([-Wmax Wmax 0 4])
>>grid
>>plot(W,Y1);
>>clear all;
>>step=0.1;
>>T=0.1;
>>Wmax=200;
>>for l=-3:1:3
>>w2=-Wmax;
>>y2=1/T*abs(1/(3+(w2+(2*pi*l/T))*i));
>>W=[w2];
>>Y=[y2];
>>for w=-Wmax:step:Wmax
>>y=1/T*abs(1/(3+(w+(2*pi*l/T))*i));
>>W=[W,w];
>>Y=[Y,y];
>>end
>>subplot(2,1,2);
>>plot(W,Y);
>>axis([-Wmax Wmax 0 4])
>>grid
>>hold on
>>end
```

运行结果如图 10-6 所示。

图 10-6　离散信号幅频曲线

【例 10-2】 采用 MATLAB, 绘制零阶保持器的频率特性, 取采样周期 $T=0.2$ s。

绘制零阶保持器的频率特性的 MATLAB 程序如下：

```
>>f0=5;
>>T0=1/f0;
>>f=[0:0.1:30]';
>>Gh0=(1-exp(-j*T0*2*pi*f))./(j*2*pi*f);
>>Gh0(1)=T0;
>>figure
>>title('Frequency response of the Zero-Order Hold')
>>subplot(2,1,1)
>>plot(f,abs(Gh0)),grid
>>ylabel('Magnitude')
>>subplot(2,1,2),
>>plot(f,angle(Gh0)*180/pi),grid
>>ylabel('Phase(deg)')
>>xlabel('Frequency(Hz)')
```

运行结果如图 10-7 所示。

图 10-7　例 10-2 运行结果

【例 10-3】 已知一阶保持器的传递函数为 $G_{h1}(s) = \dfrac{1+Ts}{T}\left(\dfrac{1-\mathrm{e}^{-Ts}}{s}\right)^2$, 采用 MATLAB, 求取一阶保持器的幅频函数和相频函数, 并绘制一阶保持器的频率特性, 取采样周期 $T=0.2$ s。

绘制一阶保持器的频率特性的 MATLAB 程序如下：

```
>>syms w real;
>>y=(1+i*w)*(1-exp(-i*w))^2/(i*w)^2;
>>r=abs(y);
>>simplify(r)
>>y=((1-exp(-i*w))/(i*w))^2;
```

```
>>f=imag(y)/real(y);
>>g1=simplify(atan(f));
>>y=1+i*w;
>>f=imag(y)/real(y);
>>g2=simplify(atan(f));
>>f=g1+g2
>>subplot(1,2,1);
>>w=0:0.1*pi:8*pi;
>>y1=sqrt(1+(w).^2).*((1-cos(w)).^2+(sin(w)).^2)./(w).^2;
>>plot(y1,'-.');
>>set(gca,'XTick',0:20:80)
>>set(gca,'xTickLabel',{'0','ws','2ws','3ws','4ws'});
>>grid on
>>subplot(1,2,2);
>>w=0:0.1*pi:8*pi;
>>x1=-w+atan(w);
>>plot(x1,'-.');
>>set(gca,'XTick',0:20:80)
>>set(gca,'XTickLabel',{'0','ws','2ws','3ws','4ws'})
>>set(gca,'YTick',-5*pi:pi:0)
>>set(gca,'YTickLabel',{'-5pi','-4pi','-3pi','-2pi','-1pi','0'})
>>grid on
```

运行结果为

```
ans =
(abs(1 + w*1i)*abs(exp(-w*1i) - 1)^2)/w^2
f =
atan(w) - atan(tan(w))
```

绘制的一阶保持器的频率特性如图 10-8 所示。

图 10-8　绘制的一阶保持器的频率特性

【例 10-4】　二阶离散控制系统要求动态性能指标为超调量 $\delta \leqslant 15\%$，调节时间 $t_s \leqslant 2\mathrm{s}$（误差带取 2%），上升时间 $t_r \leqslant 1.5\mathrm{s}$，确定 z 域极点所在位置，取采样时间 $T=0.2\mathrm{s}$。

先确定相应连续系统的 s 域极点所在位置，然后根据 z 域与 s 域的对应关系，可确定 z 域极点所在位置。根据：

$$\delta = \mathrm{e}^{\frac{\xi\pi}{\sqrt{1-\xi^2}}} \leqslant 15\% \text{ 可知，阻尼比 } \xi \geqslant 0.52 ;$$

$$t_r = \frac{\pi - \arccos \xi}{\mathrm{Im}(s)} \leq 1.5\mathrm{s} \text{ 可知，连续系统极点虚部 } \mathrm{Im}(s) \geq 1.41 ;$$

$$t_s = \frac{4}{\mathrm{Re}(s)} \leq 2\mathrm{s} \text{ 可知，连续系统极点实部 } \mathrm{Re}(s) \geq 2 。$$

确定 z 域极点所在位置的 MATLAB 求解程序如下：

```
>>T=0.2;
>>R=exp(-2*T);
>>Q=T*1.41;
>>w=0:0.01:2*pi;
>>x=R * cos(0.5*w);
>>y=R * sin(0.5*w);
>>x1=cos(Q);
>>y1=sin(Q);
>>zgrid(0.52,0);
>>hold on
>>plot(x,y);
>>plot([0,x1],[0,y1])
>>plot([0,0],[0,1],':')
>>plot([-1,1],[0,0],':')
>>axis([-1,1,0,1])
>>gtext('R=0.67')
>>gtext('wT=0.282')
```

运行结果如图 10-9 所示。

图 10-9　例 10-4 运行结果

从运行结果可知，满足二阶离散控制动态性能指标的 z 域极点所在位置为 R<0.67，$\xi \geq 0.52$，以及 wT>0.282 所围成的区域内。

【例 10-5】　已知离散系统的输入为 $x(n)= [1,5,2,4,1,6,3,7]$，冲激响应 $h(n)= [3,1,6,0,5,4]$，求系统的响应，并绘制系统的响应图。

先编写卷积函数 convsequen.m

```
function [y,ny]= convsequen(x,nx,h,nh)
nyb =nx(1)+nh(1);
```

```
nye = nx(length(x))+nh(length(nh));
ny=[nyb:nye];
y=conv(x,h);
end
```

然后在命令行窗口中编写系统的响应程序如下：

```
>>x=[1,5,2,4,1,6,3,7];
>>nx=-4:3;
>>h=[3,1,6,0,5,4];
>>nh=-3:2;
>>[y,ny]= convsequen(x,nx,h,nh);
>>n = length(ny);
>>xx= zeros(1,n);
>>hh= zeros(1,n);
>>xx(find((ny>= min(nx))&(ny<= max(nx))==1))=x;
>>hh(find((ny>= min(nh))&(ny<= max(nh))==1))=h;
>>subplot(1,3,1)
>>stem(ny,xx); title('Input');
>>subplot(1,3,2)
>>stem(ny,hh); title('Impulse response');
>>subplot(1,3,3)
>>stem(ny,y); title('Output');
>>x=[1,5,2,4,1,6,3,7];
>>nx=-4:3;
>>h=[3,1,6,0,5,4];
>>nh=-3:2;
>> [y,ny]= convsequen(x,nx,h,nh);
>>n = length(ny);
>>xx= zeros(1,n);
>>hh= zeros(1,n);
>>xx(find((ny>= min(nx))&(ny<= max(nx))==1))=x;
>>hh(find((ny>= min(nh))&(ny<= max(nh))==1))=h;
>>subplot(1,3,1)
>>stem(ny,xx); title('Input');
>>subplot(1,3,2)
>>stem(ny,hh); title('Impulse response');
>>subplot(1,3,3)
>>stem(ny,y); title('Output');
>>y
```

运行结果如下：

```
y =
    3   16   17   44   24   72   51   88   46   76   39   47   28
```

系统的响应如图 10-10 所示。

图 10-10　系统的响应

【例 10-6】　已知离散控制系统的脉冲传递函数为 $G(z) = \dfrac{0.51z^3 - 0.14z^2 - 0.29z + 0.05}{z^4 - 1.85z^3 + 1.59z^2 - 0.66z - 0.05}$，求出该系统的单位脉冲响应、单位阶跃响应和单位斜坡响应。

```
>>num =[0 0.51 -0.14 -0.29 0.05];
>>den =[1 -1.85 1.59 -0.66 0.05];
>>r1=[1 zeros(1,50)];
>>r2 = ones(1,51);
>>k=0:50;
>>r3=[k];
>>y1 = filter(num,den,r1);
>>y2 = filter(num,den,r2);
>>y3 = filter(num,den,r3);
>>subplot(1,3,1)
>>plot(k,y1,'o',k,y1,'-')
>>v=[0 30 -2 2];
>>axis(v);
>>grid
>>title('Unit-Impulse Response')
>>xlabel('k')
>>ylabel('y1(k)')
>>subplot(1,3,2)
>>plot(k,y2,'o',k,y2,'-')
>>v=[0 30 0 2];
>>axis(v);
>>grid
>>title('Unit-Step Response')
>>xlabel('k')
>>ylabel('y2(k)')
>>subplot(1,3,3)
>>plot(k,y3,'o',k,y3,'-')
>>v=[0 20 020];
>>axis(v);
>>grid
>>title('Unit-Ramp Response')
>>xlabel('k')
>>ylabel('y3(k)')
```

运行结果如图 10-11 所示。

图 10-11　例 10-6 程序运行结果

【例 10-7】　已知离散信号为 $x_1(n)$=[1,5,2,4,6,1,6,3,7]，$x_1(n)$加入噪声干扰后并移位的离散信号 $x_2(n,i)$= $x_1(n-i)+v(n)$，$v(n)$为零均值、单位方差的高斯序列，计算 $x_1(n)$和 $x_2(n,1)$的互相关序列，以及 $x_1(n)$和 $x_2(n,2)$的互相关序列。

先编写序列相加、反褶、移位和卷积运算函数，即 dissignadd.m，signshift.m，signffold.m 和 convsequen.m。

```
function [y,n] = dissignadd (x1,n1,x2,n2)
% Realize  y(n) =x1(n1) + x2(n2)
n =min(min(n1),min(n2)):max(max(n1),max(n2));
y1 = zeros(1,length(n));
y2=y1;
y1(find((n>= min(n1))&(n<= max(n1))==1))=x1;
y2(find((n>= min(n2))&(n<=max(n2))==1))=x2;
y=y1+y2;
end

function[y,n]= signshift(x,m,n0)
% Realize  y(n) =x(n-n0)
n=m+n0;
y= x;
end

function [y,n]= signffold(x,xn)
% Realize  y(n) =x(-n)
y= fliplr(x);
n = - fliplr(xn);
end

function [y,ny]= convsequen(x,nx,h,nh)
nyb =nx(1)+nh(1);
nye = nx(length(x))+nh(length(nh));
ny=[nyb:nye];
y=conv(x,h);
end
```

然后在命令行窗口中编写求取信号互相关的程序如下：

```
>>clear all;
>>x=[1,5,2,4,6,1,6,3,7];
```

```
>>nx =[-4:4];
>>[y,ny]= signshift(x,nx,1);
>>w = randn(1,length(y));
>>nw = ny;
>>[y,ny] = dissignadd(y,ny,w,nw);
>>[x,nx] = signffold(x,nx);
>>[rxy,nrxy] = convsequen(y,ny,x,nx);
>>subplot(2,1,1)
>>stem(nrxy,rxy);
>>xlabel('延迟量1');
>>ylabel('rxy') ;
>>title('序列的互相关1');
>>x=[1,5,2,4,6,1,6,3,7];
>>nx =[-4:4];
>>[y,ny]= signshift(x,nx,2);
>>w1 = randn(1,length(y));
>>nw= ny;
>>[y,ny] = dissignadd(y,ny,w1,nw);
>>[x,nx] = signffold(x,nx);
>>[rxy,nrxy] = convsequen(y,ny,x,nx);
>>subplot(2,1,2)
>>stem(nrxy,rxy);
>>xlabel('延迟量 2');
>>ylabel('rxy');
>>title('序列的互相关2');
```

运行结果如图 10-12 所示。

图 10-12　例 10-7 程序运行结果

【**例 10-8**】 考虑如下非线性系统 $\dot{x}(t) = Ax(t) + Bu(t) + f(x(t))$ ，其解析解为 $x(t) = e^{A(t-t_0)}x(0) +$ $\int_{t_0}^{t} e^{A(t-\tau)}(Bu(\tau) + f(x(\tau)))d\tau$ ，对原连续非线性系统进行等周期采样，采样周期为 T_s ，采用阶跃响应不变法对连续系统进行离散化处理。定义离散状态 $x(k) = x(t)\big|_{t=kTs}$ ，离散输入 $u(k) = u(t)\big|_{t=kTs}$ 。则原系统的时间离散化模型为 $x(k+1) = Gx(k) + Hu(k) + g(x(k))$ ，其中， $G = e^{AT_s}$ ， $H = \left(\int_0^{T_s} e^{A\sigma}d\sigma\right)B$ ， $g(x(k)) = \left(\int_0^{T_s} e^{A\sigma}d\sigma\right)f(x(k))$ ，

此时，有 $M = \begin{bmatrix} A & B & f(x(k)) \\ 0 & 0 & 0 \\ 0 & 0 & 0 \end{bmatrix}$ ， $e^{MT_s} = \begin{bmatrix} G & H & G(x(k)) \\ 0 & I & 0 \\ 0 & 0 & 1 \end{bmatrix}$ ，设 $A = \begin{bmatrix} 0.8 & 0.3 \\ 0.7 & 0.9 \end{bmatrix}$ ， $B = \begin{bmatrix} 0.1 & 0.5 & 0.2 \\ 1.3 & 0.9 & 0.8 \end{bmatrix}$ ，

$f = \begin{bmatrix} 0.3 \\ 0.6 \end{bmatrix}$ ， $T=0.1$ s ，用 MATLAB 进行系统的离散化。

```
>>Ts=0.1;
>>A=[0.8 0.3;0.7 0.9];
>>B=[0.1 0.5 0.2;1.3 0.9 0.8];
>>f=[0.3;0.6];
>>fun=@(tau,A)expm(A*tau);
>>G=expm(A*Ts)
>>H=integral(@(tau)fun(tau,A),0,Ts,'ArrayValued',true)*B
>>g=integral(@(tau)fun(tau,A),0,Ts,'ArrayValued',true)*f
>>M=[[A B f];zeros(4,6)];
>>GHg=expm(M*Ts)
>>G=GHg(1:2,1:2)
>>H=GHg(1:2,3:5)
>>g=GHg(1:2,6)
```

运行结果如下：

```
G = 1.0844    0.0327
    0.0762    1.0953
H = 0.0125    0.0535    0.0221
    0.1364    0.0961    0.0845
g = 0.0322
    0.0639
GHg =
    1.0844    0.0327    0.0125    0.0535    0.0221    0.0322
    0.0762    1.0953    0.1364    0.0961    0.0845    0.0639
         0         0    1.0000         0         0         0
         0         0         0    1.0000         0         0
         0         0         0         0    1.0000         0
         0         0         0         0         0    1.0000
G = 1.0844    0.0327
    0.0762    1.0953
H = 0.0125    0.0535    0.0221
    0.1364    0.0961    0.0845
g = 0.0322
    0.0639
```

【例 10-9】 已知离散系统的特征方程为 $\Delta(z) = z^5 - 5.3z^4 + 10.67z^3 - 10.039z^2 + 4.2984z - 0.6336 = 0$，采用 MATLAB，应用朱利判据判断其稳定性。

```
>>a=[1.0000   -5.3000   10.6700   -10.0390   4.2984   -0.6336];
>>n=length(a);
>>b=a; c(1)=a(1);
>>z=zeros(2*n-1,n);
>>z(1,:)=a(:);
>>for i=1:n-1
>>   p=b(1:n-i+1);
>>   if abs(p(1))<10^(-10)  break
>>   else an=p(n-i+1)/p(1);
>>   end
>>   pp=fliplr(p);
>>   z(2*i,1:length(pp))=pp(:);
>>   b=p-pp*an;
>>   z(2*i+1,1:length(b))=b(:);
>>   c(i+1)=b(1);
>>end
>>z
>>c
>> roots(a)
```

运行结果如下：

```
z =
    1.0000   -5.3000   10.6700   -10.0390    4.2984   -0.6336
   -0.6336    4.2984  -10.0390    10.6700   -5.3000    1.0000
    0.5986   -2.5765    4.3093    -3.2785    0.9403         0
    0.9403   -3.2785    4.3093    -2.5765    0.5986         0
   -0.8787    2.5740   -2.4606     0.7692         0         0
    0.7692   -2.4606    2.5740    -0.8787         0         0
   -0.2053    0.4199   -0.2073         0         0         0
   -0.2073    0.4199   -0.2053         0         0         0
    0.0040   -0.0041         0         0         0         0
   -0.0041    0.0040         0         0         0         0
   -0.0001         0         0         0         0         0
c =
  1.0000    0.5986   -0.8787   -0.2053    0.0040   -0.0001
ans =
    1.6000
    1.5000
    1.1000
    0.8000
    0.3000
```

根据运行结果可知，该离散系统不稳定。事实上，根据系统的特征值，可知系统有 3 个极点在单位圆外。

【例 10-10】　设单位反馈离散系统的开环传递函数 $G(z)=\dfrac{k(z+1)}{(z-1)(z-0.316)}$，采样周期为 $T=0.2$ s，采用 MATLAB 分别绘制离散系统的根轨迹和系统的奈奎斯特图，并分析系统的稳定性。

```
>>Gz=[-1];
>>Gp=[1 0.316];
>> [num, den]=zp2tf(Gz,Gp,1);
>>G=tf(num,den)
>>rlocus(G)
>>hold on;
>>x=-1:0.01:1;
>>n=length(x);
>>for i=1:n
>>y1(i)=sqrt(1-x(i)^2);
>>y2(i)=-y1(i);
>>end
>>plot(x,y1,'k',x,y2,'k')
>> [K,p]=rlocfind(G)
```

绘制的离散系统的根轨迹如图 10-13 所示。

图 10-13　离散系统的根轨迹

相应的临界稳定点为

```
K =
    0.6838
p =
  0.3161 + 0.9487i
  0.3161 - 0.9487i
>>Gz=[-1];
>>Gp=[1 0.316];
>>k=[0.2,0.687,1];
>>Ts=0.2;
```

```
>>for i=1:3
>>[Gnum, Gden]=zp2tf(Gz,Gp,k(i));
>>dnyquist(Gnum, Gden, Ts);
>>hold on;
>>axis([-3,0.5,-2,2]);
>>end
>>hold on;
>>xlabel('Re')
>>ylabel('Im')
>>text(-2,-1,'(-1,j0)');
```

绘制的离散系统的奈奎斯特图如图 10-14 所示。

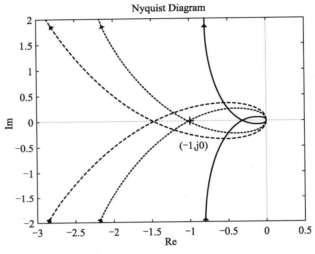

图 10-14　离散系统的奈奎斯特图

根据运行结果可知，离散系统稳定时，k 的取值范围是（0,0.68）。

【例 10-11】　采用脉冲响应不变法、双线变换法和直接巴特沃斯方法设计一个低通数字滤波器，性能指标是截止频率为 200 Hz，阻带下限频率为 300 Hz，通带最大衰减系数为 3 dB，阻带最小衰减系数为 30 dB。

```
>>fs=1000;
>>nn=128;
>>wp=2*pi*200;
>>ws=2*pi*300;
>>ap=3;
>>as=30;
>>[n,wn]=buttord(wp,ws,ap,as,'s');
>>[z,p,k]=buttap(n);
>>[bap,aap]=zp2tf(z,p,k);
>>[b,a]=lp2lp(bap,aap,wn);
>>[bz,az]=impinvar(b,a,fs);
>>figure(1)
>>freqz(bz,az,nn,fs)
>>legend('impinvar')
```

```
>>[bz,az]=bilinear(b,a,fs);
>>figure(2)
>>freqz(bz,az,nn,fs)
>>legend('bilinear','butter')
>>wp1=200*2/fs;
>>ws1=300*2/fs;
>>[n,wn]= buttord(wp1,ws1,ap,as);
>>[b,a]=butter(n,wn);
>>figure(3)
>>freqz(b,a,nn,fs)
>>legend('butter')
```

运行结果如图 10-15 所示。

图 10-15　例 10-11 运行结果

【**例 10-12**】　采用 MATLAB 设计如图 10-16 所示的离散控制系统，设计指标为超调量小于 25%，调节时间小于 1s，速度误差系数为 10，采样周期为 0.02s，采用基于等效连续系统的数字控制器设计方法，离散化方法分别采用双线性变换和向后差分法，并比较采用这两种方法的离散控制器与采用连续控制器的控制效果。

图 10-16　离散控制系统结构图

解：根据题意，采用连续控制系统的频域设计方法，有如下二阶系统的结构参数与频域性能指标、时域性能指标的关系：

$$r = \arctan \frac{2\xi}{\sqrt{\sqrt{4\xi^4 + 1} - 2\xi^2}}$$

$$\delta = \mathrm{e}^{-\frac{\xi\pi}{\sqrt{1-\xi^2}}} \times 100\%$$

$$t_s \omega_c = \frac{8}{\tan r}, \quad (\varDelta = 2\%)$$

其中，r 为相角裕量，ξ 为阻尼比，δ 为超调量，t_s 为调节时间，ω_c 为穿越频率，$\varDelta$ 为误差带。

可得关系曲线如图 10-17 所示。

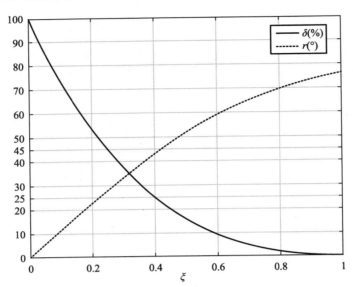

图 10-17　二阶系统的超调量和相角裕量与阻尼比的关系图

可知待设计控制系统的期望相角裕量为 45° 左右，期望的幅值交界频率为 8 rad/s，采用频域设计方法的 MATLAB 求解程序如下：

1）采用连续控制器

```
>>Gs=tf(1,[1 1 0])
>>K=10;
>>wc=8;fmd=45;
>>[m,p]=bode(10*Gs,wc);
>>M=20*log10(1/m);
>>if p>0,
>>p=p-360;
>>end
>>fim=fmd-(p+180);
>>c=10^(M/10);
>>p=tan(fim*pi/180);
>>aa=roots([p^2-c+1,2*p^2*c,p^2*c^2+c^2-c]);
>>a=max(aa);
>>tao=1/wc*sqrt((1-c)/(c-a^2));
>>Cs1=tf([a*tao 1],[tao 1]);
>>Ts1=feedback(10*Cs1*Gs,1)
>>step(Ts1)
```

运行结果如图 10-18 所示。

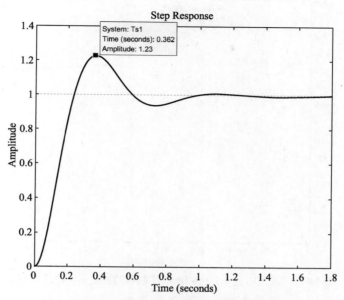

图 10-18　采用连续控制器的控制系统阶跃响应图

2）采用向后差分法的离散控制器

```
>>Gs=tf(1,[1 1 0])
>>T=0.02;Gh=tf(1,[T/2 1])
>>K=10;
>>wc=8;fmd=45;
>> [m,p]=bode(10*Gs*Gh,wc);
>>M=20*log10(1/m);
>>if p>0,
>>p=p-360;
>>end
>>fim=fmd-(p+180);
>>c=10^(M/10);
>>p=tan(fim*pi/180);
>>aa=roots([p^2-c+1,2*p^2*c,p^2*c^2+c^2-c]);
>>a=max(aa);
>>tao=1/wc*sqrt((1-c)/(c-a^2));
>>Cs2=tf([a*tao 1],[tao 1]);
>>z=tf('z',0.02);
>>Dz2=(1.082*z-1.062)/(0.128*z-0.108)
>>Gz=c2d(Gs,T,'ZOH');
>>Ts2=feedback(10*Dz2*Gz,1)
>>step(Ts2)
```

运行结果如图 10-19 所示。

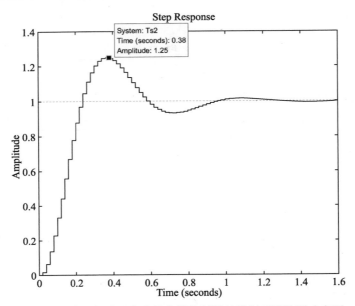

图 10-19　采用向后差分法的离散控制器的控制系统阶跃响应图

3）采用双线性变换的离散控制器

```
>>Gs=tf(1,[1 1 0])
>>T=0.02;
>>Gh=tf(1,[T/2 1])
>>K=10;
>>wc=8;fmd=45;
>>[m,p]=bode(10*Gs*Gh,wc);
>>M=20*log10(1/m);
>>if p>0,
>>p=p-360;
>>end
>>fim=fmd-(p+180);
>>c=10^(M/10);
>>p=tan(fim*pi/180);
>>aa=roots([p^2-c+1,2*p^2*c,p^2*c^2+c^2-c]);
>>a=max(aa);
>>tao=1/wc*sqrt((1-c)/(c-a^2));
>>Cs3=tf([a*tao 1],[tao 1]);
>>Dz=c2d(Cs3,0.02,'tustin')
>>Gz=c2d(Gs,T ,'ZOH');
>>Ts3=feedback(10*Dz*Gz,1)
>>step(Ts3)
```

运行结果如图 10-20 所示。

从仿真结果来看，3 种控制器均达到了控制系统的设计要求，采用双线性变换的离散控制器的控制性能更接近连续控制器的控制性能，因此，运用基于等效连续系统的数字控制器设计方法时，采用双线性变换的离散化方法，控制系统的性能更优。

图 10-20　采用双线性变换的离散控制器的控制系统阶跃响应图

【例 10-13】　　如图 10-21 所示的离散控制系统，图中 $G(s)=\dfrac{1}{2s+1}\mathrm{e}^{0.02s}$，$r(t)$ 为单位阶跃信号，采样周期 T 为 $0.01\ \mathrm{s}$，设计最少拍离散控制器。

图 10-21　离散控制系统

不考虑纯滞后环节，被控对象的脉冲传递函数为

$$G_0(z)=Z\left[\frac{1-\mathrm{e}^{-Ts}}{s}\cdot\frac{1}{2s+1}\right]$$

$$=\frac{(1-\mathrm{e}^{-\frac{1}{200}})z^{-1}}{1-\mathrm{e}^{-\frac{1}{200}}z^{-1}}$$

根据 Z 变换的延时定理，可得

$$G(z)=G_0(z)z^{-2}=\frac{(1-\mathrm{e}^{-\frac{1}{200}})z^{-3}}{1-\mathrm{e}^{-\frac{1}{200}}z^{-1}}$$

最少拍离散控制器的脉冲传递函数为

$$\varPhi(z)=z^{-3}$$

所以最少拍离散控制器的脉冲传递函数为

$$D(z) = \frac{\Phi(z)}{(1-\Phi(z))G(z)}$$

$$= \frac{z^{-3}}{(1-z^{-3})} \frac{1 - e^{-\frac{1}{200}} z^{-1}}{(1 - e^{-\frac{1}{200}}) z^{-3}}$$

$$= \frac{1 - 0.995 z^{-1}}{0.005(1 - z^{-3})}$$

控制算法为

$$u(k) = u(k-3) + 200e(k) - 199e(k-1)$$

MATLAB 求解程序如下：

```
>>clear all
>>s=tf('s');
>>G=1/(2*s+1);
>>h=0.001;
>>T=0.01;
>>N=round(T/h);
>>TF=0.1;
>>M=round(TF/T);
>>Deti=0.02;
>>a=Deti/T;
>>Nz=Deti/h;
>>yy=zeros(Nz+1,1);
>>u=zeros(a+1,1) ;
>>e=zeros(2,1);
>> [num, den] = tfdata(G,'v');
>> [A, B, Cs, D] = tf2ss (num, den);
>>G2ss=ss(A,B,Cs,D);
>>Gz=c2d(G2ss,h);
>>G=Gz.A; H=Gz.B; C=Gz.C;
>>x=0;
>>t=0;
>>y=0;
>>yct=0;
>>yyt=0;
>>for k=1:M
>>r(k)=1;
>>ek=r(k)-y;
>>e=[ek; e(1)];
>>uk=u(a+1)+200*ek-199*e(2);
>>u=[uk; u(1:a)];
>>for j=1:N
>>x=G*x+H*uk;
>>yyj=C*x;
>>yy=[yyj;yy(1:Nz)];
>>y=yy(Nz+1);
>>yct=[yct,y];
```

```
>>yyt=[yyt,yyj];
>>t=[t,j* h+(k-1)*T];
>>end
>>end
>>plot(t,yyt,':k',t,yct,'k ')
>>legend('yy','yc')
>>ylabel('yy ,yc')
>>xlabel('time(s)')
```

运行结果如图 10-22 所示。

图 10-22   例 10-13 运行结果

仿真结果显示，最少拍离散控制器的调节时间为 0.03 s。

【例 10-14】   设含有零阶保持器的连续被控系统，其传递函数为 $G(s) = \dfrac{1}{s(s+2)}$，采用两种方法求广义被控系统的脉冲传递函数，采样周期取 1 s。

解：MATLAB 求解程序如下：

```
>>clear all;
>>num =1;
>>den =[1,2,0];
>>T=1;
>>[numd,dend] = c2dm( num,den,T,'zoh');
>>printsys( numd,dend,'z')
>>G =tf(num,den)
>>G1 =c2d(G,T);
>>[numz,denz] = tfdata(G1,'v');
>>printsys( numz,denz,'z');
```

运行结果如下：

```
num/den =
     0.28383 z + 0.1485
   -----------------------
   z^2 - 1.1353 z + 0.13534
```

```
G =
     1
 ---------
 s^2 + 2 s
 Continuous-time transfer function.
num/den =
     0.28383 z + 0.1485
 -----------------------
 z^2 - 1.1353 z + 0.13534
```

【例 10-15】 设被控对象 $G(s) = \dfrac{100}{s(s+20)}$，$r(t)$为待跟踪的正弦信号，系统的采样周期 T 为 0.001 s，分别编写位置型 PID 控制系统仿真程序（比例系数为 30，积分系数为 1.2，微分系数为 0.3）和增量型 PID 控制系统仿真程序（比例系数为 39，积分系数为 0.01，微分系数为 0.12）进行控制系统仿真。

解： 先编写被控对象的 m 函数为 con_sys.m

```
function dx = con_sys(t,x,flag,p)
u=p;
dx=zeros(2,1);
dx(1) = x(2);
dx(2) = -20*x(2) + 100*u;
end
```

然后在命令行窗口中编写位置型 PID 控制系统仿真程序为

```
>>clear all;
>>ts=0.001;
>>kp=30;ki=1.2;kd=0.3;
>>xk=zeros(2,1);
>>e1=0;
>>u1=0;
>>Ie1=0;
>>for k=1:1:3000
>>time(k) = k*ts;
>>r(k)=sin(2*pi*k*ts);
>>p=u1;
>>tSp=[0 ts];
>>[tt,xx]=ode45('con_sys',tSp,xk,[],p);
>>xk = xx(length(xx),:);
>>yout(k)=xk(1);
>>e(k)=r(k)-yout(k);
>>Ie(k)=Ie1+e(k)*ts;
>>de(k)=(e(k)-e1)/ts;
>>u(k)=kp*e(k)+ki*Ie(k)+kd*de(k);
>>u1=u(k);
>>e1=e(k);
>>Ie1=Ie(k);
>>end
>>subplot(1,2,1);
```

```
>>plot(time,r,'r',time,yout,'b');
>>xlabel('time(s)'),ylabel('r,yout');
>>subplot(1,2,2);
>>plot(time,r-yout,'r');
>>xlabel('time(s)'),ylabel('error')
```

运行结果如图 10-23 所示。

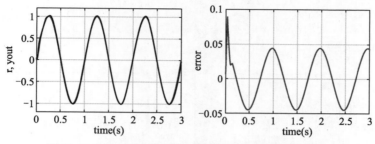

图 10-23　例 10-15 位置型 PID 控制系统仿真运行结果

在命令行窗口中编写增量型 PID 控制系统仿真程序为

```
>>clear all;
>>ts=0.001;
>>kp=39;ki=0.01;kd=0.12;
>>xk=zeros(2,1);
>>u1=0;
>>x=[0,0,0]';
>>error_1=0;
>>error_2=0;
>>for k=1:1:3000
>>time(k) = k*ts;
>>r(k)=sin(2*pi*k*ts);
>>du(k)=kp*x(1)+ki*x(2)+kd*x(3);
>>u(k)=u1+du(k);
>>u1=u(k);
>>p=u1;
>>tSp=[0 ts];
>> [tt,xx]=ode45('con_sys',tSp,xk,[ ],p);
>>xk = xx(length(xx),:);
>>yout(k)=xk(1);
>>e(k)=r(k)-yout(k);
>>error=e(k);
>>if k<=2
>>error_1=0;
>>error_2=0;
>>else
>>error_1=e(k-1);
>>error_2=e(k-2);
>>end
>>x(1)=error-error_1;
```

```
>>x(2)=error;
>>x(3)=error-2*error_1+error_2;
>>end
>>subplot(1,2,1);
>>plot(time,r,'r',time,yout,'b');
>>xlabel('time(s)'),ylabel('r,yout');
>>subplot(1,2,2);
>>plot(time,r-yout,'r');
>>xlabel('time(s)'),ylabel('error')
```

运行结果如图 10-24 所示。

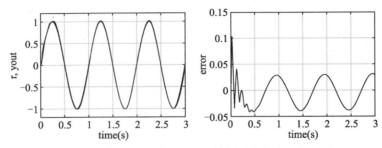

图 10-24　例 10-15 增量型 PID 控制系统仿真运行结果

【**例 10-16**】　PID 控制算法中，积分是为了消除静差，提高系统的控制精度。但是大幅增减设定值时，短时间内出现的大的偏差，会造成 PID 算法的积分累积，引起系统较大的超调量，甚至导致系统大的振荡。因此引入了积分分离 PID 控制算法，该算法的基本思路是：当系统的偏差较大时，减小或取消积分作用，以免积分作用使系统的稳定性降低，超调量增大；当偏差小于一定值时，才加入积分控制，以消除系统的静差，提高系统的控制精度。设被控对象的传递函数为 $G(s) = \dfrac{1}{(2s+1)}e^{-2s}$，采样周期为 0.5 s，给定信号为单位阶跃信号，控制器输出幅值限制在 $[-1.1 \quad 1.1]$，编写分段积分分离 PID 控制系统的仿真程序，并比较与常规 PID 控制的系统阶跃响应。

```
>>ts=0.5;
>>sys = tf([1],[2,1], 'inputdelay',2);
>>dsys=c2d(sys,ts,'zoh');
>>[num,den] = tfdata(dsys,'v');
>>kp=0.7;
>>ki=0.19;
>>kd=0.01;
>>Le=1.1;
>>u1=0;u2=0;u3=0;u4=0;u5=0; y1=0;y2=0;y3=0;
>>error1=0;error2=0; ei=0;
>>for k=1:1:200
>>time(k)=k * ts;
>>yout(k) =-den(2) *y1 + num(2)*u5;
>>rin(k)=1;
>>error(k)=rin(k)-yout(k);
>>ei=ei + error(k)*ts;
```

```
>>if abs(error(k))>=0.8 & abs(error(k))<=1
>>beta =0.4;
>>elseif abs(error(k)) >=0.5 & abs(error( k)) <=0.8
>>beta=0.65;
>>elseif abs(error( k))>=0.3 &abs( error(k)<=0.5
>>beta =0.8;
>>else
>>beta =1.0;
>>end
>>u(k)=kp* error(k) + kd *(error(k)-error1)/ts + beta*ki*ei ;
>>if u(k)>=Le
>>u(k)=Le;
>>end
>>if u(k)<=-Le
>>u(k)=-Le;
>>end
>>u5=u4;u4=u3;u3=u2;u2=u1;u1=u(k); y3=y2;y2=y1;y1=yout(k);
>>error2=error1; error1 = error(k);
>>end
>>legend('给定信号','积分分离 PID 控制效果')
>>plot ( time,rin, 'b' , time , yout , 'r' );
>>u1=0;u2=0;u3=0;u4=0;u5=0; y1=0;y2=0;y3=0;
>>error1=0;error2=0; ei=0;
>>for k=1:1:200
>>time(k)=k * ts;
>>yout(k) =-den(2) *y1 + num(2)*u5;
>>rin(k)=1;
>>error(k)=rin(k)-yout(k);
>>ei=ei + error(k)*ts;
>>beta =1.0;
>>u(k)=kp* error(k) + kd *(error(k)-error1)/ts + beta*ki*ei ;
>>if u(k)>=Le
>>u(k)=Le;
>>end
>>if u(k)<=-Le
>>u(k)=-Le;
>>end
>>u5=u4;u4=u3;u3=u2;u2=u1;u1=u(k); y3=y2;y2=y1;y1=yout(k);
>>error2=error1; error1 = error(k);
>>end
>>hold on;
>>plot (time,rin, 'b' , time , yout , 'g');
>>legend('给定信号','常规 PID 控制效果')
>>xlabel('time(s) ') ;ylabel('rin , yout')
```

运行结果如图 10-25 所示。

图 10-25　例 10-16 运行结果

【例 10-17】 为防止积分饱和现象的出现，常采用抗积分饱和 PID 算法，该算法的思路是：在计算当前控制量时，先要判断上一时刻的控制量是否已超出限制范围，如果正向超出限制范围，就只累加负偏差；如果负向超出限制范围，就只累加正偏差，这样就避免了控制量长时间停留在饱和区。设被控对象 $G(s) = \dfrac{20000}{s^3 + 85s^2 + 12500s}$，采样周期为 1ms，输入信号为单位阶跃信号，编写抗积分饱和 PID 控制系统的仿真程序，并比较与常规 PID 控制的系统阶跃响应。

```
>>ts=0.01;
>>sys=tf(20000,[1,85,12500,0]);
>>dsys=c2d(sys,ts,'z');
>>[num, den]=tfdata(dsys,'v');
>>um=0.6;
>>kp=0.7;
>>ki=2;
>>kd=0.01;
>>rin=1;
>>u1=0.0; u2=0.0; u3=0.0;
>>y1=0; y2=0; y3=0;
>>x=[0,0,0]';
>>error1=0;
>>for k=1:1:2000
>>time(k)=k*ts;
>>u(k)=kp*x(1)+kd*x(2)+ki*x(3);
>>if u(k)>=um
>>u(k)=um;
>>end
>>if u(k)<=-um
>>u(k)=-um;
>>end
>>yout(k)=-den(2)*y1-den(3)*y2-den(4)*y3+num(2)*u1+num(3)*u2+num(4)*u3;
>>error(k)=rin-yout(k);
>>alpha=1;
```

```
>>u3=u2;u2=u1;u1=u(k);
>>y3=y2;y2=y1;y1=yout(k);
>>error1=error(k);
>>x(1)=error(k);
>>x(2)=(error(k)-error1)/ts;
>>x(3)=x(3)+alpha*error(k)*ts;
>>xi(k)=x(3);
>>end
>>plot(time,rin,'b',time,yout,'r');
>>hold on;
>>u1=0.0; u2=0.0; u3=0.0;
>>y1=0; y2=0; y3=0;
>>x=[0,0,0]';
>>error1=0;
>>for k=1:1:2000
>>time(k)=k*ts;
>>u(k)=kp*x(1)+kd*x(2)+ki*x(3);
>>if u(k)>=um
>>u(k)=um;
>>end
>>if u(k)<=-um
>>u(k)=-um;
>>end
>>yout(k)=-den(2)*y1-den(3)*y2-den(4)*y3+num(2)*u1+num(3)*u2+num(4)*u3;
>>error(k)=rin-yout(k);
>>if u(k)>=um
>>if error(k)>0
>>alpha=0;
>>else
>>alpha=1;
>>end
>>elseif u(k)<=-um
>>if error(k)>0
>>alpha=1;
>>else
>>alpha=0;
>>end
>>else
>>alpha=1;
>>end
>>u3=u2;u2=u1;u1=u(k);
>>y3=y2;y2=y1;y1=yout(k);
>>error1=error(k);
>>x(1)=error(k);
>>x(2)=(error(k)-error1)/ts;
>>x(3)=x(3)+alpha*error(k)*ts;
>>xi(k)=x(3);
>>end
```

```
>>plot(time,rin,'b',time,yout,'g')
>>xlabel('time(s)');ylabel('yout')
```

运行结果如图 10-26 所示。

图 10-26　例 10-17 运行结果

【**例 10-18**】　PID 控制中，微分的引入可改善系统的动态特性，但容易产生高频干扰，当偏差信号突变时，尤其显示出微分作用的不足。微分先行 PID 控制的思路是：只对系统的输出变量进行微分，而对给定信号不进行微分。在改变给定信号时，由于输出变化相对缓慢，所以不会引起系统大的振荡。设被控对象的传递函数 $G(s) = \dfrac{1}{(2s+1)}e^{-2s}$，采样周期为 0.5s，给定信号为带有高频干扰的方波信号，编写微分先行 PID 控制系统的仿真程序，并比较与常规 PID 控制的系统响应。

常规 PID 控制的 MATLAB 求解程序如下：

```
>>ts=0.5;
>>kp=1.2;kd=8;ki=0.1;
>>Le=1.3;
>>sys=tf([1],[2,1],'inputdelay',2);
>>dsys=c2d(sys,ts,'zoh');
>>[num,den]=tfdata(dsys,'v');
>>u1=0;u2=0;u3=0;u4=0;u5=0;ud1=0;
>>y1=0;y2=0;y3=0;error1=0;error2=0;ei=0;
>>for k=1:1:800
>>time(k)=k*ts;
>>yout(k)=-den(2)*y1+num(2)*u5;
>>rin(k)=1.0*sign(sin(0.005*pi*k*ts));
>>rin(k)=rin(k)+0.02*sin(3*pi*k*ts);
>>error(k)=rin(k)-yout(k);
>>ei=ei+error(k)*ts;
>>u(k)=kp*error(k)+kd*(error(k)-error1)/ts+ki*ei;
>>if u(k)>=Le
>>u(k)=Le;
>>end
>>if u(k)<=-Le
```

```
>>u(k)=-Le;
>>end
>>u5=u4;u4=u3;u3=u2;u2=u1;u1=u(k);
>>y3=y2;y2=y1;y1=yout(k);
>>error2=error1;error1=error(k);
>>end
>>plot(time,rin,'r',time,yout,'b');
>>xlabel('time(s)');ylabel('rin,yout');
```

运行结果如图 10-27 所示。

图 10-27　例 10-18 常规 PID 控制运行结果

微分先行 PID 控制的 MATLAB 求解程序如下：

```
>>ts=0.5;
>>kp=1.2;kd=8;ki=0.1;
>>Le=1.3;
>>sys=tf([1],[2,1],'inputdelay',2);
>>dsys=c2d(sys,ts,'zoh');
>>[num,den]=tfdata(dsys,'v');
>>u1=0;u2=0;u3=0;u4=0;u5=0;ud1=0;
>>y1=0;y2=0;y3=0;error1=0;error2=0;ei=0;
>>for k=1:1:800
>>time(k)=k*ts;
>>yout(k)=-den(2)*y1+num(2)*u5;
>>rin(k)=1.0*sign(sin(0.005*pi*k*ts));
>>rin(k)=rin(k)+0.02*sin(3*pi*k*ts);
>>error(k)=rin(k)-yout(k);
>>ei=ei+error(k)*ts;
>>gama=0.50;
>>Td=kd/kp;
>>cl=gama*Td/(gama*Td+ts);
>>c2=(Td+ts)/(gama*Td+ts);
>>c3=Td/(gama*Td+ts);
```

```
>>ud(k)=c1*ud1+c2*yout(k)-c3*y1;
>>u(k)=kp*error(k)+ud(k)+ki*ei;
>>if u(k)>=Le
>>u(k)=Le;
>>end
>>if u(k)<=-Le
>>u(k)=-Le;
>>end
>>u5=u4;u4=u3;u3=u2;u2=u1;u1=u(k);
>>y3=y2;y2=y1;y1=yout(k);
>>error2=error1;error1=error(k);
>>end
>>plot(time,rin,'r',time,yout,'b');
>>xlabel('time(s)');ylabel('rin,yout');
```

运行结果如图 10-28 所示。

图 10-28　例 10-18 微分先行 PID 控制运行结果

【例 10-19】　设计分数阶 $PI^\lambda D^\mu$ 控制器，取 $K_p = 2$，$K_i = 10$，$K_d = 5$，$\lambda = 0.6$，$\mu = 0.3$，对于给定的输入信号，计算出分数阶 $PI^\lambda D^\mu$ 控制器的输出。

先编写分数阶 $PI^\lambda D^\mu$ 控制器的相关 m 函数（PIlamDmu.m 和 memo.m）。

```
function uc=PIlamDmu(e, K0, Ts, Kp, Ti, Td, lambda, delta, k)
bc=cumprod([1,1-((-lambda+1)./[1:k])]);
bd=cumprod([1,1-((delta+1)./[1:k])]);
uc = (K0+(1-K0)*abs(e(k)))*(Kp*e(k) + Ti*Ts^(lambda)*memo(e, bc, k) + Td*Ts^(-delta)*
memo(e, bd, k));
end
function [yo] = memo(r, c, k)
temp = 0;
for j=1:k-1
    temp = temp + c(j)*r(k-j);
end
yo = temp;
```

```
end
```

然后在命令行窗口中编写分数阶 $PI^\lambda D^\mu$ 控制器输出的仿真程序为

```
>>clear all;
>>Tsim=16;
>>T=0.01;
>>n=floor(Tsim/T);
>>for i=1:400
>>    e(i,:)=1;
>>end
>>for i=401:800
>>    e(i,:)=-1;
>>end
>>for i=801:1200
>>    e(i,:)=1;
>>end
>>for i=1201:1600
>>    e(i,:)=sin(0.0002*(i-1201)*(i-1201)+pi/2);
>>end
>>K0=0.0;
>>for i=2:n
>>    u(i)=PIlamDmu(e, K0, T, 2, 10, 5, 0.6, 0.3, i);
>>end
>>t=0:T:n*T;
>>subplot(1,2,1);
>>plot(t(:,1:end-1), e);
>>title('Input error');
>>xlabel('time (s)');
>>ylabel('e(t)');
>>grid;
>>subplot(1,2,2);
>>plot(t(:,1:end-1), u);
>>title('Control action');
>>xlabel('time (s)');
>>ylabel('u(t)');
>>grid;
```

运行结果如图 10-29 所示。

图 10-29　例 10-19 程序运行结果

【例 10-20】　已知被控对象的传递函数 $G(s) = \dfrac{s+3}{s^2+3s+2}$，采用 Simulink 设计分数阶 $\mathrm{PI}^\lambda \mathrm{D}^\mu$ 控制系统，其中分数阶 $\mathrm{PI}^\lambda \mathrm{D}^\mu$ 控制器的参数取 $K_p = 120$，$K_i = 20$，$K_d = 3$，$\lambda = 0.9$，$\mu = 0.8$，$N = 6$，分数阶微积分运算的近似方法采用 Oustaloup 近似化方法，频率范围取 $\omega \in [0.01, 100]\,\mathrm{rad/s}$，计算分数阶 $\mathrm{PI}^\lambda \mathrm{D}^\mu$ 控制系统在单位阶跃给定信号作用下，控制系统的输出。

先编写 Oustaloup 近似化方法的相关 m 函数 oustaloup.m。

```
function G=oustaloup(gam,N,wb,wh)
  if round(gam)==gam
    G=tf('s')^gam;
  else
    k=1:N;
    wu=sqrt(wh/wb);
    wkp=wb*wu.^((2*k-1-gam)/N);
    wk=wb*wu.^((2*k-1+gam)/N);
    G=zpk(-wkp,-wk,wh^gam);
    G=tf(G);
  end
end
```

然后在 Simulink 仿真环境中搭建分数阶 $\mathrm{PI}^\lambda \mathrm{D}^\mu$ 控制系统模型，如图 10-30 所示。

图 10-30　例 10-20 所搭建的控制系统模型

其中，子系统 Fractional-order PID controller 的结构如图 10-31 所示。

图 10-31　子系统 Fractional-order PID controller 的结构

子系统 Fractional-order PID controller 封装时的图标显示操作如图 10-32 所示。

图 10-32　子系统 Fractional-order PID controller 封装时的图标显示操作

子系统 Fractional-order PID controller 封装时的参数与对话框设置操作如图 10-33 所示。

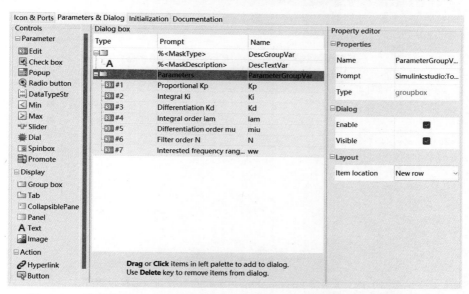

图 10-33　子系统 Fractional-order PID controller 封装时的参数与对话框设置操作

子系统 Fractional-order PID controller 中的下一级子系统 Fractional Int 和 Fractional Der 等结构完全一致，下面以子系统 Fractional Int 为例说明其结构及封装过程。子系统 Fractional Int 的结构如图 10-34 所示。

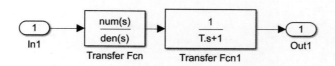

图 10-34　子系统 Fractional Int 的结构

子系统 Fractional Int 封装时的图标显示操作如图 10-35 所示。

图 10-35　子系统 Fractional Int 封装时的图标显示操作

子系统 Fractional Int 封装时的参数与对话框设置操作如图 10-36 所示。

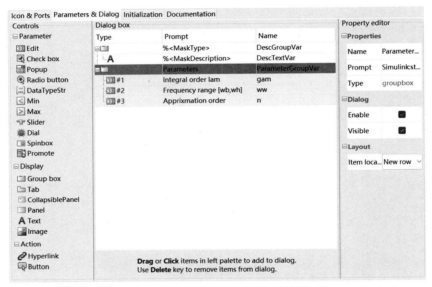

图 10-36　子系统 Fractional Int 封装时的参数与对话框设置操作

子系统 Fractional Int 封装时的系统初始化设置操作如图 10-37 所示。

| Icon & Ports | Parameters & Dialog | Initialization | Documentation |

Dialog variables

gam
ww
n

Initialization commands

```
wb=ww(1);
wh=ww(2);
G=oustaloup(gam,n,wb,wh);
num=G.num{1};
den=G.den{1};
T=1/wh;
```

☐ Allow library block to modify its contents

图 10-37　子系统 Fractional Int 封装时的系统初始化设置操作

运行仿真模型前，先单击子系统 Fractional-order PID controller 的图标，设置分数阶 PI$^\lambda$D$^\mu$ 控制器的相关参数，如图 10-38 所示。

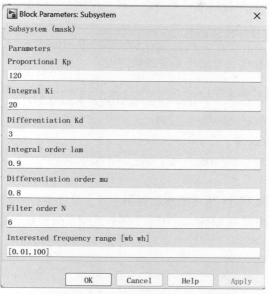

图 10-38　分数阶 PI$^\lambda$D$^\mu$ 控制器的相关参数设置

运行仿真模型，可得分数阶 PI$^\lambda$D$^\mu$ 控制系统在单位阶跃给定信号作用下，控制系统的输出如图 10-39 所示。

图 10-39　分数阶 PI$^\lambda$D$^\mu$ 控制系统在单位阶跃给定信号作用下系统的输出

习　　题

1. 信号 $\mathrm{sa}(t) = \dfrac{\sin t}{t}$ 作为被采样信号，信号带宽为 1rad/s，采样频率为 2Hz，采用 MATLAB，绘制采样后恢复的信号，并计算与原信号的误差。

2. 已知差分方程 $y(k) - 0.5y(k-1) - 0.15y(k-2) = u(k)$, $u(k) = 1(kT)$, 系统初始值为 0, 采用 MATLAB, 用迭代法计算输出 $y(k)$。

3. 采用 MATLAB, 绘制零阶保持器的频率特性, 取采样周期 $T=0.1$s。

4. 设单位反馈采样系统的开环传递函数 $G(z) = \dfrac{k(z+1)}{(z-1)(z-0.316)(z^2+z+0.25)}$, 采样周期为 $T=0.1$s, 采用 MATLAB 绘制离散系统的根轨迹, 并分析系统的稳定性。

5. 设采样系统的脉冲传递函数 $G(z) = \dfrac{k(z+1)}{(z-1)(z-0.316)(z^2+z+0.25)}$, 其采样周期为 $T=0.1$s, 现将采样周期改为 $T=0.2$s, 求此时采样系统的脉冲传递函数。

6. 已知离散系统的特征方程为

$\Delta(z) = z^6 + 1.517z^5 + 0.3243z^4 - 0.3706z^3 - 0.1509z^2 - 0.0038z + 0.0027 = 0$, 采用 MATLAB, 应用朱利判据判断其稳定性。

7. 采用 MATLAB 设计如图 10-15 所示的离散控制系统, 设计指标为超调量小于 25%, 调节时间小于 1s, 速度误差系数为 10, 采样周期为 0.06s, 采用基于等效连续系统的数字控制器设计方法, 离散化方法采用双线性变换。

第 11 章

非线性系统的初步分析与仿真

实际系统在本质上具有非线性，因此，控制系统都具有一定程度的非线性。非线性系统可由非线性微分方程式来描述。非线性系统的数学模型不满足叠加原理或其中包含非线性环节。包含非本质非线性的系统能够用小偏差线性化方法进行处理；包含本质非线性的系统不能用小偏差线性化方法来处理。非线性系统与线性系统有以下主要区别：线性系统只能有一个平衡点或无穷多的平衡点，但非线性系统可以有一个、两个、多个以至无穷多个平衡点。非线性系统与线性系统明显不同，其稳定性是针对各个平衡点而言的。通常不能说系统的稳定性如何，而应说那个平衡点是稳定的或不稳定的。在线性系统中，系统的稳定性只与系统的结构和参数有关，而与外作用及初始条件无关。非线性系统的稳定性除了与系统的结构和参数有关外，还与外作用及初始条件有关。由于非线性系统与线性系统有很大的差异，因此，不能直接用线性理论去分析它，否则会导致错误的结论。对非线性系统的分析，还没有一种像线性系统那么普遍的分析和设计方法。在非线性系统中，除了从平衡状态发散或收敛于平衡状态两种运动形式外，往往即使无外作用存在，系统也可能产生具有一定振幅和频率的稳定的等幅振荡。输入为正弦函数时，非线性系统输出的稳态分量在一般情况下并不具有与输入相同的函数形式。非线性系统采用非线性微分方程描述，至今尚没有统一的求解方法，其理论还不完善。为了更好地描述和分析非线性系统，根据非线性系统的特点，工程上常采用的方法有：线性近似法，对于某些非线性特性不严重的系统，或系统仅仅只研究平衡点附近的特性时，可以用小偏差线性化方法，将非线性系统近似线性化；分段线性近似法，将非线性系统近似为几个线性区域，每个区域由对应的线性化微分方程描述；相平面法，相平面法是非线性系统的图解分析法，采用在相平面上绘制相轨迹曲线，确定非线性系统在不同初始条件下系统的运动形式，该方法适用于二阶的系统；描述函数法，该方法是线性系统频率特性法的推广，采用谐波线性化将非线性特性近似表示为复变增益环节，应用频率法分析非线性系统的稳定性和自持振荡，该方法适用于非线性系统中线性部分具有良好的低通滤波特性的系统。

11.1　典型的非线性特性

1. 死区特性

在许多控制系统中，传感器和执行机构普遍存在死区情况。图 11-1 是一种常见的死区非线性特性。当输入信号 $|x| < \varDelta$ 时，其输出 y 为 0；当输入信号 $|x| > \varDelta$ 时，才有输出信号 y 产生，并与输入信号成线性关系。

图 11-1 所示的死区非线性特性的数学表达式为

$$y = \begin{cases} 0, & |x| \leqslant \varDelta \\ k(x - \varDelta \operatorname{sgn} x), & |x| > \varDelta \end{cases}$$

其中，k 为图 11-1 中线性段的斜率，$\varDelta$ 为死区的范围。死区的存在使系统的灵敏度降低，并可能对控制系统产生如下不良影响。

（1）增大系统的稳态误差，测量元件的死区对系统稳态性能的影响更大。

（2）对动态性能的影响由具体系统的结构和参数确定，如对某些系统，死区的存在会抑止其振荡；而对另一些系统，死区又能导致其产生自持振荡。

（3）死区能滤去从输入端引入的小幅值干扰信号，提高系统抗扰动的能力。

（4）当系统的输入信号为阶跃、斜坡等函数时，死区的存在会引起系统输出在时间上的滞后。

2. 饱和特性

饱和特性也是一种常见的非线性特性，饱和特性的输入、输出关系如图 11-2 所示。

图 11-1　死区非线性特性　　　　　图 11-2　饱和特性的输入输出关系

由图 11-2 可知，当输入 $|x| < x_0$ 时，输出 y 与输入 x 成线性关系；当 $|x| > x_0$ 时，输出 y 为一常量。上述的关系可用如下的数学表达式为

$$y = \begin{cases} kx, & |x| \leqslant x_0 \\ M \operatorname{sgn} x, & |x| > x_0 \end{cases}$$

在一般情况下，系统存在具有饱和非线性特性的元件，因此它的开环增益会受到限制，从而导致系统过渡过程时间的增加和稳态误差的变大。但在有时，可以有目的地引入饱和非线性环节，使控制输出的幅值受到限制。例如绝大多数的执行机构要求系统输出有一定的幅值限制，以免损坏执行机构。

3. 继电器特性

理想的继电器特性如图 11-3（a）所示。由于实际的继电器存在吸合电压和释放电压的不等，因此可能存在死区、回环和饱和的特性。图 11-3（b）为具有死区的继电器特性。图 11-3（c）为具有回环的继电器特性。

实际的继电器特性一般是既有死区，又有回环，如图 11-3（d）所示，它的数学表达式为

$$y = \begin{cases} 0 & , \ -ma < x < a, \ \dot{x} > 0 \\ 0 & , \ -a < x < ma, \ \dot{x} < 0 \\ b \operatorname{sgn} x, & |x| \geqslant a \\ b & , \ x \geqslant ma \quad , \ \dot{x} < 0 \\ -b & , \ x \leqslant -ma \quad , \ \dot{x} > 0 \end{cases}$$

式中，a 为继电器的吸合电压；ma 为继电器的释放电压；b 为继电器的饱和输出。

　　继电器非线性特性一般会使系统产生自持振荡，甚至导致系统不稳定，而对于稳定系统，也会使其稳态误差增大。但如果应用适当，也可极大改善系统的性能，如在克服测量扰动和最优控制中。

（a）理想继电器特性　　　　　（b）有死区的继电器特性

（c）有回环的继电器特性　　　　（d）有死区和有回环的继电器特性

图 11-3　继电器非线性特性

4．间隙特性

　　间隙特性又称回环特性，它一般是非线性元件的滞后作用引起的。典型的间隙非线性特性如图 11-4 所示。

　　间隙非线性特性的数学表达式为

$$y = \begin{cases} k(x-b/2) & \dot{y} > 0 \\ k(x+b/2) & \dot{y} < 0 \\ M\,\mathrm{sgn}\,y & \dot{y} = 0 \end{cases}$$

图 11-4　间隙非线性特性

　　间隙非线性特性是多值的，对于一个给定的输入究竟取哪一个值作为输出不仅与输入有关，也与输出的变化规律有关。通常情况下，系统中若有间隙非线性特性的元件存在，会使其输出在相位上产生滞后，从而导致系统稳定裕量的减小，动态性能的恶化，甚至可能使系统产生自持振荡。

11.2 描述函数法

描述函数法的基本思想是用非线性元件的输出信号中的基波分量，代替非线性元件在正弦输入作用下的实际输出，所以这种方法又被称为一次谐波法。

描述函数法使用的基本条件是所分析的非线性特性是斜对称的，这样输出中的常值分量为 0；线性部分具有较好的低通滤波特性，以衰减高次谐波；非线性特性不是时间函数。因为描述函数法在本质上是频率法的推广，而频率法不适用于时变系统，所以，系统中的非线性特性能简化为一个非线性环节。

已知系统输出信号的傅里叶级数形式为

$$x(t) = \frac{A_0}{2} + \sum_{i=1}^{\infty}(A_i \cos i\omega t + B_i \sin i\omega t)$$

其中，$A_i = \frac{1}{\pi}\int_0^{2\pi} x(t)\cos i\omega t d(\omega t)$，$B_i = \frac{1}{\pi}\int_0^{2\pi} x(t)\sin i\omega t d(\omega t)$。

其一次谐波为

$$x_1(t) = A_1 \cos \omega t + B_1 \sin \omega t = X_1 \sin(\omega t + \phi_1)$$

其中，$A_1 = \frac{1}{\pi}\int_0^{2\pi} x(t)\cos \omega t d(\omega t)$，$B_1 = \frac{1}{\pi}\int_0^{2\pi} x(t)\sin \omega t d(\omega t)$，$X_1 = \sqrt{A_1^2 + B_1^2}$。

描述函数的定义如下：

$$N(A, j\omega) = \frac{x_1}{r} = \frac{X_1 e^{j\phi_1}}{A e^{j0}} = \frac{X_1}{A}e^{j\phi_1} = \frac{B_1}{A} + j\frac{A_1}{A}$$

其中，$r = A e^{j0}$ 为输入信号。

非线性环节的描述函数总是输入信号幅值 A 的函数，一般也是频率 ω 的函数，因此，描述函数一般记为 $N(A, j\omega)$，非线性元件的描述函数或等效幅相频率特性与输入的正弦振荡的振幅 A 有关，这反映了非线性特性的本质。它与线性环节的情况正好相反，线性环节的幅相特性（频率特性）与正弦输入的幅值无关。

描述函数的计算步骤为：绘制输入–输出波形图，写出输入为 $r(t) = A\sin \omega t$ 时的非线性输出表达式，由波形图分析非线性系统输出 $x(t)$ 的对称性，并计算 A_1、B_1、X_1、ϕ_1，从而描述函数为 $N(A) = \frac{B_1}{A} + j\frac{A_1}{A} = \frac{X_1}{A}e^{j\phi_1}$。

在用描述函数法的非线性系统时，可将整个非线性控制系统转换为如图 11-5 所示的结构。

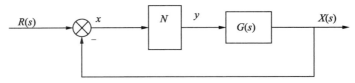

图 11-5 采用描述函数法的非线性系统结构

在图 11-5 所示的非线性系统结构中，非线性部分 N 可以用描述函数 $N(A)$ 表示，线性部分 $G(s)$ 用频率特性 $G(j\omega)$ 表示。由闭环系统的结构图，可得到系统的闭环频率特性 $\Phi(j\omega)$ 如下：

$$\Phi(j\omega) = \frac{C(j\omega)}{R(j\omega)} = \frac{N(A)G(j\omega)}{1 + N(A)G(j\omega)}$$

其闭环特征方程为

$$1 + N(A)G(j\omega) = 0$$

从而有

$$G(j\omega) = -\frac{1}{N(A)}$$

其中，$-1/N(A)$ 被称为非线性函数的负倒描述函数。

图 11-6 给出了常见的非线性函数的负倒描述函数 $-1/N(A)$ 曲线，其中箭头表示了幅值 A 的增大方向。

利用描述函数判别非线性系统稳定性的奈奎斯特判据是：

（1）若 $G(j\omega)$ 曲线不包围 $-1/N(A)$ 曲线，则非线性系统是稳定的，如图 11-6（a）所示；

（2）若 $G(j\omega)$ 曲线包围 $-1/N(A)$ 曲线，则非线性系统是不稳定的，如图 11-6（b）所示；

（3）若 $G(j\omega)$ 曲线与 $-1/N(A)$ 曲线相交，将产生振荡，或称为自激振荡，如图 11-6（c）所示。

（a）$G(j\omega)$ 曲线不包含 $-1/N(A)$ 曲线　（b）$G(j\omega)$ 包含 $-1/N(A)$ 曲线　（c）$G(j\omega)$ 曲线与 $-1/N(A)$ 曲线相交

图 11-6　描述函数法判别非线性系统稳定性示意图

由上述分析可知，当线性部分的频率特性 $G(j\omega)$ 与负倒描述函数曲线 $-1/N(A)$ 相交时，非线性系统产生自激振荡。其中产生自激振荡的条件为 $G(j\omega) = -1/N(A)$，可以改写为 $G(j\omega)N(A) = -1 = e^{-j\pi}$，即

$$\begin{cases} |G(j\omega)N(A)| = 1 \\ \angle G(j\omega) + \angle N(A) = -\pi \end{cases}$$

指当非线性系统受到扰动作用后偏离原来的周期运动状态，当扰动消失后，系统能够回到原来的等幅振荡状态，称之为稳定的自激振荡；反之，称为不稳定的自激振荡。判别自激振荡稳定的方法是：在复平面自激振荡点附近，当按幅值 A 增大的方向沿 $-1/N(A)$ 曲线移动时，若系统从不稳定区域进入稳定区域，则该交点代表的自激振荡是稳定的；反之，当按幅值 A 增大的方向沿 $-1/N(A)$ 曲线移动是从稳定区域进入不稳定区域的，则该交点代表的自激振荡是不稳定的。

11.3　相平面法

对于 n 阶系统的状态，可以用一个 n 维状态向量描述，可以构成一个 n 维空间，其被称为状态空间，也称为相空间。各状态随时间 t 变化，在状态空间中形成的轨迹，被称为相轨迹。

对于二阶微分方程描述的系统，相空间是二维的，称为相平面。相轨迹表示了系统的动态特性。这种用相轨迹几何图形表示系统动态过程的方法被称为相平面法。

注意相平面法的适用范围，相平面法是一种精确的方法，但它受到下列几点限制：只适用于定常系统，不适用于时变系统；一般用于研究系统输入为 0 时的动态过程；当有输入时，输入信号的形式受到初态的限制，只允许阶跃、速度、加速度等类型的输入信号，而不允许像正弦一类的输入。因此，相平面法仅适用于一阶、二阶系统。

对于相平面的选择，当研究系统的过渡过程特性时，一般选择系统输出变量及其导数作为状态变量；当研究系统的误差特性时，一般选择系统误差信号及其导数作为状态变量；当系统存在速度输入时，常选择系统的误差信号及其导数作为变量。

相平面的主要性质如下。

1. 相平面图的对称性

相轨迹的对称性可以从对称点上相轨迹的斜率来判断，根据 $\ddot{x} + f(\dot{x}, x) = 0$ ，可知

$$\frac{\mathrm{d}\dot{x}}{\mathrm{d}x} = \frac{\dfrac{\mathrm{d}\dot{x}}{\mathrm{d}t}}{\dfrac{\mathrm{d}x}{\mathrm{d}t}} = \frac{\ddot{x}}{\dot{x}} = -\frac{f(\dot{x}, x)}{\dot{x}}$$

若对称于 x 轴，则 $(x, \dot{x})$ 和 $(x, -\dot{x})$ 点上相轨迹的斜率大小相等，符号相反，即

$$-\left(-\frac{f(\dot{x}, x)}{\dot{x}}\right) = -\frac{f(-\dot{x}, x)}{-\dot{x}}$$

所以 $f(\dot{x}, x) = f(-\dot{x}, x)$ ，相轨迹对称于 x 轴的条件是 $f(\dot{x}, x)$ 必须是 $\dot{x}$ 的偶函数。

若相轨迹对称于 $\dot{x}$ 轴，则 $(x, \dot{x})$ 和 $(-x, \dot{x})$ 点上相轨迹的斜率大小相等，符号相反，即

$$-\left(-\frac{f(\dot{x}, x)}{\dot{x}}\right) = -\frac{f(\dot{x}, -x)}{\dot{x}}$$

所以相轨迹对称于 $\dot{x}$ 轴的条件是 $f(\dot{x}, x)$ 必须是 $G(s)$ 的奇函数。

若相轨迹对称于原点，则 $(x, \dot{x})$ 和 $(-x, -\dot{x})$ 点上相轨迹的斜率大小相等，符号相同，即

$$-\frac{f(\dot{x}, x)}{\dot{x}} = -\frac{f(-\dot{x}, -x)}{-\dot{x}}$$

所以相轨迹对称于原点的条件为 $f(\dot{x}, x) = -f(-\dot{x}, -x)$ 。

2. 相轨迹与x轴正交

相轨迹在与 x 轴的相交点处的斜率为 $\dfrac{\mathrm{d}\dot{x}}{\mathrm{d}x} = -\dfrac{f(\dot{x}, x)}{\dot{x}} = \infty$ 。

3. 系统状态沿相轨迹运动的方向

在相平面的上半平面，系统的状态是沿相轨迹向右运动的，在相平面的下半平面，系统的状态是沿相轨迹向左运动的。

4. 相平面图中的奇点

相轨迹的斜率为 $\dfrac{\mathrm{d}\dot{x}}{\mathrm{d}x} = -\dfrac{f(\dot{x}, x)}{\dot{x}}$ ，相平面中同时满足 $\dot{x} = 0$ ， $f(\dot{x}, x) = 0$ 的点，称为奇点。在奇点处的相轨迹不是唯一的。

非线性系统存在极限环、分歧和混沌等现象，自激振荡是非线性系统中的一个很重要的现象，在前面曾用描述函数法加以研究。自激振荡反映在相平面图上，是相轨迹绕成的一个环，称之为极限环。极限环代表了非线性系统的一种重要现象。在自然界和许多工程领域已经发现了这种现象，如电路系统的振荡器、

飞机机翼的颤振、机器人的跳动等，从这些例子可见，在有些情况下可能是不需要极限环的，而在另一些情况下则需要。一个工程师必须知道，如何在不需要极限环时消除它们，而在需要时产生它们或者把它们放大。要做到这一点就需要对极限环的特性有所了解，并熟悉处理它们的工具。

当非线性系统的参数发生变化时，其平衡点的稳定性也可能变化，而且可能有许多平衡点。这些使系统运动品质特性发生变化的参数值，被称为临界值或分歧值。这种分歧现象，即参数的量变导致系统特性的质变，是分歧理论研究的课题。

对于稳定线性系统，初始条件间的较小差别只能引起输出间的微小差别。然而，非线性系统却能表现出一种称为混沌的现象。用混沌来表明系统的输出对初始条件极为敏感这一现象。混沌的主要特点是系统输出的不可预测性。即使具有非线性系统的准确模型和非常精确的计算机，长期运行时，系统的响应仍然无法很好地预测。必须区别混沌运动与随机运动。对于随机运动，其系统模型或系统输入含有不确定性，导致系统输出随时间变化而无法准确地预测，只能用统计测量；对于混沌运动，其所研究的问题是确定性的，系统模型、输入和初始条件几乎没有不确定性。

相轨迹的绘制方法有解析法和定性法，解析法就是求出 $G(s)$ 和 $\dot{x}$ 对 t 的函数关系，然后从这两个方程中消去，从而得到相轨迹方程，或者利用以下关系式

$$\ddot{x} = \frac{\dfrac{d\dot{x}}{dt}}{\dfrac{dx}{dt}} = \frac{d\dot{x}}{dx} = -\frac{f(\dot{x}, x)}{\dot{x}}$$

将二阶微分方程变成一阶微分方程，然后直接对该一阶微分方程进行积分，便可得到相应的相轨迹。

定性法就是根据相对原点、坐标轴的对称性，水平等倾线，铅垂等倾线，奇点类型，极限环和某区域中的斜率符号等信息近似绘制出相轨迹。

11.4 非线性系统的仿真示例

MATLAB 非线性系统线性化处理常用的函数如表 11-1 所示。

表 11-1 MATLAB非线性系统线性化处理常用的函数

函　　数	使 用 说 明
[A,B,C,D]=linmod('sys')	获取Simulink框图系统sys中描述的常微分系统的状态空间线性模型
[A,B,C,D]=linmod('sys',X,U)	指定状态向量X和输入U，然后在这个操作点上得到一个线性模型
X=Simulink.BlockDiagram.getInitialState('sys')	提取Simulink框图系统sys的近似线性系统结构
[A,B,C,D]=linmod2('sys')	获取Simulink框图系统sys中描述的常微分系统的状态空间线性模型
[A,B,C,D]=dlinmod('sys',TS)	获取Simulink框图系统sys中描述的混合连续和离散系统的离散时间状态空间线性模型，采样周期为TS
[X,U,Y,DX]=trim('sys')	平衡点的求取，寻找由S函数'sys'的状态导数dx=0的X、U和Y的值，使用约束优化方法求解trim

以下通过示例说明如何采用 MATLAB 进行非线性系统的初步分析。

【例 11-1】 描述非线性系统的微分方程为 $\ddot{x} + \ddot{x} + \dot{x} + \dfrac{1}{2}x^3 = 0$，用描述函数法讨论非线性系统的稳定性，设初始值为 $[1.1, 0.9, 0.2]^T$。

令 $y = \dfrac{1}{2}x^3$ ，则有 $\dddot{x} + \ddot{x} + \dot{x} = -y$ ，即有

$$X(s) = \frac{-1}{s(s^2 + s + 1)} Y(s)$$

故可将系统表示为线性系统和非线性元件反馈连接的形式，如图 11-7 所示。

由于非线性特性是单值斜对称的，所以 $A_1 = 0$ ，$\phi_1 = 0$ 。B_1 的计算如下：

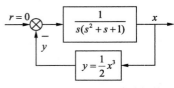

图 11-7　例 11-1 系统等效结构图

$$
\begin{aligned}
B_1 &= \frac{1}{\pi} \int_0^{2\pi} y(t) \sin \omega t \, \mathrm{d}(\omega t) \\
&= \frac{1}{\pi} \int_0^{2\pi} \left[\frac{1}{2} A^3 (\sin \omega t)^3 \right] \sin \omega t \, \mathrm{d}(\omega t) \\
&= \frac{1}{\pi} \int_0^{2\pi} \left[\frac{1}{2} A^3 (\sin \omega t)^4 \right] \mathrm{d}(\omega t) \\
&= \frac{1}{\pi} \int_0^{2\pi} \left[\frac{A^3}{8} (1 - \cos 2\omega t)^2 \right] \mathrm{d}(\omega t) \\
&= \frac{3 A^3}{8}
\end{aligned}
$$

所以，$N(A) = \dfrac{B_1}{A} = \dfrac{3}{8} A^2$ 。

负倒描述函数 $-1/N(A) = -8 \big/ (3A^2)$ ，负倒描述函数曲线为负实轴上 $(-\infty, 0)$ 的区段，随 A 从 0 到 $+\infty$ 变化，从负实轴上 $-\infty$ 向原点移动。

系统线性部分的频率特性为

$$G(\mathrm{j}\omega) = \frac{1}{\mathrm{j}\omega(1 - \omega^2 + \mathrm{j}\omega)} = \frac{-\omega - \mathrm{j}(1 - \omega^2)}{\omega \left[(1 - \omega^2)^2 + \omega^2 \right]}$$

令虚部为零得到 $\omega = 1$ ，$G(\mathrm{j}) = -1$ 。负实轴上的点 $[-1, \mathrm{j}0]$ 为负倒描述函数曲线与系统线性部分的频率特性曲线的交点。令 $-1/N(A) = -8 \big/ (3A^2) = -1$ ，得到 $A = 1.63$ 。因此，系统存在频率为 1，幅值为 1.63 的极限环。因为 A 增大时，负倒描述函数曲线穿入 $G(\mathrm{j}\omega)$ 曲线所包围的区域，所以上述极限环不稳定。

先编写非线性系统求解函数文件 nonlsys.m。

```
function sys=nonlsys(t,c)
dc1=c(2);
dc2=c(3);
dc3=-c(3)-c(2)-0.5*c(1)^3;
sys=[dc1 dc2 dc3]';
end
```

再在命令行窗口中执行：

```
>>clear all
>>G=tf([1],[1 1 1 0]);
>>A=0.1:0.01:10;
>>x=real(-8./(3.*A.*A));
```

```
>>y=imag(-8./(3.*A.*A));
>>subplot(1,2,1);
>>plot(x,y);
>>hold on
>>nyquist(G);
>>legend('-1/N(jw)','G(jw)');
>>axis([-1.6,0.3,-1.2,1.2])
>>t=0:0.01:10;
>>c0=[1.1 0.9 0.2]';
>>[t,c]=ode45('nonlsys',t,c0);
>>subplot(1,2,2);
>>plot(t,c(:,1));
>>legend('输出');
>>grid
```

运行结果如图 11-8 所示。

图 11-8　例 11-1 程序运行结果

【例 11-2】　描述非线性系统的微分方程为 $\ddot{x}+\dot{x}+\mathrm{sgn}(x-\dot{x})+0.1\sin x=0$，在 $\dot{x}-x$ 平面上绘制相轨迹，设初始值分别为 $[0,2]^\mathrm{T}$ 和 $[0,-2]^\mathrm{T}$。

先编写非线性系统求解函数文件 nonlsys1.m。

```
function sys=nonlsys1(t,c)
dx1=c(2);
dx2=-c(2)-c(1)-sign(c(1)-c(2))-0.1*sin(c(1));
sys=[dx1 dx2]';
end
```

再在命令行窗口中执行：

```
>>clear all
>>t=0:0.01:30;
>>x01=[0 2]';
>>[t,x1]=ode45('nonlsys1',t,x01);
>>x02=[0 -2]';
>>[t,x2]=ode45('nonlsys1',t,x02);
>>subplot(1,2,1);
>>plot(x1(:,1),x1(:,2),x2(:,1),x2(:,2));
>>legend('相轨迹');
```

```
>>grid
>>subplot(1,2,2);
>>plot(t,x1(:,1));
>>legend('x1');
```

运行结果如图 11-9 所示。

图 11-9　例 11-2 程序运行结果

【**例 11-3**】　非线性系统结构如图 11-10 所示，图中 $M = 1.5$，$h = 0.5$，$T = 1$，$K = 2/3$，分别绘制 $\tau = 0$ 和 $\tau = 0.05$ 时系统的相轨迹和误差 e 的曲线。

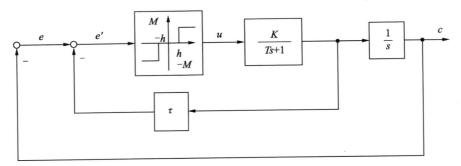

图 11-10　例 11-3 非线性系统结构

先编写非线性系统求解函数文件 nonlsys2.m。

```
function sys=nonlsys2(t,c,tao1)
M=1.5;
h=0.3;
K=2/3;
tao=tao1;
de1=c(2);
if ((c(1)+tao*c(2))<h)
    u=-M;
elseif (abs(c(1)+tao*c(2))<h)
    u=0;
else u=M;
```

```
end
de2=-c(2)-K*u;
sys=[de1 de2]';
end
```

再在命令行窗口中执行：

```
>>clear all
>>t=0:0.01:30;
>>e01=[2 0.5]';
>>[t,e1]=ode45('nonlsys2',t,e01,0);
>>e02=[2 0.5]';
>>[t,e2]=ode45('nonlsys1',t,e02,0.05);
>>subplot(2,2,1);
>>plot(e1(:,1),e1(:,2));
>>legend('\tau=0 相轨迹');
>>grid
>>subplot(2,2,2);
>>plot(t,e1(:,1));
>>legend('e');
>>subplot(2,2,3);
>>plot(e2(:,1),e2(:,2));
>>legend('\tau=0.05 相轨迹');
>>grid
>>subplot(2,2,4);
>>plot(t,e2(:,1));
>>legend('e');
```

运行结果如图 11-11 所示。

图 11-11　例 11-3 程序运行结果

习　题

1. 非线性系统结构如图 11-12 所示，输入为单位斜坡信号，在 $\dot{e}-e$ 平面上绘制相轨迹。

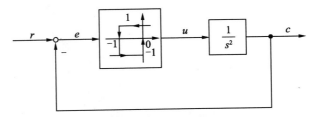

图 11-12　习题 1 非线性系统结构

2. 非线性系统结构如图 11-13 所示，图中 $G(s) = \dfrac{20}{10s^2 + s}$，采用描述函数法确定系统的稳定性。

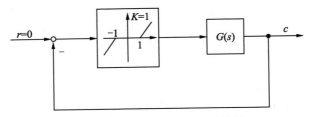

图 11-13　习题 2 非线性系统结构

第 12 章

线性系统的能控性和能观性分析与仿真

用状态空间方法来描述系统是为了展示系统的内部动态结构。由于引入了反映系统内部结构特征的状态变量，使得系统的输入与输出关系可以分成两部分来刻画：一部分是系统的控制输入对系统内部状态的影响，即由系统的状态方程来描述；另一部分是系统内部状态组合得到的系统输出，即由系统的输出方程来描述。分别描述系统输入、内部状态和系统输出三者之间的相互关系，为深入分析复杂系统的运动特征提供了方便。在此基础上，产生了能控性和能观性这两个描述系统结构的基本概念。

能控性和能观性由 R.E.Kalman 于 20 世纪 60 年代初首先提出并研究的这两个重要概念，在现代控制理论的研究与实践中，具有极其重要的意义。简单来讲，能控性就是研究通过系统的控制是否可以改变系统状态。能观性就是研究系统的输出能否获得系统状态的信息。能控性和能观性反映了系统结构的内在特性。能控性和能观性可以通过对偶原理进行分析。即对于状态空间表达式描述的系统 S1：$\dot{x} = Ax + Bu$，$y = Cx$，式中，$x \in \mathbf{R}^n, u \in \mathbf{R}^r, y \in \mathbf{R}^m, A \in \mathbf{R}^{n \times n}, B \in \mathbf{R}^{n \times r}, C \in \mathbf{R}^{m \times n}$。以及由系统 S1 确定的对偶系统 S2：$\dot{z} = A^T z + C^T v$，$n = B^T z$，式中，$z \in \mathbf{R}^n, v \in \mathbf{R}^m, n \in \mathbf{R}^r, A^T \in \mathbf{R}^{n \times n}, C^T \in \mathbf{R}^{n \times m}, B^T \in \mathbf{R}^{r \times n}$。对偶原理描述了当且仅当系统 S2 状态能观（能控）时，系统 S1 才是状态能控（能观）的，所以一个给定系统的能观测性可用其对偶系统的状态能控性来判断。本章中的介绍将限于线性系统能控性和能观性的基本概念与 MATLAB 仿真。

12.1 系统的能控性概念与仿真

视频讲解

1. 线性连续系统的能控性

对于如下线性时变系统的状态方程

$$\Sigma : \dot{x} = A(t)x + B(t)u, \quad y(t) = C(t)x + D(t)u, \quad x(t_0) = x_0, \quad t \in J$$

式中，x 为 n 维状态向量，u 为 m 维输入向量，J 为时间区间，A 和 B 分别为 $n \times n$ 和 $n \times m$ 的关于时间 t 的连续函数矩阵。下面首先定义系统能控和不能控的概念。

能控：对线性时变系统 Σ，如果对给定的初始时刻 $t_0 \in J$ 所对应的一个非零初始状态 x_0，存在一个时刻 $t_1 \in J$，$t_1 > t_0$，和一个无约束的允许控制 $u(t)$，$t \in [t_0, t_1]$，使状态由 x_0 转移到 t_1 时 $x(t_1) = 0$，则称此 x_0 在 t_0 时刻是能控的。对线性时变系统 Σ，如果状态空间中的所有非零状态都是在 t_0 时刻为能控的，那么称系统 Σ 在时刻 t_0 是能控的。

不完全能控：对线性时变系统 Σ，给定初始时刻 $t_0 \in J$，如果状态空间中存在一个或部分非零状态在时刻 t_0 是不能控的，则称系统 Σ 在时刻 t_0 是不完全能控的。

注意，在定义中对运动轨迹是不加限制的，是定性表征系统状态运动的一种特性；对控制分量的幅度不加限制，并且在时间区间 J 上要平方可积；线性系统的能控性与初始时刻 t_0 无关；如果将定义中的非零状态转移到零状态，变为零状态转移到非零状态，则称为系统的能达性。

对于线性定常系统 $\dot{x}(t) = Ax(t) + Bu(t)$，式中 $x(t) \in \mathbf{R}^n, u(t) \in \mathbf{R}^m, A \in \mathbf{R}^{n \times n}, B \in \mathbf{R}^{n \times m}$，初始条件 $x(t)\big|_{t=0} = x(0)$。该系统为完全能控的充分必要条件是，存在 $t_1 > 0$，使如下定义的格拉姆矩阵 $W_c[0, t_1] = \int_0^{t_1} \mathrm{e}^{-At} BB^{\mathrm{T}} \mathrm{e}^{-A^{\mathrm{T}}t} \mathrm{d}t$ 非奇异，该判据也称格拉姆矩阵判据。

代数判据：对于线性定常系统 $\dot{x}(t) = Ax(t) + Bu(t)$，式中 $x(t) \in \mathbf{R}^n, u(t) \in \mathbf{R}^m, A \in \mathbf{R}^{n \times n}, B \in \mathbf{R}^{n \times m}$，初始条件 $x(t)\big|_{t=0} = x(0)$。该系统为完全能控的充分必要条件为 $\mathrm{rank}[B \quad AB \quad \cdots \quad A^{n-1}B] = n$，式中 n 为矩阵 A 的维数。称 $Q_c = [B \vdots AB \vdots \cdots \vdots A^{n-1}B]$ 为系统的能控性判别阵。

秩判据：对于线性定常系统 $\dot{x}(t) = Ax(t) + Bu(t)$，式中 $x(t) \in \mathbf{R}^n, u(t) \in \mathbf{R}^m, A \in \mathbf{R}^{n \times n}, B \in \mathbf{R}^{n \times m}$，初始条件 $x(t)\big|_{t=0} = x(0)$。该系统为完全能控的充要条件是，对矩阵 A 的所有特征值 $\lambda_i(i=1,2,\cdots,n)$，均满足 $\mathrm{rank}[\lambda_i I - A, B] = n, i=1,2,\cdots,n$ 或等价地 $\mathrm{rank}[sI - A, B] = n$，$\forall s \in C$，即 $(sI - A)$ 与 B 是左互质的。

特征向量判据：对于线性定常系统 $\dot{x}(t) = Ax(t) + Bu(t)$，式中 $x(t) \in \mathbf{R}^n, u(t) \in \mathbf{R}^m, A \in \mathbf{R}^{n \times n}, B \in \mathbf{R}^{n \times m}$，初始条件 $x(t)\big|_{t=0} = x(0)$。该系统为完全能控的充要条件是，对 A 的任一特征值 λ_i，使同时满足 $\alpha^{\mathrm{T}}A = \lambda_i \alpha^{\mathrm{T}}$，$\alpha^{\mathrm{T}}B = 0$ 的特征向量 $\alpha = 0$。

关于线性定常系统能控性的判据很多。除了上述的代数判据外，还有从标准形的角度给出的判据，其原理就是通过引入变换 P，使得 $P^{-1}AP = \Lambda = \mathrm{diag}\{\lambda_1, \lambda_2, \cdots, \lambda_n\}$，观察 $P^{-1}B = \Gamma = (f_{ij})$，如果 A 的特征值互异，当且仅当矩阵 $\Gamma = P^{-1}B$ 中没有一行的元素均为零时，系统才是能控的。如果矩阵 A 不具有互异的特征值，则不能将其化为对角线形式。此时可引入变换 S 将 A 化为约当标准形，此时系统是能控的条件是：当且仅当矩阵 A 的两两相异特征值对应的 $\Gamma = S^{-1}B$ 的每一行的元素不全为零；A 的约当标准形矩阵中每一约当块的最后一行对应的 $\Gamma = S^{-1}B$ 行向量不全为零；A 的约当标准形矩阵中同一特征值约当小块最后一行相对应的 $\Gamma = S^{-1}B$ 行向量线性无关。

这几种常见能控性判据的特点如表 12-1 所示。

表 12-1　几种常见能控性判据的特点

能控性判据	使 用 说 明
格拉姆矩阵判据	具有理论意义，工程上不实用
代数判据	简单实用，只能得到整体上的能控性结论
秩判据	能得到每一个特征值对应振型的能控信息，但计算量较大
标准形判据	便于系统分析和综合

在传递函数或传递矩阵描述系统时，能控性的充要条件是在传递函数或传递函数矩阵中不出现零极点相约的现象。如果发生了零极点的相约，那么在被约去的模态中，系统就不能控。

对于线性定常系统，等价的状态空间模型具有相同的能控性，单输入能控系统的状态空间模型都能通过等价变换转换成能控标准形。

2. 线性离散系统的能控性

对线性连续系统的状态空间模型，通过采样可以得到该系统的离散化状态空间模型。对能控的线性连续时间状态空间模型，其离散化后的状态空间模型仍然保持能控性需要通过如下判据来确定。

对于描述线性离散系统的状态空间表达式：$U: X(k+1) = G(k)X(k) + H(k)u(k), Y(k) = C(k)X(k) + D(k)u(k)$，式中 $k \in \mathbf{Z}^+$。

线性离散系统能控性的格拉姆矩阵判据：对于离散系统 U，在区间 $[pT, qT]$ 上完全能控的充要条件是格拉姆矩阵 $\boldsymbol{W}_k(p,q) = \sum\limits_{k=p}^{q-1} \boldsymbol{\Phi}(p,q+1)\boldsymbol{H}(k)\boldsymbol{H}^{\mathrm{T}}(k)\boldsymbol{\Phi}^{\mathrm{T}}(p,q+1)$ 为非奇异，式中 $\boldsymbol{\Phi}(p,q)$ 为离散系统 U 的基本解矩阵，T 为采样周期。

线性离散系统能控性的矩阵等价判据：对于离散系统 U，在区间 $[pT, qT]$ 上完全能控的充要条件是 $\boldsymbol{W}_k(p,k+1)\boldsymbol{H}(k), k=p,p+1,\cdots,q-1$ 的行线性独立。

线性离散系统能控性的秩判据：对应于线性定常离散系统 $X(k+1)=GX(k)+Hu(k), Y(k)=CX(k)+Du(k)$，式中 $k \in Z^+$，在区间 $[pT, qT]$ 上完全能控的充要条件是 $\boldsymbol{Q}_k=[\boldsymbol{H}, \boldsymbol{GH}, \cdots, \boldsymbol{G}^{n-1}\boldsymbol{H}]$ 满秩。

3. 输出能控性

在实际控制系统的设计过程中，需要控制的是输出。对于控制系统的输出能控性，这里给出基本结论。

对于描述的线性定常系统的状态空间表达式 $\dot{x} = Ax + Bu, \ y = Cx + Du$，式中，$x \in \mathrm{R}^n, u \in \mathrm{R}^r, y \in \mathrm{R}^m, A \in \mathrm{R}^{n \times n}, B \in \mathrm{R}^{n \times r}, C \in \mathrm{R}^{m \times n}, D \in \mathrm{R}^{m \times r}$。

如果能找到一个无约束的控制向量 $u(t)$，在有限的时间间隔 $t_0 \leqslant t \leqslant t_1$ 内，使任一给定的初始输出 $y(t_0)$ 转移到任意一个最终的输出 $y(t_1)$，那么称由 $\sum: \dot{x} = A(t)x + B(t)u, y(t) = C(t)x + D(t)u, x(t_0) = x_0, t \in J$，描述的系统为输出能控的。系统输出能控的充要条件为：当且仅当 $m \times (n+1)r$ 维输出能控性矩阵

$$\boldsymbol{Q}' = [\boldsymbol{CB} \ \vdots \ \boldsymbol{CAB} \ \vdots \ \boldsymbol{CA}^2\boldsymbol{B} \ \vdots \ \cdots \ \vdots \ \boldsymbol{CA}^{n-1}\boldsymbol{B} \ \vdots \ \boldsymbol{D}]$$

的秩为 m 时，由 $\sum: \dot{x} = A(t)x + B(t)u, \ y(t) = C(t)x + D(t)u, x(t_0) = x_0, t \in J$，所描述的系统为输出能控的。

对给定的状态空间模型 $\dot{x}(t) = Ax(t) + Bu(t)$，MATLAB 提供了求解系统能控性矩阵的函数：ctrb(A,B)。对于单输入的系统可以直接根据 det(ctrb(A,B)) 是否为零来判断系统的能控性，也可以通过 rank(ctrb(A,B)) 求出能控性矩阵的秩来判断系统的能控性。而对多输入系统可以用 det(ctrb(A,B)*ctrb(A,B)') 是否为零来判断系统的能控性。也可以通过 rank(ctrb(A,B)*ctrb(A,B)') 求出能控性矩阵的秩来判断系统的能控性。

【例 12-1】　已知线性定常系统的状态空间模型为

$$\begin{bmatrix} \dot{x}_1 \\ \dot{x}_2 \end{bmatrix} = \begin{bmatrix} 0 & 1 \\ -1 & -2 \end{bmatrix} \begin{bmatrix} x_1 \\ x_2 \end{bmatrix} + \begin{bmatrix} 1 & 0 \\ 1 & 1 \end{bmatrix} \begin{bmatrix} u_1 \\ u_2 \end{bmatrix}, \begin{bmatrix} y_1 \\ y_2 \\ y_3 \end{bmatrix} = \begin{bmatrix} 3 & 1 \\ 1 & 2 \\ -2 & -1 \end{bmatrix} \begin{bmatrix} x_1 \\ x_2 \end{bmatrix} + \begin{bmatrix} 1 & 0 \\ 0 & 0 \\ 0 & 1 \end{bmatrix} \begin{bmatrix} u_1 \\ u_2 \end{bmatrix}$$

采用 MATLAB 确定系统的能控性。

```
>> a=[0,1;-1,-2];
>> b=[1,0;1,1];
>> co=ctrb(a,b);
>> det(co*co')
>> rank(co)
```

运行结果如下：

```
ans =
    29
ans =
    2
```

所以系统状态可控。

12.2   系统的能观性概念与仿真

1. 线性连续系统的能观性

对于如下线性时变系统的状态方程

$$\Sigma : \dot{x} = A(t)x + B(t)u, \quad y(t) = C(t)x + D(t)u, \quad x(t_0) = x_0, \quad t \in J$$

式中，x 为 n 维状态向量，u 是 m 维输入向量，J 为时间区间，A 和 B 分别为 $n \times n$ 和 $n \times m$ 的关于时间 t 的连续函数矩阵。该系统的状态方程可以表示为

$$x(t) = \Phi(t, t_0)x_0 + \int_{t_0}^{t} \Phi(t, \tau)B(\tau)u(\tau)\mathrm{d}\tau$$

系统输出可写成

$$y(t) = C(t)\Phi(t, t_0)x_0 + C(t)\int_{t_0}^{t} \Phi(t, \tau)B(\tau)u(\tau)\mathrm{d}\tau + D(t)u(t)$$

若定义

$$\bar{y}(t) = y(t) - C(t)\int_{t_0}^{t} \Phi(t, \tau)B(\tau)u(\tau)\mathrm{d}\tau - D(t)u(t)$$

这样 $\bar{y} = C(t)\Phi(t, t_0)x_0$，即能观性描述的是系统输出反映系统状态变量的能力，与控制输入无直接关系，因此原系统能观性研究等价于系统 $\dot{x} = A(t)x$，$y(t) = C(t)x$ 的能观性研究。下面首先定义系统能观和不能观的概念。

能观：如果系统 $\dot{x} = A(t)x$，$y(t) = C(t)x$ 的状态 $x(t_0)$ 在有限的时间间隔内可由输出值确定，那么称系统在时刻 t_0 是能观的。

不能观：对于系统 $\dot{x} = A(t)x$，$y(t) = C(t)x$，如果对给定初始时刻 $t_0 \in J$ 的一个非零初始状态 x_0，存在一个有限时刻 $t_1 \in J, t_1 > t_0$，使对所有 $t \in [t_0, \quad t_1]$ 有 $y(t) = 0$，则称此 x_0 在时刻 t_0 是不能观的。

系统能观性的概念非常重要，这是由于在实际问题中，状态反馈控制遇到的困难是部分状态变量不易直接测量。这主要是由于检测能力不足以精确实时测量某些物理量，另外有些状态变量不是物理量，因此也无法对其进行测量。然而在构造控制器时，需要估计出不可测量的状态变量。所以只有系统是能观测时，才能对系统状态变量进行估计，进而设计出控制器。系统能观性的判别可以通过其对偶系统的状态能控性来判断，这里仅给出常用的能观性判据。

代数判据：对于零输入时线性定常系统 $\dot{x} = Ax$，$y = Cx$，式中 $x \in \mathrm{R}^n, y \in \mathrm{R}^m, A \in \mathrm{R}^{n \times n}, C \in \mathrm{R}^{m \times n}$，该系统为能观的充分必要条件为能观性矩阵 $R^{\mathrm{T}} = [C^{\mathrm{T}} \vdots A^{\mathrm{T}}C^{\mathrm{T}} \vdots \cdots \vdots (A^{\mathrm{T}})^{n-1}C^{\mathrm{T}}]$ 的秩为 n。

秩判据：对于零输入时线性定常系统 $\dot{x} = Ax$，$y = Cx$，式中 $x \in \mathrm{R}^n, y \in \mathrm{R}^m, A \in \mathrm{R}^{n \times n}, C \in \mathrm{R}^{m \times n}$，该系统为能观的充分必要条件为 A 的所有特征值 $\lambda_i (i=1,2,\cdots,n)$ 均满足 $\mathrm{rank}[C \quad \lambda_i I - A]' = n, i=1,2,\cdots,n$ 或等价 $\mathrm{rank}[C \quad sI - A]' = n, \forall s \in C$，即 $(sI - A)$ 与 C 是右互质的。

特征向量判据：对 A 的任一特征值 $\lambda_i (i=1,2,\cdots,n)$，使同时满足 $A\bar{\alpha} = \lambda_i \bar{\alpha}$，$C\bar{\alpha} = 0$ 的特征值 $\bar{\alpha} = 0$。

同样地，在采用传递函数或传递矩阵描述系统时，能观性的充要条件是在传递函数或传递函数矩阵中不出现零极点相约现象。如果发生了零极点的相约，那么约去模态的输出就不能观了。

2. 线性离散系统的能观性

线性离散系统能观性的秩判据：对应于线性定常离散系统 $X(k+1) = GX(k) + Hu(k)$，$Y(k) = CX(k) + Du(k)$，式中 $k \in \mathrm{Z}^+$，在区间 $[pT, qT]$ 上完全能观的充要条件是 $\mathrm{rank}[C \quad CG \quad \cdots \quad CG^{n-1}]^{\mathrm{T}} = n$，式中 n 为矩阵 G 的维数。称 $Q_o = [C \quad CG \quad \cdots \quad CG^{n-1}]^{\mathrm{T}}$ 为线性离散系统的能观性判别阵。

连续系统离散化后的系统，其能控性和能观性取决于采样周期 T，离散化后的系统较原连续系统，其能控性和能观性会变差。

对给定的状态空间模型 $\dot{x} = Ax + Bu,\ y = Cx + Du$ ，MATLAB 提供了求解系统能观性矩阵的函数：obsv(A,C)。对于单输入的系统可以直接根据 det(obsv(A,C))是否为零来判断系统的能观性，也可以通过 rank(obsv(A,C))，求出能观性矩阵的秩来判断系统的能观性。而对多输入系统可以用 det(obsv(A,C)* obsv(A,C)')是否为零来判断系统的能观性。也可以通过 rank(ctrb(A,B)*ctrb(A,B)')求出能观性矩阵的秩来判断系统的能观性。

MATLAB 中提供了 ctrb 函数来直接判断系统的能控性和 obsv 函数来直接判断系统的能观性外，常用于能控性、能观性分析的常用 MATLAB 函数如表 12-2 所示。

表 12-2　常用于能控性、能观性分析的常用MATLAB函数

函　　数	使　用　说　明
size(A)	可以获取矩阵A的行数与列数
rank(A)	求矩阵A的秩
inv(A)	求A得逆
[abar,bbar,cbar,t,k]=ctrbf(A,B,C,D)	对系统按能控性分解，t为变换阵，k为各子系统的秩
[abar,bbar,cbar,t,k]=obsvf(A,B,C,D)	对系统按能观性分解，t为变换阵，k为各子系统的秩
syst=ss2ss(sys,TM)	通过非奇异变换矩阵TM变换系统sys的状态空间表达式
csys=canon(sys,type)	把系统sys变为规范形式csys，type用来选择规范的类型，有两种可选形式：'model'约当矩阵形式和'companion'伴随矩阵形式

【例 12-2】　已知线性定常系统的状态空间模型为

$$\begin{bmatrix} \dot{x}_1 \\ \dot{x}_2 \end{bmatrix} = \begin{bmatrix} 0 & 1 \\ -1 & -2 \end{bmatrix}\begin{bmatrix} x_1 \\ x_2 \end{bmatrix} + \begin{bmatrix} 1 & 0 \\ 1 & 1 \end{bmatrix}\begin{bmatrix} u_1 \\ u_2 \end{bmatrix}, \begin{bmatrix} y_1 \\ y_2 \\ y_3 \end{bmatrix} = \begin{bmatrix} 3 & 1 \\ 1 & 2 \\ -2 & -1 \end{bmatrix}\begin{bmatrix} x_1 \\ x_2 \end{bmatrix} + \begin{bmatrix} 1 & 0 \\ 0 & 0 \\ 0 & 1 \end{bmatrix}\begin{bmatrix} u_1 \\ u_2 \end{bmatrix}$$

采用 MATLAB 确定系统的能观性。

```
>> a=[0,1;-1,-2];
>> c=[3,1;1,2;-2,-1];
>> ob= obsv(a,c);
>> det(ob*ob')
>> rank(ob)
```

运行结果如下：

```
ans =
   5.0829e-61
ans =
   2
```

所以系统状态可观。

【例 12-3】　已知线性定常系统的状态空间模型为

$$\begin{bmatrix} \dot{x}_1 \\ \dot{x}_2 \\ \dot{x}_3 \end{bmatrix} = \begin{bmatrix} 1 & 2 & 0 \\ 3 & -1 & 1 \\ 0 & 2 & 0 \end{bmatrix}\begin{bmatrix} x_1 \\ x_2 \\ x_3 \end{bmatrix} + \begin{bmatrix} 2 \\ 1 \\ 1 \end{bmatrix}u, \quad y = \begin{bmatrix} 0 & 0 & 1 \end{bmatrix}\begin{bmatrix} x_1 \\ x_2 \\ x_3 \end{bmatrix}$$

采用 MATLAB 将系统变化为能控标准型。

```
>> A=[1 2 0;3 -1 1;0 2 0];
>> B=[2;1;1];
>> C=[0 0 1];
>> D=[0];
>> sys=ss(A,B,C,D);
>> Qc=ctrb(A,B);
>> pc1=[0 0 1]*inv(Qc);
>> Pc=inv([pc1;pc1*A;pc1*A*A])
>> sysT = ss2ss(sys,inv(Pc))
```

运行结果如下：

```
Pc =
-2.0000    4.0000    2.0000
-1.0000    6.0000    1.0000
   3.0000    2.0000    1.0000
a =
            x1        x2        x3
   x1        0         1         0
   x2        0         0         1
   x3       -2         9         0
b =
            u1
   x1        0
   x2        0
   x3        1
c =
      x1  x2  x3
   y1   3   2   1
d =
      u1
   y1   0
Continuous-time model.
```

【例 12-4】 已知线性定常系统的状态空间模型为

$$\begin{bmatrix} \dot{x}_1 \\ \dot{x}_2 \\ \dot{x}_3 \end{bmatrix} = \begin{bmatrix} 1 & 2 & -1 \\ 0 & 1 & 0 \\ 0 & -4 & 3 \end{bmatrix} \begin{bmatrix} x_1 \\ x_2 \\ x_3 \end{bmatrix} + \begin{bmatrix} 0 \\ 0 \\ 1 \end{bmatrix} u, \quad y = \begin{bmatrix} 1 & -1 & 1 \end{bmatrix} \begin{bmatrix} x_1 \\ x_2 \\ x_3 \end{bmatrix}$$

采用 MATLAB 将系统按能控性进行结构分解。

```
>> A=[1 2 -1;0 1 0;0 -4 3];
>> B=[0;0;1];
>> C=[1 -1 1];
>> D=[0];
>> [abar,bbar,cbar,t,k]=ctrbf(A,B,C,D)
```

运行结果如下：

```
abar =
```

```
         1       0       0
        -2       1       1
        -4       0       3
bbar =
         0
         0
         1
cbar =
        -1      -1       1
t =
         0       1       0
        -1       0       0
         0       0       1
k =
         1       1       0
```

12.3　系统的能控性、能观性标准结构分解与仿真

由能控子空间和能观子空间的状态构成状态变量，通过坐标变换对系统进行结构分解，可以更为深入地了解系统的结构特性，为控制系统的分析与设计带来方便。

对于能控性分解，有如下结论：设 n 阶 p 维输入 q 维输出系统 $\Sigma(A,B,C)$ 不完全能控，$\operatorname{rank}\Gamma_c = l_\alpha$，可借助线性变换 $\boldsymbol{x} = \boldsymbol{T}_c \tilde{\boldsymbol{x}}$，将系统 (A,B,C) 变换成如下能控标准结构分解的形式：

$$\begin{cases} \begin{bmatrix} \dot{\tilde{\boldsymbol{x}}}_1 \\ \dot{\tilde{\boldsymbol{x}}}_2 \end{bmatrix} = \begin{bmatrix} A_{11}^c & A_{12}^c \\ 0 & A_{22}^c \end{bmatrix} \begin{bmatrix} \tilde{\boldsymbol{x}}_1 \\ \tilde{\boldsymbol{x}}_2 \end{bmatrix} + \begin{bmatrix} B_1^c \\ 0 \end{bmatrix} \boldsymbol{u} = A^c \tilde{\boldsymbol{x}} + B^c \boldsymbol{u} \\ \boldsymbol{y} = \begin{bmatrix} C_1^c & C_2^c \end{bmatrix} \begin{bmatrix} \tilde{\boldsymbol{x}}_1 \\ \tilde{\boldsymbol{x}}_2 \end{bmatrix} = C^c \tilde{\boldsymbol{x}} \end{cases}$$

其中，$A_{11}^c \in \boldsymbol{R}^{l_\alpha \times l_\alpha}$，$A_{22}^c \in \boldsymbol{R}^{(n-l_\alpha) \times (n-l_\alpha)}$，$B_1^c \in \boldsymbol{R}^{l_\alpha \times p}$，$C_1^c \in \boldsymbol{R}^{q \times l_\alpha}$，$C_2^c \in \boldsymbol{R}^{q \times (n-l_\alpha)}$，非奇异线性变换矩阵 $\boldsymbol{T}_c$ 是这样构成的：设 $\boldsymbol{v}_1, \boldsymbol{v}_2, \cdots, \boldsymbol{v}_{l_\alpha}$ 是能控子空间 $X_c \in \boldsymbol{R}^{l_\alpha}$ 的一组基向量，也就是能控性判别矩阵 $\begin{bmatrix} B & AB & \cdots & A^{n-1}B \end{bmatrix}$ 的任意 l_α 个线性无关列向量，除此以外，再选取 $n-l_\alpha$ 个列向量 $\boldsymbol{v}_{l_\alpha+1}, \boldsymbol{v}_{l_\alpha+2}, \cdots, \boldsymbol{v}_n$，它们一起组成 n 维状态空间的一组基向量，则矩阵 $\boldsymbol{T}_c = \begin{bmatrix} \boldsymbol{v}_1, \boldsymbol{v}_2, \cdots, \boldsymbol{v}_{l_\alpha}, \boldsymbol{v}_{l_\alpha+1}, \boldsymbol{v}_{l_\alpha+2}, \cdots, \boldsymbol{v}_n \end{bmatrix}$ 非奇异。系统的能控性标准结构分解示意图如图 12-1 所示。

对系统的能控性标准结构分解有如下几点结论。

（1）令系统的初始状态为零，从图 12-1 所示的能控性标准结构分解示意图可以看出，系统 $\Sigma(A_{11}^c, B_1^c, C_1^c)$ 和系统 $\Sigma(A,B,C)$ 是零状态等价的，有相同的传递函数矩阵，所以从传递特性分析系统 $\Sigma(A,B,C)$ 时，可以等价地用降维系统 $\Sigma(A_{11}^c, B_1^c, C_1^c)$ 来代替。

（2）变换矩阵的非唯一性决定了系统能控性标准结构分解的非唯一性，同一系统的不同能控性标准结构分解，能控子系统 (A_{11}^c, B_1^c, C_1^c) 具有相同的维数和相同的传递函数矩阵，A_{11}^c 和 A_{22}^c 的特征值各自维持不变，分别称为系统的能控因子和不能控因子，能控子系统间代数等价。

（3）系统为能控的充分必要条件是，经过坐标变换它不能转化成图 10-1 所示的能控性标准结构分解的形式，并且 A_{11}^c 的阶次 $l_\alpha < n$。

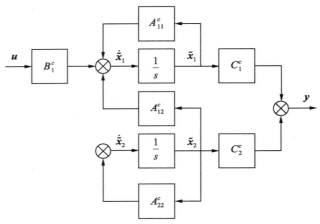

图 12-1　系统的能控性标准结构分解示意图

对于能观性分解，有如下结论：设 n 阶 p 维输入 q 维输出系统 $\Sigma(A,B,C)$ 不完全能观，$\mathrm{rank}\Gamma_o = l_\beta$，则可借助线性变换 $x = T_o \tilde{x}$，将系统变换成如下能观性标准结构分解的形式：

$$\begin{cases} \begin{bmatrix} \dot{\tilde{x}}_1 \\ \dot{\tilde{x}}_2 \end{bmatrix} = \begin{bmatrix} A_{11}^o & 0 \\ A_{21}^o & A_{22}^o \end{bmatrix} \begin{bmatrix} \tilde{x}_1 \\ \tilde{x}_2 \end{bmatrix} + \begin{bmatrix} B_1^o \\ B_2^o \end{bmatrix} u = A^o \tilde{x} + B^o u \\ y = \begin{bmatrix} C_1^o & 0 \end{bmatrix} \begin{bmatrix} \tilde{x}_1 \\ \tilde{x}_2 \end{bmatrix} = C^o \tilde{x} \end{cases}$$

其中，$A_{11}^o \in \boldsymbol{R}^{l_\beta \times l_\beta}$，$A_{22}^o \in \boldsymbol{R}^{(n-l_\beta) \times (n-l_\beta)}$，$B_1^o \in \boldsymbol{R}^{l_\beta \times p}$，$B_2^o \in \boldsymbol{R}^{(n-l_\beta) \times p}$，$C_1^o \in \boldsymbol{R}^{q \times l_\beta}$，非奇异线性变换矩阵 $\boldsymbol{T}_o$ 是这样构成的：设 $w_1, w_2, \cdots, w_{l_\beta}$ 是能观子空间 $X_o \in \boldsymbol{R}^{l_\beta}$ 的一组基向量，也就是能观性判别矩阵 $\begin{bmatrix} C & CA & \cdots & CA^{n-1} \end{bmatrix}^{\mathrm{T}}$ 的任意 l_β 个线性无关行向量，除此以外，再选取 $n-l_\beta$ 个行向量 $w_{l_\beta+1}, w_{l_\beta+2}, \cdots, w_n$，它们一起组成 n 维状态空间的一组基向量，则矩阵 $(\boldsymbol{T}_o^{\mathrm{T}})^{-1} = \begin{bmatrix} w_1, w_2, \cdots, w_{l_\beta}, w_{l_\beta+1}, w_{l_\beta+2}, \cdots, w_n \end{bmatrix}$ 非奇异。系统的能观性标准结构分解示意图如图 12-2 所示。

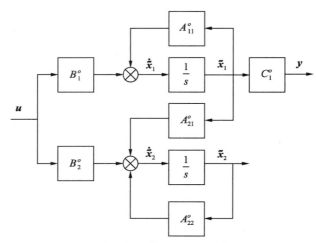

图 12-2　系统的能观性标准结构分解示意图

　　能控和不能控子系统可能不完全能观，能观和不能观子系统可能不完全能控，因此还可以进一步分解，能控性、能观性分解后，系统结构图如图 12-3 所示。

图 12-3　系统的能控能观性标准结构分解示意图

【例 12-5】　已知线性定常系统的状态空间模型为

$$\begin{cases} \dot{\boldsymbol{x}} = \begin{bmatrix} 1 & 2 & 0 \\ 3 & -1 & 1 \\ 0 & 2 & 0 \end{bmatrix} \boldsymbol{x} + \begin{bmatrix} 2 \\ 1 \\ 1 \end{bmatrix} u \\ y = \begin{bmatrix} 0 & 0 & 1 \end{bmatrix} \boldsymbol{x} \end{cases}$$

采用 MATLAB 将系统变化为能控标准型。

```
>>A=[1 2 0;3 -1 1;0 2 0];
>>B=[2;1;1];
>>C=[0 0 1];
>>D=[0];
>>sys=ss(A,B,C,D);
>>Qc=ctrb(A,B);
>>pc1=[0 0 1]*inv(Qc);
>>Pc=inv([pc1;pc1*A;pc1*A*A])
>>sysT = ss2ss(sys,inv(Pc))
```

运行结果如下：

```
Pc =
   -2.0000    4.0000    2.0000
   -1.0000    6.0000    1.0000
    3.0000    2.0000    1.0000
sysT =
  A =
             x1              x2            x3
    x1        0               1             0
    x2  9.252e-18   -5.551e-17            1
```

```
x3            -2          9    2.22e-16
B =
            u1
x1    2.776e-17
x2   -4.626e-18
x3           1
C =
     x1  x2  x3
y1    3   2   1
D =
    u1
y1   0
Continuous-time state-space model.
```

由此可知，系统的能控标准型为

$$
\begin{cases}
\dot{\boldsymbol{x}} = \begin{bmatrix} 0 & 1 & 0 \\ 0 & 0 & 1 \\ -2 & 9 & 0 \end{bmatrix} \boldsymbol{x} + \begin{bmatrix} 0 \\ 0 \\ 1 \end{bmatrix} u \\
y = \begin{bmatrix} 3 & 2 & 1 \end{bmatrix} \boldsymbol{x}
\end{cases}
$$

【例 12-6】 已知线性定常系统的状态空间模型为

$$
\begin{cases}
\dot{\boldsymbol{x}}(t) = \begin{bmatrix} 0 & 0 & -1 \\ 1 & 0 & -3 \\ 0 & 1 & -3 \end{bmatrix} \boldsymbol{x}(t) + \begin{bmatrix} 1 \\ 1 \\ 0 \end{bmatrix} u(t) \\
y(t) = \begin{bmatrix} 0 & 1 & -2 \end{bmatrix} \boldsymbol{x}(t)
\end{cases}
$$

采用 MATLAB 将系统按能控性进行结构分解。

```
>>A=[0 0 -1;1 0 -3;0 1 -3];
>>b=[1;1;0];
>>c=[0 1 -2];
>>Uc=ctrb(A,b);
>>rc=rank(Uc);
>>n=size(A);
>>if rc == n
>>disp('The status is completely controllable.')
>>elseif rc<n
>>T1=b;
>>T2=A*b;
>>T3=[0 0 1]';
>>Tc=[T1 T2 T3];
>>A1=inv(Tc)*A*Tc
>>b1=inv(Tc)*b
>>c1=c*Tc
>>end
```

运行结果如下：

```
A1 =
    0   -1   -1
```

```
     1    -2    -2
     0     0    -1
b1 =
     1
     0
     0
c1 =
     1    -1    -2
```

由此可知，系统按能控性进行结构分解的结果为

$$
\begin{cases}
\dot{\boldsymbol{x}} = \begin{bmatrix} 0 & -1 & -1 \\ 1 & -2 & -2 \\ 0 & 0 & -1 \end{bmatrix}\boldsymbol{x} + \begin{bmatrix} 1 \\ 0 \\ 0 \end{bmatrix}u \\
y = \begin{bmatrix} 1 & -1 & -2 \end{bmatrix}\boldsymbol{x}
\end{cases}
$$

【例 12-7】　已知线性定常系统的状态空间模型为

$$
\begin{cases}
\dot{\boldsymbol{x}}(t) = \begin{bmatrix} 0 & 0 & -1 \\ 1 & 0 & -3 \\ 0 & 1 & -3 \end{bmatrix}\boldsymbol{x}(t) + \begin{bmatrix} 1 \\ 1 \\ 0 \end{bmatrix}u(t) \\
y(t) = \begin{bmatrix} 0 & 1 & -2 \end{bmatrix}\boldsymbol{x}(t)
\end{cases}
$$

采用 MATLAB 将系统按能观性进行结构分解。

```
>>A=[0 0 -1;1 0 -3;0 1 -3];
>>b=[1;1;0];
>>c=[0 1 -2];
>>Uo=obsv(A,c);
>>ro=rank(Uo);
>>n=size(A);
>>if ro == n
>>disp('The status is completely observable.')
>>elseif ro<n
>>T1=c;
>>T2=c*A;
>>T3=[0 0 1];
>>To=[T1; T2; T3];
>>A1=To*A*inv(To)
>>b1=To*b
>>c1=c*inv(To)
>>end
```

运行结果如下：

```
A1 =
     0     1     0
    -1    -2     0
     1     0    -1
b1 =
     1
```

```
      -1
       0
c1 =
       1    0    0
```

由此可知，系统按能观性进行结构分解的结果为

$$\begin{cases} \dot{x} = \begin{bmatrix} 0 & 1 & 0 \\ -1 & -2 & 0 \\ 1 & 0 & -1 \end{bmatrix} x + \begin{bmatrix} 1 \\ -1 \\ 0 \end{bmatrix} u \\ y = \begin{bmatrix} 1 & 0 & 0 \end{bmatrix} x \end{cases}$$

【例 12-8】 已知线性定常系统的状态空间模型为

$$\begin{cases} \dot{x}(t) = \begin{bmatrix} 0 & 0 & -1 \\ 1 & 0 & -3 \\ 0 & 1 & -3 \end{bmatrix} x(t) + \begin{bmatrix} 1 \\ 1 \\ 0 \end{bmatrix} u(t) \\ y(t) = \begin{bmatrix} 0 & 1 & -2 \end{bmatrix} x(t) \end{cases}$$

采用 MATLAB 将系统按能控性、能观性进行结构分解。

```
>>A=[0 0 -1;1 0 -3;0 1 -3];
>>b=[1;1;0];
>>c=[0 1 -2];
>>Uc=ctrb(A,b);
>>rc=rank(Uc);
>>n=size(A);
>>if rc == n
>>disp('The status is completely controllable.')
>>elseif rc<n
>>T1=b;
>>T2=A*b;
>>T3=[0 0 1]';
>>Tc=[T1 T2 T3];
>>A1=inv(Tc)*A*Tc;
>>b1=inv(Tc)*b;
>>c1=c*Tc;
>>end
>>A2k=A1([1,2],[1,2]);
>>C2k=c1(1,[1,2]);
>>Uo=obsv(A2k,C2k);
>>ro=rank(Uo);
>>no=size(A2k);
>>if ro == no
>>disp('The controllable subsystem status is completely observable.')
>>elseif ro<no
>>T1o=C2k;
>>T2o=[0 1];
>>To=[T1o; T2o];
>>A2col=To*A2k*inv(To);
```

```
>>A2co2=To*A1([1,2],3);
>>b2co=To*b1([1,2],1);
>>c1o=C2k*inv(To) ;
>>ACO=[A2co1 A2co2; A1([3],1:3)]
>>BCO=[b2co; b1(3,1)]
>>CCO=[c1o  c1(1,3)]
>>end
```

运行结果如下：

```
ACO =
    -1     0     1
     1    -1    -2
     0     0    -1
BCO =
     1
     0
     0
CCO =
     1     0    -2
```

由此可知，系统按能控性、能观性进行结构分解的结果为

$$
\begin{cases}
\begin{bmatrix} \dot{x}_{co}(t) \\ \dot{x}_{c\hat{o}}(t) \\ \dot{x}_{\hat{c}o}(t) \end{bmatrix} =
\begin{bmatrix} -1 & 0 & 1 \\ 1 & -1 & -2 \\ 0 & 0 & -1 \end{bmatrix}
\begin{bmatrix} x_{co}(t) \\ x_{c\hat{o}}(t) \\ x_{\hat{c}o}(t) \end{bmatrix} +
\begin{bmatrix} 1 \\ 0 \\ 0 \end{bmatrix} u(t) \\
y(t) = \begin{bmatrix} 1 & 0 & -2 \end{bmatrix}
\begin{bmatrix} x_{co}(t) \\ x_{c\hat{o}}(t) \\ x_{\hat{c}o}(t) \end{bmatrix}
\end{cases}
$$

习　题

1. 已知连续线性定常系统的状态空间模型为

$$
\begin{bmatrix} \dot{x}_1 \\ \dot{x}_2 \end{bmatrix} =
\begin{bmatrix} 3 & 1 \\ -1 & -2 \end{bmatrix}
\begin{bmatrix} x_1 \\ x_2 \end{bmatrix} +
\begin{bmatrix} 1 & 0 \\ 1 & 1 \end{bmatrix}
\begin{bmatrix} u_1 \\ u_2 \end{bmatrix}, \quad
\begin{bmatrix} y_1 \\ y_2 \end{bmatrix} =
\begin{bmatrix} 3 & 1 \\ 1 & 1 \end{bmatrix}
\begin{bmatrix} x_1 \\ x_2 \end{bmatrix} +
\begin{bmatrix} 1 & 1 \\ 0 & 1 \end{bmatrix}
\begin{bmatrix} u_1 \\ u_2 \end{bmatrix}
$$，判断系统的能控性和能观性。

2. 已知连续线性定常系统的状态空间模型为

$$
\begin{bmatrix} \dot{x}_1 \\ \dot{x}_2 \end{bmatrix} =
\begin{bmatrix} 3 & 1 \\ -1 & -2 \end{bmatrix}
\begin{bmatrix} x_1 \\ x_2 \end{bmatrix} +
\begin{bmatrix} 1 & 0 \\ 1 & 1 \end{bmatrix}
\begin{bmatrix} u_1 \\ u_2 \end{bmatrix}, \quad
\begin{bmatrix} y_1 \\ y_2 \end{bmatrix} =
\begin{bmatrix} 3 & 1 \\ 1 & 1 \end{bmatrix}
\begin{bmatrix} x_1 \\ x_2 \end{bmatrix} +
\begin{bmatrix} 1 & 1 \\ 0 & 1 \end{bmatrix}
\begin{bmatrix} u_1 \\ u_2 \end{bmatrix}
$$，分别取采样周期为 1s 和 10s，判断离散化后系统的能控性和能观性。

第 13 章

状态反馈控制器设计与仿真

　　系统的控制方式从结构上可简单地分为开环控制和闭环控制。开环控制实际上就是把一个确定的信号加到系统输入端，使系统具有某种期望的性能，一般来讲，开环控制需要被控系统时不变且干扰恒定。但是由于建模中的不确定性或误差以及系统运行过程中的扰动等因素使系统产生无法预知的情况，所以需要对这些误差进行及时修正，这就引入了反馈构成了闭环控制。在经典控制理论中，根据描述控制对象输入输出行为的传递函数模型来设计控制器，只能采用系统输出作为反馈信号，而在现代控制理论中，则主要通过更为广泛的状态反馈对系统进行设计。通过状态反馈来改变系统的极点位置可使闭环系统具有所期望的动态特性。利用状态反馈构成的调节器，可以实现各种控制目的，使闭环系统满足设计要求。

13.1　状态反馈控制器设计方法

　　设系统 $S=(A,B,C)$ 为

$$\begin{cases} \dot{x} = Ax + Bu \\ y = Cx \end{cases}$$

（13-1）

在传递函数模型中，采用输出和输出导数进行反馈控制，如图 13-1 所示。

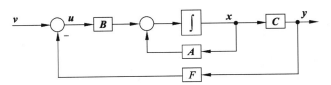

图 13-1　采用传递函数模型的反馈闭环控制系统

　　其控制规律为

$$u = -Fy + v$$

（13-2）

式中，F 为标量，v 为参考输入，则有

$$\dot{x} = Ax + Bu = Ax + B(-Fy + v) = (A - BFC)x + Bv$$

（13-3）

　　在经典控制中只要通过适当选择 F，就可以利用输出反馈改善系统的动态性能。

　　在状态空间模型中，采用状态反馈，如图 13-2 所示。其控制规律为

$$u = -Kx + v$$

（13-4）

式中，K 为 $m×n$ 的矩阵（K 的行数=u 的行数，K 的列数=x 的行数），称为状态反馈增益矩阵。

图 13-2　现代控制–状态反馈闭环系统

状态反馈后的闭环系统 $S_K=(A_K,B,C)$ 的状态空间表达式为

$$\begin{cases} \dot{x} = (A - BK)x + Bv = A_K x + Bv \\ y = Cx \end{cases}$$

（13-5）

式中，$A_K=A-BK$。

若 $K=FC$，状态反馈控制退化为输出反馈控制，这说明输出反馈只是状态反馈的一种特例，因此，在经典控制理论中的输出反馈能实现的功能，状态反馈也一定能实现，反之则未必成立。下面不加证明地给出几个性质。

若 n 阶系统 $S=(A,B,C)$ 是状态完全能控的，则经过状态反馈后的闭环系统 $S_K=(A_K,B,C)$ 仍然是状态完全能控的，即状态反馈不改变系统的能控性。但状态反馈不一定能保持原系统的能观性。输出反馈则不改变系统的能控性和能观性。

对能控的单输入、单输出系统，"状态反馈"只改变传递函数的分母多项式的系数，而不改变系统的零点。

稳定化状态反馈控制器的设计，首先需要寻找反馈控制器，或者说求出控制律，使系统稳定以及使系统的性能满足设计要求。稳定是一个系统正常运行的首要条件。若一个系统不稳定，则必须运用外部控制使其稳定。也就是如何确定增益矩阵 K，使如下闭环系统为渐近稳定。

$$\begin{cases} \dot{x} = (A - BK)x + Bv = A_K x + Bv \\ y = Cx \end{cases}$$

（13-6）

根据李雅普诺夫稳定性定理，系统（13-6）渐近稳定的充要条件是存在一个二次型的李雅普诺夫函数 $V(x)=x^\mathrm{T}Px$，其中，P 是待定的对称正定矩阵。可以通过使标量函数 $V(x)=x^\mathrm{T}Px$ 的时间导数是负定的方法来确定 P 和 K。

1）Riccati 矩阵方程稳定化处理方法

这种方法可用来处理非线性系统、时滞系统等各类系统的镇定问题，也可用于鲁棒控制器的设计。对标量函数 $V(x)=x^\mathrm{T}Px$ 求时间导数，并利用状态方程 $\dot{x} = Ax + Bu$ 得：

$$\frac{\mathrm{d}V(x)}{\mathrm{d}t} = \dot{x}^\mathrm{T}Px + x^\mathrm{T}P\dot{x} = x^\mathrm{T}(A^\mathrm{T}P + PA)x + u^\mathrm{T}B^\mathrm{T}Px + x^\mathrm{T}PBu$$

（13-7）

应用 $P^\mathrm{T}=P$ 可知，后面两项"标量"相等

$$u^\mathrm{T}B^\mathrm{T}Px = x^\mathrm{T}PBu$$

（13-8）

于是

$$\frac{\mathrm{d}V(x)}{\mathrm{d}t} = x^\mathrm{T}(A^\mathrm{T}P + PA)x + 2x^\mathrm{T}PBu$$

（13-9）

若选取控制律 u 具有以下结构形式

$$u = -k\boldsymbol{B}^{\mathrm{T}}\boldsymbol{Px}, \quad k > 0 \tag{13-10}$$

则有

$$\frac{\mathrm{d}V(\boldsymbol{x})}{\mathrm{d}t} = \boldsymbol{x}^{\mathrm{T}}(\boldsymbol{A}^{\mathrm{T}}\boldsymbol{P} + \boldsymbol{PA})\boldsymbol{x} - 2k\boldsymbol{x}^{\mathrm{T}}\boldsymbol{PBB}^{\mathrm{T}}\boldsymbol{Px} \tag{13-11}$$

$$= \boldsymbol{x}^{\mathrm{T}}(\underline{\boldsymbol{A}^{\mathrm{T}}\boldsymbol{P} + \boldsymbol{PA} - 2k\boldsymbol{PBB}^{\mathrm{T}}\boldsymbol{P}})\boldsymbol{x}$$

进一步地，选取矩阵 $\boldsymbol{P}^{\mathrm{T}}=\boldsymbol{P}$ 使其满足 Riccati 矩阵方程

$$\boldsymbol{A}^{\mathrm{T}}\boldsymbol{P} + \boldsymbol{PA} - 2k\boldsymbol{PBB}^{\mathrm{T}}\boldsymbol{P} = -\boldsymbol{I} \tag{13-12}$$

则 $\dfrac{\mathrm{d}V(\boldsymbol{x})}{\mathrm{d}t} = -\boldsymbol{x}^{\mathrm{T}}\boldsymbol{x} < 0$，满足渐近稳定的充要条件。

从式（13-12）解出正定对称矩阵 $\boldsymbol{P}^{\mathrm{T}}=\boldsymbol{P}$，代入式（13-10）就可得到控制规律。这种基于 Riccati 矩阵方程的稳定化控制器设计方法称为 Riccati 方程处理方法。

若对给定的 $k_0 > 0$，Riccati 方程有一个正定对称解矩阵 $\boldsymbol{P}$，则对任意的 $k \geqslant k_0$，

$$\frac{\mathrm{d}V(\boldsymbol{x})}{\mathrm{d}t} = \boldsymbol{x}^{\mathrm{T}}(\boldsymbol{A}^{\mathrm{T}}\boldsymbol{P} + \boldsymbol{PA} - 2k\boldsymbol{PBB}^{\mathrm{T}}\boldsymbol{P})\boldsymbol{x} \leqslant \boldsymbol{x}^{\mathrm{T}}(\boldsymbol{A}^{\mathrm{T}}\boldsymbol{P} + \boldsymbol{PA} - 2k_0\boldsymbol{PBB}^{\mathrm{T}}\boldsymbol{P})\boldsymbol{x} = -\boldsymbol{x}^{\mathrm{T}}\boldsymbol{x} < 0$$

因此，对任意 $k \geqslant k_0$，$u = -k\boldsymbol{B}^{\mathrm{T}}\boldsymbol{Px}$ 都是系统的稳定化控制律。这表明稳定化控制律 $u = -k\boldsymbol{B}^{\mathrm{T}}\boldsymbol{Px}$ 具有正无穷大的稳定增益裕量，这在实际应用中是非常有用的，操作人员可以根据实际情况，在不破坏系统稳定性的前提下，调节控制器的增益参数，使系统满足其他性能要求。

2）线性矩阵不等式稳定化处理方法

根据线性时不变系统稳定性定理，闭环系统 $\dot{\boldsymbol{x}} = (\boldsymbol{A}-\boldsymbol{BK})\boldsymbol{x} + \boldsymbol{Bv}$ 渐近稳定的充要条件是存在一个正定对称矩阵 $\boldsymbol{P}$，使得

$$(\boldsymbol{A}-\boldsymbol{BK})^{\mathrm{T}}\boldsymbol{P} + \boldsymbol{P}(\boldsymbol{A}-\boldsymbol{BK}) < 0 \tag{13-13}$$

求解上述 $\boldsymbol{P}$ 和 $\boldsymbol{K}$ 耦合的非线性矩阵方程是十分困难的，因此先将上式写开成

$$\boldsymbol{PA} + \boldsymbol{A}^{\mathrm{T}}\boldsymbol{P} - \boldsymbol{K}^{\mathrm{T}}\boldsymbol{B}^{\mathrm{T}}\boldsymbol{P} - \boldsymbol{PBK} < 0$$

两边左乘 $\boldsymbol{P}^{-1}$、右乘 $\boldsymbol{P}^{-1}$ 对称矩阵，可得

$$\boldsymbol{AP}^{-1} + \boldsymbol{P}^{-1}\boldsymbol{A}^{\mathrm{T}} - (\boldsymbol{P}^{-1}\boldsymbol{K}^{\mathrm{T}})\boldsymbol{B}^{\mathrm{T}} - \boldsymbol{B}(\boldsymbol{KP}^{-1}) < 0$$

记

$$\boldsymbol{X} = \boldsymbol{P}^{-1} > 0, \quad \boldsymbol{Y} = \boldsymbol{KP}^{-1} \tag{13-14}$$

$$\boldsymbol{AX} + \boldsymbol{XA}^{\mathrm{T}} - \boldsymbol{Y}^{\mathrm{T}}\boldsymbol{B}^{\mathrm{T}} - \boldsymbol{BY} < 0 \tag{13-15}$$

不等式（13-15）是一个关于矩阵变量 $\boldsymbol{X}$、$\boldsymbol{Y}$ 的线性矩阵不等式。

如果能从式（13-15）确定 $\boldsymbol{X}$、$\boldsymbol{Y}$（$\boldsymbol{X}$ 为正定对称矩阵），则 $\boldsymbol{Y} = \boldsymbol{KP}^{-1}$ 是系统（13-1）$\dot{\boldsymbol{x}} = \boldsymbol{Ax} + \boldsymbol{Bu}$ 的一个稳定化状态反馈增益矩阵，$\boldsymbol{X}^{-1} = \boldsymbol{P} > 0$ 是 $\dot{\boldsymbol{x}} = (\boldsymbol{A}-\boldsymbol{BK})\boldsymbol{x} + \boldsymbol{Bv}$ 相应闭环系统的一个李雅普诺夫矩阵。

3）极点配置

在实际控制系统设计中，不仅要保证系统是稳定的，而且还要使系统具有某些所希望的动态性能。特别地，希望选择合适的矩阵 $\boldsymbol{K}$，使得加入负反馈后的闭环系统 $\dot{\boldsymbol{x}} = (\boldsymbol{A}-\boldsymbol{BK})\boldsymbol{x} + \boldsymbol{Bv}$ 的特征值 $\det[s\boldsymbol{I}-(\boldsymbol{A}-\boldsymbol{BK})]=0$ 位于复平面上预先给定的位置，这样就能保证系统具有特定的动态响应特性，这样的方法称为极点配置方法。对给定系统，要解决其极点配置问题，需要明确什么样的系统极点配置问题可解，即使得闭环系统具有给定极点的状态反馈控制器存在性，以及如何设计才能使闭环系统具有给定极点的状态反馈控制器。下面不加证明地给出相应结论。

系统 $S=(\boldsymbol{A},\boldsymbol{B},\boldsymbol{C})$ 存在状态反馈增益矩阵 $\boldsymbol{K}$，$u = -\boldsymbol{Kx}$，使相应的闭环系统 $S_K(\boldsymbol{A}-\boldsymbol{BK},\boldsymbol{B},\boldsymbol{C})$ 的极点可以任意配

置的充要条件是系统 S 是状态完全能控。

当系统 $S=(A,B,C)$ 不是完全能控时，通过状态反馈 $u=-Kx+v$ 使其闭环系统稳定的充要条件是系统 S 的不能控极点都具有负实部。

因此对于能控稳定的系统，可以通过极点配置 K 改造成更稳定的系统，对于能控不稳定的系统，可以通过极点配置 K 改造 $A \rightarrow A_K = A - BK$，使其稳定。对于不能控的系统，则不能通过极点配置的方法来改造系统。

对于极点配置设计状态反馈控制器的算法主要有变换法和直接法，通过能控标准型的设计方法称为变换法，对于非能控标准型可以通过非奇异变换 T 变成能控标准型；利用系统特征多项式和希望的特征多项式相等的充要条件，使两多项式 λ 同次幂的系数相等，可以直接解出增益矩阵 K，这种方法称为直接法。

4）Ackermann 公式

Ackermann 公式给出了极点配置 K 的解析表达式，特别适合于编程计算。

假设系统是状态完全能控的，给定的期望闭环极点为 $\lambda_1, \lambda_2, \cdots, \lambda_n$，线性状态反馈控制器为 $u=-Kx$，得到闭环系统状态方程为

$$\dot{x} = (A - BK)x \tag{13-16}$$

记 $A_K = A - BK$。

极点配置要求 K 满足

$$\det(\lambda I - A_K) = (\lambda - \lambda_1)(\lambda - \lambda_2) \cdots (\lambda - \lambda_n)$$
$$= \lambda^n + d_{n-1}\lambda^{n-1} + \cdots + d_1\lambda + d_0 = f_{希望}(\lambda)$$

根据凯莱–哈米尔顿定理，A_K 应满足其自身的特征方程，即

$$f(A_K) = A_K^n + d_{n-1}A_K^{n-1} + \cdots + d_1 A_K + d_0 I = 0 \tag{13-17}$$

为简化推导，以 $n=3$ 为例，可以方便地推广到任意阶的单输入系统。

考虑恒等式

$$I = I$$
$$A_K = A - BK$$
$$A_K^2 = A^2 - ABK - BKA_K$$
$$A_K^3 = A^3 - A^2 BK - ABKA_K - BKA_K^2$$

上述等式分别乘以 d_0、d_1、d_2 和 1 并相加可得

$$d_0 I + d_1 A_K + d_2 A_K^2 + A_K^3$$
$$= d_0 I + d_1(A - BK) + d_2(A^2 - ABK - BKA_K) + A^3 - A^2 BK - ABKA_K - BKA_K^2$$
$$= d_0 I + d_1 A + d_2 A^2 + A^3 - d_1 BK - d_2 ABK - d_2 BKA_K - A^2 BK - ABKA_K - BKA_K^2$$

即

$$f(A_K) = f(A) - d_1 BK - d_2 ABK - d_2 BKA_K - A^2 BK - ABKA_K - BKA_K^2$$
$$= 0$$

则有

$$f(A) = B(d_1 K + d_2 KA_K + KA_K^2) + AB(d_2 K + KA_K) + A^2 BK$$
$$= \begin{pmatrix} B & AB & A^2 B \end{pmatrix} \begin{pmatrix} d_1 K + d_2 KA_K + KA_K^2 \\ d_2 K + KA_K \\ K \end{pmatrix} \tag{13-18}$$

由于系统完全能控，能控性矩阵可逆，故

$$(\boldsymbol{B} \quad \boldsymbol{AB} \quad \boldsymbol{A^2B})^{-1}f(\boldsymbol{A}) = \begin{pmatrix} d_1\boldsymbol{K} + d_2\boldsymbol{KA_K} + \boldsymbol{KA_K^2} \\ d_2\boldsymbol{K} + \boldsymbol{KA_K} \\ \boldsymbol{K} \end{pmatrix}$$

两边左乘(0　0　1)，即提取最后一行的向量可得

$$\boldsymbol{K} = (0 \ 0 \ 1)(\boldsymbol{B} \quad \boldsymbol{AB} \quad \boldsymbol{A^2B})^{-1}f(\boldsymbol{A}) \tag{13-19}$$

显然，此结果推广到 n 阶单输入系统。

$$\boldsymbol{K} = (0 \ 0 \ \cdots \ 1)(\boldsymbol{B} \quad \boldsymbol{AB} \quad \cdots \quad \boldsymbol{A^{n-1}B})^{-1}f(\boldsymbol{A}) \tag{13-20}$$

式中，

$$f(\boldsymbol{A}) = \boldsymbol{A}^n + d_{n-1}\boldsymbol{A}^{n-1} + \cdots + d_1\boldsymbol{A} + d_0\boldsymbol{I}$$
$$f_{希望}(\lambda) = \lambda^n + d_{n-1}\lambda^{n-1} + \cdots + d_1\lambda + d_0$$

式（13-20）称为 Ackermann 公式。

MATLAB 提供了两个函数 acker 和 place 来确定极点配置的增益矩阵 $\boldsymbol{K}$。得到增益矩阵 $\boldsymbol{K}$ 后，可以用命令 eig(A−B*K) 来检验闭环极点。函数 acker 就是基于 Ackermann 公式，只能应用到单输入系统，要配置的闭环极点中可以包括多重极点。如果系统有多个输入，则满足条件的 $\boldsymbol{K}$ 不唯一，从而有更多的自由度去选择 $\boldsymbol{K}$，如何利用这些自由度，使得系统具有给定的极点外，还具有一些其他附加功能，就是多目标控制。一种方法就是在使得闭环系统具有给定极点的同时，闭环系统的稳定裕量最大化，称为鲁棒极点配置法，MATLAB 函数 place 就是基于"鲁棒"极点配置法设计的。尽管函数 place 适用于多输入系统，但它要求在期望闭环极点中的相同极点个数不超过输入矩阵的秩。特别地，对单输入系统，函数 place 要求闭环极点均不相同。对单输入系统，函数 acker 和 place 给定的增益矩阵 $\boldsymbol{K}$ 相同。如果一个单输入系统接近于不能控，即其能控性矩阵的行列式接近于零，则应用 acker 函数可能会出现计算上的问题，这种情况下，函数 place 可能是更合适的，但必须限制所期望的闭环极点均不相同。用于确定极点配置的增益矩阵 MATLAB 函数如表 13-1 所示。

表 13-1　MATLAB确定极点配置的增益矩阵求解的函数表

函　　数	使　用　说　明
K=acker(A,B,J)	A为状态矩阵，B为输入矩阵，J=(s_1　s_2　$\cdots$　s_n)是由n个期望的闭环极点构成的向量
K=place(A,B,J)	A为状态矩阵，B为输入矩阵，J=(s_1　s_2　$\cdots$　s_n)是由n个期望的闭环极点构成的向量
est =estim(sys,L) est =estim(sys,L,sensors,known)	L是估计器增益矩阵，sys是线性定常系统的状态空间模型，返回值est是模型sys的状态估计器。参数sensor指定可观测的输出，known指定已知输入
rsys=reg(sys,K,L) rsys=reg(sys,K,L,sensors,known,controls)	K和L分别是状态反馈增益矩阵和估计器增益矩阵，返回值rsys是模型sys的动态补偿器。向量sensor和known的作用与函数estim中的参数相同，参数controls指定可控的输入

13.2　状态反馈控制器的仿真示例

视频讲解

这里通过示例说明如何采用 MATLAB 进行状态反馈控制器的设计。

【例 13-1】　已知被控系统的传递函数为 $G(s)=\dfrac{1}{s(s+2)(s+3)}$，设计状态反馈控制器，使得闭环系统是渐近稳定的，而且闭环系统的超调量 $\sigma_\mathrm{p}\leqslant 5\%$，峰值时间 $t_\mathrm{p}\leqslant 0.5\mathrm{s}$，阻尼振荡频率 $\omega_\mathrm{d}\leqslant 10$。

根据被控系统的传递函数，可以得到被控系统的一个状态空间模型。

$$\begin{cases}\dot{\boldsymbol{x}}=\begin{pmatrix}0 & 1 & 0\\ 0 & -2 & 1\\ 0 & 0 & -3\end{pmatrix}\boldsymbol{x}+\begin{pmatrix}0\\ 0\\ 1\end{pmatrix}\boldsymbol{u}\\[2mm] \boldsymbol{y}=\begin{pmatrix}1 & 0 & 0\end{pmatrix}\boldsymbol{x}\end{cases}$$

容易检验该系统是能控的，因此可以通过状态反馈来实现闭环系统的任意极点配置。本系统无开环零点，闭环系统的动态性能完全由闭环极点所决定。

由于所考虑的系统为三阶系统，故有 3 个闭环极点。期望的 3 个极点可以这样安排：一个极点远离虚轴，对闭环系统性能影响极小，于是可将系统近似成只有一对主导极点为 $\lambda_{1,2}=-\zeta\omega_\mathrm{n}\pm\mathrm{j}\omega_\mathrm{n}\sqrt{1-\zeta^2}$ 的二阶系统。运用二阶系统的阻尼比、无阻尼自振频率与性能指标的关系式：$\sigma=\mathrm{e}^{-\xi\pi/\sqrt{1-\zeta^2}}\leqslant 5\%$，$t_\mathrm{p}=\dfrac{\pi}{\omega_\mathrm{n}\sqrt{1-\zeta^2}}\leqslant 0.5\mathrm{s}$，当 $\xi\geqslant\dfrac{1}{\sqrt{2}}=0.707$，$\omega_\mathrm{n}\geqslant 10$，$\xi\omega_\mathrm{n}\geqslant 7.07$ 时，满足上述条件。经配置后闭环系统的主导极点为：

$$\lambda_{1,2}=-\xi\omega_\mathrm{n}\pm\mathrm{j}\omega_\mathrm{n}\sqrt{1-\xi^2}=-7.07\pm\mathrm{j}7.07$$

此时，取另一远离虚轴极点为 $\lambda_3=-10\left|-\xi\omega_\mathrm{n}\right|\approx-70$，故希望的闭环特征多项式

$$f_k(\lambda)=(\lambda+70)(\lambda^2+2\zeta\omega_\mathrm{n}\lambda+\omega_\mathrm{n}^2)=\lambda^3+84\lambda^2+1090\lambda+7000$$

采用两种方法进行极点配置，一种方法是把系统转换成能控标准型进行配置，因为传递函数为 $G(s)=\dfrac{1}{s(s+2)(s+3)}=\dfrac{1}{s^3+5s^2+6s}$，可直接写出能控标准型为

$$\begin{cases}\dot{\overline{\boldsymbol{x}}}=\begin{pmatrix}0 & 1 & 0\\ 0 & 0 & 1\\ 0 & -6 & -5\end{pmatrix}\overline{\boldsymbol{x}}+\begin{pmatrix}0\\ 0\\ 1\end{pmatrix}\boldsymbol{u}\\[2mm] \boldsymbol{y}=\begin{pmatrix}1 & 0 & 0\end{pmatrix}\overline{\boldsymbol{x}}\end{cases}$$

相应的变换矩阵为

$$\boldsymbol{T}=\begin{pmatrix}1 & 0 & 0\\ 0 & 1 & 0\\ 0 & -2 & 1\end{pmatrix}$$

所以，状态反馈增益矩阵为

$$\begin{aligned}\boldsymbol{K}&=\begin{bmatrix}b_0-a_0 & b_1-a_1 & b_2-a_2\end{bmatrix}\boldsymbol{T}\\ &=\begin{bmatrix}7000-0 & 1090-6 & 84-5\end{bmatrix}\boldsymbol{T}\\ &=\begin{bmatrix}7000 & 926 & 79\end{bmatrix}\end{aligned}$$

另一种方法是直接配置，取状态反馈控制 $\boldsymbol{u}=-\boldsymbol{Kx}$，其中 $\boldsymbol{K}=\begin{bmatrix}k_1 & k_2 & k_3\end{bmatrix}$，则

$$\det[s\boldsymbol{I}-(\boldsymbol{A}-\boldsymbol{BK})]=\begin{vmatrix}s & -1 & 0\\ 0 & s+2 & -1\\ k_1 & k_2 & s+3+k_3\end{vmatrix}=s^3+(5+k_3)s^2+(2k_3+k_2+6)s+k_1$$

$$\Rightarrow \begin{cases} 5+k_3=84 \\ 2k_3+k_2+6=1090 \\ k_1=7000 \end{cases} \Rightarrow 反馈增益为 \boldsymbol{K}=\begin{bmatrix} 7000 & 926 & 79 \end{bmatrix}，则闭环系统的系统为$$

$$\begin{cases} \dot{\boldsymbol{x}}=\left(\begin{pmatrix} 0 & 1 & 0 \\ 0 & -2 & 1 \\ 0 & 0 & -3 \end{pmatrix} - \begin{pmatrix} 0 \\ 0 \\ 1 \end{pmatrix} \begin{pmatrix} 7000 & 926 & 79 \end{pmatrix} \right)\boldsymbol{x} \\ \boldsymbol{y}=(1 \quad 0 \quad 0)\boldsymbol{x} \end{cases}$$

解： 求解程序如下：

```
>> A=[0 1 0;0 0 1;0 -6 -5];
>> B=[0 0 1]';
>> AB=ctrb(A,B);
>> A0=[0 1 0;0 -2 1; 0 0 -3];
>> B0=[0 0 1]';
>> AB0=inv(ctrb(A0,B0));
>> T=AB*AB0;
>> K=[7000 1084 79]*T
>> A2=[0 1 0;0 -2 1;-7000 -926 -82];
>> B2=[0 0 1]';
>> C2=[1 0 0];
>> D2=0;
>> [y,x,t]=step(A2,B2,C2,D2);
>> plot(t,y)
>> grid
```

运行结果如图 13-3 所示。

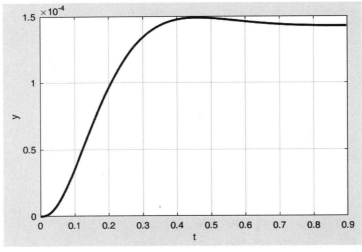

图 13-3　例 13-1 程序运行结果

由图 13-3 可见，超调量 $\sigma_p \leqslant 5\%$，峰值时间 $t_p \leqslant 0.5$s，阻尼振荡频率 $\omega_d \leqslant 10$，满足设计要求。

【例 13-2】　已知被控系统的传递函数为 $G(s)=\dfrac{1}{s(s+2)(s+3)}$，设计状态反馈控制器 $\boldsymbol{u}=-\boldsymbol{Kx}$，使系统的闭环极点是 $-1\pm\sqrt{2}\,j,-6$，对给定的初态 $\boldsymbol{x}(0)=(1\quad-1\quad0)^{\mathrm{T}}$，求出闭环系统的状态响应曲线。

```
>> A=[0 1 0;0 0 1;0 -6 -5];
>> B=[0 0 1]';
>> J=[-1+sqrt(2)*j; -1-sqrt(2)*j; -6];
>> K=acker(A,B,J)        % or K=place(A,B,J)
>> sys= ss(A-B*K,[0 0 0]',eye(3),0);
>> t=0:0.02:5;
>> x=initial(sys,[1 -1 0]',t);
>> Xo=eye(3)*x';
>> subplot(3,1,1);
>> plot(t,Xo(1));
>> ylabel('x1');
>> subplot(3,1,2);
>> plot(t,Xo(2));
>> ylabel('x2');
>> subplot(3,1,3);
>> plot(t,Xo(3));
>> ylabel('x3');
>> xlabel('t')
```

运行结果如图 13-4 所示。

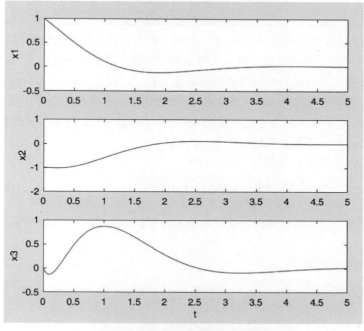

图 13-4　例 13-2 程序运行结果图

13.3 线性矩阵不等式的应用仿真示例

在稳定化状态，求解反馈增益矩阵时，可以采用线性矩阵不等式处理方法，对于如下系统
系统状态方程：

$$\dot{x} = Ax + Bu$$

在判断系统的稳定性时，根据线性定常系统的李雅普诺夫稳定性判据，通过判断是否存在实对称矩阵 P，使得 $A^\mathrm{T}P + PA = -Q$ 成立，其中 Q 为正定矩阵。

那么判断系统稳定性的问题，可以转化为 $A^\mathrm{T}P + PA < 0$ 是否存在解的问题不等式，可以用 MATLAB 的线性矩阵不等式（Linear Matrix Inequality，LMI）工具箱进行判断，常用于求解线性矩阵不等式的函数如表 13-2 所示。

表 13-2 常用于求解线性矩阵不等式的函数表

函　　数	使 用 说 明
setlmis([ ])	开始一个线性矩阵不等式系统的描述
X= lmivar(TYPE,STRUCT)	定义一个新的矩阵变量
lmiterm(TERMID,A,B,FLAG)	确定线性矩阵不等式的一个项的内容
LMISYS = getlmis	结束一个线性矩阵不等式系统的描述，返回这个现行矩阵不等式系统的内部表示向量LMISYS
X = dec2mat(LMISYS,DECVARS,XID)	由给定的决策变量得到相应的矩阵变量值
[tmin,xfeas]=feasp(lmisys)	可行性问题的求解器函数，tmin大于0时，表明LMI系统不可行，矩阵P无解，系统不稳定；tmin小于0时，便可以用dec2mat函数求解出矩阵P

应用 LMI 工具箱求解线性矩阵不等式问题的步骤一般为：首先创建线性矩阵不等式模型，需要调用 setlmis() 函数来建立线性矩阵不等式框架；定义需要求解的变量，待求矩阵变量可以由 lmivar() 函数来声明；采用分块形式给出线性矩阵不等式，声明待求解的变量名后，可以由 lmiterm() 函数来描述各个线性矩阵不等式，一个线性矩阵不等式子项可以由多个 lmitem() 函数来描述，完成线性矩阵不等式的模型描述后，可以用 getlmis() 函数来确定线性矩阵不等式问题的描述；最后即可求解线性矩阵不等式问题，通过定义系统模型，可以根据问题的类型调用相应函数来直接求解。

【例 13-3】 在 MATLAB 中，设系统状态方程为

$$\begin{bmatrix} \dot{x}_1 \\ \dot{x}_2 \end{bmatrix} = \begin{bmatrix} 1 & 3 \\ 5 & 1 \end{bmatrix} \begin{bmatrix} x_1 \\ x_2 \end{bmatrix} + \begin{bmatrix} 0 \\ 1 \end{bmatrix} u$$

采用线性矩阵不等式处理方法，设计一个稳定化状态反馈控制器，对给定的初态 $x(0) = (1 \quad -1)^\mathrm{T}$，求出闭环系统的状态响应曲线。

解：MATLAB 求解程序如下：

```
>>A=[1 5;3 1];
>>B=[0;1];
>>setlmis([])
>>X=lmivar(1,[2 1]);
>>Y=lmivar(2,[1 2]);
>>lmiterm([1 1 1 X],A,1,'s');
>>lmiterm([1 1 1 Y],B,-1,'s');
```

```
>>lmiterm([2 1 1 X],-1,1);
>>lmis=getlmis;
>> [tmin,xfeas]=feasp(lmis);
>>XX=dec2mat(lmis,xfeas,X);
>>YY=dec2mat(lmis,xfeas,Y);
>>K=YY*inv(XX)
>>sys=ss(A-B*K,[0 0]',eye(2),0);
>>t=0:0.02:10;
>>x=initial(sys,[1 -1]',t);
>>Xo=eye(2)*x';
>>subplot(2,1,1);
>>plot(t,Xo(1,:));
>>ylabel('x1');
>>subplot(2,1,2);
>>plot(t,Xo(2,:));
>>ylabel('x2');
>>xlabel('t')
```

运行结果如下：

```
Solver for LMI feasibility problems L(x) < R(x)
    This solver minimizes  t  subject to  L(x) < R(x) + t*I
    The best value of t should be negative for feasibility
 Iteration   :    Best value of t so far
     1                   -11.125278
 Result:  best value of t:  -11.125278
        f-radius saturation:  0.000% of R = 1.00e+09
K =
8.9565    3.1245
```

闭环系统的状态响应曲线如图 13-5 所示。

图 13-5　例 13-3 运行结果

根据程序运行结果可知，稳定化状态反馈控制器的增益为

$$K = \begin{bmatrix} 8.9565 & 3.1245 \end{bmatrix}$$

习　题

1. 被控系统如图 13-6 所示，设计状态反馈控制器，使得闭环系统是渐近稳定的，闭环系统的性能指标满足：超调量 $\sigma_p \leqslant 5\%$，峰值时间 $t_p \leqslant 0.5\mathrm{s}$，阻尼振荡频率 $\omega_d \leqslant 10$。

$$u \rightarrow \boxed{\dfrac{1}{s+6}} \rightarrow \boxed{\dfrac{1}{s+12}} \rightarrow \boxed{\dfrac{1}{s}} \rightarrow y$$

图 13-6　习题 1 被控系统图

2. 线性系统的状态空间模型为 $\dot{x} = Ax + Bu = \begin{pmatrix} 0 & 1 & 0 \\ 0 & 0 & 1 \\ -1 & -5 & -6 \end{pmatrix} x + \begin{pmatrix} 0 \\ 0 \\ 1 \end{pmatrix} u$，设计状态反馈控制器 $u = -Kx$，使得系统的闭环极点为 $-1 \pm \sqrt{2}\,\mathrm{j}, -5$。

第 14 章

状态观测器设计与仿真

对于能控的线性定常系统，可以通过线性状态反馈来任意配置闭环系统的极点，从而使得闭环系统具有期望的稳态和动态性能。实施状态反馈需要测量所有的状态变量，在实际控制系统设计中，要实现这样一个控制方案，系统内部的状态信号必须都是可以从外部直接测量得到的。但是在许多实际系统中，系统的状态变量并不都是可测量的物理量，因此系统的所有状态变量不一定都可以直接测量得到。或者即使可以测量，但是测量的成本很高，因此状态反馈这种控制方式在许多实际控制问题中往往难以直接实现。根据系统的状态能观性可知，若一个系统是状态能观的，则系统的任意状态必定会在系统的输出中得到反映。对一个能观的系统，能否运用系统的外部输出信息来确定整个系统的内部状态呢？答案是肯定的，这就是系统的状态观测器设计问题。状态观测器的输出就是系统状态的估计值。状态观测器的结构如图 14-1 所示。

图 14-1　状态观测器的结构

14.1　状态观测器设计方法

为重构状态，最直观的方法是构造一个与原系统具有相同动态方程的系统，当其输入是原系统的输入时，则可以得到的原系统的状态估计值。这样得到的状态观测器为开环状态观测器，其构成如图 14-2 所示。

图 14-2　开环状态观测器的构成

设线性连续定常系统的状态空间方程为

$$\begin{cases} \dot{x} = Ax + Bu \\ y = Cx \end{cases} \tag{14-1}$$

重构一个系统，该系统的各参数与原系统相同

$$\begin{cases} \dot{\hat{x}} = A\hat{x} + Bu \\ \hat{y} = C\hat{x} \end{cases} \tag{14-2}$$

式（14-1）减式（14-2），可得

$$\begin{cases} \dot{x} - \dot{\hat{x}} = A(x - \hat{x}) \\ y - \hat{y} = C(x - \hat{x}) \end{cases} \qquad (14\text{-}3)$$

当两个系统的初始状态完全一致，参数也完全一致，则 $x = \hat{x}$。这就是开环状态观测器的原理。但是构造的系统与实际系统总会有差异，因此实际上 $x \neq \hat{x}$，因此难以直接应用开环状态观测器。

当 $x \neq \hat{x}$ 时，$y - \hat{y}$ 也不为 0，通过引入信号 $(y - \hat{y})$ 来校正重构系统，它就成为闭环的状态观测器。

$$\begin{aligned} \dot{\hat{x}} &= A\hat{x} + Bu + G(y - \hat{y}) \\ &= A\hat{x} + Bu + GC(x - \hat{x}) \\ &= (A - GC)\hat{x} + Bu + Gy \end{aligned} \qquad (14\text{-}4)$$

其中，G 为 $n \times m$ 矩阵

用原系统状态方程式（14-1）减去式（14-4），可得

$$\begin{aligned} \dot{x} - \dot{\hat{x}} &= Ax + Bu - [(A - GC)\hat{x} + Bu + Gy] \\ &= (A - GC)(x - \hat{x}) \end{aligned} \qquad (14\text{-}5)$$

由式（14-5）可知，如果适当选择矩阵 G，使 $(A-GC)$ 的所有特征值具有负实部，则 $\lim\limits_{t \to \infty}(x - \hat{x}) = 0$。

式（14-4）是原系统的状态观测器，$\hat{x}$ 是重构的状态，该状态观测器的构成如图 14-3 所示，其中图（a）的实现结构为 $\dot{\hat{x}} = A\hat{x} + Bu + G(y - \hat{y})$；图（b）是与图（a）等价的一种实现结构 $\dot{\hat{x}} = (A - GC)\hat{x} + Bu + Gy$。

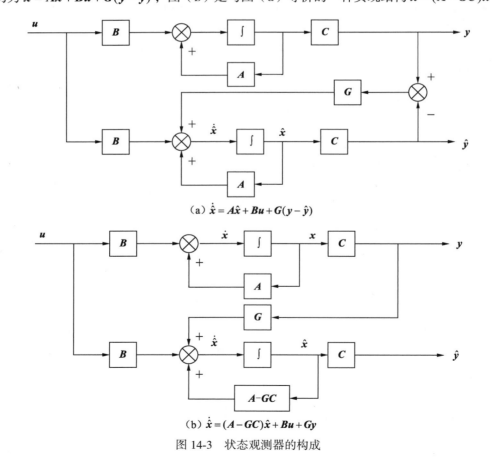

（a）$\dot{\hat{x}} = A\hat{x} + Bu + G(y - \hat{y})$

（b）$\dot{\hat{x}} = (A - GC)\hat{x} + Bu + Gy$

图 14-3　状态观测器的构成

对于连续线性定常系统，其状态观测器存在的充要条件是该系统的不能观测子系统是渐近稳定的。如果连续线性定常系统状态完全能观测，则状态观测器的极点，即 $A-GC$ 的特征值可以任意配置。

状态观测器的极点对于其性能是至关重要的，这是因为要使得状态器 $\dot{\hat{x}}=(A-GC)\hat{x}+Bu+Gy$ 能够成为原系统的状态观测器，必须保证状态观测器的极点具有负实部。状态观测器的极点决定了 $\hat{x}$ 逼近 x 的速度。状态观测器极点的实部越小，则逼近的速度越快，即状态观测器的响应速度越快。状态观测器的极点还决定了状态观测器的抗干扰能力，响应速度越快，状态观测器的频带越宽，抗干扰的能力就越差。

应注意状态观测器极点的选取，作为一般的规则，状态观测器的极点必须比系统极点快 2～5 倍，从而使得状态估计误差的衰减比系统响应快 2～5 倍。状态观测器的响应速度并非越快越好，这是因为状态观测器的响应速度越快，状态观测器增益矩阵 G 的参数就越大，这会受到实现器件的饱和特性限制，此外在实际系统的测量输出 y 中，通常还存在干扰和测量噪声，若增益矩阵 G 的参数很大，那么测量输出 y 中的干扰和噪声会被大幅度放大，因此，当传感器噪声相当大时，可以选择状态观测器极点的时间常数为系统极点的时间常数的 1/2，使系统的带宽变得比较窄，并且对噪声进行平滑。因此，在设计状态观测器时，尽管希望状态观测器估计的状态尽可能快地逼近系统的实际状态，但这种逼近的速度并非越快越好，需要兼顾状态估计误差的衰减速度和状态观测器的抗扰动能力。在实际设计过程中，最好是针对几组不同的状态观测器极点设计状态观测器，通过仿真评估系统的性能，从系统总体性能的角度来选择最适合的状态观测器。

状态观测器的设计过程就是状态观测器的极点配置过程，即增益矩阵 G 的求解过程。与状态反馈系统的极点配置类似，全维状态观测器的设计方法有直接求解法、能观标准型法和爱克曼公式法。除此之外，还可以根据对偶原理，通过设计其对偶系统的状态反馈矩阵 K 来求解。下面主要介绍直接求解法、能观标准型法和爱克曼公式法的设计过程。

1）直接求解法

直接求解法是通过状态观测器的特征多项式和期望的特征多项式相等，直接求出状态观测器的增益矩阵 G。这种方法一般适合于维数 n 较低（$n\leqslant3$）的系统。

直接求解法的步骤如下：先判断原系统的能观测性，如果状态完全能观测，则状态观测器存在，且其极点可以任意配置，然后求出状态观测器的特征多项式

$$f(\lambda)=|\lambda I-(A-GC)|$$

根据状态观测器的期望极点，写出期望的特征多项式

$$f^*(\lambda)=\prod_{i=1}^{n}(\lambda-\lambda_i^*)$$

由 $f^*(\lambda)=f(\lambda)$，求出状态观测器的增益矩阵 G。

2）能观标准型法

与状态反馈矩阵求解的能控标准型法完全相似，当系统的维数较高（$n>3$）时，可以采用能观标准型法来求解状态观测器的增益矩阵 G，即先将系统转化为能观标准型，然后在能观标准型下设计状态观测器的增益矩阵 G，最后通过变换即可求得原系统下状态观测器的增益矩阵 G。

能观标准型法的设计步骤如下：先判断原系统的能观测性，如果状态完全能观测，则状态观测器存在，且其极点可以任意配置，然后求出原系统的特征多项式

$$f(\lambda)=|\lambda I-A|$$
$$=\lambda^n+a_{n-1}\lambda^{n-1}+\cdots+a_1\lambda+a_0$$

根据特征多项式系数确定将系统转换为能观标准型的变换矩阵 P。如果系统已经是能观标准型，则 $P^{-1}=I$。然后根据状态观测器的期望极点，写出状态观测器期望的特征多项式

$$f^*(\lambda) = \prod_{i=1}^{n}(\lambda - \lambda_i^*)$$

得到状态观测器期望的特征多项式系数 a_i^*，再求能观标准型下状态观测器的增益矩阵 $\tilde{G}$

$$\tilde{G} = \begin{bmatrix} a_0^* - a_0 & a_1^* - a_1 & \cdots & a_{n-1}^* - a_{n-1} \end{bmatrix}^{\mathrm{T}}$$

求原线性连续定常系统结构下的状态观测器的增益矩阵 $G = P\tilde{G}$。

3）爱克曼公式法

当系统的维数较高（$n>3$）时，也可以采用爱克曼公式法来求解状态观测器的增益矩阵 G。如果原系统状态是完全能观测，则确定状态观测器的增益矩阵 G 的爱克曼公式为

$$G = \varphi^*(A)\begin{bmatrix} C \\ CA \\ \vdots \\ CA^{n-2} \\ CA^{n-1} \end{bmatrix}^{-1}\begin{bmatrix} 0 \\ 0 \\ \vdots \\ 0 \\ 1 \end{bmatrix}$$

其中，$\varphi(A)$ 是 A 满足其自身的特征方程，即

$$\varphi^*(A) = A^n + a_{n-1}^* A^{n-1} + \cdots + a_1^* A + a_0^* I$$

其中，a_i^* 是状态观测器期望的特征多项式系数。

14.2 状态观测器的仿真示例

这里通过示例说明如何采用 MATLAB 进行状态观测器的设计。

【例 14-1】 设系统方程为

$$\begin{cases} \dot{x} = \begin{bmatrix} 1 & 0 & 0 \\ 0 & 2 & 1 \\ 0 & 0 & 2 \end{bmatrix}x + \begin{bmatrix} 1 \\ 0 \\ 1 \end{bmatrix}u \\ y = \begin{bmatrix} 1 & 1 & 0 \end{bmatrix}x \end{cases}$$

要求采用 MATLAB 设计系统的状态观测器，其特征值为–3、–4、–5，并且在误差的初始条件为 $\begin{bmatrix} 0.3 & -0.3 & 0.2 \end{bmatrix}$ 时，检测状态观测器的设计效果。

```
>>A=[1 0 0;0 2 1;0 0 2];
>>B=[1 0 1];
>>C=[1 1 0];
>>V=[-3 -4 -5];
>>G=(acker(A',C',V))'
>>AA=A-G*C;
>>BB=[0 0 0]';
>>D=0;
>>e0=[0.3;-0.3;0.2];
>>t=0:0.01:5;
>>sys=ss(AA,BB,C,D);
>> [y,t,e]=initial(sys,e0,t);
>>subplot(3,1,1),plot(t,e(:,1))
```

```
>>grid
>>xlabel('time')
>>ylabel('e1')
>>subplot(3,1,2),plot(t,e(:,2))
>>grid
>>xlabel('time')
>>ylabel('e2')
>>subplot(3,1,3),plot(t,e(:,3))
>>grid
>>xlabel('time')
>>ylabel('e3')
```

运行结果如下：

```
G =120
  -103
   210
```

程序运行结果如图 14-4 所示。

图 14-4 例 14-1 程序运行结果

根据运行结果可知，状态观测器的增益为 $G = \begin{bmatrix} 120 & -103 & 210 \end{bmatrix}^{T}$，状态观测器的输出是收敛于系统状态的，达到了设计要求。

【例 14-2】 设被控对象的传递函数为 $G(s) = \dfrac{100}{s(s+5)}$，若系统状态不能直接测量，试采用状态观测器实现状态反馈控制，使闭环系统的特征值配置在 $\lambda_{1,2} = -3 \pm j2$。

```
>>A=[0 1;0 -5];
>>B=[0 100]';
>>C=[1 0];
>>J=[-3+j*2 -3-j*2];
>>K=place(A,B,J)
```

```
>>V=[-20 -20];
>>G=(acker(A',C',V))'
>>AC1=A-B*K;
>>AC2=B*K;
>>AC3=[0 0; 0 0];
>>AC4=A-G*C;
>>AC=[AC1,AC2;AC3,AC4];
>>sys=ss(AC,eye(4),eye(4),eye(4));
>>t=0:0.01:1;
>>z=initial(sys,[1;0;0.5;0.3],t);
>>x1=[1 0 0 0]*z';
>>x2=[0 1 0 0]*z';
>>e1=[0 0 1 0]*z';
>>e2=[0 0 0 1]*z';
>>subplot(2,2,1);plot(t,x1),grid
>>ylabel('state x1')
>>subplot(2,2,2);plot(t,x2),grid
>>ylabel('state x2')
>>subplot(2,2,3);plot(t,e1),grid
>>xlabel('t')
>>ylabel('error e1')
>>subplot(2,2,4);plot(t,e2),grid
>>xlabel('t')
>>ylabel('error e2')
```

运行结果如下：

```
K = 0.1300    0.0100
G = 35
   225
```

程序运行结果如图 14-5 所示。

图 14-5 例 14-2 程序运行结果

根据运行结果可知，状态观测器和状态反馈控制器的增益矩阵分别为 $\boldsymbol{K} = \begin{bmatrix} 0.13 & 0.01 \end{bmatrix}$，$\boldsymbol{G} = \begin{bmatrix} 35 & 225 \end{bmatrix}^{\mathrm{T}}$。

以上采用状态观测器实现了状态反馈控制的设计。

14.3　微分器的作用与仿真

信号微分的求取在工程控制领域是一个传统而重要的问题，用解析表达式表示的信号，可以通过求导运算获取微分信号。而在大多数情况下，工程中的信号是没有解析数学表达式的，因而无法用数学的方法直接求导获得微分信号，工程上一般采用差分的方法来近似地估计信号的微分。但是几乎所有的信号中都存在扰动噪声，通过差分方法得到的信号微分常含有较大的误差。卡尔曼滤波器可以被用来抑制随机扰动，但卡尔曼滤波器需要有对象的数学模型，这限制了工程上的应用。所以不应用对象模型的微分器就有重要的实用价值。

微分器的最大特点是不依赖对象的数学模型。观测器是基于对象的数学模型设计的，但是大多数任意信号是很难由模型构造而输出的，所以由通常的观测器来估计信号的微分具有很强的约束条件。在设计微分器时，既要准确求导，信号的测量误差和输入噪声又要具有鲁棒性。

在无法获取微分信号的情况下，微分器的发展为信号跟踪和滤波提供了一种有效的方法，一般来讲，微分器通过积分提取微分以消除噪声的影响。微分器的主要用途是对信号进行滤波和求导，如在运动控制系统中，经常需要由位置信号求取速度和加速度。由于所测量的位置信号中存在着大量的噪声，一般的求导方法很难获得信号的导数。通过微分器能够在很好地消除噪声的同时获取较为精确的信号导数，并能用于反馈控制中。通过将数据采样间隔缩短，等价为在高采样频率下，采用微分器的离散化方法对过程控制中的数据进行处理，这样就把大离散事件的过程控制系统处理为高频采样的系统，采用微分器对过程控制中的数据进行处理，使过程控制系统的变化具有更多的连续性，更容易对数据分析与反馈控制。

经典的微分器有高增益微分器、滑模微分器、快速微分器、非线性微分-跟踪器和混合微分器等。这里不展开介绍相关的具体理论，仅通过一个微分器设计应用的示例加以简要说明。

【例 14-3】　对于含有随机噪声的信号序列，设计一个用于信号平滑处理的微分器。

首先编写 Polysmodif.m 函数用于信号序列平滑处理的微分器。

```matlab
function ynew=Polysmodif(datas,xnew,sdx,isdx,q,nmin)
if q+1>nmin
    error('多项式次数不应低于数据个数');
end
if (isdx>1 || isdx<0.01)
    error('插值范围错误');
end
x=datas(:,1);
y=datas(:,2);
if max(xnew)>max(x) || min(xnew)<min(x)
    error('新的数据超出数据范围，请删除外推点');
end
N=length(x);
Nnew=length(xnew);
ynew=[xnew zeros(Nnew,1) Inf*ones(Nnew,1) zeros(Nnew,3)];
ynew1=zeros(Nnew,4);
for ii=1:Nnew
    NxDD=find (x>=xnew(ii)-sdx & x<=xnew(ii)+sdx);
```

```
      if length(NxDD)<nmin
          mn=ceil((nmin-length(NxDD))/2);
          NxDD=NxDD(1)-mn:NxDD(1)-mn+nmin;
          if min(NxDD)<1
              NxDD=NxDD-min(NxDD)+1;
          end
          if max(NxDD)>N
              NxDD=NxDD-max(NxDD)+N;
          end
      end
      NJ=length(NxDD);
      [p,s,mu]=polyfit(x(NxDD),y(NxDD),1);
      chi1=( sum((y(NxDD)-polyval(p,x(NxDD),s,mu)).^2) );
      for iii=3:2:q
          [p,s,mu]=polyfit(x(NxDD),y(NxDD),iii);
          chi=sum((y(NxDD)-polyval(p,x(NxDD),s,mu)).^2);
          Fx=(NJ-iii-1)*(chi1/(chi)-1);
          Fc= finv(0.99,2,NJ-iii-1);
          if Fx<Fc || chi1<1e-2
              break
          end
          chi1=chi;
      end
      q1=iii;
      [p,s,mu]=polyfit(x(NxDD),y(NxDD),q1);
      NxDD=find (xnew>=xnew(ii)-sdx*isdx & xnew<=xnew(ii)+sdx*isdx);
      [ynew1(NxDD,2),ynew1(NxDD,3)]=polyval(p,xnew(NxDD),s,mu);
      ynew1(NxDD,3)=ynew1(NxDD,3).^2;
      ynew1(NxDD,4)=polyval(polyder(p)/mu(2),xnew(NxDD),[],mu);
      ynew1(NxDD,6)=polyval(polyder(polyder(p))/mu(2)^2,xnew(NxDD),[],mu);
      figure(1);
      subplot(2,2,1)
      plot(x,y,xnew(NxDD),ynew1(NxDD,2),'.');grid
      title(['多项式=' num2str(q1)]);
      ynew(NxDD,2)=ynew1(NxDD,2)./ynew1(NxDD,3)+ynew(NxDD,2)./ynew(NxDD,3);
      ynew(NxDD,4)=ynew1(NxDD,4)./ynew1(NxDD,3)+ynew(NxDD,4)./ynew(NxDD,3);
      ynew(NxDD,6)=ynew1(NxDD,6)./ynew1(NxDD,3)+ynew(NxDD,6)./ynew(NxDD,3);
      ynew(NxDD,5)=ynew(NxDD,5)+1;
      ynew(NxDD,3)=1./(1./ynew1(NxDD,3)+1./ynew(NxDD,3));
      ynew(NxDD,2)=ynew(NxDD,2).*ynew(NxDD,3);
      ynew(NxDD,4)=ynew(NxDD,4).*ynew(NxDD,3);
      ynew(NxDD,6)=ynew(NxDD,6).*ynew(NxDD,3);
end
ynew(:,3)=sqrt(ynew(:,3));
subplot(2,2,2);
plot(x,y,xnew,ynew(:,2),'r');
grid on
title(['平滑和非平滑函数, 范围= ' num2str(sdx) ', qmax= ' num2str(q) ', nmin= '
```

```
       num2str(nmin)]);
   subplot(2,2,3);
   plot(xnew,ynew(:,4));
   grid on
   title('一阶导数');
   subplot(2,2,4)
   plot(xnew,ynew(:,6));
   grid on
   title('二阶导数');
end
```

然后在命令窗口中编写求解程序如下

```
>>x=linspace(0,50,2000)';
>>y=1./(1+((x-10)/0.6).^2)+2./(1+((x-25)/0.6).^2)+3./(1+((x-40)/0.6).^2);
>>noise=0.8*(rand(length(y),1)-0.8);
>>y=y+noise;
>>ynew=Polysmodif([x y],x,1.1,0.6,9,21);
>>figure(2);
>>plot(x,y,x,ynew(:,2));
>>grid;
>>title('原始函数和平滑函数');
```

运行结果如图 14-6 所示。

图 14-6　例 14-3 程序运行结果

14.4　维纳滤波的原理与仿真

实际的物理系统往往受到随机干扰作用，系统动态过程的状态方程可用下式表示

$$\dot{x}(t) = A(t)x(t) + B(t)u(t) + F(t)w(t)$$

其中，$x(t)$ 为状态向量，$u(t)$ 为控制向量，$w(t)$ 为系统噪声向量。观测方程为

$$z(t) = H(t)x(t) + v(t)$$

其中，$z(t)$ 为观测向量，$v(t)$ 为测量噪声向量。

为了实现最优控制和自适应控制，需利用状态向量 $x(t)$ 的信息。但 $x(t)$ 受到随机干扰的影响，因此需要估计 $x(t)$。要求估计值 $\hat{x}(t)$ 尽量接近真值 $x(t)$，这样就提出了状态变量的最优估计问题。这里主要介绍一下维纳滤波的原理及仿真，以及卡尔曼滤波的原理及仿真。

维纳滤波是用来解决从噪声中提取信号的一种滤波方法。如果线性系统的脉冲响应为 $h(n)$，当输入一个随机信号 $x(n)$，且

$$x(n) = s(n) + v(n)$$

其中，$x(n)$ 表示信号，$s(n)$ 表示理想信号，$v(n)$ 表示噪声，则输出 $y(n)$ 为

$$y(n) = \sum_m h(m)x(n-m)$$

维纳滤波器的目标是 $x(n)$ 通过线性系统 $h(n)$ 后得到的 $y(n)$ 尽量接近于 $s(n)$，称 $y(n)$ 为 $s(n)$ 的估计值，也用 $\hat{s}(n)$ 表示。维纳滤波器常常被称为线性最优估计。根据问题的性质，维纳滤波器有下列 3 个条件：信号与噪声都是均值为 0 并具有各态历经性的平稳随机过程；滤波器是一个物理可实现的线性定常系统；最优准则是滤波的方差为最小。

用 $\hat{s}(n)$ 表示信号的估计值，则误差为

$$e(n) = s(n) - \hat{s}(n)$$

均方误差最小即 $e(n)$ 平方的统计期望最小（$E\left[e^2(n)\right] \to \min$）。

令 $E\left[e^2(n)\right]$ 对 $h(j)$ 的导数为 0，可得维纳滤波器的维纳–霍夫方程为

$$R_{xs}(m) = \sum_i h(i)R_{xx}(m-i) \quad \forall m$$

其中，$R_{xs}(m)$ 是 $x(n)$ 与 $s(n)$ 的互相关函数，$R_{xx}(m)$ 是 $x(n)$ 的自相关函数，分别定义为 $R_{xs}(m) = E[x(n)s(n+m)]$ 和 $R_{xx}(m) = E[x(n)x(n+m)]$，如果已知 $R_{xs}(m)$ 和 $R_{xx}(m)$，那么求解维纳–霍夫方程即可得到维纳滤波器的脉冲响应 $h(n)$，从而得到信号的估计值。

【例 14-4】 设一个质点在 XOY 平面上运动，由于外界干扰，其运动轨迹发生了偏移。其中，x 方向的干扰是均值为 0，方差为 0.1 的高斯噪声；y 方向的干扰是均值为 0，方差为 0.12 的高斯噪声，采用 MATLAB 产生质点的运动数据，并编程实现维纳滤波。

```
>>clear all
>>sta=0:pi/249.5:2*pi;
>>xnoi=sqrt(0.1)*randn(1,500);
>>ynoi=sqrt(0.12)*randn(1,500);
>>x=2*cos(sta)+sin(sta)+xnoi;
>>y=3*sin(sta)+ynoi;
>>rxx=xcorr(x);
>>for i=1:100
>>for j=1:100
>>mrxx(i,j)=rxx(500-i+j);
>>end
>>end
```

```
>>xd=2*cos(sta)+sin(sta);
>>rxd=xcorr(x,xd);
>>for i=1:100
>>mrxd(i)=rxd(499-i);
>>end
>>hoptx=inv(mrxx)*mrxd';
>>fx=conv(x,hoptx);
>>ryy=xcorr(y);
>>for i=1:100
>>for j=1:100
>>mryy(i,j)=ryy(500-i+j);
>>end
>>end
>>yd=3*sin(sta);
>>ryd=xcorr(y,yd);
>>for i=1:100
>>mryd(i)=ryd(499-i);
>>end
>>hopty=inv(mryy)*mryd';
>>fy=conv(y,hopty);
>>subplot(2,3,1)
>>plot(xd);
>>title('x方向理想信号');
>>subplot(2,3,2)
>>plot(xnoi);
>>title('x方向噪声信号');
>>subplot(2,3,3)
>>plot(x,'b:');
>>hold on;
>>plot(fx,'g-');
>>legend('x方向观测信号','x方向滤波输出信号');
>>title('x方向观测信号与滤波输出信号');
>>subplot(2,3,4)
>>plot(yd);
>>title('y方向理想信号');
>>subplot(2,3,5)
>>plot(ynoi);
>>title('y方向噪声信号');
>>subplot(2,3,6)
>>plot(y,'b:');
>>hold on;
>>plot(fy,'g-');
>>legend('y方向观测信号','y方向滤波输出信号');
>>title('y方向观测信号与滤波输出信号')
```

运行结果如图 14-7 所示。

图 14-7 例 14-4 程序运行结果

14.5 卡尔曼滤波的原理与仿真

卡尔曼滤波是一种利用系统的状态方程，通过系统的输入输出观测数据，对系统状态进行最优估计的算法。由于观测数据中包括系统中的噪声和干扰的影响，所以最优估计也可看作滤波过程。数据滤波是去除噪声还原真实数据的一种数据处理技术，卡尔曼滤波在测量方差已知的情况下能够从一系列存在测量噪声的数据中，估计动态系统的状态。卡尔曼滤波可用计算机编程实现，并能够对现场采集的数据进行实时的更新和处理，是目前应用最为广泛的滤波方法，广泛应用于通信系统、电力系统、航空航天、环境污染控制、工业控制、雷达信号处理等领域。卡尔曼滤波作为一种状态最优估计算法，与状态观测器的设计思维类似，都是利用观测量并结合系统的模型来对系统的状态进行估计。但二者又有不同，卡尔曼滤波的目的是利用卡尔曼增益来修正状态预测值，而观测器设计的目的是当系统的有些状态信息无法有效获取或不易测得时，通过状态重构实现反馈控制。

卡尔曼滤波是通过"预测"与"更新"两个过程来对系统的状态进行最优估计，下面简要推导一下卡尔曼滤波的过程。

一个离散线性系统系统可用如下形式表示：

$$\begin{cases} \boldsymbol{x}_k = \boldsymbol{A}\boldsymbol{x}_{k-1} + \boldsymbol{B}\boldsymbol{u}_{k-1} + \boldsymbol{w}_{k-1} \\ \boldsymbol{z}_k = \boldsymbol{H}\boldsymbol{x}_k + \boldsymbol{v}_k \end{cases}$$

其中，$\boldsymbol{x}_k$ 为系统状态向量，$\boldsymbol{z}_k$ 为状态的观测向量，$\boldsymbol{A}$ 为状态转移矩阵，$\boldsymbol{B}$ 为输入矩阵，$\boldsymbol{H}$ 为状态观测矩阵，$\boldsymbol{w}_{k-1}$ 为过程噪声，$\boldsymbol{v}_k$ 为测量噪声，且 $\boldsymbol{w}_{k-1}$ 和 $\boldsymbol{v}_k$ 均为零均值白噪声，即

$$\begin{cases} E[\boldsymbol{w}_k] = 0, \operatorname{Cov}[\boldsymbol{w}_k, \boldsymbol{w}_j] = E\left(\boldsymbol{w}_k \boldsymbol{w}_j^{\mathrm{T}}\right) = \boldsymbol{Q}_k \boldsymbol{\delta}_{kj} \\ E[\boldsymbol{v}_k] = 0, \operatorname{Cov}[\boldsymbol{v}_k, \boldsymbol{v}_j] = E(\boldsymbol{v}_k \boldsymbol{v}_j^{\mathrm{T}}) = \boldsymbol{R}_k \boldsymbol{\delta}_{kj} \end{cases}$$

其中，$\boldsymbol{Q}_k$ 为对称半正定矩阵，$\boldsymbol{R}_k$ 为对称正定矩阵，均为已知。

w_{k-1} 和 v_k 不相关即

$$\text{Cov}[w_k, v_j] = E\left(w_k v_j^{\mathrm{T}}\right) = 0$$

初始状态 x_0 是随机向量，且与 w_k、v_k 不相关，即

$$\begin{cases} \text{Cov}[x_0, w_k] = E[(x_0 - Ex_0)w_k^{\mathrm{T}}] = 0 \\ \text{Cov}[x_0, v_k] = E[(x_0 - Ex_0)v_k^{\mathrm{T}}] = 0 \end{cases}$$

记 x_k 为状态的真实值；$\tilde{x}_k^-$ 为状态的预测值，也称为先验状态估计值；$\tilde{x}_k$ 为状态的最优估计值，也称为后验状态估计值。

状态的预测值由状态方程可得

$$\tilde{x}_k^- = A\tilde{x}_{k-1} + Bu_{k-1}$$

状态估计值 $\tilde{x}_k$ 由状态更新方程可得

$$\tilde{x}_k = \tilde{x}_k^- + K(z_k - H\tilde{x}_k^-)$$

通过该方程可知，卡尔曼增益 K 表征了状态最优估计过程中由模型计算的预测误差与测量误差的比重，$K \in \begin{bmatrix} 0 & H^- \end{bmatrix}$，当 $K=0$ 即预测误差为 0 时，系统的状态值完全取决于预测值 $\tilde{x}_k^-$；而当 $K = H^-$ 即测量误差为 0 时，系统的状态值完全取决于测量值 z_k。接下来就是在噪声环境下，确定 K 的取值，使得状态估计值 $\tilde{x}_k$ 的值尽可能趋近真值。

记先验状态误差 $e_k^- = x_k - \tilde{x}_k^-$，后验状态误差 $e_k = x_k - \tilde{x}_k$，e_k^- 和 e_k 为白噪声，记 e_k^- 的协方差 $P_k^- = E\left[e_k^- e_k^{-\mathrm{T}}\right]$，$e_k$ 的协方差 $P_k = E\left[e_k e_k^{\mathrm{T}}\right]$。

根据状态更新方程，有

$$\begin{aligned} \tilde{x}_k &= \tilde{x}_k^- + K\left(z_k - H\tilde{x}_k^-\right) \\ &= \tilde{x}_k^- + K\left(Hx_k + v_k - H\tilde{x}_k^-\right) \\ &= \tilde{x}_k^- + KHx_k - KH\tilde{x}_k^- + Kv_k \end{aligned}$$

所以

$$\tilde{x}_k - x_k = \tilde{x}_k^- - x_k + KH\left(x_k - \tilde{x}_k^-\right) + Kv_k$$

即

$$e_k = (I - KH)e_k^- - Kv_k$$

由此，可得估计误差方差阵 P_k 为

$$\begin{aligned} P_k &= E\left[e_k e_k^{\mathrm{T}}\right] \\ &= (I - KH) P_k^- (I - KH)^{\mathrm{T}} + KRK^{\mathrm{T}} \\ &= P_k^- - KHP_k^- - P_k^- H^{\mathrm{T}} K^{\mathrm{T}} + K\left(HP_k^- H^{\mathrm{T}} + R\right)K^{\mathrm{T}} \end{aligned}$$

求 $\text{tr}(P_k)$ 对卡尔曼增益矩阵 K 的偏导，令其为 0，可得状态的最优估计，因为此时可以使得 e_k 的方差最小，也就是状态估计值 $\tilde{x}_k$ 越接近真实值 x_k，即

$$\frac{\partial \text{tr}(P_k)}{\partial K} = -2P_k^- H^{\mathrm{T}} + 2K\left(HP_k^- H^{\mathrm{T}} + R\right) = 0$$

可得卡尔曼增益矩阵 K 为

$$K_k = P_k^- H^{\mathrm{T}}\left(HP_k^- H^{\mathrm{T}} + R\right)^{-1}$$

将 K_k 代入估计误差方差阵 P_k 的表达式，可以得到

$$P_k = (I - KH)P_k^-$$

下面计算状态估计协方差 P_k^-，因为

$$\begin{aligned}
e_{k+1}^- &= x_{k+1} - \tilde{x}_{k+1}^- \\
&= (Ax_k + Bu_k + w_k) - (A\tilde{x}_k + Bu_k) \\
&= Ae_k + w_k
\end{aligned}$$

所以

$$\begin{aligned}
P_{k+1}^- &= E\left[e_{k+1}^- e_{k+1}^{-\mathrm{T}}\right] \\
&= E\left[(Ae_k + w_k)(Ae_k + w_k)^{\mathrm{T}}\right] \\
&= E\left[(Ae_k)(Ae_k)^{\mathrm{T}}\right] + E\left[(w_k)(w_k)^{\mathrm{T}}\right] \\
&= AP_kA^{\mathrm{T}} + Q
\end{aligned}$$

至此，卡尔曼滤波算法的 5 条公式（式（14-6）～式（14-10））全部推导完成，其"状态更新"与"状态预测"过程如下。

"状态更新"过程：

$$\tilde{x}_k^- = A\tilde{x}_{k-1} + Bu_{k-1} \tag{14-6}$$

$$P_k^- = AP_{k-1}A^{\mathrm{T}} + Q \tag{14-7}$$

"状态预测"过程：

$$K_k = P_k^- H^{\mathrm{T}}\left(HP_k^- H^{\mathrm{T}} + R\right)^{-1} \tag{14-8}$$

$$\tilde{x}_k = \tilde{x}_k^- + K_k(z_k - H\tilde{x}_k^-) \tag{14-9}$$

$$P_k = (I - KH)P_k^- \tag{14-10}$$

式（14-6）～式（14-10）是基于线性系统推导得到的，如果系统是非线性系统，只需在工作点处进行泰勒展开，得到非线性系统的近似线性化系统，就可以得到如下的扩展卡尔曼滤波算法。

设非线性系统为

$$\begin{cases} x_k = f(x_{k-1}, u_{k-1}, w_{k-1}) \\ z_k = h(x_k, v_k) \end{cases}$$

"状态更新"过程：

$$\tilde{x}_k^- = f(\tilde{x}_{k-1}, u_{k-1}, 0)$$
$$P_k^- = AP_{k-1}A^{\mathrm{T}} + wQw^{\mathrm{T}}$$

其中，$A = \left.\dfrac{\partial f}{\partial x}\right|_{\tilde{x}_{k-1}, u_{k-1}}$，$w = \left.\dfrac{\partial f}{\partial w}\right|_{\tilde{x}_{k-1}, u_{k-1}}$。

"状态预测"过程：

$$K_k = P_k^- H^{\mathrm{T}}\left(HP_k^- H^{\mathrm{T}} + VRV^{\mathrm{T}}\right)^{-1}$$
$$\tilde{x}_k = \tilde{x}_k^- + K_k\left(z_k - h(\tilde{x}_k^-, 0)\right)$$
$$P_k = (I - KH)P_k^-$$

式中，$H = \left.\dfrac{\partial h}{\partial x}\right|_{\tilde{x}_k}$，$V = \left.\dfrac{\partial h}{\partial w}\right|_{\tilde{x}_k}$。

卡尔曼滤波的实现可以总结为如下几个步骤。初始化：根据系统的初始状态和不确定度，初始化状态

估计向量和协方差矩阵。预测状态：根据系统的动态模型，预测系统在下一个时刻的状态。预测协方差：根据系统的动态模型和卡尔曼增益矩阵，预测系统在下一个时刻的状态不确定度。测量更新：利用系统的观测模型，将测量值与预测状态进行比较，得到系统的测量残差。卡尔曼增益矩阵更新：根据系统的观测模型和测量残差的不确定度，更新卡尔曼增益。状态更新：根据卡尔曼增益和测量残差，更新系统的状态估计值。协方差更新：根据卡尔曼增益和测量残差的不确定度，更新系统的状态不确定度。重复以上步骤，就可以进行连续的状态估计，不断修正系统的状态，并提供相对精确的状态估计结果。卡尔曼滤波的优点在于它对系统的动态特性进行了建模，并能够充分利用系统的测量信息，从而提供更加准确的状态估计结果。此外，卡尔曼滤波还具有较低的计算复杂度，适用于实时系统。

然而，卡尔曼滤波存在一些限制：它对系统的动态模型和观测模型有一定的要求，需要事先对系统进行建模和参数估计；卡尔曼滤波对噪声的假设较为严格，对于非线性和非高斯分布的情况表现欠佳；此外，卡尔曼滤波还对系统的初始状态估计和不确定度的选择比较敏感。

总之，卡尔曼滤波是一种强大而有效的状态估计算法，通过融合测量值和先验估计值，提供了对系统状态的最优估计，具有较好的准确性和实时性。然而，在实际应用中，需要根据具体应用场景的特点和需求，选择适合的卡尔曼滤波变体或其他更复杂的滤波器来提供更加准确和可靠的状态估计结果。

【例 14-5】　设某一物体的实际重量是 80 g，第一次估计值是 75 g，第一次的估计误差是 8 g，随机产生 77 g 到 83 g 的 60 次测量结果，设测量误差为 3 g，编程进行物体重量的递归估计，估计公式为

$$\tilde{x}_k = \tilde{x}_k^- + K_k(z_k - \tilde{x}_k^-)$$，$\tilde{x}_k$ 为估计值，$\tilde{x}_k^-$ 为预测值，也就是上一次的估计值，z_k 为测量值，$K_k = \dfrac{e_{Ek-1}}{e_{Ek-1} + e_{Mk}}$，

e_{Ek-1} 为估计误差，满足 $e_{Ek} = (1-K_k)e_{Ek-1}$，e_{Mk} 为测量误差，令 $e_{Mk} = 3$。

```
>>clear all
>>Z=3*(rand(60,1)*2-1)+80;
>>X_hat=zeros(60,1);
>>G_K=zeros(60,1);
>>e=zeros(60,1);
>>X_hat(1)=75;
>>e(1)=8;
>>G_K(1)=0;
>>for k=2:60
>>    G_K(k)=e(k-1)/(e(k-1)+3);
>>    X_hat(k)=X_hat(k-1)+G_K(k)*(Z(k)-X_hat(k-1));
>>    e(k)=(1-G_K(k))*e(k-1);
>>end
>>subplot(1,2,1);
>>plot(e);
>>legend('估计误差');
>>subplot(1,2,2);
>>plot(Z);
>>hold on
>>plot(X_hat)
>>legend('测量值','估计值');
```

运行结果如图 14-8 所示。

图 14-8　例 14-5 程序运行结果

【例 14-6】　设离散线性系统系统如下：

$$\begin{cases} \boldsymbol{x}_k = \begin{bmatrix} 1 & 0.2 \\ 0 & 1 \end{bmatrix} \boldsymbol{x}_{k-1} + \begin{bmatrix} 0.3 \\ 0.8 \end{bmatrix} \boldsymbol{u}_{k-1} + \boldsymbol{w}_{k-1} \\ \boldsymbol{z}_k = \begin{bmatrix} 1 & 0 \end{bmatrix} \boldsymbol{x}_k + \boldsymbol{v}_k \end{cases}$$

其中，$\boldsymbol{w}_{k-1}$ 为过程噪声，$\boldsymbol{v}_k$ 为测量噪声，且满足 $\boldsymbol{w}_{k-1}$ 和 $\boldsymbol{v}_k$ 均为白噪声，其协方差分别为 $\boldsymbol{Q} = \begin{bmatrix} 1 & 0 \\ 0 & 2 \end{bmatrix}$，$\boldsymbol{R} = 5$，

输入 $\boldsymbol{u}_{k-1}$ 为单位序列，假设测量值由如下方程

$x_1(k) = x_1(k-1) + 0.2x_2(k-1) + v(k-1)$，$x_2(k) = 100 + v(k-1)$ 产生，$\boldsymbol{x}(0) = \begin{bmatrix} 10 & 30 \end{bmatrix}^\mathrm{T}$，采用卡尔曼滤波估计 $\boldsymbol{x}_k$ 的状态，并比较真实值，对于 $x_1(k)$ 同时比较测量值。

先编写 sta_uppreKalman.m 函数用于卡尔曼滤波估计。

```
function [pos vel]=sta_uppreKalman(z)
persistent A B H Q R
persistent x P u
persistent firRun
if isempty(firRun)
firRun = 1;
u=1;
A=[1 0.2;0 1];
B=[0.3;0.8];
H=[1 0];
Q=[1 0;0 2];
R=5;
x=[10 30]';
P = 5*eye(2);
end
xp=A*x+B*u;
Pp=A*P*A'+Q;
K= Pp*H'*inv(H*Pp*H'+R);
x=xp+K*(z-H*xp);
P=Pp-K*H*Pp;
```

```
pos = x(1);
vel = x(2);
end
```

然后在命令行窗口中编写如下程序:

```
>>clear all
>>Posp=0;
>>Velp=100;
>>TuP=10;
>>TuV=30;
>>RR=5;
>>t=0:0.2:10;
>>Nsam = length(t);
>>Xsa=zeros(Nsam,2);
>>Zsa = zeros(Nsam,1);
>>for k=1:Nsam
>>w=RR*randn;
>>v=RR*randn;
>>z = Posp + Velp*0.2 + v;
>>Posp =z-v ;
>>TuP=[TuP Posp];
>>Velp =100+w;
>>TuV=[TuV Velp];
>>[pos vel]=sta_uppreKalman(z);
>>Xsaved(k,:)=[pos vel];
>>Zsaved(k)=z;
>>end
>>TuP1=TuP(2:52);
>>TuV1=TuV(2:52);
>>subplot(1,2,1);
>>hold on
>>plot(t,Zsaved(:),'r.')
>>plot(t,Xsaved(:,1))
>>plot(t,TuP1)
>>legend('测量值','估计值','真实值');
>>subplot(1,2,2);
>>hold on
>>plot(t,Xsaved(:,2))
>>plot(t,TuV1)
>>legend('估计值','真实值');
```

运行结果如图 14-9 所示。

【例 14-7】 从空中水平抛射出的物体,如图 14-10 所示。初始水平速度为 $v_x(0)=100$,初始垂直速度为 0,初始位置坐标(0,600),受重力 g 和阻尼力影响,阻尼力与速度的平方成正比,水平和垂直阻尼系数分别为 $k_x=0.03$,$k_y=0.06$,还存在不确定的白噪声干扰力。在坐标原点处有一观测设备,可测得距离 r,该测量距离含有白噪声误差 a_r、角度 θ，角度 θ 含有白噪声误差 a_θ，采样周期取 0.1 s，白噪声噪声协方差取 1，采用扩展卡尔曼滤波估计 $x(k)$ 的状态，并比较真值和测量值。

图 14-9 例 14-6 程序运行结果图

依题意可得如下状态方程

$$\begin{cases} x(k+1) = x(k) + TVx(k) + a_1 \\ Vx(k+1) = Vx(k) - Tk_x Vx^2(k) + a_2 \\ y(k+1) = y(k) + TVy(k) + a_3 \\ Vy(k+1) = Vy(k) + T\left(k_y Vy^2(k) - g\right) + a_4 \end{cases}$$

其中，$a_i(i=1,2,3,4)$ 为白噪声，T 为采样周期，k_x 为水平方向的阻尼系数，k_y 为垂直方向的阻尼系数，g 为重力，$x(k)$ 为水平方向的位移，$Vx(k)$ 为水平方向的速度，$y(k)$ 为垂直方向的位移，$Vy(k)$ 为垂直方向的速度。

观测方程为

$$\begin{cases} r(k) = \sqrt{x^2(k) + y^2(k)} + a_r \\ \theta(k) = \arctan\left(x(k)/y(k)\right) + a_\theta \end{cases}$$

图 14-10 空中水平抛射出的物体运动示意图

由此可得 MATLAB 求解程序如下：

```
>>clear all
>>Ts = 0.1;
>>t = 40;
>>kx = 0.03;
>>ky = 0.06;
>>g = 9.8;
>>len = fix(t/Ts);
>>dax = 1;
>>day = 1;
>>X = zeros(len,4);
```

```
>>X(1,:) = [0, 100, 600, 0];
>>for k=2:len
>>x = X(k-1,1);
>>vx = X(k-1,2);
>>y = X(k-1,3);
>>vy = X(k-1,4);
>>   x = x + vx*Ts;
>>   vx = vx + (-kx*vx^2+dax*randn(1,1))*Ts;
>>   y = y + vy*Ts;
>>   vy = vy + (ky*vy^2-g+day*randn(1))*Ts;
>>   X(k,:) = [x, vx, y, vy];
>>end
>>dr = 1;
>>dafa = 1;
>>for k=1:len
>>   r = sqrt(X(k,1)^2+X(k,3)^2) + dr*randn(1,1);
>>   a = atan(X(k,1)/X(k,3))*57.3 + dafa*randn(1,1);
>>   Z(k,:) = [r, a];
>>end
>>Qk = diag([0; dax/10; 0; day/10])^2;
>>Rk = diag([dr; dafa])^2;
>>Pk = 10*eye(4);
>>Pkk_1 = 10*eye(4);
>>x_hat = [0,90,590,0]';
>>X_est = zeros(len,4);
>>x_forecast = zeros(4,1);
>>z = zeros(4,1);
>>for k=1:len
>>   x1 = x_hat(1) + x_hat(2)*Ts;
>>   vx1 = x_hat(2) + (-kx*x_hat(2)^2)*Ts;
>>   y1 = x_hat(3) + x_hat(4)*Ts;
>>   vy1 = x_hat(4) + (ky*x_hat(4)^2-g)*Ts;
>>   x_forecast = [x1; vx1; y1; vy1];
>>   r = sqrt(x1*x1+y1*y1);
>>   alpha = atan(x1/y1)*57.3;
>>   y_yuce = [r,alpha]';
>>   vx = x_forecast(2);
>>   vy = x_forecast(4);
>>   F = zeros(4,4);
>>   F(1,1) = 1;
>>   F(1,2) = Ts;
>>   F(2,2) = 1-2*kx*vx*Ts;
>>   F(3,3) = 1;
>>   F(3,4) = Ts;
>>   F(4,4) = 1+2*ky*vy*Ts;
```

```
>>      Pkk_1 = F*Pk*F'+Qk;
>>      x = x_forecast(1);
>>      y = x_forecast(3);
>>      H = zeros(2,4);
>>      r = sqrt(x^2+y^2);
>>      xy2 = 1+(x/y)^2;
>>      H(1,1) = x/r;
>>      H(1,3) = y/r;
>>      H(2,1) = (1/y)/xy2;
>>      H(2,3) = (-x/y^2)/xy2;
>>      Kk = Pkk_1*H'*(H*Pkk_1*H'+Rk)^-1;
>>      x_hat = x_forecast+Kk*(Z(k,:)'-y_yuce);
>>      Pk = (eye(4)-Kk*H)*Pkk_1;
>>      X_est(k,:) = x_hat;
>>end
>>figure
>>hold on
>>grid on;
>>plot(X(:,1),X(:,3),'-b');
>>plot(Z(:,1).*sin(Z(:,2)*pi/180), Z(:,1).*cos(Z(:,2)*pi/180));
>>plot(X_est(:,1),X_est(:,3), 'r');
>>xlabel('k');
>>ylabel('x(k)');
>>legend('真实值', '测量值', '估计值');
```

运行结果如图 14-11 所示。

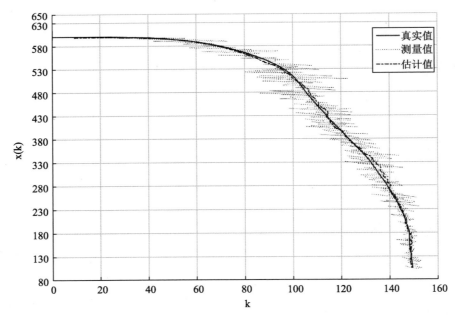

图 14-11　例 14-7 程序运行结果

习　　题

1. 设系统方程为

$$\begin{cases} \dot{x} = \begin{bmatrix} 1 & 0 & 0 \\ 0 & 2 & 1 \\ 0 & 0 & 2 \end{bmatrix} x + \begin{bmatrix} 1 \\ 1 \\ 1 \end{bmatrix} u \\ y = \begin{bmatrix} 1 & 1 & 0 \end{bmatrix} x \end{cases}$$

要求采用 MATLAB 设计系统的状态观测器，其特征值为 -2、-2、-2，并且在误差的初始条件为 $\begin{bmatrix} 1 & -1 & 0.6 \end{bmatrix}$ 时，检测状态观测器的设计效果。

2. 设被控对象的传递函数为 $G(s) = \dfrac{10}{s(s+2)}$，若系统状态不能直接测量，试采用状态观测器实现状态反馈控制，使闭环系统的特征值配置在 $\lambda_{1,2} = -7.07 \pm j7.07$。

第 15 章

最优控制器设计与仿真

最优控制是指在一定的约束条件下，从一类允许的控制方案中寻找出一个最优的控制方案，使系统的运动在由初始状态转移到指定的终止状态的同时，其性能指标值为最优。它反映了系统有序结构向更高水平发展的必然要求，属于最优化的范畴，与最优化有着共同的性质和理论基础。最优控制问题大致可以分为以下几类：控制变量无约束与有约束的最优控制问题、确定最优与随机最优控制问题、目标函数与约束条件为线性的或非线性的最优控制问题、静态与动态最优控制问题以及网络最优控制问题。最优控制问题的求解方法主要有变分法、极大值原理和动态规划方法。变分法是求泛函极值的一种方法，只能用在控制变量的取值范围不受限制的情况。在许多实际的控制问题中，控制律的取值常常受到封闭性的边界限制，因此变分法对于解决实际最优控制问题是无能为力的。极大值原理是分析力学中哈密顿方法的推广。极大值原理的突出优点是可用于控制变量受限制的情况，能给出问题中最优控制必须满足的条件。求解最优控制问题的另一种方法是动态规划方法，它的基础是最优性原理，或称为最优法则。所谓最优法则，是指一个过程的最优策略具有以下性质，即无论其初始状态和初始决策如何，其后的各决策对以第一个决策所形成的状态作为初始状态的过程而言，必须构成最优策略。动态规划方法是一种很适合于在计算机上进行计算的比较有效的方法。

最优控制器设计的主要工作是性能指标的合理选择以及最优化控制系统的设计，而性能指标在很大程度上决定了最优控制性能和最优控制形式。其核心问题在于如何将最优化问题表示为数学模型，以及如何根据数学模型尽快求出其最优解。以数学模型为基础的二次型性能指标最优控制算法是当前最优控制中最常采用的控制器设计方法。因为线性二次型最优控制在数学上和工程上实现较为简单，因此具有较强的工程实用价值，也是本章介绍的主要内容。

15.1 最优控制器设计方法

在实际控制系统设计过程中，为了达到同一个控制目的，一般有多种控制方案，如多输入系统的极点配置状态反馈控制器是不唯一的，而在这些能达到同样设计目的的控制方案中，具有较小控制作用能量的控制方案更具实际意义。这种控制作用能量最小化的要求可以用一个适当的二次型性能指标的最小化来反映。

考虑如下状态空间模型的控制系统

$$\begin{cases} \dot{x} = Ax + Bu \\ y = Cx \end{cases}$$

系统性能和控制能量的要求可以由如下二次型性能指标来描述：

$$J = \int_0^\infty \left(\boldsymbol{x}^{\mathrm{T}} \boldsymbol{Q} \boldsymbol{x} + \boldsymbol{u}^{\mathrm{T}} \boldsymbol{R} \boldsymbol{u} \right) \mathrm{d}t$$

$\boldsymbol{Q}$ 为对称正定或半正定矩阵，$\boldsymbol{R}$ 为对称正定矩阵。性能指标右边的第一项表示对状态的要求，这一项越小，则状态衰减到零的速度越快，振荡越小，因此控制性能就越好。第二项是对控制能量的限制。要求状态衰减的速度越快，控制能量的消耗就越大，这是一对矛盾。现在将状态的控制要求和能量的约束放在一起进行优化，就是寻找一种折中。具体要侧重某一方面可以通过适当选取加权矩阵 $\boldsymbol{Q}$ 和 $\boldsymbol{R}$ 来实现。如要强调状态的要求，就可增大加权矩阵 $\boldsymbol{Q}$；若希望控制能量不要太大，则可增大加权矩阵 $\boldsymbol{R}$ 中的各个元素。若矩阵 $\boldsymbol{Q}$ 中的一些元素等于零，则说明对状态中的某些分量没有要求，这也表明了加权矩阵 $\boldsymbol{Q}$ 为什么可以是半正定的原因。另一方面，任意控制分量所消耗的能量都应有一定的限制，同时在计算最优控制器时要用到加权矩阵 $\boldsymbol{R}$ 的逆矩阵，故加权矩阵 $\boldsymbol{R}$ 要求是正定的。在一个实际问题中，要确定一个适当的性能指标 J，即确定其中的加权矩阵 $\boldsymbol{Q}$ 和 $\boldsymbol{R}$ 是比较难的，往往需要多次反复求解。

当系统的状态可以直接测量时，且选用的控制器是状态反馈控制器，则可以证明，使得性能指标 J 最小化的最优控制器具有如下的线性状态反馈形式

$$\boldsymbol{u} = -\boldsymbol{K} \boldsymbol{x}$$

式中的 $\boldsymbol{K}$ 是适当维状态反馈增益矩阵。

将控制器代入系统方程，导出的闭环系统是

$$\dot{\boldsymbol{x}} = (\boldsymbol{A} - \boldsymbol{B}\boldsymbol{K})\boldsymbol{x}$$

对应的性能指标是

$$J = \int_0^\infty \boldsymbol{x}^{\mathrm{T}} \left(\boldsymbol{Q} + \boldsymbol{K}^{\mathrm{T}} \boldsymbol{R} \boldsymbol{K} \right) \boldsymbol{x} \mathrm{d}t$$

因此，最优控制问题

$$\min_{\boldsymbol{K}} J = \int_0^\infty \boldsymbol{x}^{\mathrm{T}} (\boldsymbol{Q} + \boldsymbol{K}^{\mathrm{T}} \boldsymbol{R} \boldsymbol{K}) \boldsymbol{x} \mathrm{d}t$$
$$\mathrm{s.t.} \dot{\boldsymbol{x}} = (\boldsymbol{A} - \boldsymbol{B}\boldsymbol{K})\boldsymbol{x}$$

可以通过优化技术来得到最优控制器的设计，最优闭环系统应该是渐近稳定的，即矩阵 $\boldsymbol{A} - \boldsymbol{B}\boldsymbol{K}$ 的所有特征值均具有负实部，则根据线性时不变系统的李雅普诺夫稳定性定理，闭环系统 $\dot{\boldsymbol{x}} = (\boldsymbol{A} - \boldsymbol{B}\boldsymbol{K})\boldsymbol{x}$ 一定存在一个二次型李雅普诺夫函数 $V(\boldsymbol{x}) = \boldsymbol{x}^{\mathrm{T}} \boldsymbol{P} \boldsymbol{x}$，其中的 $\boldsymbol{P}$ 是一个对称正定矩阵。

沿闭环系统，函数 $V(x) = \boldsymbol{x}^{\mathrm{T}} \boldsymbol{P} \boldsymbol{x}$ 关于时间的导数 $\mathrm{d}V(t)/\mathrm{d}t = \boldsymbol{x}^{\mathrm{T}} [\boldsymbol{P}(\boldsymbol{A} - \boldsymbol{B}\boldsymbol{K}) + (\boldsymbol{A} - \boldsymbol{B}\boldsymbol{K})^{\mathrm{T}} \boldsymbol{P}] \boldsymbol{x}$ 应该是负定的。

控制律对性能指标的影响为

$$J = \int_0^\infty \boldsymbol{x}^{\mathrm{T}} (\boldsymbol{Q} + \boldsymbol{K}^{\mathrm{T}} \boldsymbol{R} \boldsymbol{K}) \boldsymbol{x} \mathrm{d}t$$
$$= \int_0^\infty \left[\boldsymbol{x}^{\mathrm{T}} (\boldsymbol{Q} + \boldsymbol{K}^{\mathrm{T}} \boldsymbol{R} \boldsymbol{K}) \boldsymbol{x} + \frac{\mathrm{d}}{\mathrm{d}t} V(\boldsymbol{x}) \right] \mathrm{d}t - \int_0^\infty \frac{\mathrm{d}}{\mathrm{d}t} V(\boldsymbol{x}) \mathrm{d}t$$
$$= \int_0^\infty \left\{ \boldsymbol{x}^{\mathrm{T}} (\boldsymbol{Q} + \boldsymbol{K}^{\mathrm{T}} \boldsymbol{R} \boldsymbol{K}) \boldsymbol{x} + \boldsymbol{x}^{\mathrm{T}} [\boldsymbol{P}(\boldsymbol{A} - \boldsymbol{B}\boldsymbol{K}) + (\boldsymbol{A} - \boldsymbol{B}\boldsymbol{K})^{\mathrm{T}} \boldsymbol{P}] \boldsymbol{x} \right\} \mathrm{d}t - V[\boldsymbol{x}(t)] \big|_{t=0}^{t=\infty}$$
$$= \int_0^\infty \boldsymbol{x}^{\mathrm{T}} \left[\boldsymbol{Q} + \boldsymbol{K}^{\mathrm{T}} \boldsymbol{R} \boldsymbol{K} + \boldsymbol{P}\boldsymbol{A} + \boldsymbol{A}^{\mathrm{T}} \boldsymbol{P} - \boldsymbol{P}\boldsymbol{B}\boldsymbol{K} - \boldsymbol{K}^{\mathrm{T}} \boldsymbol{B}^{\mathrm{T}} \boldsymbol{P} \right] \boldsymbol{x} \mathrm{d}t + \boldsymbol{x}_0^{\mathrm{T}} \boldsymbol{P} \boldsymbol{x}_0$$

其中，$\boldsymbol{K}^{\mathrm{T}} \boldsymbol{R} \boldsymbol{K} - \boldsymbol{P}\boldsymbol{B}\boldsymbol{K} - \boldsymbol{K}^{\mathrm{T}} \boldsymbol{B}^{\mathrm{T}} \boldsymbol{P}$ 可以处理为

$$\boldsymbol{K}^{\mathrm{T}} \boldsymbol{R} \boldsymbol{K} - \boldsymbol{P}\boldsymbol{B}\boldsymbol{K} - \boldsymbol{K}^{\mathrm{T}} \boldsymbol{B}^{\mathrm{T}} \boldsymbol{P}$$
$$= \boldsymbol{K}^{\mathrm{T}} \boldsymbol{R} \boldsymbol{K} - \boldsymbol{P}\boldsymbol{B}\boldsymbol{K} - \boldsymbol{K}^{\mathrm{T}} \boldsymbol{B}^{\mathrm{T}} \boldsymbol{P} + \boldsymbol{P}\boldsymbol{B}\boldsymbol{R}^{-1} \boldsymbol{B}^{\mathrm{T}} \boldsymbol{P} - \boldsymbol{P}\boldsymbol{B}\boldsymbol{R}^{-1} \boldsymbol{B}^{\mathrm{T}} \boldsymbol{P}$$
$$= (\boldsymbol{K} - \boldsymbol{R}^{-1} \boldsymbol{B}^{\mathrm{T}} \boldsymbol{P})^{\mathrm{T}} \boldsymbol{R} (\boldsymbol{K} - \boldsymbol{R}^{-1} \boldsymbol{B}^{\mathrm{T}} \boldsymbol{P}) - \boldsymbol{P}\boldsymbol{B}\boldsymbol{R}^{-1} \boldsymbol{B}^{\mathrm{T}} \boldsymbol{P}$$

则性能指标可以化为

$$J = \int_0^\infty \boldsymbol{x}^{\mathrm{T}}[(\boldsymbol{K} - \boldsymbol{R}^{-1}\boldsymbol{B}^{\mathrm{T}}\boldsymbol{P})^{\mathrm{T}}\boldsymbol{R}(\boldsymbol{K} - \boldsymbol{R}^{-1}\boldsymbol{B}^{\mathrm{T}}\boldsymbol{P}) - \boldsymbol{P}\boldsymbol{B}\boldsymbol{R}^{-1}\boldsymbol{B}^{\mathrm{T}}\boldsymbol{P} +$$
$$\boldsymbol{P}\boldsymbol{A} + \boldsymbol{A}^{\mathrm{T}}\boldsymbol{P} + \boldsymbol{Q}]\boldsymbol{x}\mathrm{d}t + \boldsymbol{x}_0^{\mathrm{T}}\boldsymbol{P}\boldsymbol{x}_0$$
$$= \int_0^\infty \boldsymbol{x}^{\mathrm{T}}[\boldsymbol{P}\boldsymbol{A} + \boldsymbol{A}^{\mathrm{T}}\boldsymbol{P} - \boldsymbol{P}\boldsymbol{B}\boldsymbol{R}^{-1}\boldsymbol{B}^{\mathrm{T}}\boldsymbol{P} + \boldsymbol{Q}]\boldsymbol{x}\mathrm{d}t +$$
$$\boldsymbol{x}_0^{\mathrm{T}}\boldsymbol{P}\boldsymbol{x}_0 + \int_0^\infty \boldsymbol{x}^{\mathrm{T}}(\boldsymbol{K} - \boldsymbol{R}^{-1}\boldsymbol{B}^{\mathrm{T}}\boldsymbol{P})^{\mathrm{T}}\boldsymbol{R}(\boldsymbol{K} - \boldsymbol{R}^{-1}\boldsymbol{B}^{\mathrm{T}}\boldsymbol{P})\boldsymbol{x}\mathrm{d}t$$

为使得性能指标 J 最小化，可选择 $\boldsymbol{K} = \boldsymbol{R}^{-1}\boldsymbol{B}^{\mathrm{T}}\boldsymbol{P}$，此时性能指标最小值为

$$J = \int_0^\infty \boldsymbol{x}^{\mathrm{T}}[\boldsymbol{P}\boldsymbol{A} + \boldsymbol{A}^{\mathrm{T}}\boldsymbol{P} - \boldsymbol{P}\boldsymbol{B}\boldsymbol{R}^{-1}\boldsymbol{B}^{\mathrm{T}}\boldsymbol{P} + \boldsymbol{Q}]\boldsymbol{x}\mathrm{d}t + \boldsymbol{x}_0^{\mathrm{T}}\boldsymbol{P}\boldsymbol{x}_0$$

进一步选取正定矩阵 $\boldsymbol{P}$，满足

$$\boldsymbol{P}\boldsymbol{A} + \boldsymbol{A}^{\mathrm{T}}\boldsymbol{P} - \boldsymbol{P}\boldsymbol{B}\boldsymbol{R}^{-1}\boldsymbol{B}^{\mathrm{T}}\boldsymbol{P} + \boldsymbol{Q} = 0$$

该方程即为的黎卡提矩阵方程，此时性能指标的最小值为

$$J = \boldsymbol{x}_0^{\mathrm{T}}\boldsymbol{P}\boldsymbol{x}_0$$

类似地，对于离散系统的稳定化线性二次型最优控制器设计，其基本原理可以简述如下，设完全可控线性离散系统的状态方程为：

$$\boldsymbol{x}(k+1) = \boldsymbol{A}\boldsymbol{x}(k) + \boldsymbol{B}\boldsymbol{u}(k), \quad \boldsymbol{x}(0) = x_0, \quad (k = 0,1,\cdots,N-1)$$

式中，$\boldsymbol{x}(k)$ 为 n 维状态向量；$\boldsymbol{u}(k)$ 为 p 维控制向量，且不受约束；$\boldsymbol{A}$ 为 $n\times n$ 维非奇异矩阵；$\boldsymbol{B}$ 为 $n\times p$ 维矩阵。

系统的性能指标为

$$J = \frac{1}{2}\boldsymbol{x}^{\mathrm{T}}(N)\boldsymbol{S}\boldsymbol{x}(N) + \frac{1}{2}\sum_{K=0}^{N-1}[\boldsymbol{x}^{\mathrm{T}}(k)\boldsymbol{Q}\boldsymbol{x}(k) + \boldsymbol{u}^{\mathrm{T}}(k)\boldsymbol{R}\boldsymbol{u}(k)]$$

式中，$\boldsymbol{Q}$ 为 $n\times n$ 维正定或半正定实对称矩阵；$\boldsymbol{R}$ 为 $p\times p$ 维正定实对称矩阵；$\boldsymbol{S}$ 为 $n\times n$ 维正定或半正定实对称矩阵。

选取最优状态反馈为

$$\boldsymbol{K}(t) = \boldsymbol{R}^{-1}\boldsymbol{B}^{\mathrm{T}}(\boldsymbol{A}^{\mathrm{T}})^{-1}[\boldsymbol{P}(k) - \boldsymbol{Q}]$$

其中，$\boldsymbol{P}(k)$ 为正定矩阵，它是如下黎卡提差分方程的对称正定解

$$\boldsymbol{P}(k) = \boldsymbol{Q} + \boldsymbol{A}^{\mathrm{T}}[\boldsymbol{P}^{\mathrm{T}}(k+1) + \boldsymbol{B}\boldsymbol{R}^{-1}\boldsymbol{B}^{\mathrm{T}}]^{-1}\boldsymbol{A}$$

与之对应的最优控制作用为

$$\boldsymbol{u}^*(k) = -\boldsymbol{K}(t)\boldsymbol{x}(k) = -\boldsymbol{R}^{-1}\boldsymbol{B}^{\mathrm{T}}(\boldsymbol{A}^{\mathrm{T}})^{-1}[\boldsymbol{P}(k) - \boldsymbol{Q}]\boldsymbol{x}(k)$$

具有性能指标

$$J^* = \frac{1}{2}\boldsymbol{x}^{\mathrm{T}}(0)\boldsymbol{P}(0)\boldsymbol{x}(0)$$

若控制步数 N 为无限值，即令 $N\to\infty$，系统最优控制的解成为稳态解。系统的性能指标可改写为

$$J = \frac{1}{2}\sum_{k=0}^{\infty}[\boldsymbol{x}^{\mathrm{T}}(k)\boldsymbol{Q}\boldsymbol{x}(k) + \boldsymbol{u}^{\mathrm{T}}(k)\boldsymbol{R}\boldsymbol{u}(k)]$$

$\boldsymbol{K}(k)$ 变成常数增益矩阵 $\boldsymbol{K}$

$$\boldsymbol{K} = [\boldsymbol{R} + \boldsymbol{B}^{\mathrm{T}}\boldsymbol{P}\boldsymbol{B}]^{-1}\boldsymbol{B}^{\mathrm{T}}\boldsymbol{P}\boldsymbol{A}$$

$\boldsymbol{P}(k)$ 也变成常数矩阵 $\boldsymbol{P}$，为如下黎卡提方程的对称正定解

$$\boldsymbol{P} = \boldsymbol{Q} + \boldsymbol{A}^{\mathrm{T}}[\boldsymbol{P} - \boldsymbol{P}\boldsymbol{B}(\boldsymbol{R} + \boldsymbol{B}^{\mathrm{T}}\boldsymbol{P}\boldsymbol{B})^{-1}\boldsymbol{B}^{\mathrm{T}}\boldsymbol{P}]\boldsymbol{A}$$

对应的最优控制作用为

$$u^*(k) = -Kx(k) = -[R + B^T PB]^{-1} B^T PAx(k)$$

相应的闭环系统状态方程为

$$
\begin{aligned}
x(k+1) &= Ax(k) + Bu(k) \\
&= [A - B(R + B^T PB)^{-1} B^T PA]x(k) \\
&= (I + BR^{-1}B^T P)^{-1} Ax(k)
\end{aligned}
$$

以及所具有的最优性能指标为

$$J^* = \frac{1}{2}x^T(0)P(0)x(0)$$

稳定化的最优控制反馈控制器设计步骤可归纳为：首先求解黎卡提方程，结合利用矩阵正定性、对称性要求，确定 P，然后将求得的正定对称矩阵 P 代入最优控制律的表达式得到最优控制律。

在 MATLAB 中提供了相应函数用来求解线性二次型最优控制器的设计。常用的函数如表 15-1 所示。

表 15-1 MATLAB求解线性二次型最优控制器的函数表

函　　数	使　用　说　明
[K,S,E]=lqr(A,B,Q,R,N)	输入参量sys为系统的模型；A为系统的状态矩阵；B为系统的输入矩阵；C为系统的输出矩阵；D为系统的直接传输矩阵；Q为给定的半正定实对称矩阵；R为给定的正定实对称矩阵；N代表更一般化性能指标中交叉乘积项的加权矩阵；输出参量K为最优反馈增益矩阵；S为对应黎卡提矩阵方程的唯一正定解P；E为A−BK的特征值。lqry(), dlqry()用于次优控制器设计
[K,S]=lqr2(A,B,Q,R,N)	
[K,S,E]=lqry(sys,Q,R,N)	
[K,S,E]=dlqr(A,B,Q,R,N)	
[K,S,E]=dlqry(A,B,C,D,Q,R,N)	

15.2　最优控制器的仿真示例

视频讲解

这里通过示例说明如何采用 MATLAB 进行最优控制器的设计。

【例 15-1】 已知线性系统的状态空间模型为 $\dot{x} = Ax + Bu = \begin{pmatrix} 0 & 1 & 0 \\ 0 & 0 & 1 \\ -30 & -20 & -10 \end{pmatrix} x + \begin{pmatrix} 0 \\ 0 \\ 1 \end{pmatrix} u$，定义性能指标

$J = \int_0^\infty (x^T Qx + u^T Ru)\mathrm{d}t, Q = I, R = 1$，设计最优状态反馈控制器，并检验最优系统对系统初值 $x(0) = [1 \quad -1 \quad 0]^T$ 的响应。

```
>> A=[0 1 0;0 0 1;-30 -20 -10];
>> B=[0 0 1]';
>> Q=[1 0 0;0 1 0;0 0 1];
>> R=1;
>> [K,P,E]=lqr(A,B,Q,R)
>> sys= ss(A-B*K,eye(3),eye(3),eye(3));
>> t=0:0.02:10;
>> x=initial(sys,[1 -1 0]',t);
>> Xo=eye(3)*x';
>> subplot(3,1,1);
>> plot(t,Xo(1,:));
>> ylabel('x1');
```

```
>> subplot(3,1,2);
>> plot(t,Xo(2,:));
>> ylabel('x2');
>> subplot(3,1,3);
>> plot(t,Xo(3,:));
>> ylabel('x3');
>> xlabel('t')
```

运行结果如下：

```
K =
    0.0167    0.1267    0.0625

P =
    4.1361    2.0419    0.0167
    2.0419    2.5077    0.1267
    0.0167    0.1267    0.0625

E =
-8.0195 + 0.0000i
-1.0215 + 1.6430i
-1.0215 - 1.6430i
```

最优反馈控制器为

```
u=-[0.0167  0.1267  0.0625]x
```

最优闭环系统在给定初值下的响应曲线如图 15-1 所示。

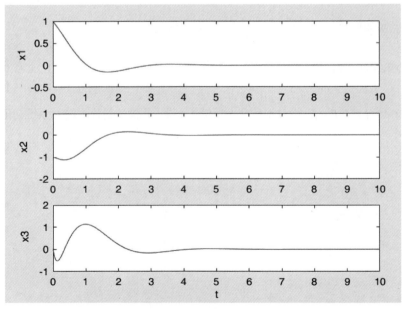

图 15-1　例 15-1 程序运行结果

【**例 15-2**】 已知线性系统的状态空间模型为 $\begin{cases} \dot{\boldsymbol{x}} = \begin{pmatrix} 0 & 1 & 0 \\ 0 & 0 & 1 \\ 0 & -25 & -15 \end{pmatrix} \boldsymbol{x} + \begin{pmatrix} 0 \\ 1 \\ 1 \end{pmatrix} \boldsymbol{u} \\ \boldsymbol{y} = \begin{pmatrix} 1 & 0 & 0 \end{pmatrix} \boldsymbol{x} \end{cases}$，定义性能指标

$J = \int_0^\infty (\boldsymbol{x}^{\mathrm{T}} \boldsymbol{Q} \boldsymbol{x} + \boldsymbol{u}^{\mathrm{T}} \boldsymbol{R} \boldsymbol{u}) \mathrm{d}t$，$\boldsymbol{Q} = \begin{pmatrix} 60 & 0 & 0 \\ 0 & 3 & 0 \\ 0 & 0 & 2 \end{pmatrix}$，$R = 0.2$，设计最优状态反馈控制器，并检验最优控制系统对初值

$\boldsymbol{x}(0) = [-0.5 \quad 0.5 \quad 0]^{\mathrm{T}}$ 的单位阶跃响应。

```
>> A=[0 1 0;0 0 1;0 -25 -15];
>> B=[0 1 1]';
>> C=[1 0 0];
>> D=0;
>> Q=[60 0 0;0 3 0;0 0 2];
>> R=0.2;
>> [K,P,E]=lqr(A,B,Q,R)
>> sys= ss(A-B*K,B*K(1),C,D);
>> t=0:0.01:10;
>> u=t;
>> u(:)=1;
>> [Y,T,X]=lsim(sys,u,t,[-0.5 0.5 0]');
>> subplot(3,1,1);
>> plot(t,X(:,1)');
>> ylabel('y');
>> subplot(3,1,2);
>> plot(t,X(:,2)');
>> ylabel('x2');
>> subplot(3,1,3);
>> plot(t,X(:,3)');
>> ylabel('x3');
>> xlabel('t')
```

运行结果为

```
K =
   17.3205    7.2828    0.2233


P =
   29.4321    3.2959    0.1682
    3.2959    1.4769   -0.0203
    0.1682   -0.0203    0.0650

E =
-9.8281 + 0.8082i
-9.8281 - 0.8082i
-2.8498 + 0.0000i
```

最优反馈控制器为

```
u=-[17.3205  7.2828  0.2233]x+17.3205
```

最优闭环系统的单位阶跃响应，以及系统状态变化曲线如图 15-2 所示。

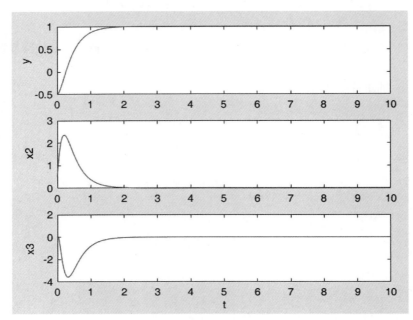

图 15-2　例 15-2 程序运行结果

【例 15-3】　线性连续系统的状态空间模型为 $\dot{x} = Ax + Bu = \begin{pmatrix} 0 & 1 & 0 \\ 0 & 0 & 1 \\ -1 & -5 & -6 \end{pmatrix}x + \begin{pmatrix} 0 \\ 0 \\ 1 \end{pmatrix}u$ ，$y=[1\ \ 0\ \ 0]x$，

将系统离散化，采样时间取 0.1s，定义性能指标 $J = \dfrac{1}{2}\sum\limits_{k=0}^{\infty}[x^{\mathrm{T}}(k)Qx(k) + u^{\mathrm{T}}(k)Ru(k)]$，$Q = \begin{pmatrix} 60 & 0 & 0 \\ 0 & 1 & 0 \\ 0 & 0 & 1 \end{pmatrix}$，$R = 1$，

设计一个带误差积分的最优状态反馈控制器，并绘出系统的单位阶跃响应曲线。

```
>> A=[0 1 0 ;0 0 1 ;-1 -5 -6];
>> B=[0;0;1];
>> [G,H]=c2d(A,B,0.1);
>> C=[1,0,0];
>> D=0;
>> G1=[G zeros(3,1);-C*G 1];
>> H1=[H;-C*H];
>> Q=[60 0 0 0;0 1 0 0;0 0 1 0;0 0 0 1];
>> R=1;
>> [K1,P,E]=dlqr(G1,H1,Q,R);
>> KI=-K1(4);
>> K=[K1(1) K1(2) K1(3)];
```

```
>> GG=[G-H*K H*KI;-C*G+C*H*K 1-C*H*KI];
>> HH=[0;0;0;1];
>> CC=[1 0 0 0];
>> DD=[0];
>> CC2=[0 1 0 0];
>> CC3=[0 0 1 0];
>> CC4=[0 0 0 1];
>> [num,den]=ss2tf(GG,HH,CC,DD);
>> r=ones(1,101);
>> k=0:100;
>> y=filter(num,den,r);
>> subplot(4,1,1)
>> plot(k,y)
>> grid
>> xlabel('k')
>> ylabel('y(k)')
>> [num,den]=ss2tf(GG,HH,CC2,DD);
>> r=ones(1,101);
>> k=0:100;
>> x2=filter(num,den,r);
>> subplot(4,1,2)
>> plot(k,x2)
>> grid
>> xlabel('k')
>> ylabel('x2(k)')
>> [num,den]=ss2tf(GG,HH,CC3,DD);
>> r=ones(1,101);
>> k=0:100;
>> x3=filter(num,den,r);
>> subplot(4,1,3)
>> plot(k,x3)
>> grid
>> xlabel('k')
>> ylabel('x3(k)')
>> [num,den]=ss2tf(GG,HH,CC4,DD);
>> r=ones(1,101);
>> k=0:100;
>> x4=filter(num,den,r);
>> subplot(4,1,4)
>> plot(k,x4)
>> grid
>> xlabel('k')
>> ylabel('x4(k)')
```

带误差积分的最优状态反馈控制器对应闭环系统的单位阶跃响应运行结果如图 15-3 所示。

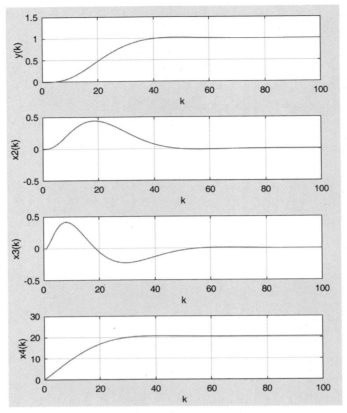

图 15-3　例 15-3 程序运行结果图

【例 15-4】　已知离散控制系统的状态方程为

$$\boldsymbol{x}(k+1) = \begin{bmatrix} 1 & 1 \\ 1 & 0 \end{bmatrix} \boldsymbol{x}(k+1) + \begin{bmatrix} 1 \\ 0 \end{bmatrix} \boldsymbol{u}(k)$$

初始状态为 $\boldsymbol{x}(0) = \begin{bmatrix} 1 \\ 0 \end{bmatrix}$，确定最优控制信号 $\boldsymbol{u}(k)$，使得如下性能指标最小。

$$J = \boldsymbol{x}^{\mathrm{T}}(11) \begin{bmatrix} 1 & 0 \\ 0 & 1 \end{bmatrix} \boldsymbol{x}(11) + \left[\sum_{k=0}^{10} \boldsymbol{x}^{\mathrm{T}}(k) \begin{bmatrix} 1 & 0 \\ 0 & 1 \end{bmatrix} \boldsymbol{x}(k) + \boldsymbol{u}^{\mathrm{T}}(k) \boldsymbol{u}(k) \right]$$

```
>>G=[1 1;1 0];
>>H=[1;0];
>>S=[1 0;0 1];
>>Q =[1 0;0 1];
>>R=[1];
>>x0 =[1;0];
>>N =12;
>>p11(N) = 1;
>>p12(N) =0;
>>p22(N) =1;
>>x1(1) = 1;
>>x2(1) = 0;
```

```
>>Pnext = S;
>>for i= N-1:-1:1,
>>P =Q+G'*Pnext*inv(eye(2)+H*inv(R)*H'*Pnext)*G;
>>p11(i) = P(1,1);
>>p12(i) =P(1,2);
>>p22(i) = P(2,2);
>>Pnext =P;
>>end
>>for i=N:-1:1,
>>K = inv(R)*H'*inv(G')*([p11(i) p12(i);p12(i) p22(i)]-Q);
>>k1(i) = K(1);
>>k2(i) = K(2); end
>>for i= 1:N-1,
>>xnext = (G-H*[k1(i) k2(i)])*[x1(i);x2(i)];
>>x1(i+1) = xnext(1);
>>x2(i+1) = xnext(2);
>>end
>>for i=1:N,
>>u(i) = - [k1(i) k2(i)]*[x1(i);x2(i)];
>>end
>>subplot(1,2,1)
>>plot(u)
>>ylabel('u(k)')
>>xlabel('k')
>>subplot(1,2,2)
>>hold on;
>>x=x0;
>>U=u(1);
>>for k=0:9
>>x=G*x+H*U;
>>U=u(k+2);
>>plot(k,x(1),'o-k',k,x(2),'*-k')
>>end
>>ylabel('X(k)')
>>xlabel('k')
```

运行结果如图 15-4 所示。

图 15-4　例 15-4 运行结果

习　题

1. 已知线性系统的状态空间模型为 $\begin{cases} \dot{x} = \begin{pmatrix} 0 & 1 \\ 0 & 0 \end{pmatrix} x + \begin{pmatrix} 0 \\ 1 \end{pmatrix} u \\ y = (1 \quad 0) x \end{cases}$，定义性能指标 $J = \int_0^\infty (x^{\mathrm{T}} Q x + u^{\mathrm{T}} R u) \mathrm{d}t$，

$Q = \begin{pmatrix} 1 & 0 \\ 0 & 1 \end{pmatrix}$，$R = 1$，设计最优状态反馈控制器，并检验最优控制系统对初值 $x(0) = [1 \quad 0]^{\mathrm{T}}$ 的响应。

2. 已知离散系统的状态方程为

$$\begin{cases} x(k+1) = ax(k) + bu(k) \\ u(k) = k_1 v(k) - k_2 x(k) \\ v(k) = r(k) - y(k) + v(k-1) \\ y(k) = cx(k) \end{cases}$$

式中，$a=0.5, b=1, c=1, d=0, k_1=1.5, k_2=1$，设计稳定化最优反馈控制器，并绘出相应最优闭环系统的单位阶跃响应曲线。

第 16 章

控制理论中的智能优化算法与仿真

控制理论中存在各种各样的最优化问题，如控制效果最优、控制作用能量消耗最小等。最优化方法是一种数学方法，它是研究在给定约束之下如何寻求某些因素，以使某一或某些性能指标达到最优的一些学科的总称。这里简要介绍几种智能优化算法的基本原理和基本操作过程，并通过智能算法应用于 PID 控制器参数的寻优来介绍智能算法的用法。

16.1 常见的智能优化算法

1. 遗传算法

遗传算法的原理，是将"优胜劣汰，适者生存"的生物进化原理引入优化参数形成的编码串联群体中，按所选择的目标函数，通过遗传中的复制、交叉及变异对个体进行筛选，使更满足目标函数的个体被保留下来，组成新的群体，新的群体通过复制不仅继承了上一代的优质信息，而且通过变异又能够使适应度优于上一代，这样周而复始。群体中的个体适应度（对应于待求解问题的目标函数）不断提高，直到满足一定的条件结束群体进化，遗传算法可并行处理，并能得到全局最优解。

遗传算法的主要操作可以分为复制、交叉和变异 3 个过程。

其中复制是从一个上一代种群中选择适应度强的个体位串产生新种群的过程。具有高适应度的编码位串更有可能在下一代中产生一个或多个子孙。复制操作也可以通过随机方法来实现。首先考虑产生 0 到 1 均匀分布的随机数，若某位串的复制概率为 60%，则当产生的随机数在 0.6 到 1 时，该位串被复制，否则被淘汰。另外还可以通过计算的方法实现复制，如适应度比例法、期望值法、排位次法等。

复制操作能从上一代种群中选择出适应度高者，但不能创造新的染色体。而交叉模拟了生物进化过程中的繁衍现象，通过两个染色体的交换组合，产生新的优质种群。具体操作过程为在匹配池中任选两个染色体，随机选择一点或多点进行交换，交换体现了自然界中信息交换的思想。交叉有一点交叉、多点交叉，还有一致交叉、顺序交叉和周期交叉。一点交叉是最基本的方法，应用较广。

变异运算用来模拟生物在自然的遗传环境中各种偶然因素引起的基因突变，它以很小的概率随机地改变遗传基因的值。在染色体以二进制编码的算法中，它随机地将染色体的某一个基因由 1 变为 0 或由 0 变为 1。若只有选择和交叉，而没有变异，则无法在初始基因组合以外的空间进行搜索，使进化过程易于陷入最优，从而影响寻优的质量。为了在尽可能大的区间中获得优化解，必须采用变异操作。

遗传算法的应用步骤可按如下过程进行：第 1 步，确定决策变量及各种约束条件，即确定出个体的表现型和问题的解空间；第 2 步，建立优化模型，确定出目标函数及数学描述形式；第 3 步，确定表示可行解的染色体编码方法，以及遗传算法的搜索空间；第 4 步，确定个体适应度的量化评价方法，即确定出由目标函数值到个体适应度函数的转换规则；第 5 步，设计遗传算子，即确定复制运算、交叉运算、变异运算等具体算法实现；第 6 步，确定遗传算法的有关运行参数，如种群大小、染色体的长度、进化代数、交叉概率、变异概率等参数；第 7 步，确定解码方法，实现具有最优适应度函数的个体到具体优化问题的待求参数的转换。

2. 粒子群算法

粒子群算法的原理，是首先初始化一群随机粒子（随机解），然后通过迭代找到最优解。在每次迭代中，粒子通过跟踪两个"极值"来更新自己的位置。一个极值是粒子本身所找到的最优解，这个解被称为个体极值；另一个极值是整个种群目前找到的最优解，这个极值被称为全局极值。

粒子群算法的应用步骤可按如下过程进行：第 1 步，初始化，设定参数运动范围、局部学习因子 c_1、全局学习因子 c_2（一般取 $c_2 > c_1$）、最大进化代数 G、粒子组成的种群规模大小 Size、随机产生初始种群的位置矩阵和速度矩阵；第 2 步，个体评价，将各个粒子初始位置作为个体极值，计算群体中各个粒子的初始适应值，并求出种群最优位置；第 3 步，更新粒子的速度和位置，产生新种群，并对粒子的速度和位置进行越界检查，为避免算法陷入局部最优解，加入一个局部自适应变异算子进行调整，更新粒子的速度和位置的公式为

$$\begin{cases} V_i^{kg+1} = w(t)V_i^{kg} + c_1 r_1 (p_i^{kg} - X_i^{kg}) + c_2 r_2 (\mathrm{Best}S_i^{kg} - X_i^{kg}) \\ X_i^{kg+1} = X_i^{kg} + V_i^{kg+1} \end{cases}$$

式中，$V_i(i=1,2,\cdots,\mathrm{size})$ 为例子速度，$X_i(i=1,2,\cdots,\mathrm{size})$ 为粒子位置，kg 为当前的进化代数，$w(t)$ 为惯性权重，c_1 为局部学习因子，c_2 为全局学习因子，r_1 和 r_2 为 0 到 1 的随机数，p_i 为个体最优值，$\mathrm{Best}S_i$ 为种群最优值；第 4 步，比较粒子的当前适应值和粒子历史最优值，并更新粒子位置；第 5 步，比较粒子当前适应值与种群最优值，并更新种群全局最优值；第 6 步，检查结束条件，若满足，则结束寻优，否则 kg=kg+1，转至第 3 步，直至结束条件满足，如寻优达到最大进化代数或评价值小于给定精度。

3. 差分进化算法

粒子群优化算法是基于群体智能理论的优化算法，通过群体内个体间的合作与竞争产生的群体智能指导优化搜索。差分进化算法保留了基于种群的全局搜索策略，采用实数编码、基于差分的简单变异操作和一对一的竞争生存策略，降低了遗传操作的复杂性，同时它特有的记忆能力使其可以动态跟踪当前的搜索状况，从而调整搜索策略，具有较强的全局收敛能力和鲁棒性。差分进化算法的主要优点是待定参数少、不易陷入局部最优、收敛速度快。差分进化算法根据父代个体间的差分向量进行变异、交叉和选择操作，其基本思想是从某一随机产生的初始群体开始，通过把种群中任意两个个体的向量差加权后按一定的规则与第三个个体求和来产生新个体，然后将新个体与当代种群中某个预先决定的个体比较，如果新个体的适应度值优于与之相比较的个体的适应度值，则在下一代中用新个体取代旧个体，否则旧个体仍保存下来，通过不断的迭代运算，保留优良个体，淘汰劣质个体，引导搜索过程向最优解逼近。

差分进化算法的应用步骤可按如下过程进行：第 1 步，生成初始群体；第 2 步，变异操作，该操作借鉴了当前种群中最好的个体信息，可加快收敛速度；第 3 步，交叉操作，目的是增加样体的多样性；第 4 步，选择操作，以确定下一代的成员，反复执行第 2 步至第 4 步的操作，直至达到最大迭代次数。差分进化算法的运行参数主要有变异因子 F、交叉因子 CR、群体规模 M 和最大迭代次数 G。①变异因子 F 是控制种群多样性和收敛性的重要参数，一般在区间[0,2]取值，变异因子较小时，群体的差异度减小，进化过程不易跳出局部极值，从而导致种群过早收敛；变异因子较大时，虽然容易跳出局部极值，但是收敛速度会减慢。一般变异因子 F 的取值为 0.3~0.6。②交叉因子 CR 可控制个体参数对交叉的参与程度，以及全局

与局部搜索能力的平衡，一般在区间[0,1]。交叉因子较小，则种群多样性减小，易于过早收敛；交叉因子越大，收敛速度就越大，但过大也可能导致收敛变慢，因为扰动大于群体差异度。③群体规模 M 越大，种群多样性越强，获得最优解的概率越大，但是计算时间会等长。④最大迭代次数 G 一般作为进化过程的终止条件，最大迭代次数越大，最优解更精确，但同时计算的时间会更长，需要根据具体问题进行设定。

4. 模拟退火优化算法

模拟退火优化算法最早由 Kirk Patrick 等应用于组合优化领域，它是基于蒙特卡洛迭代求解策略的一种随机寻优算法，它借鉴了物理上金属退火的原理，即将热力学的理论应用于统计学上，其出发点是基于物理中固体物质的退火过程与一般组合优化问题之间的相似性。

模拟退火优化算法的基本思想是从选定的初始解开始，在借助于控制参数 t 递减时产生的一系列马尔可夫链中，利用一个新解产生装置和接受准则，重复进行"产生新解→计算目标函数差→判断是否接受新解→接受或舍弃新解"，不断对当前解迭代，从而使目标函数最优的执行过程。由于固体退火必须缓慢降温，固体才能在每一温度下都达到热平衡，最终趋于平衡状态。因此，控制参数 t 的值必须缓慢减小，才能确保模拟退火算法最终趋于优化问题的整体最优解。

模拟退火算法结合概率突变特性在解空间中随机寻找目标函数的全局最优解，即局部最优解能概率性地跳出并最终趋于全局最优。模拟退火算法是一种通用的优化算法，理论上算法具有概率的全局优化性能，其求解的基本步骤如下：

① 从可行解空间中任选一个初始状态 x_0，计算其目标函数值 $f(x_0)$，并选择初始控制温度 T_0 和马尔可夫链的长度；

② 在可行解空间中产生一个随机扰动，用状态产生函数产生一个新状态 x_1，计算其目标函数值 $f(x_1)$；

③ 根据状态接受函数判断是否接受：如果 $f(x_1)<f(x_0)$，则接受新状态 x_1 为当前状态，否则按 Metropolis 准则判断是否接受 x_1，若接受，则令当前状态等于 x_1，若不接受，则令当前状态等于 x_0；

④ 根据收敛准则，判断抽样过程是否终止，是则转⑤，否则转②；

⑤ 按照温度冷却方案降低控制温度 T；

⑥ 根据收敛准则，判断退火是否终止，是则转⑦，否则转②；

⑦ 当前解作为最优解输出。

5. 蝙蝠优化算法

蝙蝠优化算法是一种基于群体智能的优化算法，受蝙蝠的回声定位功能的启发，是一种搜索全局最优解的有效方法。该算法采用迭代的优化技术，首先初始化一组随机解，然后通过迭代搜寻最优解，且在最优解周围通过随机飞行产生局部新解，加强了局部搜索。通过频率调谐模拟一种突变，可以在较好的解附近引起波动，较大的突变则有利于全局搜索。与遗传算法相比，蝙蝠优化算法没有明显的交叉，模拟响度和脉冲发射的偏差会可导致变异的不同，这有利于搜索全局最优解。

蝙蝠在寻找目标、对象或猎物时，在位置 x_i 以速度 v_i 随机飞行，其具有静态的频率 f_{min}、变化的波长 λ、响度 A_0。频率变化范围为 f_{min} 到 f_{max}，声音的响度可以根据需要在 A_0 和 A_{min} 之间变化。蝙蝠优化算法的数学运算公式如下：

$$f_i = f_{min} + (f_{max} - f_{min}) \times \beta, \quad v_i^{t+1} = v_i^t + (x_i^t - x_*) \times f_i, \quad x_i^{t+1} = x_i^t + v_i^t, \quad A_i^{t+1} = \alpha A_i^t, \quad r_i^{t+1} = r_i^t(1-e^{-\gamma t}), \quad t \to \infty$$

时，$A_i^t \to 0$，$r_i^t \to r_i^U$，其中 β 为[0,1]内均匀分布的随机数，x_* 表示当前种群中的全局最优解，r 为脉冲发射率，α 和 γ 为常数且 $0<\alpha<1$，$\gamma>0$。得到当前最优解后，当前种群中每一个局部解按照 $x_{new} = x_{old} + \varepsilon A^t$ 更新其位置，其中 ε 为范围[-1,1]中的任意实数。

蝙蝠优化算法结合了粒子群优化、遗传算法的特性，因此，与这些算法相比，它提供了良好的结果。参数 α 和 γ 的调整会影响收敛速度。蝙蝠优化算法的实现比较复杂，但是蝙蝠优化算法已经被证明是一种良好的受自然启发的元启发式优化算法。

16.2　智能优化算法在 PID 控制器参数寻优中的应用仿真

下面结合经典的 PID 控制器参数的寻优问题，分别给出遍历法、遗传算法、粒子群算法、差分进化法、模拟退火优化算法和蝙蝠优化算法的参数寻优仿真示例。

【例 16-1】　已知单位负反馈 PID 控制系统的被控对象传递函数为 $G(s) = \dfrac{6}{s^3 + 6s^2 + 8s + 6}$，PID 控制器的运算规律为 $u = k_p e + k_i \int e\,dt + k_d \dfrac{de}{dt}$，采用遍历法求出系统的单位响应的性能指标为超调量小于 15%，大于 14%，调节时间小于 1.25s（误差带取 2%）的优化控制参数。控制参数 k_p 的寻优范围为[0,6]，k_i 的寻优范围为[0,6]，k_d 的寻优范围为[0,6]。

```
>>t=0:0.01:10;
>>i=0;
>>for Kp=1:0.1:6;
>>for Ki=1:0.1:6;
>>for Kd=1:0.1:6;
>>num =6*[Kd  Kp Ki];
>>den =[1 6 8+6*Kd 6+6*Kp 6*Ki];
>>y = step(num,den,t);
>>s =1001;
>>while y(s)>0.98 & y(s)<1.02;
>>s = s-1;
>>end;
>>ts =(s-1)*0.01; % ts = settling time;
>>mp= max(y);
>>if mp<1.15 & mp>1.14;
>>if ts<1.25;
>>i=i+1;
>>sol(i,:)=[Kp Ki Kd mp ts];
>>end
>>end
>>end
>>end
>>end
>>sol
```

运行结果如下：

```
sol =
    4.6000    4.7000    3.5000    1.1413    1.2300
    4.6000    4.9000    3.6000    1.1418    1.2200
    4.6000    5.0000    3.6000    1.1438    1.2300
    4.7000    4.7000    3.5000    1.1463    1.2400
```

4.7000	4.8000	3.6000	1.1447	1.2100
4.7000	4.9000	3.6000	1.1467	1.2200
4.7000	4.9000	3.7000	1.1434	1.1800
4.7000	5.0000	3.6000	1.1487	1.2300
4.7000	5.0000	3.7000	1.1453	1.1900
4.7000	5.1000	3.7000	1.1472	1.2000
4.7000	5.1000	3.8000	1.1441	1.1600
4.8000	4.8000	3.6000	1.1496	1.2100
4.8000	5.1000	3.8000	1.1488	1.1700
4.8000	5.2000	3.9000	1.1478	1.1400

任取一组数据的系统阶跃响应验证程序如下：

```
>>t=0:0.01:10;
>>Kp= sol(10,1);
>>Ki= sol(10,2);
>>Kd =sol(10,3);
>>num =6*[Kd Kp Ki];
>>den =[1 6 8+6*Kd 6+6*Kp 6*Ki];
>>step(num,den,t)
>>title('Step Response')
>>xlabel('t')
>>ylabel('y(t)')
```

运行结果如图 16-1 所示。

图 16-1 例 16-1 程序运行结果

【例 16-2】 已知单位负反馈 PID 控制系统的被控对象传递函数为 $G(s)=\dfrac{6}{s^3+6s^2+8s+6}$，PID 控制器

的运算规律为 $u=k_p e+k_i\int e\,\mathrm{d}t+k_d\dfrac{\mathrm{d}e}{\mathrm{d}t}$，采用遗传算法求出系统的单位阶跃信号响应，其性能的目标函数

$J=\int_0^\infty\big(0.8\,|e(t)|+0.2\,|u(t)|\big)\,\mathrm{d}t$ 为最小的优化控制参数，目标函数中 $e(t)$ 为误差信号，$u(t)$ 为控制信号。控制参

数 k_p 的寻优范围为[0,10]，k_i 的寻优范围为[0,5]，k_d 的寻优范围为[0,3]。

解： 先编写目标函数 sobjfun.m 如下：

```
function [kx,BsJ]=sobjfun(kx,BsJ)
t=0:0.01:10;
```

```
i=0;
Kp=kx(1);
Ki=kx(2);
Kd=kx(3);
num =6*[Kd Kp Ki];
den =[1 6 8+6*Kd 6+6*Kp 6*Ki];
y = step(num,den,t);
ery=1-y;
numc=[Kd Kp Ki];
denc=[1 0];
u=lsim(num,den,ery,t);
BsJ=0.8*sum(abs(ery))+0.2*sum(abs(u));
end
```

本例选择遗传算法的交叉概率为 0.99，变异概率为 0.15，种群大小为 50 个，进化的代数为 200，实现程序如下：

```
>>clear all;
>>close all;
>>Size=50;
>>CodeL=3;
>>MinX=[0,0,0]';
>>MaxX=[10,5,3]';
>>for i=1:1:CodeL
>>kxi(:,i)=MinX(i)+(MaxX(i)-MinX(i))*rand (Size,1);
>>end
>>G=200;
>>BsJ=0;
>>for kg=1:1:G
>>time(kg)=kg;
>>for i=1:1:Size
>>kx=kxi(i,:);
>>[kx,BsJ]= sobjfun(kx,BsJ);
>>BsJi(i)=BsJ;
>>end
>>[OderJi,IndexJi]=sort(BsJi);
>>BestJ(kg)=OderJi(1);
>>BJ=BestJ(kg);
>>Ji=BsJi+1e-10;
>>fi=1./Ji;
>>[Oderfi,Indexfi]=sort(fi);
>>Bestfi=Oderfi(Size);
>>Bests=kxi(Indexfi(Size),:);
>>fi_sum=sum(fi);
>>fi_Size=(Oderfi/fi_sum)*Size;
>>fi_S=floor(fi_Size);
>>r=Size-sum(fi_S);
>>Rest=fi_Size-fi_S;
>>[RestValue,Index]=sort(Rest);
```

```
>>for i=Size:-1:Size-r+1
>>fi_S (Index(i) )=fi_S(Index(i) )+1;
>>end
>>k=1;
>>for i=Size:-1:1
>>for j=1:1:fi_S(i)
>>TempE(k,:)=kxi(Indexfi(i),:);
>>k=k+1;
>>end
>>end
>>kxi=TempE;
>>Pc=0.99;
>>for i=1:2:(Size-1)
>>temp=rand;
>>if Pc>temp
>>alfa=rand;
>>TempE(i,:)=alfa*kxi(i+1,:)+(1-alfa)*kxi(i,:);
>>TempE(i+1,:)=alfa*kxi(i,:)+(1-alfa)*kxi(i+1,:);
>>end
>>end
>>TempE(Size,:)=Bests;
>>kxi=TempE;
>>Pm=0.15*ones(1,Size);
>>Pm_rand=rand(Size,CodeL);
>>Mean=(MaxX + MinX)/2;
>>Dif=(MaxX-MinX);
>>for i=1:1:Size
>>for j=1:1:CodeL
>>if Pm(i)>Pm_rand(i,j)
>>TempE(i,j)=Mean (j)+Dif(j)*(rand-0.5);
>>end
>>end
>>end
>>TempE(Size,:)=Bests;
>>kxi=TempE;
>>end
>>Bests
>>Best_J=BestJ(G)
>>subplot(1,2,1)
>>plot(time,BestJ,'r');
>>xlabel('k'); ylabel('Best J');
>>t=0:0.01:10;
>>Kp= Bests(1);
>>Ki= Bests(2);
>>Kd =Bests(3);
>>num =6*[Kd Kp Ki];
>>den =[1 6 8+6*Kd 6+6*Kp 6*Ki];
>>subplot(1,2,2)
```

```
>>step(num,den,t)
>>title('Step Response')
>>xlabel('t')
>>ylabel('y(t)')
```

运行结果如下：

```
Bests =
    3.8570    3.5045    2.9909
Best_J =
   40.1087
```

目标函数的进化过程及最优控制参数的阶跃响应如图 16-2 所示。

图 16-2　例 16-2 程序运行结果

【例 16-3】　已知单位负反馈 PID 控制系统的被控对象传递函数为 $G(s) = \dfrac{6}{s^3 + 6s^2 + 8s + 6}$，PID 控制器

的运算规律为 $u = k_p e + k_i \int e \mathrm{d}t + k_d \dfrac{\mathrm{d}e}{\mathrm{d}t}$，采用粒子群优化算法求出系统的单位阶跃信号响应，其性能的目标

函数 $J = \int_0^\infty \left(0.8|e(t)| + 0.2|u(t)|\right)\mathrm{d}t$ 为最小的优化控制参数，目标函数中 $e(t)$ 为误差信号，$u(t)$ 为控制信号。

先编写目标函数 sobjfun2.m 如下：

```
function result= sobjfun2(x)
t=0:0.01:10;
i=0;
Kp=x(1);
Ki=x(2);
Kd=x(3);
num =6*[Kd Kp Ki];
den =[1 6 8+6*Kd 6+6*Kp 6*Ki];
y = step(num,den,t);
ery=1-y;
numc=[Kd Kp Ki];
denc=[1 0];
u=lsim(num,den,ery,t);
BsJ=0.8*sum(abs(ery))+0.2*sum(abs(u));
result=BsJ;
end
```

本例选择粒子群算法的局部学习因子为 1.5，全局学习因子为 1.9，惯性权重为 0.8，种群大小为 50 个，进化的代数为 100，实现程序如下：

```
>>clear all;
>>format long;
>>c1=1.5;
>>c2=1.9;
>>w=0.8;
>>MaxDT=100;
>>D=3;
>>N=50;
>>eps=10^(-6);
>>for i=1:N
>>    for j=1:D
>>        x(i,j)=randn;
>>        v(i,j)=randn;
>>    end
>>end
>>for i=1:N
>>    p(i)=sobjfun2(x(i,:));
>>    y(i,:)=x(i,:);
>>end
>>Pg=x(1,:);
>>for i=2:N
>>    if sobjfun2(x(i,:))<sobjfun2(Pg)
>>        Pg=x(i,:);
>>    end
>>end
>>for t=1:MaxDT
>>    for i=1:N
>>        w=rand;
>>        v(i,:)=w*v(i,:)+c1*rand*(y(i,:)-x(i,:))+c2*rand*(Pg-x(i,:));
>>        x(i,:)=x(i,:)+v(i,:);
>>        if sobjfun2(x(i,:))<p(i)
>>            p(i)=sobjfun2(x(i,:));
>>            y(i,:)=x(i,:);
>>        end
>>        if p(i)<sobjfun2(Pg)
>>            Pg=y(i,:);
>>        end
>>    end
>>    Pbest(t)=sobjfun2(Pg);
>>end
>>disp('全局最优取值为：')
>>for i=1:D
>>    fprintf('x(%d)=%s\n',i,Pg(i));
>>end
>>fprintf('最后得到的优化极值为：%s\n',sobjfun2(Pg));
```

```
>>subplot(1,2,1);
>>plot(Pbest);
>>xlabel('k')
>>ylabel('Pbest')
>>t=0:0.01:10;
>>Kp= x(1);
>>Ki= x(2);
>>Kd =x(3);
>>num =6*[Kd Kp Ki];
>>den =[1 6 8+6*Kd 6+6*Kp 6*Ki];
>>subplot(1,2,2);
>>step(num,den,t)
>>title('Step Response')
>>xlabel('t')
>>ylabel('y(t)')
```

运行结果如下：

```
全局最优取值为：
x(1)=1.135217e+01
x(2)=1.201427e+01
x(3)=1.328184e+01
最后得到的优化极值为：3.323923e+01
```

最优目标函数的进化过程及最优控制参数的阶跃响应如图 16-3 所示。

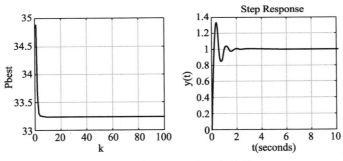

图 16-3　例 16-3 程序运行结果

【例 16-4】　已知单位负反馈 PID 控制系统的被控对象传递函数为 $G(s) = \dfrac{6}{s^3 + 6s^2 + 8s + 6}$，PID 控制器

的运算规律为 $u = k_p e + k_i \int e \, \mathrm{d}t + k_d \dfrac{\mathrm{d}e}{\mathrm{d}t}$，采用差分进化算法求出系统的单位阶跃信号响应，其性能的目标函

数 $J = \int_0^\infty \left(0.8|e(t)| + 0.2|u(t)|\right) \mathrm{d}t$ 为最小的优化控制参数，目标函数中 $e(t)$ 为误差信号，$u(t)$ 为控制信号。控制

参数 k_p 的寻优范围为[0,15]，k_i 的寻优范围为[0,5]，k_d 的寻优范围为[0,3]。

先编写目标函数 sobjfun3.m 如下：

```
function J=sobjfun3(x1,x2,x3)
t=0:0.01:10;
i=0;
Kp=x1;
```

```
Ki=x2;
Kd=x3;
num =6*[Kd Kp Ki];
den =[1 6 8+6*Kd 6+6*Kp 6*Ki];
y = step(num,den,t);
ery=1-y;
numc=[Kd Kp Ki];
denc=[1 0];
u=lsim(num,den,ery,t);
BsJ=0.8*sum(abs(ery))+0.2*sum(abs(u));
J=50-BsJ;
end
```

本例差分进化算法选择群体规模为 50 个，进化的代数为 100，变异因子为 1.2，交叉因子为 0.9，实现程序如下：

```
>>clear all;
>>close all;
>>Size=50;
>>CodeL=3;
>>MinX(1)=0;
>>MaxX(1)=15;
>>MinX(2)=0;
>>MaxX(2)=5;
>>MinX(3)=0;
>>MaxX(3)=3;
>>G=100;
>>F=1.2;
>>cr=0.9;
>>for i=1:1:CodeL
>>    P(:,i)=MinX(i)+(MaxX(i)-MinX(i))*rand(Size,1);
>>end
>>BestS=P(1,:);
>>for i=2:Size
>>    if (sobjfun3(P(i,1),P(i,2),P(i,3))>sobjfun3(BestS(1),BestS(2),BestS(3)))
>>    BestS=P(i,:);
>>    end
>>end
>>fi=sobjfun3(BestS(1),BestS(2),BestS(3));
>>for kg=1:1:G
>>    time(kg)=kg;
>>    for i=1:Size
>>    r1=1;r2=1;r3=1;
>>      while (r1== r2||r1 == r3 || r2 == r3 || r1==i ||r2==i ||r3==i)
>>        r1= ceil(Size * rand(1));
>>        r2 =ceil(Size * rand(1));
>>        r3 =ceil(Size * rand(1));
>>      end
>>    h(i,:) = P(r1,:)+F* (P(r2,:)-P(r3,:));
```

```
>>for j=1:CodeL
>>if h(i,j)<MinX(j)
>> h(i,j)=MinX(j);
>>elseif h(i,j)>MaxX(j)
>> h(i,j)=MaxX(j);
>>end
>>end
>>for j= 1:1:CodeL
>>tempr = rand(1);
>>if(tempr<cr)
>>v(i,j) = h(i,j);
>>else
>>v(i,j) = P(i,j);
>>end
>>end
>>if(sobjfun3(v(i,1),v(i,2),v(i,3))>sobjfun3(P(i,1),P(i,2),P(i,3)))
>>P(i,:)=v(i,:);
>>end
>>if(sobjfun3(P(i,1),P(i,2),P(i,3))>fi)
>>fi=sobjfun3(P(i,1),P(i,2),P(i,3));
>>BestS=P(i,:);
>>end
>>end
>>Best_f(kg)=sobjfun3(BestS(1) ,BestS(2),BestS(3));
>>end
>>BestS
>>Best_f(kg)
>>subplot(1,2,1);
>>plot (time,Best_f(time) ,'k');
>>xlabel('k');
>>ylabel('Best f');
>>t=0:0.01:10;
>>Kp= BestS(1);
>>Ki= BestS(2);
>>Kd =BestS(3);
>>num =6*[Kd Kp Ki];
>>den =[1 6 8+6*Kd 6+6*Kp 6*Ki];
>>subplot(1,2,2);
>>step(num,den,t)
>>title('Step Response')
>>xlabel('t')
>>ylabel('y(t)')
```

运行结果如下：

```
BestS =
   3.8560    3.4840    3.0000
ans =
   9.9298
```

最优目标函数的进化过程及最优控制参数的阶跃响应如图 16-4 所示。

图 16-4　例 16-4 程序运行结果

【例 16-5】　已知单位负反馈 PID 控制系统的被控对象传递函数为 $G(s) = \dfrac{6}{s^3 + 6s^2 + 8s + 6}$，PID 控制器

的运算规律为 $u = k_p e + k_i \displaystyle\int e\,\mathrm{d}t + k_d \dfrac{\mathrm{d}e}{\mathrm{d}t}$，采用模拟退火优化算法求出系统的单位阶跃信号响应，其性能的目

标函数 $J = \displaystyle\int_0^\infty \left(0.8\left|e(t)\right| + 0.2\left|u(t)\right|\right)\mathrm{d}t$ 为最小的优化控制参数，目标函数中 $e(t)$ 为误差信号，$u(t)$ 为控制信号。

先编写目标函数 sobjfun3.m 和模拟退火优化函数 simulated_annealing.m 如下：

```
function energy = objective_function(solution)
t=0:0.01:10;
Kp=solution(1);
Ki=solution(2);
Kd=solution(3);
num =6*[Kd Kp Ki];
den =[1 6 8+6*Kd 6+6*Kp 6*Ki];
y = step(num,den,t);
ery=1-y;
numc=[Kd Kp Ki];
denc=[1 0];
u=lsim(num,den,ery,t);
BsJ=0.8*sum(abs(ery))+0.2*sum(abs(u));
energy=BsJ;
end

function [solution, energy] = simulated_annealing(start_temp, end_temp, cooling_rate,
max_iterations)
    global funsol;
    x0 = [0, 0, 0];
T = start_temp;
T_min = end_temp;
max_iter= max_iterations;
alpha= cooling_rate;
x = x0;
fval = objective_function(x);
iter = 0;
```

```
best_x = x;
best_fval = fval;
while T > T_min && iter < max_iter
    new_x = x + randn(size(x));
    new_fval = objective_function(new_x);
    delta_f = new_fval - fval;
      if delta_f < 0 || exp(-delta_f/T) > rand()
      x = new_x;
      fval = new_fval;
      if fval < best_fval
         best_x = x;
         best_fval = fval;
      end
   end
   T = alpha * T;
   iter = iter + 1;
   funsol(iter)= fval;
end
solution = best_x;
energy = best_fval;
end
```

本例模拟退火优化算法选择起始温度为 100℃，终止温度为 0.001℃，降温速率为 0.98，迭代次数为 120，实现程序如下：

```
>>global funsol;
>>solution = simulated_annealing(100, 0.001, 0.98, 120)
>>subplot(1,2,1);
>>plot (funsol ,'k');
>>xlabel('k');
>>ylabel('Best f');
>>t=0:0.01:20;
>>Kp= solution(1);
>>Ki= solution(2);
>>Kd =solution(3);
>>num =6*[Kd Kp Ki];
>>den =[1 6 8+6*Kd 6+6*Kp 6*Ki];
>>subplot(1,2,2);
>>step(num,den,t)
>>title('Step Response')
>>xlabel('t')
>>ylabel('y(t)')
```

运行结果如下：

```
solution =
    4.3413    4.6863    4.7634
```

最优目标函数的进化过程及最优控制参数的阶跃响应如图 16-5 所示。

图 16-5　例 16-5 程序运行结果

【例 16-6】　已知单位负反馈 PID 控制系统的被控对象传递函数为 $G(s) = \dfrac{6}{s^3 + 6s^2 + 8s + 6}$，PID 控制器

的运算规律为 $u = k_p e + k_i \displaystyle\int e\,\mathrm{d}t + k_d \dfrac{\mathrm{d}e}{\mathrm{d}t}$，采用蝙蝠优化算法求出系统的单位阶跃信号响应，其性能的目标函

数 $J = \displaystyle\int_0^\infty \left(0.8|e(t)| + 0.2|u(t)| \right)\mathrm{d}t$ 为最小的优化控制参数，目标函数中 $e(t)$ 为误差信号，$u(t)$ 为控制信号。

先编写目标函数 evafun.m：

```
function z=evafun(u)
    t=0:0.01:10;
    Kp=u(1);
    Ki=u(2);
    Kd=u(3);
    num =6*[Kd Kp Ki];
    den =[1 6 8+6*Kd 6+6*Kp 6*Ki];
    y = step(num,den,t);
    ery=1-y;
    numc=[Kd Kp Ki];
    denc=[1 0];
    ut=lsim(num,den,ery,t);
    BsJ=0.8*sum(abs(ery))+0.2*sum(abs(ut));
    z=BsJ;
end
```

本例蝙蝠优化算法选择群体规模为 60 个，进化的代数为 100，实现程序如下：

```
>>clear all
>>t = 1;
>>maxT = 100;
>>dim = 3;
>>sizep = 60;
>>xmin = -100;
>>xmax = 100;
>>A = 0.6.*ones(sizep,1);
>>r = zeros(sizep,1);
>>r0 = 0.7;
```

```
>>Af = 0.9;
>>Rf = 0.9;
>>Qmin = 0;
>>Qmax = 1;
>>Lb = xmin*ones(1,dim);
>>Ub = xmax*ones(1,dim);
>>pop = Lb+(Ub-Lb).*rand(sizep,dim);
>>popv = zeros(sizep,dim);
>>Q = zeros(sizep,1);
>>pfitness = zeros(dim,1);
>>for i = 1:sizep
>>    pfitness(i) = evafun(pop(i,:));
>>end
>> [bestMin, bestID]=min(pfitness);
>>bestS = pop(bestID, :);
>>bestArchive = zeros(maxT,1);
>>while t <= maxT
>>    for i = 1:sizep
>>        Q(i)=Qmin+(Qmax-Qmin)*rand();
>>        popv(i,:)=popv(i,:)+(pop(i,:)-bestS)*Q(i);
>>        Stemp = pop(i,:)+popv(i,:);
>>        if rand>r(i)
>>            Stemp=bestS-1+2*rand(1,dim);
>>        end
>>        fitTemp = evafun(Stemp);
>>        if (fitTemp<=pfitness(i))&&(rand()<A(i))
>>            pop(i,:) = Stemp;
>>            pfitness(i) = fitTemp;
>>            A(i) = Af*A(i);
>>            r(i) = r0*(1-exp(-Rf*t));
>>        end
>>        if fitTemp <= bestMin
>>            bestMin = fitTemp;
>>            bestS = Stemp;
>>        end
>>    end
>>    bestArchive(t) = bestMin;
>>    t = t +1;
>>end
>>bestS
>>subplot(1,2,1);
>>plot (bestArchive ,'k');
>>xlabel('k');
>>ylabel('Best f');
>>t2=0:0.01:10;
>>Kp= bestS(1);
>>Ki= bestS(2);
>>Kd =bestS(3);
```

```
>>num =6*[Kd Kp Ki];
>>den =[1 6 8+6*Kd 6+6*Kp 6*Ki];
>>subplot(1,2,2);
>>step(num,den,t2)
>>title('Step Response')
>>xlabel('t')
>>ylabel('y(t)')
```

运行结果如下：

```
bestS =
   11.3385   12.0706   13.3474
```

最优目标函数的进化过程及最优控制参数的阶跃响应如图 16-6 所示。

图 16-6   例 16-6 程序运行结果

习　　题

1. 已知 ackley 测试函数为 $f(x_1,x_2,x_3)=20+\mathrm{e}-20\mathrm{e}^{-\frac{1}{5}\sqrt{\frac{1}{5}\sum_{i=1}^{3}x_i^2}}-\mathrm{e}^{-\frac{1}{3}\sum_{i=1}^{3}\cos(2\pi x_i)}$，采用遗传算法找到函数的最小值，其中 $x_i\in[0,10]$，$(i=1,2,3)$。

2. 已知 ackley 测试函数为 $f(x_1,x_2,x_3)=20+\mathrm{e}-20\mathrm{e}^{-\frac{1}{5}\sqrt{\frac{1}{5}\sum_{i=1}^{3}x_i^2}}-\mathrm{e}^{-\frac{1}{3}\sum_{i=1}^{3}\cos(2\pi x_i)}$，采用差分进化算法找到函数的最小值，其中，$x_i\in[0,10]$，$(i=1,2,3)$。

第 17 章

先进控制器设计与仿真

17.1 模糊控制器设计及仿真示例

模糊控制是基于规则的专家系统、模糊集理论和控制理论相结合而产生的成果，它与基于被控过程数学模型的传统控制理论有很大的区别。在模糊控制中从领域专家那里获取知识，即专家行为和经验。当被控过程十分复杂甚至奇异时，建立被控过程的数学模型往往是不可能或者需要付出高昂的代价，此时模糊控制就显得具有吸引力和实用性。由于人类专家的行为是实现模糊控制的基础，因此必须用一种容易且有效的方式来表达人类专家的知识。

If–Then 规则格式是这种专家控制知识最合适的表示方式之一，即 If "条件" Then "结果"。这种表示方式有两个显著的特征：它们是定性的而不是定量的；它们是一种局部知识，这种知识将局部的"条件"与局部的"结果"联系起来。前者可用模糊子集表示，而后者需要用模糊蕴含或模糊关系来表示。然而，当用计算机实现时，这种规则最终需具有数值形式。隶属函数和近似推理为数值表示集合模糊蕴含提供了一种有力的工具。

要实现一个实际的模糊控制系统，需要解决 3 个问题：知识的表示、推理策略和知识获取。知识表示是指如何将语言规则用数值方式表示出来；推理策略是指如何根据当前的输入"条件"产生一个合理的"结果"；知识的获取解决如何获得一组恰当规则的问题。由于领域专家提供的知识常常是定性的，包含某种不确定性，因此，知识的表示和推理必须是模糊的或近似的，近似推理理论正是为满足这种需要而提出的。近似推理可看作根据一些不精确的条件推导出一个精确结论的过程，许多学者对模糊表示、近似推理进行了大量的研究，在近似推理算法中，最广泛使用的是关系矩阵模型，它基于 L.A.Zadeh 的合成推理规则，首次由 Mamdani 采用。由于规则可被解释成逻辑意义上的蕴含关系，因此大量的蕴含算子已被提出并应用于实际中。模糊控制是以模糊集合论、模糊语言变量及模糊逻辑推理为基础的一种计算机控制。从线性控制与非线性控制的角度分类，模糊控制是一种非线性控制。从控制器智能性看，模糊控制属于智能控制的范畴，而且它已成为目前实现智能控制的一种重要而有效的手段。

模糊控制系统由模糊控制器和控制对象组成。其结构如图 17-1 所示。

模糊控制器的基本结构如图 17-1 虚线框中所示。主要包括以下 4 部分。

1）模糊化

模糊化的作用是将输入的精确量转换成模糊量，对应于图 17-1 中的计算控制变量与模糊量化处理两个环节。其输入量包括外界的参考输入、系统的输出或状态等。模糊化的具体过程如下。

图 17-1　模糊控制系统的组成

（1）首先对这些输入量进行处理，以变成模糊控制器要求的输入量。例如，常见的情况是计算 $e=r-y$ 和 $\dot{e}=de/dt$（式中，r 表示参考输入，y 表示系统输出，e 表示误差）。为了减小噪声的影响，常常对 $\dot{e}$ 进行滤波后再使用，可取 $\dot{e}=[s/(Ts+1)]e$。

（2）对上述已经处理过的输入量进行尺度变换，使其变换到各自的论域范围。

（3）对已经变换到论域范围的输入量进行模糊处理，使原先精确的输入量变成模糊量，并用相应的模糊集合来表示。

2）知识库

知识库中包含了具体应用领域中的知识和要求的控制目标规则库。它通常由数据库和模糊控制规则库两部分组成。

（1）数据库主要包括各语言变量的隶属函数，尺度变换因子及模糊空间的分级数等。

（2）规则库包括了用模糊语言变量表示的一系列控制规则。它们反映了控制专家的经验和知识。

3）模糊推理

模糊推理是模糊控制器的核心，它具有模拟人的基于模糊概念的推理能力，推理过程是基于模糊逻辑中的蕴含关系及推理规则来进行的。

4）清晰化

清晰化的作用是将模糊推理得到的控制量（模糊量）变换为实际用于控制的清晰量。它包含以下两部分内容。

（1）将模糊的控制量经清晰化变换，变成表示在论域范围的清晰量。

（2）将表示在论域范围的清晰量经尺度变换变成实际的控制量。

5）模糊控制算法

模糊控制算法可概括为下述 4 个步骤。

（1）根据本次采样得到的系统的输出值，计算所选择的系统的输入变量。

（2）将输入变量的精确值变为模糊量。

（3）根据输入变量（模糊量）及模糊控制规则，按模糊推理合成规则计算控制量（模糊量）。

（4）由上述得到的控制量（模糊量）计算精确的控制量。

下面以一个很简单的单输入单输出温控系统为例来说明模糊控制技术的运用过程。某电热炉用于对金属零件的热处理，按热处理工艺要求需保持炉温 600℃恒定不变。因为炉温受被处理零件数量、体积大小及电网电压波动等因素影响容易产生波动，所以需要设计温控系统取代人工手动控制。

如果电热炉的供电电压是由晶闸管整流电源提供的，则它的电压连续可调。调整晶闸管触发线路中的偏置电压，即改变了晶闸管导通角 α，于是晶闸管整流电源的电压可根据需要连续可调。当人工手动控制时，根据对炉温的观测值，手动调节电位器旋钮即可调节电热炉供电电压，达到升温或降温的目的。

人工操作控制温度时，根据操作工人的经验，控制规则可以用语言描述如下：

● 若炉温低于 600℃，则升压，低得越多升压越高；

● 若炉温高于 600℃，则降压，高得越多降压越低；

● 若炉温等于 600℃，则保持电压不变。

采用模糊控制炉温时，控制系统的工作原理可分述如下。

（1）模糊控制器的输入变量和输出变量。

在此将炉温 600℃作为给定值 t_0，测量得到的炉温记为 $t(K)$，则误差

$$e(K)=t_0(℃)-t(K)$$

作为模糊控制器的输入变量（作为输入变量的不只有误差 e，还可以有误差的变化等，在此为简单起见只选一个）。模糊控制器的输出变量是触发电压 u 的变化，该电压直接控制电热炉供电电压的高低。所以输出变量又称为控制量。

（2）输入变量及输出变量的模糊语言描述。

描述输入变量及输出变量的语言值的模糊子集为

$$\{负大,负小,零,正小,正大\}$$

通常采用如下简记形式：

$$NB=负大,NS=负小,O=零,PS=正小,PB=正大$$

其中，N=Negative，P=Positive，B=Big，S=Small，O=Zero。

设误差 e 的论域为 X，并将误差大小量化为 7 个等级，分别表示为 -3、-2、-1、0、$+1$、$+2$、$+3$，则有

$$X = \{-3,-2,-1,0,1,2,3\}$$

选控制量 u 的论域为 Y，并同 X 一样也把控制量的大小化为 7 个等级（也可以多于 7 个），即

$$Y = \{-3,-2,-1,0,1,2,3\}$$

图 17-2 给出了语言变量的隶属函数曲线，由此可以得到表 17-1 误差 e 及控制量 u 的赋值表。

图 17-2　语言变量的隶属函数

表 17-1　模糊变量(e,u)的赋值表

语言变量	量化等级						
	−3	−2	−1	0	1	2	3
PB	0	0	0	0	0	0.5	1
PS	0	0	0	0	1	0.5	0
O	0	0	0.5	1	0.5	0	0

语言变量	量化等级						
	−3	−2	−1	0	1	2	3
NS	0	0.5	1	0	0	0	0
NB	1	0.5	0	0	0	0	0

（3）模糊控制规则的语言描述。

根据手动控制策略，模糊控制规则可归纳如下：

① 若 e 负大，则 u 正大；

② 若 e 负小，则 u 正小；

③ 若 e 为零，则 u 为零；

④ 若 e 正小，则 u 负小；

⑤ 若 e 正大，则 u 负大。

上述控制规则也可用英文写成如下形式：

① if e=NB　then　u=PB　or

② if e=NS then　u=PS　or

③ if e=O　then　u=O　or

④ if e=PS　then　u=NS　or

⑤ if e=PB　then　u=NB

也可以用表格形式描述控制规则，表 17-2 即为上述的控制规则的表格化，也称为控制规则表。

表 17-2　控制规则表

e	NB	NS	O	PS	PB
u	PB	PS	O	NS	NB

（4）模糊控制规则的矩阵形式。

模糊控制规则实际上是一组多重条件语句，它可以表示为从误差论域 X 到控制量论域 Y 的模糊关系 $\tilde{R}$。因为当论域是有限可数时，模糊关系可以用矩阵来表示，而论域 X 及 Y 均是有限可数的（由于将精确量离散化时，将其分成有限的几档，如在此为 7 档，每一档对应一个模糊集，这样可使问题简化），所以模糊关系 $\tilde{R}$ 可以用矩阵表示。

根据多重模糊条件语句

$$\tilde{R} = (\tilde{A}_1 \times \tilde{B}_1) + (\tilde{A}_2 \times \tilde{B}_2) + \cdots + (\tilde{A}_n \times \tilde{B}_n)$$

模糊关系 $\tilde{R}$ 可以写为

$$\tilde{R} = (NB_e \times PB_u) + (NS_e \times PS_u) + (O_e \times O_u) + (PS_e \times NS_u) + (PB_e \times NB_u)$$

其中，角标 e、u 分别表示误差和控制量。上式中

$$(NB_e \times PB_u) = (1, 0.5, 0, 0, 0, 0, 0)^T \times (0, 0, 0, 0, 0, 0.5, 1) = \begin{bmatrix} 0 & 0 & 0 & 0 & 0 & 0.5 & 1 \\ 0 & 0 & 0 & 0 & 0 & 0.5 & 0.5 \\ 0 & 0 & 0 & 0 & 0 & 0 & 0 \\ 0 & 0 & 0 & 0 & 0 & 0 & 0 \\ 0 & 0 & 0 & 0 & 0 & 0 & 0 \\ 0 & 0 & 0 & 0 & 0 & 0 & 0 \\ 0 & 0 & 0 & 0 & 0 & 0 & 0 \end{bmatrix}$$

$$(NS_e \times PS_u) = (0, 0.5, 1, 0, 0, 0, 0)^T \times (0, 0, 0, 0, 1, 0.5, 0) = \begin{bmatrix} 0 & 0 & 0 & 0 & 0 & 0 & 0 \\ 0 & 0 & 0 & 0 & 0.5 & 0.5 & 0 \\ 0 & 0 & 0 & 0 & 1 & 0.5 & 0 \\ 0 & 0 & 0 & 0 & 0 & 0 & 0 \\ 0 & 0 & 0 & 0 & 0 & 0 & 0 \\ 0 & 0 & 0 & 0 & 0 & 0 & 0 \\ 0 & 0 & 0 & 0 & 0 & 0 & 0 \end{bmatrix}$$

$$(O_e \times O_u) = (0, 0, 0.5, 1, 0.5, 0, 0)^T \times (0, 0, 0.5, 1, 0.5, 0, 0) = \begin{bmatrix} 0 & 0 & 0 & 0 & 0 & 0 & 0 \\ 0 & 0 & 0 & 0 & 0 & 0 & 0 \\ 0 & 0 & 0.5 & 0.5 & 0.5 & 0 & 0 \\ 0 & 0 & 0.5 & 1 & 0.5 & 0 & 0 \\ 0 & 0 & 0.5 & 0.5 & 0.5 & 0 & 0 \\ 0 & 0 & 0 & 0 & 0 & 0 & 0 \\ 0 & 0 & 0 & 0 & 0 & 0 & 0 \end{bmatrix}$$

$$(PS_e \times NS_u) = (0, 0, 0, 0, 1, 0.5, 0)^T \times (0, 0.5, 1, 0, 0, 0, 0) = \begin{bmatrix} 0 & 0 & 0 & 0 & 0 & 0 & 0 \\ 0 & 0 & 0 & 0 & 0 & 0 & 0 \\ 0 & 0 & 0 & 0 & 0 & 0 & 0 \\ 0 & 0 & 0 & 0 & 0 & 0 & 0 \\ 0 & 0.5 & 1 & 0 & 0 & 0 & 0 \\ 0 & 0.5 & 0.5 & 0 & 0 & 0 & 0 \\ 0 & 0 & 0 & 0 & 0 & 0 & 0 \end{bmatrix}$$

$$(PB_e \times NB_u) = (0, 0, 0, 0, 0, 0.5, 1)^T \times (1, 0.5, 0, 0, 0, 0, 0) = \begin{bmatrix} 0 & 0 & 0 & 0 & 0 & 0 & 0 \\ 0 & 0 & 0 & 0 & 0 & 0 & 0 \\ 0 & 0 & 0 & 0 & 0 & 0 & 0 \\ 0 & 0 & 0 & 0 & 0 & 0 & 0 \\ 0 & 0 & 0 & 0 & 0 & 0 & 0 \\ 0.5 & 0.5 & 0 & 0 & 0 & 0 & 0 \\ 1 & 0.5 & 0 & 0 & 0 & 0 & 0 \end{bmatrix}$$

将上述各矩阵 $NB_e \times PB_u$，$NS_e \times PS_u$，$O_e \times O_u$，$PS_e \times NS_u$，$PB_e \times NB_u$ 代入模糊运算中，就可求出模糊控制规则的矩阵表达式为

$$\tilde{R} = \begin{bmatrix} 0 & 0 & 0 & 0 & 0 & 0.5 & 1 \\ 0 & 0 & 0 & 0 & 0.5 & 0.5 & 0.5 \\ 0 & 0 & 0.5 & 0.5 & 1 & 0.5 & 0 \\ 0 & 0 & 0.5 & 1 & 0.5 & 0 & 0 \\ 0 & 0.5 & 1 & 0.5 & 0.5 & 0 & 0 \\ 0.5 & 0.5 & 0.5 & 0 & 0 & 0 & 0 \\ 1 & 0.5 & 0 & 0 & 0 & 0 & 0 \end{bmatrix}$$

（5）模糊决策。

模糊控制器的控制作用取决于控制量，即

$$\tilde{u} = \tilde{e} \circ \tilde{R}$$

控制量 $\tilde{u}$ 实际上等于误差的模糊向量 $\tilde{e}$ 和模糊关系的合成，当取 $\tilde{e} = PS$ 时，则有

$$\tilde{u} = \tilde{e} \circ \tilde{R} = (0,0,0,0,1,0.5,0) \circ \begin{bmatrix} 0 & 0 & 0 & 0 & 0 & 0.5 & 1 \\ 0 & 0 & 0 & 0 & 0.5 & 0.5 & 0.5 \\ 0 & 0 & 0.5 & 0.5 & 1 & 0.5 & 0 \\ 0 & 0 & 0.5 & 1 & 0.5 & 0 & 0 \\ 0 & 0.5 & 1 & 0.5 & 0.5 & 0 & 0 \\ 0.5 & 0.5 & 0.5 & 0 & 0 & 0 & 0 \\ 1 & 0.5 & 0 & 0 & 0 & 0 & 0 \end{bmatrix}$$

$$= (0.5, 0.5, 1, 0.5, 0.5, 0, 0)$$

（6）控制量的模糊量转化为精确量。

上面求得的控制量 u 为一个模糊向量，它可写为

$$\tilde{u} = (0.5/-3) + (0.5/-2) + (1/-1) + (0.5/0) + (0.5/1) + (0/2) + (0/3)$$

对上式控制量的模糊子集按照隶属度最大原则，应选取控制量为 1 级。即当误差 $e=PS$ 时，控制量 u 为 1 级，具体地说，当炉温偏高时，电压应降低一点。

实际控制时，1 级电压要变为精确量。1 这个等级控制电压的精确值根据事先确定的范围是容易计算得出的。通过这个精确量去控制电热炉的电压，使得炉温朝着减小误差方向变化。

（7）模糊控制器的响应表。

模糊控制规则可由模糊矩阵 R 来描述，进一步分析模糊矩阵 R，可以看出，R 矩阵每一行正是对每个非模糊的观测结果所引起的模糊响应。为了清楚起见，再将上述求得的模糊矩阵 $\tilde{R}$ 写成如下形式：

$$\tilde{R} = \begin{array}{c} \\ -3 \\ -2 \\ -1 \\ 0 \\ 1 \\ 2 \\ 3 \end{array} \begin{array}{c} XY-3-2-1 \quad 0 \quad 1 \quad 2 \quad 3 \\ \begin{bmatrix} 0 & 0 & 0 & 0 & 0 & 0.5 & 1 \\ 0 & 0 & 0 & 0 & 0.5 & 0.5 & 0.5 \\ 0 & 0 & 0.5 & 0.5 & 1 & 0.5 & 0 \\ 0 & 0 & 0.5 & 1 & 0.5 & 0 & 0 \\ 0 & 0.5 & 1 & 0.5 & 0.5 & 0 & 0 \\ 0.5 & 0.5 & 0.5 & 0 & 0 & 0 & 0 \\ 1 & 0.5 & 0 & 0 & 0 & 0 & 0 \end{bmatrix} \end{array}$$

从模糊矩阵 $\tilde{R}$ 中要获得非模糊观测结果引起的确切响应，采取在每一行寻找峰域中心值的方法，如 R 中的方框中的元素所在的列对应论域 Y 中的等级，即为确切响应。例如，R 中第 5 行第 3 列框中的元素是 1，说明它是该行峰域中心值。该元素所在的行为误差论域 X 中的 1 级，所在的列对应控制论域 Y 中的 1 级。具体地说，当观测得到的误差正好为 1 级，模糊控制器所引起的响应刚好为 1 级时，模糊控制器给出的控制量正好是 1 级。对于每个非模糊的观测结果，均从 R 中确定一个确切响应，可以列成表 17-3，这样的表称为模糊控制器的响应表，也叫控制表。

表 17-3　模糊控制表

e	3	2	1	0	1	2	3
u	3	2	1	0	1	2	3

为了进一步理解模糊控制器的动态控制过程，可参看一维模糊控制器的动态响应域如图 17-3 所示。图

中横坐标 X 为误差 e 的论域，而纵坐标 Y 为控制量 u 的论域，它们仍取同样的 7 个等级，即

$$X = Y = \{-3, -2, -1, 0, 1, 2, 3\}$$

图 17-3 中阴影区表示模糊控制器的动态响应域，其中箭头方向指出了动态控制过程中误差的总趋向，最终进入 0 等级。不难看出，模糊控制器的稳态误差与 X、Y 论域分档的级数有关，要提高控制精度，应适当增加分档的级数，或者采用不均匀分档的方法，即在误差较小的区域适当增加分档级数。

上述电热炉温控过程所采用的模糊控制器，是选用误差作为一个输入变量，这样的模糊控制器，它的控制性能还不能令人满意。举这样的例子，目的是从一个最简单模糊控制器来说明模糊控制系统的基本工作原理。在实际设计过程中，MATLAB 提供了强大的相关工具来设计模糊控制器，为了简明起见，这里只列出了函数名，常用函数名及其功能说明如表 17-4 所示。

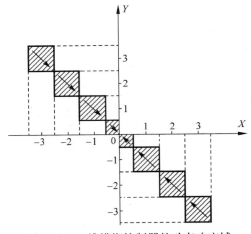

图 17-3　一维模糊控制器的动态响应域

表 17-4　MATLAB模糊控制器设计的常用函数表

函　数	功 能 说 明	函　数	功 能 说 明
Anfisedit	打开ANFIS编辑器GUI	addmf	向模糊推理系统(FIS)的语言变量添加隶属度函数
Fuzzy	调用基本FIS编辑器	addrule	向模糊推理系统(FIS)的语言变量添加规则
Mfedit	隶属度函数编辑器	addvar	向模糊推理系统(FIS)添加语言变量
Ruleedit	规则编辑器和语法解析器	defuzz	对隶属度函数进行反模糊化
Ruleview	规则观察器和模糊推理方框图	evalfis	完成模糊推理计算
Surfview	输出曲面观察器	evalmf	通过隶属度函数计算
dsigmf	两个sigmoid型隶属度函数之差组成的隶属度函数	gensurf	生成一个FIS输出曲面
gauss2mf	建立两边型高斯隶属度函数	getfis	得到模糊系统的属性
gaussmf	建立高斯曲线隶属度函数	mf2mf	在两个隶属度函数之间转换参数
gbellmf	建立一般钟形隶属度函数	newfis	创建新的FIS
pimf	建立Π型隶属度函数	parsrule	解析模糊规则
psigmf	通过两个sigmoid型隶属度函数的乘积构造隶属度函数	plotfis	绘制一个FIS
smf	建立S–型隶属度函数	plotmf	绘制给定语言变量的所有隶属度函数的曲线
sigmf	建立Sigmoid型隶属度函数	readfis	从磁盘装入一个FIS
trapmf	建立梯形隶属度函数	rmmf	从FIS中删除某一语言变量的某一隶属度函数
trimf	建立三角形隶属度函数	rmvar	从FIS中删除某一语言变量
zmf	建立Z–型隶属度函数	setfis	设置模糊系统的属性

函　数	功 能 说 明	函　数	功 能 说 明
anfisSugeno	型模糊推理系统(FIS)的训练程序	showfis	以分行的形式显示FIS结构的所有属性
fcm	模糊C均值聚类	showrule	显示FIS的规则
genfis1	不使用数据聚类方法从数据生成FIS结构	writefis	保存FIS到磁盘上
genfis2	使用减法聚类方法从数据生成FIS结构	fuzblockSimulink	模糊逻辑控制器库
subclust	用减法聚类方法寻找聚类中心	sffis	用于Simulink的模糊推理S−函数

对模糊控制系统的建模关键是对模糊控制器的建模。MATLAB 软件提供了一个模糊推理系统（FIS）编辑器，只要在 MATLAB 命令窗口键入 fuzzy 就可进入模糊控制器编辑环境，如图 17-4 所示。

图 17-4　模糊控制器编辑环境

模糊推理系统编辑器用于设计和显示模糊推理系统的一些基本信息，如推理系统的名称，输入、输出变量的个数与名称，模糊推理系统的类型、解模糊方法等。其中模糊推理系统可以采用 Mandani 或 Sugeuo 两种类型，解模糊方法有最大隶属度法、重心法、加权平均等。

在多个输入/输出情况下，在 Edit 菜单中，选择 Add variable→input 命令，加入新的输入/输出。在 Current Variable 的 Name 的右边文字输入处键入相应的输入名称，例如，位置输入用 pos−input，速度输入用 spd−input 等。

在 Params 处，选择三角形涵盖的区间，填写 3 个值，分别为三角形底边的左端点、中点和右端点在横坐标上的值。这些值由设计者根据具体情况确定，相应的界面如图 17-5 所示。

用类似的方法设置输出 output 的参数。比如，共有 36 个规则，所以相应地有 36 个输出隶属函数。默认 3 个隶属函数，剩下 33 个由设计者加入。单击 Edit 菜单，选择 Add Custom MS 继续填入相应参数即可。

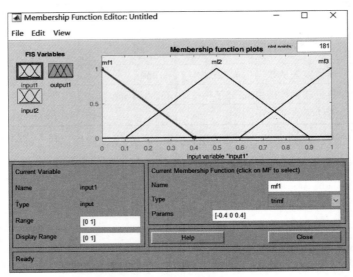

图 17-5　隶属函数编辑环境

　　模糊推理规则编辑器 Rule Editor 的使用，通过隶属度函数编辑器来设计和修改 If…Then 形式的模糊控制规则。由该编辑器进行模糊控制规则的设计非常方便，它将输入量各语言变量自动匹配，而设计者只要通过交互式的图形环境选择相应的输出语言变量，这大大简化了规则的设计和修改。另外，还可为每条规则选择权重，以便进行模糊规则的优化。

　　在 Edit 菜单中选择 Rules 命令，弹出 Rule Editor 对话框。在底部的选择框内，选择相应的 IF…AND…THEN 规则，单击 Add rule 按钮，上部框内将显示相应的规则。依次加入需要的规则即可，相应的界面如图 17-6 所示。

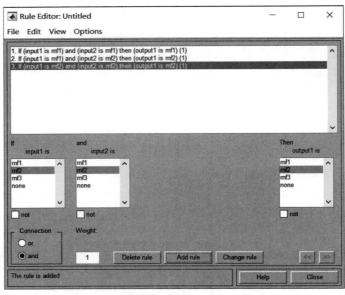

图 17-6　模糊规则编辑环境

　　模糊规则浏览器用于显示各条模糊控制规则对应的输入量和输出量的隶属度函数。通过指定输入量，可以直接显示所采用的控制规则，以及通过模糊推理得到相应输出量的全过程，以便对模糊规则进行修改和优化。

　　所有规则填入后，选择 View 中的菜单，Rules 命令，弹出 Rule Viewer 对话框，如图 17-7 所示。

图 17-7　Rule Viewer 环境

　　在图 17-7 中选择 View→Surface 命令，弹出 Surface Viewer 对话框，其中展示了三维图，如图 17-8 所示。将鼠标箭头放置图内，移动鼠标可得到不同视角的三维图。

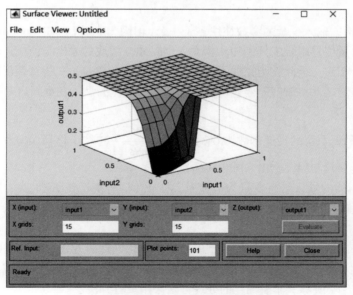

图 17-8　Surface Viewer 环境

　　然后选择菜单 File→Export→To file 命令，保存为*.fis 文件，即建立了一个模糊控制器。Simulink 结构图仿真可以与模糊逻辑工具箱实现完美的结合。对于模糊控制系统的仿真一般也是采用 Simulink 进行的，因此这里只介绍如何将已经建立的模糊控制器嵌入 Simulink 中进行仿真。

　　首先载入模糊控制器，要将模糊控制器嵌入 Simulink 中，首先应保证与模糊系统相应的模糊推理系统（FIS）结构已同时装载在 MATLAB 工作区中，并由相关的名字指向模糊控制器。

　　比如已经建立了一个名为 FCexe001.fis 的模糊控制器，打开后单击模糊逻辑工具箱的 File 菜单，选择其中的 Export→To workspace 命令，将其保存到 MATLAB 的工作区中，如图 17-9 所示。

　　然后打开 Simulink 模型，在 MATLAB 工作区内用命令 Simulink 建立或打开自己的 Simulink 仿真模型。由于采用的是模糊控制方法，因此需要在打开的 Simulink 库中，选择 Fuzzy Logic Toolbox 选项。其下有两个对象，分别为 Fuzzy Logic Controller 和 Fuzzy Logic Controller with Ruleviewer。

　　两者的功能完全一样。不同之处仅在于如果选择后者时，在 Simulink 进行仿真过程时，将打开模糊规则观察器，从观察器中可以看到已建立的模糊控制器的模糊规则。双击 Fuzzy Logic Controller 模块，出现如图 17-10 所示的模块及对其话框。

图 17-9　保存 fis 文件到工作区

图 17-10　将 fis 文件嵌入模糊控制器模块

　　在 FIS name 文本框中输入 FCexe001 并单击 OK 按钮，将完成工作区中的 FIS 结构与模糊控制器实现的连接功能。

　　注意，一个 FIS 结构的输入变量的个数往往多于一个，但因为 Fuzzy Logic Controller 的图标是单输入的，因此还需要用到一个向量信号组合工具（Mux 模块）。将 Mux 模块的输出与模糊逻辑控制器相连，其输入与 FIS 结构的输入变量相连。至此就则完成了将模糊控制器嵌入 Simulink 仿真系统的工作。在应用任何一个编辑器来修改模糊控制之前，最好先停止仿真过程。需要记住的是，在重新启动仿真之前，要将 FIS 的任何改变保存到工作区。

　　【例 17-1】　已知延迟系统的传递函数为 $G(s) = \dfrac{-18}{3s^2 + 5.9s + 1} e^{-0.05s}$，选择误差和误差的变化率作为模糊控制器的输入，设计模糊控制器，给出系统单位阶跃响应。

　　首先选择模糊控制器的输入语言变量为误差及其变化率，分别记作 E 和 EC，输出为被控对象的输入量，记作 U。语言变量的模糊集选择为 E={nb, nm, ns, no, po, ps, pm, pb},EC={nb, nm, ns, o, ps, pm, pb},U={nb, nm, ns, o, ps, pm, pb}。

　　然后选择模糊变量的论域、隶属函数的类型以及非模糊化处理的方式,E 的论域取为[-3,3],隶属函数为三角类型；EC 的论域取为[-3,3]，隶属函数为三角类型；U 的论域取为[-4,4]，隶属函数为高斯型。模糊变量的隶属函数图如图 17-11 所示。非模糊化的处理方法采用重心判决法。

　　下一步确定模糊控制规则，控制规则是控制者对系统控制的理论知识与实践经验的总结。这里采用的模糊控制规则有 56 条，如表 17-5 所示。

图 17-11　模糊变量的隶属函数图

表 17-5　模糊控制规则表

E	EC						
	nb	nm	ns	o	ps	pm	pb
nb	pb	pb	pb	pb	pb	o	o
nm	pb	pb	pb	pb	pm	o	o
ns	pm	pm	pm	o	o	ns	ns
no	pm	ps	ps	o	ns	ns	nm
po	pm	ps	ps	o	ns	ns	nm
ps	ps	ps	o	o	nm	nm	nm
pm	o	o	nm	nb	nb	nb	nb
pb	o	o	nm	nb	nb	nb	nb

上述规则的描述算法语言为:

```
(1) if E=nb and EC=nb then U=pb
(2) if E=nb and EC=nm then U=pb
(3) if E=nb and EC=ns then U=pb
...
(55) if E=pb and EC=pm then U=nb
(56) if E=pb and EC=pb then U=nb
```

模糊控制器的输入输出曲面如图 17-12 所示。

图 17-12　模糊控制器的输入输出曲面图

在输入为单位阶跃信号时，系统的控制仿真结构图如图 17-13 所示。

图 17-13　模糊控制的仿真结构图

系统的仿真输出结果如图 17-14 所示。

图 17-14　例 17-1 模糊控制的仿真结果图

17.2　自适应控制器设计及仿真示例

　　自适应控制所讨论的对象，一般是指对象的结构已知，但是参数未知，而且采用的控制方法仍然是基于数学模型的方法。因此自适应控制一般是指模型参考的自适应控制。在控制实践中，遇到的系统一般是结构和参数都未知的对象，比如一些运行机理非常复杂，目前尚未被充分理解的对象，难以建立有效的数学模型，因而无法沿用基于数学模型的方法来解决其控制问题，此时需要考虑不依赖于模型的控制方法来实现其控制，比如模糊控制、神经网络控制等。自适应控制与常规控制还是基于数学模型的控制方法。自适应控制所依据的关于模型的和扰动的先验知识相对比较少，需要在系统的运行过程中不断提取有关模型的信息，使模型越来越准确。常规的反馈控制具有一定的鲁棒性，但是由于控制器参数是固定的，当不确定性很大时，系统的性能会大幅下降，甚至可能失去稳定性。

　　自适应控制器的设计主要有两大类方法：一类是基于局部参数最优化的设计方法；另一类是基于稳定性理论的设计方法。基于稳定性理论的设计方法又包括基于李雅普诺夫稳定性理论的方法和基于超稳定性理论正实性概念的方法。

　　早期的自适应控制大多采用局部参数最优化的设计方法，其主要缺点是在整个自适应过程中难以保证闭环系统的全局稳定性，而基于稳定性理论的设计方法，则从保证系统稳定性的角度出发来设计自适应控制律，因此易于保证系统的稳定性。

自适应控制系统一般由参考模型、可调的前馈和反馈环节、自适应算法 3 部分构成，如图 17-15 所示。

可调的前馈和反馈环节包括被控对象、前馈控制器和反馈控制器。对可调的前馈和反馈环节的特性要求，如超调量、阻尼、过渡时间和频带宽度等由参考模型确定，因此参考模型实际上是一种理想的控制系统，其输出代表了期望的控制性能。当参考模型与实际被控对象的输出有差异时，经比较器检测后通过自适应算法做出决策，以改变前馈和反馈环节的参数或生成辅助控制信号，并减小误差，使过程输出和参考模型输出相一致。

参考模型与被控对象两者性能之间的一致性，由自适应算法来保证，所以自适应算法的设计十分关键，性能一致性程度由状态误差向量 $e_x(t)=x_m(t)-x(t)$ 或输出误差向量 $e_y(t)=y_m(t)-y(t)$ 来度量，其中 x_m、y_m 和 x、y 分别为参考模型和被控系统的状态和输出。

只要误差向量不为零，自适应算法就按减少偏差方向修正或更新控制律，以使系统实际性能指标达到或接近希望的性能指标。具体实施时，可更新前馈和反馈控制器的参数，也可直接改变加到对象输入端的信号。前者称为参数自适应方法，后者称为信号综合自适应方法。自适应控制要求干扰引起的系统参数的变化相对于自适应调节速度要慢，否则就不可能实现自适应控制。

下面简要叙述可调增益的模型参考自适应控制器的设计和基于李雅普诺夫稳定性理论的自适应控制器设计。

考虑具有一个可调增益的模型参考自适应控制系统，假设被控对象的传递函数为 $w_p(s)=k_p N(s)/D(s)$，其中，$D(s)$ 和 $N(s)$ 为已知的常系数多项式，$k_p>0$ 为被控对象的增益。

当系统受到干扰时，被控对象的增益 k_p 可能发生变化，使其动态特性与参考模型的动态特性之间发生偏离，k_p 的变化是不可测量的。为了克服由 k_p 的漂移所造成的影响，在控制系统中设置一个可调增益 k_c 来补偿由 k_p 的变化所造成的影响，目标是使得 k_c 与 k_p 的乘积与模型的增益 k_m 一致。自适应控制的解决方法是构造理想参考模型的传递函数为 $w_m(s)=k_m N(s)/D(s)$，其中增益 k_m 是常数，由期望的动态响应决定。控制系统的结构如图 17-16 所示。

图 17-15　自适应控制系统的基本构成

图 17-16　可调增益的模型参考自适应控制系统结构

输出误差 e 为 $e=y_m-y$，其中 y_m 为理想参考模型的输出，y 为被控系统的输出，e 表示输入信号为 $r(t)$ 时，理想系统的响应与实际系统响应之间的偏差。控制器的设计目标是确定可调增益 $k_c(t)$ 的自适应调节律，使得下列性能指标达到最小。

$$J = \frac{1}{2} \int_{t_0}^{t} e^2(\tau, k_c) \mathrm{d}\tau$$

下面采用梯度法来设计 $k_c(t)$ 的自适应调节律。

首先求 J 对 k_c 的偏导数，

$$\frac{\partial J}{\partial k_c} = \int_{t_0}^{t} e \frac{\partial e(\tau, k_c)}{\partial k_c} \mathrm{d}\tau$$

根据梯度下降理论，k_c 的变化量 Δk_c 应正比于函数 J 的负梯度方向，所以可取如下数值

$$\Delta k_c = -\eta \frac{\partial J}{\partial k_c} = -\eta \int_{t_0}^{t} e \frac{\partial e(\tau, k_c)}{\partial k_c} \mathrm{d}\tau$$

其中，$\eta > 0$，则调整后的 k_c 为

$$k_c = k_{c0} + \Delta k_c = k_{c0} - \eta \frac{\partial J}{\partial k_c} = k_{c0} - \eta \int_{t_s}^{t} e \frac{\partial e(\tau, k_c)}{\partial k_c} \mathrm{d}\tau$$

其中，k_{c0} 为可调增益的初值。将上式两边分别对时间求导数后，得到 k_c 的变化率与误差 e 的关系为

$$\dot{k}_c = -\eta e \frac{\partial e(t, k_c)}{\partial k_c}$$

下面只要求出 $\frac{\partial e(t, k_c)}{\partial k_c}$，自适应增益调节律即可确定。由系统结构图可知，参考输入 $R(s)$ 到输出偏差 $E(s)$ 的传递函数为 $w_e(s) = E(s)/R(s) = (k_m - k_p k_c)N(s)/D(s)$，可得 e 所满足的微分方程为

$$D(p)e(t, k_c) = (k_m - k_p k_c)N(p)r(t)$$

式中 $D(p)$ 和 $N(p)$ 为微分算子。两端对 k_c 求偏导数可得

$$D(p)\frac{\partial e(t, k_c)}{\partial k_c} = -k_p N(p)r(t)$$

考虑到参考模型的输出与输入之间满足如下关系

$$D(p)y_m(t) = k_m N(p)r(t)$$

两式相除可得

$$\frac{\partial e(t, k_c)}{\partial k_c} = -\frac{k_p}{k_m} y_m(t)$$

代入 $\dot{k}_c = -\eta e \frac{\partial e(t, k_c)}{\partial k}$，可得

$$\dot{k}_c = \eta \frac{k_p}{k_m} e y_m(t)$$

该式即为所求的自适应增益调节律。该方法的特点是运用的是输出误差 e，而不是状态误差，所以自适应控制律所需的信号都是容易获取的，这种设计方法在设计过程中并未考虑稳定性问题，因而不能保证所设计的自适应控制系统总是稳定的。

另一种方法是基于李雅普诺夫稳定性理论的设计方法，下面简要叙述其设计过程。

考虑参考模型的状态方程为

$$\dot{x} = A_m x + B_m u$$

可调系统的状态方程为

$$\dot{x}_s = A_s(t)x_s + B_s(t)u'$$
$$u' = G(e, t)u - F(e, t)x_s$$
$$\dot{x}_s = [A_s(t) - B_s(t)F(e, t)]x_s + B_s(t)G(e, t)u$$

设系统状态误差为

$$e = x_m - x_s$$

则状态误差方程为

$$\dot{e}(t) = A_m e(t) + [A_m - A_s(t) + B_s(t)F(e,t)]x_s + [B_m - B_s(t)G(e,t)]u$$

自适应控制系统设计的任务就是采用李雅普诺夫稳定性理论求出调整 G、F 的自适应控制律，以达到状态的收敛性

$$\lim_{t \to \infty} e(t) = 0$$

和参数的收敛性

$$\begin{cases} \lim_{t \to \infty}[A_s(t) - B_s(t)F(e,t)] = A_m \\[2mm] \lim_{t \to \infty}[B_s(t)G(e,t)] = B_m \end{cases}$$

记 $F(e,t)=F^*$,$G(e,t)=G^*$时，参考模型与可调系统达到完全匹配，即

$$\begin{cases} A_s(t) - B_s(t)F^* = A_m \\[2mm] B_s(t)G^* = B_m \end{cases}$$

代入 $\dot{e}(t)$ 的关系式中，并消去时变系数矩阵 $A_s(t)$、$B_s(t)$有

$$\dot{e}(t) = A_m e(t) - B_m G^{*-1}\tilde{F}(e,t)x_s + B_m G^{*-1}\tilde{G}(e,t)u$$

$$\begin{cases} \tilde{F}(e,t) = F^* - F(e,t) \\[2mm] \tilde{G}(e,t) = G^* - G(e,t) \end{cases}$$

$$\dot{e}(t) = A_m e(t) + [A_m - A_s(t) + B_s(t)F(e,t)]x_s + [B_m - B_s(t)B(e,t)]u$$

构造二次型正定函数作为李雅普诺夫函数

$$V = \frac{1}{2}[e^T P e + \text{tr}(\tilde{F}^T \Gamma_1^{-1}\tilde{F} + \tilde{G}^T \Gamma_2^{-1}\tilde{G})]$$

其中，P、Γ_1^{-1}、Γ_2^{-1} 都是正定矩阵，上式两边对时间求导，可得

$$\dot{V} = \frac{1}{2}[e^T P e + \text{tr}(\tilde{F}^T \Gamma_1^{-1}\tilde{F} + \tilde{G}^T \Gamma_2^{-1}\tilde{G})]'$$

$$= \frac{1}{2}[\dot{e}^T P e + e^T P \dot{e} + \text{tr}(\dot{\tilde{F}}^T \Gamma_1^{-1}\tilde{F} + \tilde{F}^T \Gamma_1^{-1}\dot{\tilde{F}} + \dot{\tilde{G}}^T \Gamma_2^{-1}\tilde{G} + \tilde{G}^T \Gamma_2^{-1}\dot{\tilde{G}})]$$

$$= \frac{1}{2}[e^T(A_m^T P + P A_m)e] - e^T P B_m G^{*-1}\tilde{F}x_s + e^T P B_m G^{*-1}\tilde{G}u +$$

$$\text{tr}(\dot{\tilde{F}}^T \Gamma_1^{-1}\tilde{F}) + \text{tr}(\dot{\tilde{G}}^T \Gamma_2^{-1}\tilde{G})$$

因为

$$e^T P B_m \tilde{G}^{*-1}Fx_s = \text{tr}(x_s e^T P B_m G^{*-1}\tilde{F})$$

$$e^T P B_m \tilde{G}^{*-1}\tilde{G}u = \text{tr}(u e^T P B_m G^{*-1}\tilde{G})$$

则

$$\dot{V} = \frac{1}{2}[e^T(A_m^T P + P A_m)e] + \text{tr}(\dot{\tilde{F}}^T \Gamma_1^{-1}\tilde{F} - x_s e^T P B_m G^{*-1}\tilde{F}) +$$

$$\text{tr}(\dot{\tilde{G}}^T \Gamma_2^{-1}\tilde{G} + u e^T P B_m G^{*-1}\tilde{G})$$

若选择

$$\begin{cases} \dot{\pmb{F}}(e,t) = \pmb{\varGamma}_1 \pmb{G}^{*-\mathrm{T}} \pmb{B}_{\mathrm{m}}^{\mathrm{T}} \pmb{P}e(t)\pmb{x}_{\mathrm{s}}^{\mathrm{T}}(t) \\ \dot{\pmb{G}}(e,t) = -\pmb{\varGamma}_2 \pmb{G}^{*-\mathrm{T}} \pmb{B}_{\mathrm{m}}^{\mathrm{T}} \pmb{P}e(t)\pmb{u}^{\mathrm{T}}(t) \end{cases}$$

$\pmb{A}_{\mathrm{m}}$ 为稳定矩阵，选择正定矩阵 $\pmb{Q}$，使得 $\pmb{P}\pmb{A}_{\mathrm{m}} + \pmb{A}_{\mathrm{m}}^{\mathrm{T}}\pmb{P} = -\pmb{Q}$ 成立，因此 $\dot{V}$ 为负定。

可得参数自适应的调节规律

$$\begin{cases} \pmb{F}(e,t) = -\int_0^t \pmb{\varGamma}_1 \pmb{G}^{*-\mathrm{T}} \pmb{B}_{\mathrm{m}}^{\mathrm{T}} \pmb{P}e(\tau)\pmb{x}_{\mathrm{s}}^{\mathrm{T}}(\tau)\mathrm{d}\tau + \pmb{F}(0) \\ \pmb{G}(e,t) = -\int_0^t \pmb{\varGamma}_2 \pmb{G}^{*-\mathrm{T}} \pmb{B}_{\mathrm{m}}^{\mathrm{T}} \pmb{P}e(\tau)\pmb{u}^{\mathrm{T}}(\tau)\mathrm{d}\tau + \pmb{G}(0) \end{cases} \tag{17-1}$$

由于 $\dot{V}$ 为负定，因此按式（17-1）设计的自适应律，对于任意分段连续的输入向量 $\pmb{u}$ 能够使模型参考自适应系统是渐近稳定的。

【例 17-2】 设被控对象的传递函数为 $G(s) = \dfrac{k_p}{s+1}$，k_p 可变，设计增益可调的模型参考自适应控制系统，绘出系统跟踪单位阶跃信号的响应曲线。

根据可调增益的模型参考自适应控制器的设计方法，可得自适应控制系统的数学模型为

$$\begin{cases} \dot{e} + e = k_{\mathrm{m}} - k_c k_p \\ \dot{y}_{\mathrm{m}} + y_{\mathrm{m}} = k_{\mathrm{m}} \\ \dot{k}_c = \eta \dfrac{k_p}{k_{\mathrm{m}}} e y_{\mathrm{m}} \end{cases}$$

系统输出为

$$y_{\mathrm{m}} = k_{\mathrm{m}}(1 - \mathrm{e}^{-t})$$

自适应控制器为

$$\dot{k}_c = \eta k_p e(1 - e^{-t})$$

对误差方程求导可得

$$\ddot{e} + \dot{e} = -\dot{k}_c k_p = -\eta k_p^2 e(1 - e^{-t})$$

当 $t \to \infty$ 时有 $\ddot{e} + \dot{e} + \eta k_p^2 e = 0$，因此设计的可调增益的模型参考自适应系统是稳定的。

Simulink 求解的仿真模型如图 17-17 所示。

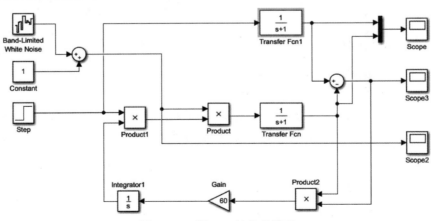

图 17-17 例 17-2 的仿真模型

仿真运行结果如图 17-18 所示。

图 17-18　例 17-2 运行结果

17.3　滑模变结构控制器设计及仿真示例

视频讲解

　　滑模变结构控制出现于 20 世纪 50 年代，由苏联的 Emelyanov 提出并经过了 Utkin 等人的研究和发展，形成了一套较为完善的理论体系。滑模变结构控制简称为滑模控制或变结构控制，本质上是一类特殊的非线性控制且非线性表现为控制量的不连续性。这种控制策略与其他控制的不同之处在于系统的结构不固定，而是可以在动态过程中，根据系统当前的状态（如偏差及其各阶导数等）有目的地不断变化，迫使系统按照预定滑动模态的状态轨迹运动。滑动模态可以进行设计且与对象参数及扰动无关，这使得滑模控制具有快速响应、对参数的变化及扰动不敏感、无须系统在线辨识参数、物理上实现较为简单等优点。但该控制方法的缺点在于当状态轨迹到达滑模面后，难以严格地沿着滑模面向着平衡点滑动，而是在滑模面两侧来回穿越，从而产生抖振。

　　滑模控制带有滑动模态。所谓滑动模态，是指被控系统的状态被限制在某一子流形上运动。通常情况下，系统的初始状态一般不在该子流形上，变结构控制器的作用就是在有限时间内迫使系统的状态轨迹到达并维持在该子流形上，这个过程称为可达性。系统的状态轨迹在滑动模态上运动并最终趋于原点的过程称为滑模运动。滑模运动的优点在于系统对不确定参数和匹配干扰完全不敏感。

为了更好地理解滑模控制，考虑如下单输入线性系统的状态调节问题

$$\dot{x}(t) = Ax(t) + Bu(t)$$

其中，$x(t) \in \mathbf{R}$，$u(t) \in \mathbf{R}$，分别表示系统的状态和输入。将状态反馈控制器设计为

$$u(t) = Kx(t)$$

其中，状态反馈阵 K 可以通过极点配置方法或者线性二次调节器方法设计。可以看到，上面设计的控制器是固定不变的，但是在滑模控制系统中，滑模控制器结构是根据切换函数变化的。滑模变结构控制器通常设计为如下形式：

$$u(t) = \begin{cases} u^+(t), & s(t) > 0 \\ \\ u^-(t), & s(t) < 0 \end{cases}$$

其中，$s(t)$ 为切换函数，$s(t)=0$ 为滑模面。滑模控制主要体现为滑模面两侧所设计的控制器 $u^+(t) \neq u^-(t)$。

所以当系统状态从区域 $\varphi^+ = \{x(t)|s(t)>0\}$ 进入 $\varphi^- = \{x(t)|s(t)<0\}$ 时，系统由 $\dot{x}(t) = Ax(t) + Bu^+(x(t),t)$ 变成 $\dot{x}(t) = Ax(t) + B\bar{u}(x(t),t)$，即滑模控制系统在滑模面 $s(t)=0$ 附近不连续。因此，滑模变结构控制的实质是将具有不同结构的反馈控制系统按照一定的逻辑规则进行切换，并且使得闭环控制系统具备渐近稳定等良好的动态品质。

滑模变结构控制系统的响应由到达阶段（或称或趋近阶段）、滑动阶段和稳态阶段组成，因此，滑模控制需要满足以下 3 个条件。

（1）滑模面满足到达条件，即系统状态轨迹在有限时间内到达切换面 $S(t)=0$ 上。

（2）滑模面上存在滑动模态。

（3）滑动模态具有渐近稳定等良好的动态品质。

滑模控制器的设计一般包含以下两步：第一，设计适当的滑模面使得系统的状态轨迹进入滑动模态后具有渐近稳定等良好的动态特性；第二，设计滑模控制律使得系统的状态轨迹于有限时间内被驱使到滑模面上并维持在其上运动。

1. 滑模面的设计

滑模面主要有线性滑模面、分段滑模面、移动滑模面、积分型滑模面和模糊滑模面等。滑模面的设计方法有基于标准型的设计方法、基于李雅普洛夫的设计方法、基于频率整形的设计方法以及基于 LMI 方法等。设计滑模面时要考虑被控系统的结构特点。这里主要介绍常用的线性滑模面和积分型滑模面。

1）线性滑模面

考虑线性不确定系统

$$\dot{x}(t) = Ax(t) + Bu(t) + Df(t)$$

其中，$x(t) \in \mathbf{R}^n$ 为系统状态，$u(t) \in \mathbf{R}^m$ 为控制律，输入矩阵 $B \in \mathbf{R}^{n \times m}$ 为列满秩，$f(t)$ 为外界干扰，$D \in \mathbf{R}^{n \times 1}$ 为干扰传输矩阵。

构造线性滑模面

$$s(t) = C^{\mathrm{T}} x(t)$$

式中，$C = [c_1 \quad c_2 \quad \cdots \quad c_{n-1} \quad 1]$，$c_1, c_2, \cdots, c_{n-1}$ 的选取满足对应的多项式为 Hurwitz。

2）积分型滑模面

滑模控制的一个显著优点是系统的滑动模态对不确定参数以及匹配干扰具有不变性，但是在趋近阶段系统没有这种性质。因此一个思路是消除趋近运动，从而使得系统具有全局鲁棒性。积分型滑模面为研究复杂系统的滑模控制带来了很多方便，但是与传统的滑模控制器相比，系统的滑动模态不再是降阶的。

积分型滑模面设计方法是将滑模面设计为

$$s(t) = e(t) + k \int_0^t e(\tau) \mathrm{d}\tau - e(0), \quad k > 0$$

系统状态在运动的初始时刻就位于该滑模面上，不需要到达阶段。当系统在滑模面上运动时，$s(t) = \dot{s}(t) = 0$，系统误差的等效动态由 $\dot{e}(t) = -ke(t)$ 确定，为指数收敛的。

2. 滑模控制律的设计

滑模控制律必须使得从状态空间任一点出发的状态轨迹都能在有限的时间内到达滑模面并维持其上的运动。因此滑模变结构控制的核心问题是设计滑模控制律 $u(t)$ 使得到达条件 $S(t)\dot{S}^{\mathrm{T}}(t) < 0$ 成立。

由于设计滑模控制律所依据的到达条件不同，并且对不同形式的到达条件分析方法也不尽相同，所以滑模控制律的结构也相同。常用的滑模控制律设计方法可以分为以下两类。

不等式形式到达条件

$$\lim_{S(t) \to 0^+} \dot{S}(t) < 0, \quad \lim_{S(t) \to 0^-} \dot{S}(t) > 0$$

由于不等式到达条件不能有效地反映系统状态趋近滑模面过程的品质，如快速性，因此，在此基础上发展出了等式形式到达条件的控制律，即趋近律法。

等式形式到达条件一般是指趋近律形式，常见的趋近律有以下几种。

（1）等速趋近律。

$$\dot{s} = -\varepsilon \operatorname{sgn}(s), \quad \varepsilon > 0$$

上式中的 ε 表示的是运动到达滑模面时的速度大小，它的值较大时系统运动到滑模面的时间短，趋近速度快，响应快但会由此导致较大抖振，所以合理选取 ε 的值以减轻抖振对系统的影响，也要避免系统响应太慢。

（2）指数趋近律。

$$\dot{s} = -\varepsilon \operatorname{sgn}(s) - ks, \quad \varepsilon > 0, k > 0$$

相比较等速趋近律，指数趋近律的不同的地方是增加了 $-ks$，这个为指数趋近部分。k 的取值与系统的响应速度有关，增加 k 的取值可以提高响应速度；ε 的取值同等速趋近律一样，控制了运动点在滑模面运动的速度，可以通过降低 ε 的值来降低运动到滑模面时的速度，减小抖振。当 k 和 ε 取值合理时，就可以得到精确度高快速性强的控制系统。

（3）幂指数趋近律。

$$\dot{s} = -k |s|^\alpha \operatorname{sgn}(s), \quad 0 < \alpha < 1, k > 0$$

（4）一般趋近律。

$$\dot{s} = -\varepsilon \cdot \operatorname{sgn}(s) - f(s), \quad \varepsilon > 0, f(0) = 0, s \cdot f(s) > 0$$

最常用的消除抖振的方法是采用准滑动模态法，准滑动模态法就是引入一种饱和函数 $\operatorname{sat}(s)$ 去替代切换函数 $\operatorname{sgn}(s)$，即替代了平滑控制输入的不连续部分，加入了"边界层"及"准滑动模态"的概念。因为选择了不同的边界层宽度而有不同的结果，所以很难对边界层的宽度进行设定，削弱了控制精度的同时，也会消除滑模变结构中的强鲁棒性。其饱和函数表达式如下：

$$sat(\alpha,\delta) = \begin{cases} \dfrac{s}{\delta}, & |s| < \delta \\ sgn(s), & |s| \geqslant \delta \end{cases}$$

δ 的取值对系统有重大影响当它的取值较大时可以有效地减轻抖振，但是太大就会影响抗干扰的能力，还会使系统产生稳态误差所以采用这种方法需要合理的选取 δ。

【例 17-3】 考虑如下非线性系统

$$\begin{cases} \dot{x}_1 = x_2 \\ \dot{x}_2 = 2x_1^3 + u \end{cases}$$

试采用线性滑模面，设计幂次趋近律滑模控制器，设初始状态为 $x(0)=[-0.5 \quad 1]$。

取线性滑模函数为 $s(t) = 3e(t) + \dot{e}(t)$，跟踪误差为 $e(t)=x_r(t)-x_1(t)$，则

$$\dot{s}(t) = 3\dot{e}(t) + \ddot{e}(t)$$
$$= 3(\dot{x}_r(t) - \dot{x}_1(t)) + \ddot{x}_r(t) - \ddot{x}_1(t)$$
$$= 3(\dot{x}_r(t) - x_2(t)) + \ddot{x}_r(t) - 2x_1^3(t) - u(t)$$

取幂次趋近律为

$$\dot{s}(t) = -5|s|^{0.5} sgn(s)$$

可导出具有线性滑模面，幂次趋近律滑模控制律为

$$u(t) = 3(\dot{x}_r(t) - x_2(t)) + \ddot{x}_r(t) - 2x_1^3(t) + 5|s|^{0.5} sgn(s)$$

Simulink 求解的仿真模型如图 17-19 所示。

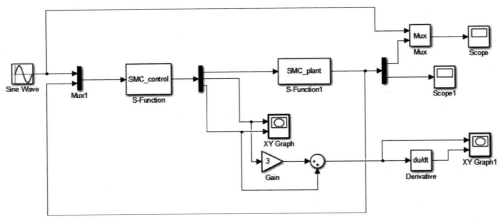

图 17-19 例 17-3 的仿真模型

具有线性滑模面，幂次趋近律滑模控制律实现程序如下：

```
function [sys,x0,str,ts] = SMC_control(t,x,u,flag)
switch flag,
case 0,
    [sys,x0,str,ts]=mdlInitializeSizes;
case 3,
    sys=mdlOutputs(t,x,u);
case {2,4,9}
    sys=[];
otherwise
```

```
        error(['Unhandled flag = ',num2str(flag)]);
end
function [sys,x0,str,ts]=mdlInitializeSizes
sizes =simsizes;
sizes.NumContStates  = 0;
sizes.NumDiscStates  = 0;
sizes.NumOutputs     = 3;
sizes.NumInputs      = 3;
sizes.DirFeedthrough = 1;
sizes.NumSampleTimes = 0;
sys = simsizes(sizes);
x0  = [];
str = [];
ts  = [];
function sys=mdlOutputs(t,x,u)
xr=u(1);
dxr=cos(t);
ddxr=-sin(t);
x_1=u(2);
x_2=u(3);
e=xr-x_1;
de=dxr-x_2;
s=3*e+de;
ut=(3*de+ddxr-2*x_1^3+5*(abs(s)^0.5)*sign(s));
sys(1)=ut;
sys(2)=e;
sys(3)=de;
```

被控对象实现程序如下：

```
function [sys,x0,str,ts]=SMC_plant(t,x,u,flag)
switch flag,
case 0,
    [sys,x0,str,ts]=mdlInitializeSizes;
case 1,
    sys=mdlDerivatives(t,x,u);
case 3,
    sys=mdlOutputs(t,x,u);
case {2, 4, 9 }
    sys = [];
otherwise
    error(['Unhandled flag = ',num2str(flag)]);
end
function [sys,x0,str,ts]=mdlInitializeSizes
sizes =simsizes;
sizes.NumContStates  = 2;
sizes.NumDiscStates  = 0;
sizes.NumOutputs     = 2;
sizes.NumInputs      = 1;
sizes.DirFeedthrough = 0;
sizes.NumSampleTimes = 0;
```

```
sys=simsizes(sizes);
x0=[-0.5 1.0];
str=[];
ts=[];
function sys=mdlDerivatives(t,x,u)
sys(1)=x(2);
sys(2)=2*x(1)^3+u;
function sys=mdlOutputs(t,x,u)
sys(1)=x(1);
sys(2)=x(2);
```

运行结果如图 17-20 所示。

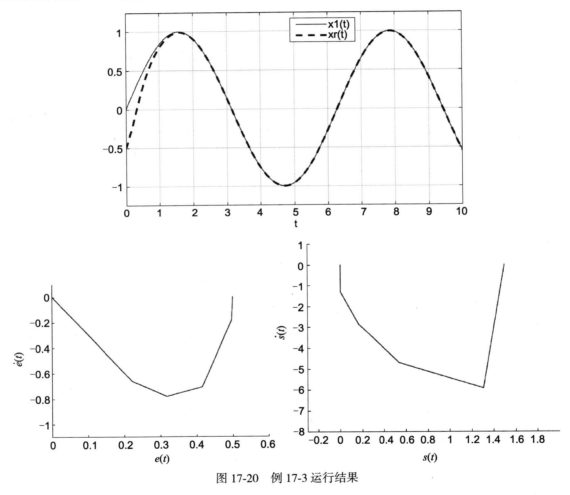

图 17-20　例 17-3 运行结果

17.4　迭代学习控制器设计及仿真示例

迭代学习控制由日本学者 Uchiyama 首先于 1978 年提出。迭代学习控制一般用于控制一个同样的跟踪轨迹，通过反复运行来修正控制律，以达到极好的控制效果。迭代学习控制是学习控制的一个重要分支，是一种新型学习控制策略。它通过反复应用先前试验得到的信息来获得能够产生期望输出轨迹的控制输入，以改善控制质量。与传统的控制方法不同的是，迭代学习控制能以非常简单的方式处理不确定度相当高的动态系统，且仅需较少的先验知识和计算量，同时适应性强，易于实现。此外，迭代学习控制不依赖于动态系统的精确数学模型，是一种以迭代产生优化输入信号，使系统输出尽可能逼近理想值的算法。它的研究对那些有着非线性、复杂性、难以建模以及高精度轨迹控制的问题有着非常重要的意义。

迭代学习控制不像其他的控制方法从研究线性被控对象起步，迭代学习控制直接把非线性系统作为研究对象，且要在有限区间$[0,T]$上实现输出完全追踪的控制任务。这里完全追踪指的是系统的输出自始至终，无论是暂态过程还是稳态过程，都和目标轨道保持高精度的一致。只要控制任务是重复的，或系统的干扰是周期性的，都可采用迭代学习控制来解决问题。迭代学习控制通过对被控系统进行控制尝试，以输出信号与给定目标的偏差修正不理想的控制信号，使得系统的跟踪性能得以提高。

设被控对象的系统模型为

$$\begin{cases} \dot{x}(t) = f(x(t), u(t), t) \\ y(t) = g(x(t), u(t), t) \end{cases} \qquad (17\text{-}2)$$

式中，$x \in \mathbf{R}^n$，$y \in \mathbf{R}^m$，$u \in \mathbf{R}^Y$ 分别为系统的状态，输出和输入变量，$f(\cdot)$，$g(\cdot)$ 为适当维数的向量函数，其结构与参数均未知。若期望控制 $u_d(t)$ 存在，则迭代学习控制的目标为：给定期望输出 $y_d(t)$ 和每次运行的初始状态 $x_k(0)$，要求在给定时间 $t \in [0,T]$ 内，按照一定的学习控制算法通过多次的重复运行，使控制输入 $u_k(t) \rightarrow u_d(t)$，而系统输出 $y_k(t) \rightarrow y_d(t)$ 第 k 次运行时，式（17-2）可表示为

$$\begin{cases} \dot{x}_k(t) = f(x_k(t), u_k(t), t) \\ y_k(t) = g(x_k(t), u_k(t), t) \end{cases}$$

跟踪误差定义为

$$e_k(t) = y_d(t) - y_k(t)$$

迭代学习控制按是否使用当前信息可分为开环学习和闭环学习。开环学习控制的方法是：第 $k+1$ 次的控制等于第 k 次控制再加上第 k 次输出误差的校正项，即

$$u_{k+1}(t) = L(u_k(t), e_k(t))$$

闭环学习控制的方法是：取第 $k+1$ 次运行的误差作为学习的修正项，即

$$u_{k+1}(t) = L(u_k(t), e_{k+1}(t))$$

式中，L 为线性或非线性算子。

以开环学习控制为例，其基本结构示意图如图 17-21 所示。

图 17-21　开环迭代学习控制系统示意图

在图 17-19 中，系统输入为 $u_k(t)$、输出为 $y_k(t)$，系统的期望输入 $y_d(t)$，下标 k 表示迭代运算的次数，即使得在时间 $t \in [0,T]$ 内，系统控制输入 $u_k(t) \to u_d(t)$，系统的输出 $y_k(t) \to y_d(t)$。所得的误差 $e_k(t)$ 经过迭代学习律得出下次的控制输入 $u_{k+1}(t)$ 并存入存储记忆单元，到下次控制时再调用。在每次迭代运算后，都需要检验停止条件。若停止条件满足，则停止迭代运算。

由于开环迭代学习控制算法只利用了系统前次运行的信息，所以对不可重复的干扰不具有鲁棒性，对被控对象无镇定作用，在学习过程中即使学习律满足收敛条件也有可能产生很大的跟踪误差；而闭环迭代学习控制算法只利用了系统当前运行的信息，反馈增益必须大，才能精确地跟踪期望轨迹，但实现中由于执行器饱和等因素，使得高增益反馈失去意义。所以从控制信息的使用方面看，两者都存在一些缺陷。为了增强迭代学习控制系统的鲁棒性，常用的方法是在开环迭代学习器的基础上引入闭环反馈控制器，构成反馈–前馈迭代学习控制系统。

D 型迭代学习控制律是常见的迭代学习控制算法，其控制律形式为

$$u_{k+1}(t) = u_k(t) + \boldsymbol{\Gamma} \dot{e}_k(t)$$

式中，$\boldsymbol{\Gamma}$ 为常数增益矩阵。在 D 型算法的基础上，相继出现了 P 型、PI 型、PID 型迭代学习控制律，从一般意义上来看它们都是 PID 型迭代学习控制律的特殊形式。

PID 迭代学习控制律可以表示为

$$u_{k+1}(t) = u_k(t) + \boldsymbol{\Gamma} \dot{e}_k(t) + \boldsymbol{\Phi} e_k(t) + \boldsymbol{\psi} \int_0^t e_k(\tau) \mathrm{d}\tau$$

式中，$\boldsymbol{\Gamma}$、$\boldsymbol{\Phi}$、$\boldsymbol{\psi}$ 为学习增益矩阵。算法中的误差信息使用第 k 次的值称为开环迭代学习控制，如果使用第 $k+1$ 次的值则称为闭环迭代学习控制，如果同时使用则称为开闭环迭代学习控制。此外，还有高阶迭代学习控制算法、最优迭代学习控制算法、遗忘因子迭代学习控制算法和反馈–前馈迭代学习控制算法等。

迭代学习控制的关键技术在于迭代学习控制的稳定性和收敛性，稳定性与收敛性问题是研究当学习律与被控系统满足什么条件时，迭代学习过程才是稳定收敛的。算法的稳定性保证了随着学习次数的增加，控制系统不发散，但是对于学习控制系统而言，仅仅稳定是没有实际意义的，只有使学习过程收敛到期望值，才能保证得到的控制律为某种意义下最优的控制。收敛是对学习控制的最基本的要求，许多研究在提出新的学习律的同时，基于被控对象的一些假设，给出了相关的收敛条件，这些假设往往在工程实践中难以满足，这就限制了迭代学习控制的工程应用。另外，迭代学习控制的初值问题也是迭代学习系统的基本问题之一。在设计迭代学习控制系统时，为保证系统收敛性，往往要求每次迭代开始时刻的迭代初值与期望初值一致。在工程实际中，迭代开始时难免存在迭代初值与期望初值不一致的现象。因此，研究任意初值条件下迭代学习系统设计方法也是十分重要的。

在迭代学习算法研究中，其收敛条件基本上都是在学习次数 $k \to \infty$ 下给出的。而在实际的应用场合，学习次数 $k \to \infty$ 显然是没有任何实际意义的。因此，如何使迭代学习过程更快地收敛于期望值是迭代学习控制研究中的另一个重要问题。

迭代学习控制本质上是一种前馈控制技术，大部分学习律尽管证明了学习收敛的充分条件，但收敛速度还是很慢。可利用多次学习过程中得到的知识来改进后续学习过程的速度，例如，采用高阶迭代控制算法、带遗忘因子的学习律、利用当前项或反馈配置等方法来构造学习律，可使收敛速度大大加快。

P 型迭代学习律不要求误差信号的微分形式，具有在物理上易于实现的优点，下面以 P 型迭代学习律的设计为例，介绍迭代学习控制器设计的基本原理。

设被控系统的动态方程为

$$\begin{cases} \dot{x}(t) = f(x(t), u(t), t) \\ y(t) = g(x(t), t) + Du(t) \end{cases}$$

开环 P 型学习控制律为

$$u_{k+1}(t) = u_k(t) + \Gamma e_k(t)$$

如果 D 列满秩，输出轨迹一致收敛于期望轨迹，即 $y_k(t) \to y_d(t)$，$(k \to \infty)$ 的充分条件为

$$\| I - \Gamma D \| < 1, \quad \forall t \in [0, T]$$

闭环 P 型学习控制律为

$$u_{k+1}(t) = u_k(t) + \Gamma e_{k+1}(t)$$

如果 $I + \Gamma D$($\forall t \in [0, T]$) 存在逆矩阵，输出轨迹一致收敛于期望轨迹，即 $y_k(t) \to y_d(t)$，$(k \to \infty)$ 的充分条件为

$$\| (I + \Gamma D)^{-1} \| < 1, \quad \forall t \in [0, T]$$

【例 17-4】　考虑被控对象为 $G(s) = \dfrac{2s+4}{s^2+3s+2}$ 的系统，设计闭环 P 型学习控制律，期望的目标信号为 $r(t) = 2.5\sin(4\pi t)$。

求解程序如下：

```
>> F=3;
>> ts=0.001;
>> Gp=tf([2 4],[1 3 2]);
>> Gpz=c2d(Gp,ts,'z');
>> [num,den]=tfdata(Gpz,'v');
>> y_1=0;
>> y_2=0;
>> y_3=0;
>> u_1=0;
>> u_2=0;
>> u_3=0;
>> e_1=0;
>> ei=0;
>>  for k=1:1:1001
>>    u(k)=0;
>>  end
>> M=100;
>> for i=0:1:M
>> for k=1:1:1001
>> time(k)=(k-1)*ts;
>> yd(k)=2.5*sin(4*pi*k*ts);
>> y(k)=-den(2)*y_1-den(3)*y_2+num(2)*u_1+num(3)*u_2;
>> e(k)=yd(k)-y(k);
>> u(k)=u(k)+F*e(k);
>> p=u(k);
>> u2(k)=p;
>> e_1=e(k);
>> y_2=y_1;
>> y_1=y(k);
>> u_2=u_1;
```

```
>> u_1=u2(k);
>> end
>> i=i+1;
>> if (i+4)/5==fix((i+4)/5)
>> figure(1)
>> hold on;
>> plot(time,yd,'b','linewidth',2);
>> plot(time,y);
>> xlabel('t');ylabel('yd,y');
>> legend('yd','y')
>> end
>> end
>> figure(2)
>> subplot(3,1,1);
>> plot(time,u);
>> xlabel('t');ylabel('u');
>> subplot(3,1,2);
>> plot(time,yd-y,'b');
>> xlabel('t');ylabel('error');
>> subplot(3,1,3);
>> plot(time,yd,'b','linewidth',2);
>> hold on;
>> plot(time,y,'r');
>> xlabel('t');ylabel('yd,y');
>> legend('yd','y')
```

运行结果如图 17-22 所示。

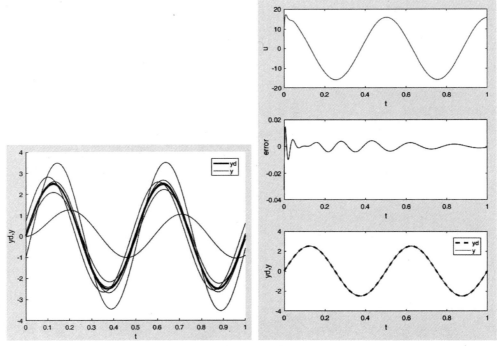

图 17-22　例 17-4 程序运行结果

17.5 反步控制器设计及仿真示例

在控制理论中，反步法（Backstepping）设计是由 Petar V. Kokotovic 等人于 1990 年左右提出的一种控制器设计技术，用于设计一类特殊的非线性动力学系统的稳定控制。反步法设计又称为反步法、后推法、回推法或反向递推法。反步法既适用于线性系统，也适用于非线性系统，对带有参数严格反馈形式的非线性系统尤为有效。反步法设计非线性控制系统是控制领域中颇具挑战性的课题之一，也是近年来控制理论的研究热点。许多控制系统都具有非线性性质，由于非线性控制系统理论能够更为精确地描述系统的运动状态，而且根据具体问题引入非线性可以提高系统的控制效果，所以深入地研究非线性系统的理论和方法就具有实际的重要意义。但是，由于非线性系统结构本身的复杂和多样性，加上非线性微分方程直接求解很困难并且难以采用频域的变换，因此，非线性控制器的设计没有一个普遍适用的方法，而是有各种相互不同又互为补充的方法，每一种方法都只能适用于特定类型的非线性控制问题。反步法是将李雅普诺夫函数的选取与控制器的设计相结合的一种递归设计方法，它将复杂的非线性系统的设计问题分解为一系列低阶子系统的设计问题。从一个高阶系统的开始，通常是系统的输出量满足的动态方程，设计虚拟控制律保证内部系统的控制性能，然后对得到的虚拟控制律逐步修正控制算法，进而设计合成的控制器，实现系统的全局调节或跟踪，使系统达到期望的性能指标。反步设计法适用于可以状态线性化或具有严参数反馈的不确定非线性系统。利用低阶子系统或标量子系统存在的额外自由度，反步法能在与其他方法相比更宽松的条件下求解稳定控制、跟踪控制和鲁棒控制问题。

反步控制器的基本原理

首先将复杂的控制系统等效简化为多个一阶子系统：

$$\begin{cases} \dot{x}_1 = x_2 + f_1(x_1) \\ \dot{x}_2 = x_3 + f_2(x_1, x_2) \\ \quad \vdots \\ \dot{x}_n = u + f_n(x_1, x_2, \cdots, x_n) \end{cases} \tag{17-3}$$

其中，$x \in \mathbf{R}^n$ 为状态变量，$u \in \mathbf{R}$ 为待设计的控制律，$f_i \in C$ 为描述系统结构的函数。$x_{i+1} = \alpha_i$ 为引入的虚拟控制量，代入式（17-3），可得

$$\begin{cases} z_1 = x_1 \\ z_2 = x_2 - \alpha_1(x_1) \\ \quad \vdots \\ z_n = x_n - \alpha_{n-1}(x_1, x_2, \cdots, x_{n-1}) \end{cases}$$

先对 Z_1 求导，可得

$$\dot{z}_1 = x_2 + f_1(x_1) = -z_1 + x_1 + x_2 + f_1(x_1) \tag{17-4}$$

定义李雅普诺夫函数 $V_1 = \dfrac{1}{2}z_1^2$，$\alpha_1(x_1) = -x_1 - f_1(x_1) \triangleq \tilde{\alpha}_1(z_1)$，代入式（17-4）中，则有 $\dot{z}_1 = -z_1 + x_2 - \alpha_1(x_1) = -z_1 + z_2$，整理后得到

$$\begin{cases} \dot{z}_1 = -z_1 + z_2 \\ \dot{z}_2 = x_3 + f_2(x_1, x_2) - \dfrac{\partial \tilde{\alpha}_1(z_1)}{\partial z_1} \dot{z}_1 \triangleq x_3 + \tilde{f}_2(z_1, z_2) \\ \dot{V}_1 = -z_1^2 + z_1 z_2 \end{cases}$$

当 $z_2=0$ 时，有 $V_1 \geq 0$，$\dot{V}_1 \leq 0$，此时系统渐近稳定。假设虚拟控制量 α_2 可以使得误差 $z_2=x_2-\alpha_1(x_1)$ 能够渐近稳定。

然后定义李雅普诺夫函数 $V_2 = \dfrac{1}{2}z_2^2 + V_1 = \dfrac{1}{2}(z_1^2 + z_2^2)$，$\tilde{\alpha}_2(z_1, z_2) = -z_1 - z_2 + \tilde{f}_2(z_1, z_2)$，则有

$$\begin{cases} \dot{z}_1 = -z_1 + z_2 \\ \dot{z}_2 = -z_1 - z_2 + z_3 \\ \dot{z}_3 = x_4 + f_3(x_1, x_2, x_3) - \dfrac{\partial \tilde{\alpha}_2(z_1, z_2)}{\partial z_1} \dot{z}_1 - \dfrac{\partial \tilde{\alpha}_2(z_1, z_2)}{\partial z_2} \dot{z}_2 \triangleq x_4 + \tilde{f}_3(z_1, z_2, z_3) \\ \dot{V}_2 = -z_1^2 - z_2^2 + z_2 z_3 \end{cases}$$

当 $z_3=0$ 时，有 $V_2 \geq 0$，$\dot{V}_2 \leq 0$，此时系统渐近稳定。重复以上过程，直至导出待设计的控制律 u，从而得到原系统渐近稳定时满足控制要求的反步法控制器。即

定义李雅普诺夫函数 $V_n = \dfrac{1}{2}(z_1^2 + z_2^2 + \cdots + z_n^2)$，$\tilde{\alpha}_2(z_1, z_2) = -z_1 - z_2 + \tilde{f}_2(z_1, z_2)$，则有

$$\begin{cases} \dot{z}_n = f_{n-1}(z_1, z_2, \cdots, z_{n-1}) + u - \sum_{i=1}^{n-1} \dfrac{\partial \tilde{\alpha}_{n-1}(z_1, z_2, \cdots, z_{n-1})}{\partial z_i} z_i \\ \quad = \tilde{f}_{n-1}(z_1, z_2, \cdots, z_{n-1}) + u \\ \dot{V}_{n-1} = -(z_1^2 + z_2^2 + \cdots + z_{n-1}^2) + z_{n-1} z_n + \tilde{f}_{n-1}(z_1, z_2, \cdots, z_{n-1}) z_n + u z_n \end{cases}$$

选取待设计的控制律 u 为

$$\begin{aligned} u &= \tilde{\alpha}_n(z_1, z_2, \cdots, z_n) \\ &= -z_{n-1} - z_n - \tilde{f}_{n-1}(z_1, z_2, \cdots, z_{n-1}) \end{aligned}$$

关于 z_n 的系统转化为

$$\begin{cases} \dot{z}_n = -z_{n-1} - z_n \\ \dot{V}_{n-1} = -(z_1^2 + z_2^2 + \cdots + z_n^2) \end{cases}$$

从而整个非线性系统渐近稳定。

【例 17-5.】 考虑如下非线性系统

$$\begin{cases} \dot{x}_1 = x_1^2 + x_2 \\ \dot{x}_2 = u \end{cases}$$

试采用反步法设计控制律 u 稳定原点 $\boldsymbol{x}=[0 \quad 0]$。

将 x_2 视为虚拟控制量，取 $x_2 = \alpha(x_1) = -x_1^2 - x_1$，可得

$$\dot{x}_1 = -x_1$$

取李雅普诺夫函数 $V_1(x_1) = \dfrac{1}{2}x_1^2$，可得 $V_1(x_1) \geq 0$，$\dot{V}_1(x_1) \leq 0$，则系统 $\dot{x}_1 = -x_1$ 是渐近稳定的。

然后令

$$z_2 = x_2 - \alpha(x_1) = x_1 + x_2 + x_1^2$$

原系统可转化为

$$\begin{cases} \dot{x}_1 = -x_1 + z_2 \\ \dot{z}_2 = u - \dot{\alpha}_1(x_1) \end{cases}$$

取李雅普诺夫函数

$$V_2(x_1, x_2) = \frac{1}{2}x_1^2 + \frac{1}{2}z_2^2$$

则有

$$\dot{V}_2(x_1, x_2) = x_1(-x_1 + z_2) + z_2\left[u + (1 + 2x_1)(-x_1 + z_2)\right]$$

选取控制量

$$u = -x_1 - (1 + 2x_1)(-x_1 + z_2) - z_2$$

可得

$$\dot{V}_2(x_1, x_2) = -x_1^2 - z_2^2$$

从而整个系统渐近稳定。

Simulink 求解的仿真模型如图 17-23 所示。

图 17-23 例 17-5 的仿真模型

```
function ut=contr(u)
z=u(2)+u(1)+u(1)^2;
ut=-u(1)-(1+2*u(1))*(-u(1)+z)-z;
end
```

运行结果如图 17-24 所示。

图 17-24 例 17-15 运行结果

17.6 内模控制器设计及仿真示例

为了更好地解决复杂工业过程控制问题，陆续出现了自适应控制、模糊控制、内模控制、神经网络控制等先进的控制策略。其中内模控制是一种基于过程数学模型进行控制器设计的新型控制策略。由于其设计思路简单、控制性能好以及在系统分析方面的优越性，因而自理论提出后便受到控制界的关注。

内模控制器产生的背景主要有两方面：一是为了对当时的两种预测控制算法，即模型算法控制和动态矩阵控制进行系统分析；二是对 Smith 预估器的一种扩展，使其设计更为简便，对系统鲁棒性及抗干扰性进行改善。内模控制器的基本设计方法是基于内部模型的设计方法，这种方法在基于对过程动态模型求逆来设计控制器时，虽然能获得理想的控制性能，但这种逆模型受过程内在特性的限制一般是不易实现。在随后的一段时间内，内模控制原理更多地停留在理论研究阶段而难以成为一种工程设计方法。之后德国学者 Frank 首先在工业过程控制中提出了如图 17-25 所示的内模控制系统结构，并进一步论证了内模结构是推断控制和 Smith 预估控制器的核心，并给出了内模控制器的基本设计方法。一个好的内模控制系统可复现输出调节方程的解，而输出调节方程的解为系统状态及控制器输出的稳态，所以内模控制的作用就是重构系统状态和控制器输出量的稳态。这样做的优势在于，原来的输出调节方程的解依赖于系统参数，不具有鲁棒性，构造系统内模，通过重构系统稳态，控制器的输出跟踪内模产生的稳态，这样转换后，控制器就不会受到系统参数扰动的影响，使得内模控制器具有一定的鲁棒性。

下面简要叙述内模控制器的基本原理和基本设计方法。对于理想的内模控制系统，典型结构框图如图 17-25 所示。

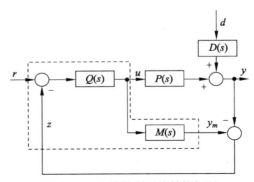

图 17-25　内模控制系统结构框图

设被控过程 $P(s)$ 已知且精确，则内模控制器原理如下：

$$M(s) = P(s)$$
$$Q(s) = M^{-1}(s)$$

由系统输出方程可知

$$y = \frac{Q(s)P(s)}{1 + Q(s)[P(s) - M(s)]} r + \frac{[1 - Q(s)M(s)]D(s)}{1 + Q(s)[P(s) - M(s)]} d$$

将虚线框中的内模控制器进行等效变换，可以得到控制器的表达式为

$$C(s) = \frac{Q(s)}{1 - Q(s)M(s)}$$

则始终有 $y=r$，理想内模控制器具有无误差跟踪参考输入及完全抵抗干扰的效果。在模型精确和无外界扰

动输入的条件下，内模控制具有开环结构。由于反馈信号为 $z=[P(s)-M(s)]u+D(s)d$，这就清楚地说明，对于开环稳定的被控过程而言，反馈的目的是克服过程的不确定性。如果过程和过程输入都完全清楚，那么只需要前馈控制，而不需要反馈控制。事实上，在工业过程控制中，克服扰动是控制系统的主要任务，而模型不确定性也是难免的。此时，在如图 17-25 所示的内模控制器结构中，反馈信号 z 就反映了过程模型的不确定性和扰动的影响，从而构成了反馈控制结构。

但理想内模控制器设计过程中存在如下问题：若被控过程 $P(s)$ 含有时滞环节，则控制器 $Q(s)=M^{-1}(s)$ 中含有纯超前项，这在物理上难以实现；设被控过程 $P(s)$ 含有右半平面零点，由于 $M(s)=P(s)$，而控制器 $Q(s)=M^{-1}(s)$，所以控制器 $Q(s)$ 中就会出现右半平面极点，造成控制器不稳定，因而闭环系统也不稳定；过程模型 $M(s)$ 严格有理，则理想控制器非有理，即 $\lim\limits_{s\to0}|Q(s)|\to\infty$，也就是说，如果 $M(s)$ 的分母多项式的阶次比分子多项式的阶次高 N 阶，则控制器中将会出现 N 阶微分器，尽管这在数学上是成立的，但 N 阶微分器对于过程测量信号中的噪声极为敏感，因而不切合实际；采用理想控制器构成的系统，对于模型误差极为敏感，若 $M(s)\neq P(s)$，则无法确保闭环系统的鲁棒稳定性。

为解决上述内模控制器设计过程存在的问题，一般的做法是先设计一个稳定的理想内模控制器，而不考虑系统的鲁棒性和约束；然后引入滤波器，通过调整滤波器的结构和参数，以期获得理想的动态品质和鲁棒性。

步骤 1：过程模型 $M(s)$ 的分解。

$M(s)$ 可分解为两项：$M_+(s)$ 和 $M_-(s)$，即

$$M(s)=M_+(s)M_-(s)$$

其中，$M_+(s)$ 为模型中包含纯滞后和不稳定零点的部分，$M_-(s)$ 为模型中的最小相位部分。

步骤 2：内模控制器设计。

在设计内模控制器时，需在最小相位 $M_-(s)$ 的逆系统上增加滤波器，以确保系统的稳定性和鲁棒性。定义 IMC 控制器为

$$Q(s)=f(s)/M_-(s)$$

式中，$f(s)$ 为低通滤波器，选择 $f(s)$ 的目的之一是使 $Q(s)$ 变得有理，通常选用以下形式：

$$f(s)=\frac{1}{(1+\lambda s)^r}$$

式中，r 应该足够大以保证 $Q(s)$ 的可实现性，λ 为滤波时间常数，是内模控制器需要设计的参数。其取值一般是根据如下不等式确定

$$\|e\|\leqslant\frac{\|1-M_+(s)f(s)\|}{1-\|M_+(s)f(s)e_m(s)\|}\|r-d\|$$

其中，$e_m(s)$ 为被控过程与模型之间的不匹配度。

【例 17-6】 设被控对象的传递函数为 $P(s)=\dfrac{1}{s^2+6s+4}$，采用内模控制器原理设计 PID 控制器。

选取滤波器为

$$f(s)=\frac{1}{1+0.2s}$$

采用内模控制器原理可得内模控制器为

$$Q(s)=M^{-1}\frac{1}{1+0.2s}=\frac{4+6s+s^2}{1+0.2s}$$

由内模控制器和反馈控制器的关系，可得反馈控制器为

$$C(s) = \frac{Q(s)}{1-Q(s)M(s)} = 30 + \frac{20}{s} + 5s$$

结合 PID 控制器的形式 $C(s) = k_p + \dfrac{k_i}{s} + k_d s$，选取 $k_p=30$，$k_i=20$，$k_d=5$。

作为比较，PID 控制器的 K_p、K_i、K_d 的参数也采用基于被控对象阶跃响应的 Ziegler 和 Nichols 调整法则得到取值为 $K_p=6.4$，$K_i=7.2$，$K_d=0.72$。

Simulink 求解的仿真模型如图 17-26 所示。

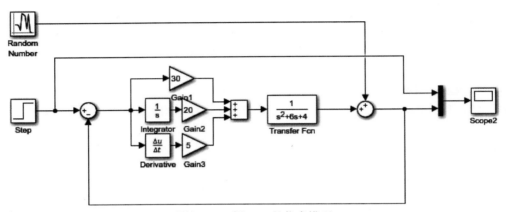

图 17-26　例 17-6 的仿真模型

基于内模原理设计的 PID 控制系统响应和采用 Ziegler 和 Nichols 调整法设计的 PID 控制系统响应如图 17-27 所示。

图 17-27　例 17-6 的仿真结果图

加上如图 17-28 所示的干扰信号后，基于内模原理设计的 PID 控制系统响应和采用 Ziegler 和 Nichols

调整法设计的 PID 控制系统响应如图 17-29 所示。

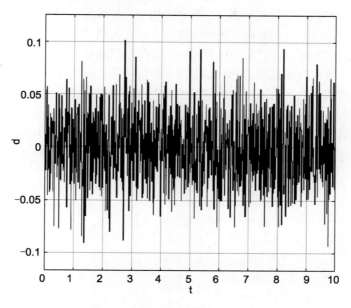

图 17-28　例 17-6 的所加的干扰信号

图 17-29　例 17-6 干扰作用下的仿真结果图

17.7　自抗扰控制器设计及仿真示例

现代控制理论提出了许多性能很好的控制算法与设计方法以及分析工具，然而现代控制理论所设计的控制器的性能一般依赖于所建模型的精度。在实际工程中，精确的模型一般是很难获得的，甚至于所建立的数学模型不能够真实反映被控对象的实际特性。因此，其实际控制性能往往不如理论设计的那么优越，甚至于不能实用。而 PID 控制理论则不依赖于被控对象模型，仅仅依靠误差对被控对象进行反馈控制，是基于误差来消除误差的一种方法。但其控制器往往只适用于线性对象，当被控对象呈现出强耦合、非线性特性时，基于 PID 控制理论所设计的控制器的性能往往不能令人满意。

自抗扰控制器自 PID 控制器演变过来，该控制方法是韩京清教授针对 PID 控制算法的不足，提出的一种非线性控制算法。自抗扰控制器采用了 PID 误差反馈控制的核心思想。传统 PID 控制直接取给定值与输出反馈之差作为控制器输入信号，这将引起响应的快速性与过渡过程的平稳性之间的矛盾。自抗扰控制作为控制器设计的基本原理不仅继承了 PID 的优势，而且突破了其结构和调参限制，同时吸收了现代控制论的精华又突破了其模型限制，为控制技术和科学的发展提供了一个新的方法。自抗扰控制器主要由 3 部分构成：跟踪微分器、扩展状态观测器和非线性状态误差反馈控制律。自抗扰控制器的工作原理框图如图 17-30 所示。

图 17-30　自抗扰控制器的工作原理框图

其中，跟踪微分器的作用是安排过渡过程，给出合理的控制信号，解决了响应的快速性与过渡过程平稳性之间的矛盾。扩展状态观测器的作用是解决模型未知部分和外部未知扰动综合对被控对象的影响。自抗扰控制器的扩展状态观测器与普通的状态观测器不同。扩展状态观测器设计了一个扩展的状态量来跟踪模型未知部分和外部未知扰动的影响。然后给出控制量补偿这些扰动。将控制对象变为普通的积分串联型控制对象。设计扩展状态观测器的目的就是观测扩展出来的状态变量，用来估计未知扰动和控制对象未建模部分，实现动态系统的反馈线性化，将控制对象变为积分串联型。非线性误差反馈控制律给出被控对象的控制策略。

以下以二阶系统为例，说明自抗扰控制器的设计过程。跟踪微分器提取微分信号的同时，尽可能地抑制运算中引入的噪声，从而得到精度较高的微分信号。下式为最速跟踪微分器的离散形式

$$\begin{cases} f = -r\,\mathrm{sign}\left(x_1(k) - v(k) + \dfrac{x_2(k)\,|x_2(k)|}{2r}\right) \\ x_1(k+1) = x_1(k) + hx_2(k) \\ x_2(k+1) = x_2(k) + hf \end{cases}$$

由于直接将连续时间最速跟踪微分器进行离散化，系统进入稳态后会产生高频抖振，因此将函数 f 进行以下优化。令

$$\mathrm{fsg} = (\mathrm{sign}(x+d) - \mathrm{sign}(x-d))\,/\,2$$

则可表示成

$$
\begin{cases}
d = rh^2 \\
a_0 = hx_2 \\
y = x_1 + a_0 \\
a_1 = \sqrt{d(d + 8|y|)} \\
a_2 = a_0 + \operatorname{sign}(y)(a_1 - d)/2 \\
a = (a_0 + y)\operatorname{fsg}(y, d) + a_2(1 - \operatorname{fsg}(y, d)) \\
\operatorname{fhan} = -r(a/d)\operatorname{fsg}(y, d) - r\operatorname{sign}(a)(1 - \operatorname{fsg}(a, d))
\end{cases}
$$

则得到优化后的离散最速跟踪微分器如下

$$
\begin{cases}
\operatorname{fh} = \operatorname{fhan}\left(x_1(k), x_2(k), r, h\right) \\
x_1(k+1) = x_1(k) + hx_2(k) \\
x_2(k+1) = x_2(k) + h\operatorname{fh}
\end{cases}
$$

用 $x_1(k) - v(k)$ 代替 $x_1(k)$，可得

$$
\begin{cases}
\operatorname{fh} = \operatorname{fhan}\left(x_1(k) - v(k), x_2(k), r, h\right) \\
x_1(k+1) = x_1(k) + hx_2(k) \\
x_2(k+1) = x_2(k) + h\operatorname{fh}
\end{cases}
$$

跟踪微分器的参数主要有两个：快速因子 r 和滤波因子 h。其中 r 与跟踪速度成正相关，然而，随之带来的是噪声放大的副作用；h 与滤波效果成正相关，但当 h 增大时，跟踪信号的相位损失也会随之增加。尽管跟踪微分器提取的微分信号比直接差分近似得到的微分信号噪声小，但由于传感器信号存在噪声，若直接输入跟踪微分器进行微分信号提取，则依然存在较大的噪声。因此一般需要对传感器原始信号进行低通滤波后，再输入跟踪微分器进行微分信号提取。

对于非线性系统

$$
\begin{cases}
\dot{x}_1 = x_2 \\
\dot{x}_2 = f\left(x_1, x_2\right) + bu \\
y = x_1
\end{cases}
$$

已知非线性状态观测器

$$
\begin{cases}
e_1 = z_1 - y \\
\dot{z}_1 = z_2 - \beta_{01}e_1 \\
\dot{z}_2 = -\beta_{02}\left|e_1\right|^{0.5}\operatorname{sign}(e_1) + bu
\end{cases}
$$

引入新的状态变量 x_3，记作

$$
\begin{cases}
x_3 = f\left(x_1, x_2\right) \\
\dot{x}_3 = \omega(t)
\end{cases}
$$

非线性系统可以改写为

$$
\begin{cases}
\dot{x}_1 = x_2 \\
\dot{x}_2 = x_3 + bu \\
\dot{x}_3 = \omega(t) \\
y = x_1
\end{cases}
$$

对这个被扩展的系统建立状态观测器

$$\begin{cases} e_1 = z_1 - y \\ \mathrm{fe} = \mathrm{fal}(e, 0.5, \delta) \\ \mathrm{fe}_1 = \mathrm{fal}(e, 0.25, \delta) \\ z_1 = z_1 + h(z_2 - \beta_{01}e) \\ z_2 = z_2 + h(z_3 - \beta_{02}\mathrm{fe}) \\ z_3 = z_3 + h(-\beta_{03}\mathrm{fe}_1) \end{cases}$$

其中，

$$\mathrm{fal}(e, \alpha, \delta) = \begin{cases} \dfrac{e}{\delta^{\alpha-1}}, & |e| \leqslant \delta \\ |e|^{\alpha}\,\mathrm{sign}(e), & |e| > \delta \end{cases}$$

通过选取合适的参数 β_{01}、β_{02}、β_{03}，该系统能够较好地估计系统中的状态变量 x_1、x_2、x_3，即

$$\begin{cases} z_1 \to x_1 \\ z_2 \to x_2 \\ z_3 \to x_3 = f(x_1, x_2) \end{cases}$$

扩展状态观测器有 α_1、α_2、δ、β_{01}、β_{02}、β_{03} 6 个参数。其中，δ 为 $\mathrm{fal}(e,\alpha,\delta)$ 函数的线性区间宽度。β_{01}、β_{02}、β_{03} 3 个参数为扩展状态观测器的反馈增益。当控制周期 h 确定时，适当地选取 δ、β_{01}、β_{02}、β_{03} 的组合，则扩展状态观测器可以很好地估计总扰动。

传统的 PID 控制器采用线性的组合形成误差反馈控制律，为了使误差反馈更有效率，故采用不同的非线性函数组合来生成不同的误差反馈控制律，常用的非线性状态误差反馈控制律有

$$u_0 = \beta_1 e_1 + \beta_2 e_2$$
$$u_0 = \beta_1 \mathrm{fal}(e_1, \alpha_1, \delta) + \beta_2 \mathrm{fal}(e_2, \alpha_2, \delta)\beta, \quad 1 < \alpha_1 < 1 < \alpha_2$$
$$u_0 = -\mathrm{fhan}(e_1, e_2, r, h)$$
$$u_0 = -\mathrm{fhan}(e_1, ce_2, r, h)$$

事实上，实际工程中也常用类似的非线性误差反馈律来生成对应的非线性 PID 控制器，以提高控制系统的性能。

【例 17-7】 设被控对象的传递函数为 $G(s) = \dfrac{100}{s^2 + 16s}$，设计自抗扰控制器。

Simulink 求解的仿真模型如图 17-31 所示。

图 17-31 例 17-7 的仿真模型

相应的实现代码如下所示。

（1）跟踪微分器部分采用 S 函数编写。

```
function [sys,x0,str,ts]=han_td(t,x,u,flag,r,h,T)
switch flag,
case 0
    [sys,x0,str,ts] = mdlInitializeSizes(T);
case 2
sys = mdlUpdates(x,u,r,h,T);
case 3
sys = mdlOutputs(x);
case {1, 4, 9}
    sys = [];
otherwise
    error(['Unhandled flag = ',num2str(flag)]);
end;
function [sys,x0,str,ts] = mdlInitializeSizes(T)
sizes =simsizes;
sizes.NumContStates = 0;
sizes.NumDiscStates = 2;
sizes.NumOutputs = 2;
sizes.NumInputs = 1;
sizes.DirFeedthrough = 0;
sizes.NumSampleTimes = 1;
sys = simsizes(sizes);
x0 = [0; 0];
str = [];
ts = [-1 0];
function sys = mdlUpdates(x,u,r,h,T)
sys(1,1)=x(1)+T*x(2);
sys(2,1)=x(2)+T*fst2(x,u,r,h);
function sys = mdlOutputs(x)
sys=x;
function f=fst2(x,u,r,h)
delta=r*h;
delta0=delta*h;
y=x(1)-u+h*x(2);
a0=sqrt(delta*delta+8*r*abs(y));
if abs(y)<=delta0
    a=x(2)+y/h;
else
    a=x(2)+0.5*(a0-delta)*sign(y);
end
if abs(a)<=delta
f=-r*a/delta;
else
```

```
    f=-r*sign(a);
end
```

（2）扩张状态观测器部分实现程序。

```
function [z1_k,z2_k,z3_k] = ESO(yk,uk)
persistent  z1_k_1 z2_k_1 z3_k_1
bata01=100;
beta02=300;
beta03=1000;
b=4;
h=0.01;
alfa1=0.5;
alfa2=1.5;
delta=0.02;
fal1=1;
fal2=1;
if isempty(z1_k_1)
    z1_k_1=0;
end
if isempty(z2_k_1)
    z2_k_1=0;
end
if isempty(z3_k_1)
    z3_k_1=0;
end
e1=z1_k_1-yk;
z1_k=z1_k_1+h*(z2_k_1-bata01*e1);
z1_k_1=z1_k;
if abs(e1)<=delta
    fal1=e1/(delta^(1-alfa1));
end
if abs(e1)>delta
    fal1=(abs(e1))^(alfa1)*sign(e1);
end
if abs(e1)<=delta
    fal2=e1/(delt^(1-alfa2));
end
if abs(e1)>delta
    fal2=(abs(e1))^(alfa2)*sign(e1);
end
z2_k=z2_k_1+h*(z3_k_1-beta02*fal1+b*uk);
z2_k_1=z2_k;
z3_k=z3_k_1-h*beta03*fal2;
z3_k_1=z3_k;
end
```

（3）非线性状态误差反馈控制律实现程序。

```
function y =nonlinearcontrol(e1,e2)
alfa1=0.5;
alfa2=1.5;
delta=0.02;
beta1=200;
beta2=2;
fal1=1;
fal2=1;
if abs(e1)<=delta
    fal1=e1/(delta^(1-alfa1));
end
if abs(e1)>delta
    fal1=(abs(e1))^(alfa1)*sign(e1);
end
if abs(e2)<=delta
    fal2=e2/(delta^(1-alfa2));
end
if abs(e2)>delta
    fal2=(abs(e2))^(alfa2)*sign(e2);
end
y=beta1*fal1+beta2*fal2;
end
```

干扰信号如图 17-32 所示。控制效果如图 17-33 所示。

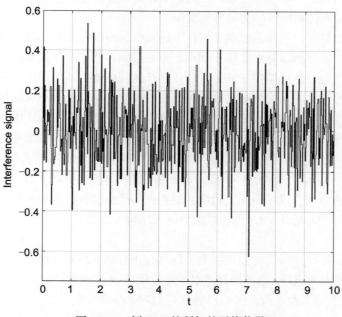

图 17-32　例 17-7 的所加的干扰信号

图 17-33 例 17-7 干扰作用下的仿真结果图

17.8 鲁棒控制器设计及仿真示例

鲁棒控制是一种用于处理系统不确定性的控制方法。所谓"鲁棒性"，是指控制系统在一定的参数摄动下，维持系统控制性能的特性。根据对性能的不同定义，可以分为稳定鲁棒性和性能鲁棒性。以闭环系统的鲁棒性作为目标设计得到的控制器称为鲁棒控制器。

由于各种复杂因素的影响，控制系统本身存在不确定性，不确定性包括数学模型自身的不确定性和外界干扰的不确定性。反馈控制可以克服或减小不确定性的影响，使系统达到要求的性能指标。但是在系统存在不确定性影响时，所设计的反馈控制器是否能使系统达到期望的指标要求是一个重要的问题。在经典控制理论中，通过频域分析，利用幅值裕度和相位裕度的概念，研究反馈控制系统，使设计的控制系统在一定参数范围内变化时仍能满足系统要求的性能。充分大的幅值裕度和相位裕度，使得系统在具有较大的对象模型摄动时，仍能保证系统性能，并有抑制干扰的能力。因此，经典反馈控制在本质上是鲁棒的，且方法简单、实用，至今仍在工程设计中得到广泛应用，其不足之处在于无法直接用于多输入多输出（Multiple-Input Multiple-Output，MIMO）系统，以及系统的频率特性难以准确获取时。针对这些问题，以控制算法的可靠性研究为方向，设计不确定系统满足控制品质为目标的鲁棒控制器设计成为研究热点。鲁棒控制理论有 Kharitonov 区间理论、H_∞ 鲁棒控制理论及结构奇异值理论等。下面简要介绍 H_∞ 鲁棒控制器的概念及设计方法。

H_∞ 鲁棒控制理论是在 H_∞ 空间，通过对控制系统性能指标的无穷范数优化而获得具有鲁棒性能控制器的一种控制理论。它的基本思想是：当利用被控对象的数学模型 G 来设计控制器时，由于参数的不确定性，将被控对象 G 存在的误差记为 ΔG。H_∞ 控制器的目标为对于存在模型误差 ΔG 时，如何采用被控对象 G 来设计控制器，使得控制器在稳定被控对象的同时，控制性能对应的目标函数的 H_∞ 范数最小。H_∞ 控制方法引入输出灵敏度函数作为系统评价的指标，将干扰问题转化为求解闭环系统的稳定问题。传递函数的 H_∞ 范数描述了输入信号幅值到输出信号幅值的最大增益，如果能使其达到最小，那么干扰对系统误差的影响程度将会降到最低。许多实际的控制问题，如灵敏度极小化问题、鲁棒稳定问题、混合灵敏度优化问题、跟踪问题、模型匹配问题等，都可以归结为标准 H_∞ 控制问题来研究。

一个典型的反馈控制系统框图如图 17-34 所示，G 是被控对象，K 是控制器，r 表示参考输入信号，y 表示系统输出信号，u 表示控制信号，e 表示误差信号，d 表示系统扰动信号，n 表示测量噪声。

根据经典控制理论，可以通过设计反馈控制器 K 来调整系统特性，使得系统满足预定的性能指标。

实际工程中的控制器，由于存在外部扰动、系统内部的不确定性、被控对象的未建模动态等因素，上述系统的开环、闭环传递函数会存在不确定性的误差，这种误差的存在，最终可能会影响控制器的性能，破坏系统的稳定性。为了消除或者减弱不确定性对控制系统影响，需要在最初设计控制器时将系统的鲁棒性考虑在内。

在进行 H_∞ 分析或综合问题时，通常采用图 17-35 所示的标准 H_∞ 模型，其中 u 为控制信号，y 为观测量，w 为外部输入信号（包含 r、d、n），z 为控制量（包含 e、u），$K(s)$ 为控制器，$P(s)$ 为增广被控对象。

图 17-34　典型的反馈控制系统框图

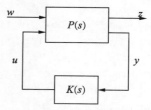

图 17-35　标准 H_∞ 模型

图 17-35 中增广被控对象的输入、输出关系可表示为

$$\begin{cases} \begin{bmatrix} z \\ y \end{bmatrix} = P(s) \begin{bmatrix} w \\ u \end{bmatrix} \\ u = K(s)y \end{cases}$$

将上式中 $P(s)$ 分块，使其与输入信号 w、u 的维度相对应，即

$$P(s) = \begin{bmatrix} P_{11}(s) & P_{12}(s) \\ P_{21}(s) & P_{22}(s) \end{bmatrix}$$

于是可以得到系统外部输入信号 w 与系统控制量 z 之间的关系为

$$z = \left[P_{11}(s) + P_{12}(s)K(s)\left(I - P_{22}(s)K(s)^{-1} \right) P_{21}(s) \right] w$$

记从 w 到 z 的传递函数为 $G_{wz}(s) = P_{11}(s) + P_{12}(s)K(s)\left(I - P_{22}(s)K(s)^{-1} \right) P_{21}(s)$，$H_\infty$ 鲁棒最优控制器设计问题可表述为：对于给定的增广被控对象 $P(s)$，求反馈控制器 $K(s)$ 使得闭环系统内部稳定且 $\left\| G_{wz}(s) \right\|_\infty$ 最小。

一般情况下，上述设计问题不存在解析解，在实际设计中，通常会放宽限制条件，转而求解 H_∞ 鲁棒次优控制器设计问题，即对于给定的增广被控对象 $P(s)$ 和 $\gamma(\gamma \geqslant \gamma_0)$，其中 $\gamma_0 = \min\limits_{K(s)} \left\| G_{wz}(s) \right\|_\infty$，求反馈控制器 $K(s)$ 使得闭环系统内部稳定且 $\left\| G_{wz}(s) \right\|_\infty \leqslant \gamma$，对于上述次优设计问题，可以通过逐渐减小 γ，试探求解次优解，不断逼近最优解。

【例 17-8】　设被控对象的状态空间表达式为

$$\begin{cases} \dot{x} = \begin{bmatrix} 0 & 1 & -1 \\ -6 & -11 & 6 \\ -6 & -11 & 5 \end{bmatrix} x + \begin{bmatrix} 1 \\ 2 \\ 1 \end{bmatrix} u \\ y = \begin{bmatrix} 1 & 1 & 2 \end{bmatrix} x \end{cases}$$

设计鲁棒控制器。

```
>>clear all
>>A=[0 1 -1;-6 -11 6;-6 -11 5];B=[1;2;1];C=[1 1 2];D=[];
>>P = ss(A, B, C, D);
>>freq_range = logspace(-2, 5, 1001);
>>figure(1)
>>sigma(P, 'b-', freq_range)
>>grid on
>>legend('P', 'Location', 'NorthEast')
>>s = zpk('s');
>>t_poles = pole(P);
>>t_poles = t_poles(abs(imag(t_poles))>1e-6);
>>m_fi =0.5;
>>M = zpk(t_poles, m_fi*[-1 -1 -1], 1);
>>M = M/(dcgain(M)*dcgain(P));
>>R_ideal = P*M;
>>R_ideal = minreal(R_ideal, [], false);
>>m_c = bandwidth(P(1, :)*M) *2;
>>Wo = 1;
>>Wi = 1/s;
>>Pw = Wo*P*Wi;
>>Pw = minreal(Pw, [], false);
>>sg = max(sigma(Pw, m_c));
>>Wi = Wi/sg;
>>Pw = Pw/sg;
>>[Cinf, ~, gam] = ncfsyn(Pw);
>>Cinf = -Cinf;
>>perf_margin = 1/gam
>>C = Wi*Cinf*Wo;
>>L = P*C;
>>figure(2)
>>sigma(P, 'b', Pw, 'g', L, 'm', freq_range)
>>grid on
>>legend('P', 'Pw', 'L', 'Location', 'NorthEast')
>>T = feedback(L, 1);
>>S = 1 - T;
>>figure(3)
>>sigma(S, 'k-', T, 'm-', freq_range);
>>grid on
>>legend('Sensitivity', 'complementary Sensitivity')
>>[u, ~, ~] = svd(dcgain(T));
>>Q0 = u(:, 1);
>>Qhat = (T(1, :)*Q0) \ R_ideal(1, :);
>>Qhat = minreal(Qhat, [], false);
>>Q=Q0*Qhat;
>>figure(4)
>>step(T*Q, 30)
```

运行结果如下：

```
perf margin =  0.6177
```

程序运行结果如图 17-36 所示。

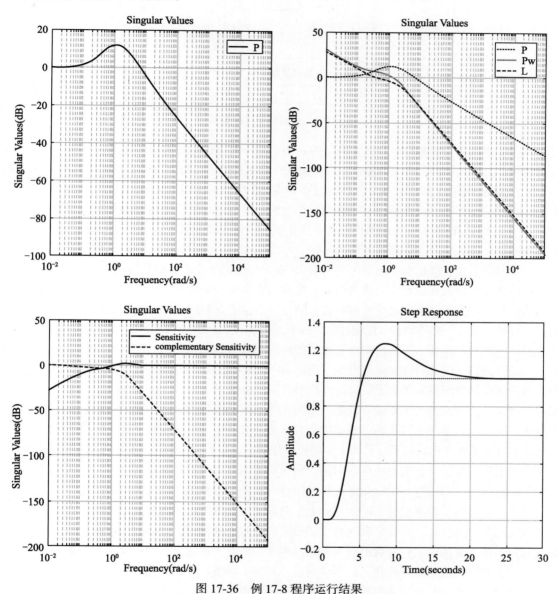

图 17-36　例 17-8 程序运行结果

17.9　预测控制器设计及仿真示例

预测控制也称作模型预测控制，它以各种预测模型为基础，采用在线滚动优化指标和反馈自校正算法，力求有效地克服受控对象的不确定性、迟滞和时变等因素的动态影响，从而达到预期的控制目标，并使系统具有良好的鲁棒性和稳定性。因此，预测控制的系统组成主要包括参考轨迹、预测模型、滚动优化和反馈校正 4 部分，其结构如图 17-37 所示。

图 17-37　预测控制系统结构

　　对于预测控制而言，预测模型只注重模型的功能，而不注重模型的形式，预测模型的功能是根据对象的历史信息和未来输入预测其未来的输出。只要是具有预测功能的信息集合，不论其有什么样的表现形式，均可作为预测模型。因此，状态方程、传递函数这类传统的模型都可以作为预测模型。对于线性稳定对象，阶跃响应、脉冲响应等非参数模型，也可以直接作为预测模型。预测模型具有展示系统未来动态行为的功能。这样，就可以利用预测模型为预测控制进行优化操作提供先验知识，从而决定采用何种控制输入序列，使未来时刻被控对象的输出变化符合预期的目标。

　　预测控制的最主要特征是在线滚动优化。预测控制通过设定性能指标的最优化来确定未来的控制作用，这一性能指标涉及系统未来的行为，通常可取对象输出在未来的采样点上跟踪某一期望轨迹的方差最小。预测控制的优化与传统意义下的最优控制有很大的差别。这主要表现在预测控制中的优化是一种有限时间段上的滚动优化。在每一采样时刻，优化性能指标只涉及从该时刻起未来有限的时间，而到下一采样时刻，这一优化时段同时向前推移。不同时刻优化性能指标的相对形式是相同的，但其绝对形式，即所包含的时间区域，则是不同的。因此，在预测控制中优化不是一次离线进行的，而是反复在线进行的，这就是滚动优化的含义，这也是预测控制区别于传统最优控制的根本特征。

　　过程控制算法采用的预测模型通常只能粗略描述对象的动态特性，由于实际系统中存在的非线性、时变、干扰等，反馈校正是必不可少的。滚动优化只有建立在反馈校正的基础上，才能体现出它的优越性。因此，预测控制在通过优化确定了一系列未来的控制作用后，为了防止干扰等引起控制对理想状态的偏离，预测控制通常不把这些控制作用逐一全部实施，而只实现本时刻的控制作用。到下一采样时刻，则首先检测对象的实际输出，并利用这一实时信息对基于模型的预测进行修正，然后进行新的优化。反馈校正的形式是多样的，可以在保持预测模型不变的基础上，对未来的误差做出预测并加以补偿，也可以根据在线辨识的原理直接修改预测模型。不论采取何种校正形式，预测控制都把优化建立在系统实际的基础上，并力图在优化时对系统未来的动态行为做出较为准确的预测。因此，预测控制中的优化不仅基于模型，而且利用了反馈信息，因而构成了闭环优化。预测控制是一种基于模型、滚动优化并结合反馈校正的优化控制算法。预测控制综合利用实时信息和模型信息，对目标函数不断进行滚动优化，并根据实际测得的对象输出修正或补偿预测模型，这种控制方式适用于复杂的工业过程。常用的预测控制算法主要有基于非参数模型的模型算法控制、动态矩阵控制和基于参数模型的广义预测控制、广义预测极点配置控制等。其中，模型算法控制采用对象的脉冲响应，动态矩阵控制采用对象的阶跃响应，这两种算法的特点是易于获得。广义预测控制和广义预测极点配置控制是预测控制思想与自适应控制的结合，采用受控自回归积分滑动平均模型，具有参数较少并能够在线估计的优点，而广义预测极点配置控制进一步采用极点配置技术，提高了预测控制系统的闭环稳定性和鲁棒性。下面以状态空间模型为例，简要叙述预测控制器设计的基本原理。

设被控系统的状态空间模型为

$$\begin{cases} \dot{\boldsymbol{x}}(t) = \boldsymbol{A}\boldsymbol{x}(t) + \boldsymbol{B}\boldsymbol{u}(t) \\ \boldsymbol{y}(t) = \boldsymbol{C}\boldsymbol{x}(t) \end{cases}$$

其离散化模型为

$$\begin{cases} \boldsymbol{x}(k+1) = \boldsymbol{A}_d\boldsymbol{x}(k) + \boldsymbol{B}_d\boldsymbol{u}(k) \\ \boldsymbol{y}(k) = \boldsymbol{C}_d\boldsymbol{x}(k) \end{cases}$$

引入输出量预测值的增广模型为

$$\begin{cases} \Delta\boldsymbol{x}(k+1) = \boldsymbol{A}_d\Delta\boldsymbol{x}(k) + \boldsymbol{B}_d\Delta\boldsymbol{u}(k) \\ \boldsymbol{y}(k+1) = \boldsymbol{C}_d\boldsymbol{A}_d\Delta\boldsymbol{x}(k) + \boldsymbol{y}(k) + \boldsymbol{C}_d\boldsymbol{B}_d\Delta\boldsymbol{u}(k) \\ \boldsymbol{y}(k) = \boldsymbol{y}(k) \end{cases}$$

式中，$\Delta\boldsymbol{x}(k+1) = \boldsymbol{x}(k+1) - \boldsymbol{x}(k)$，$\Delta\boldsymbol{x}(k) = \boldsymbol{x}(k) - \boldsymbol{x}(k-1)$，$\Delta\boldsymbol{u}(k) = \boldsymbol{u}(k) - \boldsymbol{u}(k-1)$。

写成状态空间表达形式为

$$\begin{cases} \begin{bmatrix} \Delta\boldsymbol{x}(k+1) \\ \boldsymbol{y}(k+1) \end{bmatrix} = \begin{bmatrix} \boldsymbol{A}_d & \boldsymbol{O} \\ \boldsymbol{C}_d\boldsymbol{A}_d & 1 \end{bmatrix} \begin{bmatrix} \Delta\boldsymbol{x}(k) \\ \boldsymbol{y}(k) \end{bmatrix} + \begin{bmatrix} \boldsymbol{B}_d \\ \boldsymbol{C}_d\boldsymbol{B}_d \end{bmatrix} \Delta\boldsymbol{u}(k) \\ \boldsymbol{y}(k) = \begin{bmatrix} \boldsymbol{O} & 1 \end{bmatrix} \begin{bmatrix} \Delta\boldsymbol{x}(k) \\ \boldsymbol{y}(k) \end{bmatrix} \end{cases}$$

简记为

$$\begin{cases} \boldsymbol{x}_Z(k+1) = \boldsymbol{A}_Z\boldsymbol{x}_Z(k) + \boldsymbol{B}_Z\Delta\boldsymbol{u}(k) \\ \boldsymbol{y}(k) = \boldsymbol{C}_Z\boldsymbol{x}_Z(k) \end{cases}$$

设当前的时刻为 k_i，$\boldsymbol{x}_Z(k_i)$ 为测量得到增广系统的状态变量，m 个未来的控制变量序列可以表示为

$$\Delta\boldsymbol{u}(k_i), \Delta\boldsymbol{u}(k_i+1), \cdots \Delta\boldsymbol{u}(k_i+m-1)$$

注意当前的控制量需要通过优化得到，n 个预测的增广系统状态变量表示为

$$\boldsymbol{x}_Z(k_i+1 \,|\, k_i), \boldsymbol{x}_Z(k_i+2 \,|\, k_i), \cdots \boldsymbol{x}_Z(k_i+n \,|\, k_i)$$

代入增广系统中，可得增广系统状态变量的预测值为

$$\boldsymbol{x}_Z(k_i+1 \,|\, k_i) = \boldsymbol{A}_Z\boldsymbol{x}_Z(k_i) + \boldsymbol{B}_Z\Delta\boldsymbol{u}(k_i)$$

$$\boldsymbol{x}_Z(k_i+2 \,|\, k_i) = \boldsymbol{A}_Z\boldsymbol{x}_Z(k_i+1 \,|\, k_i) + \boldsymbol{B}_Z\Delta\boldsymbol{u}(k_i+1)$$

$$= \boldsymbol{A}_Z^2\boldsymbol{x}_Z(k_i) + \boldsymbol{A}_Z\boldsymbol{B}_Z\Delta\boldsymbol{u}(k_i) + \boldsymbol{B}_Z\Delta\boldsymbol{u}(k_i+1)$$

$$\vdots$$

$$\boldsymbol{x}_Z(k_i+n \,|\, k_i) = \boldsymbol{A}_Z\boldsymbol{x}_Z(k_i+n-1 \,|\, k_i) + \boldsymbol{B}_Z\Delta\boldsymbol{u}(k_i+n-1)$$

$$= \boldsymbol{A}_Z^n\boldsymbol{x}_Z(k_i) + \boldsymbol{A}_Z^{n-1}\boldsymbol{B}_Z\Delta\boldsymbol{u}(k_i) + \cdots + \boldsymbol{A}^{n-m}\boldsymbol{B}_Z\Delta\boldsymbol{u}(k_i+m-1)$$

n 个输出量的预测值为

$$\boldsymbol{y}(k_i+1 \,|\, k_i) = \boldsymbol{C}_Z\boldsymbol{A}_Z\boldsymbol{x}_Z(k_i) + \boldsymbol{C}_Z\boldsymbol{B}_Z\Delta\boldsymbol{u}(k_i)$$

$$\boldsymbol{y}(k_i+2 \,|\, k_i) = \boldsymbol{C}_Z\boldsymbol{A}_Z\boldsymbol{x}_Z(k_i+1 \,|\, k_i) + \boldsymbol{C}_Z\boldsymbol{B}_Z\Delta\boldsymbol{u}(k_i+1)$$

$$= \boldsymbol{C}_Z\boldsymbol{A}_Z^2\boldsymbol{x}_Z(k_i) + \boldsymbol{C}_Z\boldsymbol{A}_Z\boldsymbol{B}_Z\Delta\boldsymbol{u}(k_i) + \boldsymbol{C}_Z\boldsymbol{B}_Z\Delta\boldsymbol{u}(k_i+1)$$

$$\vdots$$

$$\boldsymbol{y}(k_i+n \,|\, k_i) = \boldsymbol{C}_Z\boldsymbol{A}_Z\boldsymbol{x}_Z(k_i+n-1 \,|\, k_i) + \boldsymbol{C}_Z\boldsymbol{B}_Z\Delta\boldsymbol{u}(k_i+n-1)$$

$$= \boldsymbol{C}_Z\boldsymbol{A}_Z^n\boldsymbol{x}_Z(k_i) + \boldsymbol{C}_Z\boldsymbol{A}_Z^{n-1}\boldsymbol{B}_Z\Delta\boldsymbol{u}(k_i) + \cdots + \boldsymbol{C}_Z\boldsymbol{A}^{n-m}\boldsymbol{B}_Z\Delta\boldsymbol{u}(k_i+m-1)$$

将未来的输出变量与控制变量记作

$$Y = \begin{bmatrix} y(k_i +1 \mid k_i) & y(k_i +2 \mid k_i) & \cdots & y(k_i +n \mid k_i) \end{bmatrix}^{\mathrm{T}}$$

$$\Delta U = \begin{bmatrix} \Delta u(k_i) & \Delta u(k_i +1) & \cdots & \Delta u(k_i +m-1) \end{bmatrix}^{\mathrm{T}}$$

可得

$$Y = Fx(k_i) + G\Delta U \tag{17-5}$$

式中，

$$F = \begin{bmatrix} C_Z A_Z & C_Z A_Z^{\ 2} & \cdots & C_Z A_Z^{\ n} \end{bmatrix}^{\mathrm{T}}$$

$$G = \begin{bmatrix} C_Z B_Z & 0 & 0 & \cdots & 0 \\ C_Z A_Z B_Z & C_Z B_Z & 0 & \cdots & 0 \\ \vdots & \vdots & \vdots & \cdots & 0 \\ C_Z A_Z^{\ n-1} B_Z & C_Z A_Z^{\ n-2} B_Z & C_Z A_Z^{\ n-3} B_Z & \cdots & C_Z A_Z^{\ n-m} B_Z \end{bmatrix}$$

设在 k_i 时刻的期望输入 $r(k_i)$，需要通过预测控制，让系统输出尽可能地接近系统期望输入。假设在优化的时间区间内，输入是恒定值。问题就转换成需要在优化的时间区间内，找到一个最佳的控制变量序列使得系统输出与期望输入的误差最小。将输入写成

$$R_n = \begin{bmatrix} 1 & 1 & \cdots & 1 \end{bmatrix} r(k_i)$$

定义优化目标函数

$$J = (R_n - Y)^{\mathrm{T}} P(R_n - Y) + \Delta U^{\mathrm{T}} Q \Delta U$$

简便起见，令 $P = I$，Q 取对角阵。代入式（17-5）可得

$$J = (R_n - Fx(k_i))^{\mathrm{T}} (R_n - Fx(k_i)) - 2\Delta U^{\mathrm{T}} G^{\mathrm{T}} (R_n - Fx(k_i)) + \Delta U^{\mathrm{T}} (G^{\mathrm{T}} G + Q)\Delta U$$

对 ΔU 求导，令其为 0，可得

$$\frac{\partial J}{\partial \Delta U} = -2G^{\mathrm{T}} (R_n - Fx(k_i)) + 2(G^{\mathrm{T}} G + Q)\Delta U = 0$$

由此可得预测控制量为

$$\Delta U = (G^{\mathrm{T}} G + Q)^{-1} G^{\mathrm{T}} (R_n - Fx(k_i))$$

在实际设计过程中，MATLAB 提供了强大的相关工具用于设计模型预测控制器，为了简明起见，这里只列出了函数名，常用函数名及其使用说明如表 17-6 所示。

表 17-6　MATLAB模型预测控制器设计的常用函数

函　　数	使　用　说　明
ss2mod	将通用状态空间模型转换为预测控制状态空间模型
mod2ss	将预测控制状态空间模型转换为通用状态空间模型
poly2tfd	将通用传递函数模型转换为预测控制传递函数模型
tfd2mod	将预测控制传递函数模型转换为预测控制状态空间模型
mod2step	将预测控制状态空间模型转换为预测控制阶跃响应模型
tfd2step	将预测控制传递函数模型转换为预测控制阶跃响应模型
ss2step	将通用状态空间模型转换为预测控制附跃响应模型
mod2mod	改变预测控制状态空间模型的采样周期
th2mod	将Theta格式模型转换为预测控制状态空间模型

函　数	使 用 说 明
addmod	将两个开环预测控制模型连接构成闭环模型，使其中一个模型输出叠加到另一个模型输入
addmd	向预测控制对象增加一个或多个测量扰动
addumd	向预测控制对象增加一个或多个未测量扰动
paramod	将两个预测控制系统模型并联
sermod	将两个预测控制系统模型串联
appmod	用两个预测控制系统模型构成增广系统模型
cmpc	输入/输出有约束的模型预测控制器设计
mpccon	输入/输出无约束的模型预测控制器设计
mpccl	计算模型预测控制系统的闭环模型
mpcsim	模型预测控制系统的仿真（输入/输出无约束）
nlcmpc	Simulink文件nlcmpc对应的S函数
nlmpcsim	Simulink文件nlmpcsim对应的S函数
scmpc	输入/输出有约束的状态空间模型预测控制器设计
smpccon	输入/输出无约束的状态空间模型预测控制器设计
smpccl	计算输入/输出无约束的模型预测闭环控制系统模型
smpcsim	输入有约束的模型预测闭环控制系统仿真
smpcest	状态估计器设计

【例 17-9】　设被控对象的传递函数矩阵为 $G(s) = \begin{bmatrix} \dfrac{8}{s^2+2s+1} & \dfrac{3}{s^2+s+1}e^{-s} \\ \dfrac{-3}{s^2+s+3}e^{-2s} & \dfrac{8}{s^2+3s+2} \end{bmatrix}$，采样时间取 0.5s，给

定值为[1.5 0.5]，预测时间长度为 2s，控制时间长度为 1s，设计预测控制器。

解：求解程序如下：

```
>> g11=poly2tfd(8,[1 2 1],0,0);                %被控对象模型输入
>> g12=poly2tfd(3,[1 1 1],0,1);
>> g21=poly2tfd(-3,[1 1 3],0,2);
>> g22=poly2tfd(-5,[1 3 2],0,0);
>> T=0.5;                                       %设定采样周期
>> yn=2;                                        %设定输出个数
>> imod=tfd2mod(T,yn,g11,g12,g21,g22);          %转换为预测控制的状态空间模型形式
>> pmod=imod;
>> p=2;                                         %预测时域长度
>> m=1;                                         %控制时间长度
>> ywt=[1.2 1.9];                               %二次型性能指标的输出误差加权矩阵
>> uwt=[1 1];                                   %控制量加权矩阵
>> tend=40;                                     %仿真结束时间
>> r=[1.5 0.5];                                 %给定值或期望轨迹
>> ulim=[-inf -inf inf inf 0.01 100];           %设定控制变量的下界、上界以及变化率的约束范围
```

```
>> ylim=[];                                    %模型预测输出
>> [y,u]=scmpc(pmod,imod,ywt,uwt,m,p,tend,r,ulim,ylim);    %设计预测控制器
>> plotall(y,u,T)
```

预测控制系统的输出如图 17-38 所示。预测控制系统的控制信号如图 17-39 所示。

图 17-38 预测控制系统的输出

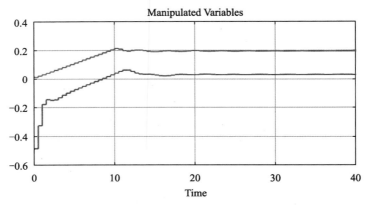

图 17-39 预测控制系统的控制信号

17.10 神经网络控制器设计及仿真示例

一般认为,最早用数学模型对神经系统中的神经元进行理论建模的是美国心理学家麦卡洛克和数学家皮茨。他们于 1943 年建立了 MP 神经元模型。MP 神经元模型模仿出生物神经元活动的功能,并给出了通过神经元的相互连接和简单的数学计算,可以进行相当复杂的逻辑运算。1957 年,美国计算机学家罗森布拉特提出了著名的感知器模型。它是一个具有连续可调权值向量的 MP 神经网络模型,经过训练可达到对一定输入向量模式进行识别的目的。1982 年,美国学者霍普菲尔德提出了霍普菲尔德网络模型,他将能量函数引入到对称反馈网络中,使网络稳定性有了方便的判据,并利用所提出网络的神经计算能力来解决条件优化问题。另一个突破性的研究成果是 Rumel hart 鲁姆哈特等在 1986 年提出的解决多层神经网络权值修正的算法,即误差反向传播法,简称 BP 算法,给人工神经网络的研究注入了活力。

神经网络控制就是指在控制系统中，应用神经网络技术，对难以精确建模的复杂非线性对象进行神经网络模型辨识，或作为控制器，或进行优化计算，或进行推理，或进行故障诊断，或同时兼有上述多种功能。这样的系统称为基于神经网络的控制系统，这种控制方式称为神经网络控制。

尽管神经网络控制技术有许多潜在的优势，但单纯使用神经网络的控制方法的研究仍有待进一步发展。通常将人工神经网络技术与传统的控制理论或智能技术综合使用。神经网络在控制中的作用有以下几种：在传统的控制系统中用于动态系统建模，充当对象模型；在反馈控制系统中直接充当控制器；在传统控制系统中起优化计算作用；与其他智能控制方法如模糊逻辑、遗传算法、专家控制等相融合。

神经网络控制充分利用了神经网络的自适应性和学习能力、非线性映射能力、鲁棒性和容错能力。神经网络控制能够通过被控对象的输入输出数据，利用神经网络学习算法，不断获取控制对象的知识，以实现对系统模型的预测和估计，从而产生控制信号，使输出尽可能地接近期望轨迹。根据神经网络在控制器中的作用不同，神经网络控制器可分为两类：直接神经网络控制，它是以神经网络为基础而形成的独立智能控制系统；混合神经网络控制，它是指利用神经网络学习和优化能力来改善传统控制的智能控制方法，如自适应神经网络控制等。

在工程中，控制的目的是通过控制适当的输入量，使系统获得期望的输出特性，神经网络控制是将传统的控制器替换为神经网络控制器，以满足特定的任务要求，其原理图如图 17-40 所示。

图 17-40　神经网络控制系统原理图

神经网络具有出色的学习能力，能够通过自动调整和修正连接权重，使网络的输出达到期望的要求。与传统控制相比，神经网络控制具有以下重要特性：非线性，神经网络在理论上可以充分逼近任意非线性函数；并行分布处理，神经网络具有高度的并行结构和并行实现能力，使其具有更大程度的容错能力和较强的数据处理能力；学习和自适应性，能对知识环境提供的信息进行学习和记忆；多变量处理，神经网络可处理多输入信号，并具有多输出，它非常适合用于多变量系统。

例如，PID 控制要取得好的控制效果，就必须对比例、积分和微分 3 种控制作用进行调整以形成相互配合又相互制约的关系，这种关系不是简单的"线性组合"，可从变化无穷的非线性组合中找出最佳的关系。神经网络所具有的任意非线性表示能力，可以通过对系统性能的学习来实现具有最佳组合的 PID 控制。下面采用基于 BP 神经网络控制参数自学习 PID 控制来说明神经网络控制的基本结构与设计方法。

BP 神经网络结构和学习算法简单明确。通过神经网络自身的学习，可以找到某一最优控制律下的 PID 参数。基于 BP 神经网络的 PID 控制系统结构如图 17-41 所示，控制器由以下两部分组成：经典的 PID 控制器和神经网络 NN。经典的 PID 控制器：直接对被控对象进行闭环控制，并且 K_P、K_I、K_D 3 个参数为在线整定。神经网络 NN：根据系统的运行状态，调节 PID 控制器的参数，以期达到某种性能指标的最优化。即使输出层神经元的输出状态对应于 PID 控制器的 3 个可调参数 K_P、K_I、K_D，通过神经网络的自学习、调整权系数，使其稳定状态对应于某种最优控制律下的 PID 控制器参数。

经典增量式数字 PID 的控制算式为

$$u(k) = u(k-1) + K_P[e(k) - e(k-1)] + K_I e(k) + K_D[e(k) - 2e(k-1) + e(k-2)]$$

式中，K_P、K_I、K_D 分别为比例、积分、微分系数。将 K_P、K_I、K_D 视为依赖于系统运行状态的可调系数时，式为

$$u(k) = f\left[u(k-1), K_P, K_I, K_D, e(k), e(k-1), e(k-2)\right]$$

式中，$f[\cdot]$ 是与 K_P、K_I、K_D、$u(k-1)$、$e(k)$ 等有关的非线性函数，可以用 BP 神经网络通过训练和学习来找到这样一个最佳控制规律。

设 BP 神经网络是一个三层 BP 网络，其结构如图 17-35 所示，有 M 个输入节点，Q 个隐含层节点，3 个输出节点。输入节点对应所选的系统运行状态量，如系统不同时刻的输入量和输出量等，必要时需进行归一化处理。输出节点分别对应 PID 控制器的 3 个可调参数 K_P、K_I、K_D。由于 K_P、K_I、K_D 不能为负值，所以输出层神经元的激发函数取非负的 Sigmoid 函数，而隐含层神经元的激发函数可取正负对称的 Sigmoid 函数。

由图 17-42 可见，BP 神经网络输入层节点的输出为

$$\begin{cases} O_j^{(1)} = x_{k-j} = e(k-j), & j = 0, 1, \cdots, M-1 \\ \\ O_M^{(1)} \equiv 1 \end{cases}$$

式中，输入层节点的个数 M 取决于被控系统的复杂程度。

图 17-41　基于 BP 神经网络的 PID 控制系统结构图　　　图 17-42　三层 BP 网络结构图

网络的隐含层输入、输出为

$$\begin{cases} \text{net}_i^{(2)}(k) = \sum_{j=0}^{M} \omega_{ij}^{(2)} O_j^{(1)}(k) \\ \\ O_i^{(2)}(k) = f\left[\text{net}_i^{(2)}(k)\right], & i = 0, 1, \cdots, Q-1 \\ \\ O_Q^{(2)}(k) \equiv 1 \end{cases}$$

式中，$\omega_{ij}^{(2)}$ 为隐含层权系数，$\omega_{iM}^{(2)}$ 为阈值，$f[\cdot]$ 为激发函数，$f[\cdot] = \tanh(x)$；上角标（1）、（2）、（3）分别对应输入层、隐含层、输出层。

最后，网络的输出层的输入、输出为

$$\begin{cases} \mathrm{net}_i^{(3)}(k) = \sum_{i=0}^{Q} \omega_{li}^{(3)} O_i^{(2)}(k) \\ O_l^{(3)}(k) = g\left[\mathrm{net}_i^{(3)}(k)\right], \quad l = 0,1,2 \\ O_0^{(3)} = K_\mathrm{P} \\ O_1^{(3)} = K_\mathrm{I} \\ O_2^{(3)} = K_\mathrm{D} \end{cases}$$

式中，$\omega_{li}^{(3)}$ 为输出层权系数，$\omega_{lQ}^{(3)}$ 为阈值，$\omega_{lQ}^{(3)} = \theta_l$，$g[\cdot]$ 为激发函数，取

$$g[\cdot] = 0.5[1 + \tanh(x)]$$

取性能指标函数为

$$J = 0.5[r(k+1) - y(k+1)]^2 = 0.5e^2(k+1)$$

依照最速下降法修正网络的权系数，即按 J 对权系数的负梯度方向搜索调整，并附加一个使搜索快速收敛全局极小的惯性项，则有

$$\Delta\omega_{li}^{(3)}(k+1) = -\eta \frac{\partial J}{\partial \omega_{li}^{(3)}} + \alpha\Delta\omega_{li}^{(3)}(k)$$

式中，η 为学习速率，α 为平滑因子。

$$\frac{\partial J}{\partial \omega_{li}^{(3)}} = \frac{\partial J}{\partial y(k+1)} \frac{\partial y(k+1)}{\partial u(k)} \frac{\partial u(k)}{\partial O_l^{(3)}(k)} \frac{\partial O_l^{(3)}(k)}{\partial \mathrm{net}_l^{(3)}(k)} \frac{\partial \mathrm{net}_l^{(3)}(k)}{\partial \omega_{li}^{(3)}}$$

由于 $\partial y(k+1)/\partial u(k)$ 未知，所以近似用符号函数 $\mathrm{sgn}[\partial y(k+1)/\partial u(k)]$ 替代，由此带来的计算不精确的影响可以通过调整学习速率 η 来补偿。

$$\begin{cases} \dfrac{\partial u(k)}{\partial O_0^{(3)}(k)} = e(k) - e(k-1) \\[2mm] \dfrac{\partial u(k)}{\partial O_1^{(3)}(k)} = e(k) \\[2mm] \dfrac{\partial u(k)}{\partial O_2^{(3)}(k)} = e(k) - 2e(k-1) + e(k-2) \end{cases}$$

因此可得 BP 神经网络 NN 输出层的权系数计算公式为

$$\begin{cases} \Delta\omega_{li}^{(3)}(k+1) = \eta\delta_l^{(3)} O_i^{(2)}(k) + \alpha\Delta\omega_{li}^{(3)}(k) \\[2mm] \delta_l^{(3)} = e(k+1)\,\mathrm{sgn}\left(\dfrac{\partial y(k+1)}{\partial u(k)}\right)\dfrac{\partial u(k)}{\partial O_l^{(3)}(k)} g'\left[\mathrm{net}_l^{(3)}(k)\right] \\[2mm] l = 0,1,2 \end{cases}$$

依据上述推算方法，可得隐含层权系数的计算公式为

$$\begin{cases} \Delta\omega_{ij}^{(2)}(k+1) = \eta\delta_i^{(2)} O_j^{(1)}(k) + \alpha\Delta\omega_{ij}^{(2)}(k) \\[2mm] \delta_i^{(2)} = f'\left[\mathrm{net}_i^{(2)}(k)\right]\sum_{l=0}^{2}\delta_l^{(3)}\omega_{li}^{(3)}(k) \\[2mm] i = 0,1,\cdots,Q-1 \end{cases}$$

式中，

$$g'[\cdot] = g(x)[1 - g(x)]$$
$$f'[\cdot] = \left[1 - f^2(x)\right]/2$$

基于 BP 神经网络的 PID 控制算法可归纳如下：

（1）先选定 BP 神经网络的结构，即选定输入层节点数 M 和隐含层节点数 Q，并给出权系数的初值 $\omega_{ij}^{(2)}(0)$，$\omega_{li}^{(3)}(0)$，选定学习速率 η 和平滑因子 α，$k=1$；

（2）采样得到 $r(k)$ 和 $y(k)$，计算 $e(k)=r(k)-y(k)$；

（3）对 $r(i)$，$y(i)$，$u(i-1)$，$e(i)(i=k, k-1, \cdots, k-p)$ 进行归一化处理，作为输入；

（4）前向计算各层神经元的输入、输出，输出层的输出即 PID 控制器的 3 个可调参数 $K_P(k)$、$K_I(k)$、$K_D(k)$；

（5）计算 PID 控制器的控制输出 $u(k)$，参与控制和计算；

（6）计算修正输出层的权系数 $\omega_{li}^{(3)}(k)$；

（7）计算修正隐含层的权系数 $\omega_{ij}^{(2)}(k)$；

（8）置 $k=k+1$，返回到步骤(2)。

【例 17-10】 已知被控系统的传递函数为 $G(s)=\dfrac{1.1}{s^2+6s+4}$，设计 BP 神经网络 PID 控制器，给出系统单位阶跃响应。

Simulink 求解的仿真模型如图 17-43 所示。

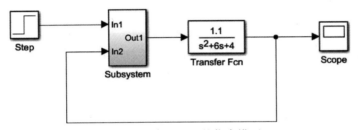

图 17-43　例 17-10 的仿真模型

子系统 subsystem 结构如图 17-44 所示。

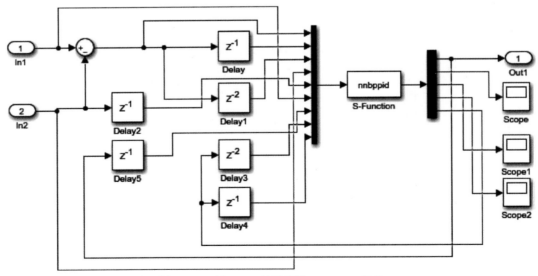

图 17-44　例 17-10 的子系统 subsystem 结构

nnbppid 采用 S-function 函数实现，程序如下：

```
function [sys,x0,str,ts,simStateCompliance] =nnbppid(t,x,u,flag,T,nh,xite,alfa)
switch flag,
  case 0,
    [sys,x0,str,ts,simStateCompliance]=mdlInitializeSizes(T,nh);
  case 3,
    sys=mdlOutputs(t,x,u,nh,xite,alfa);
  case {1,2,4,9},
    sys=[];
  otherwise
    DAStudio.error('Simulink:blocks:unhandledFlag', num2str(flag));
end
function [sys,x0,str,ts,simStateCompliance]=mdlInitializeSizes(T,nh)
sizes =simsizes;
sizes.NumContStates  = 0;
sizes.NumDiscStates  = 0;
sizes.NumOutputs     = 4+6*nh;
sizes.NumInputs      = 7+12*nh;
sizes.DirFeedthrough = 1;
sizes.NumSampleTimes = 1;
sys = simsizes(sizes);
x0 = [];
str = [];
ts = [T 0];
simStateCompliance = 'UnknownSimState';
function sys=mdlOutputs(t,x,u,nh,xite,alfa)
wi_2 = reshape(u(8:7+3*nh),nh,3);
wo_2 = reshape(u(8+3*nh:7+6*nh),3,nh);
wi_1 = reshape(u(8+6*nh:7+9*nh),nh,3);
wo_1 = reshape(u(8+9*nh:7+12*nh),3,nh);
xi = [u(6),u(4),u(1)];
xx = [u(1)-u(2);u(1);u(1)+u(3)-2*u(2)];
I = xi*wi_1';
Oh = exp(I)./(exp(I)+exp(-I));
O = wo_1*Oh';
K = 2./(exp(O)+exp(-O)).^2;
uu = u(7)+K'*xx;
dyu = sign((u(4)-u(5))/(uu-u(7)+0.0000001));
dK = 2./(exp(K)+exp(-K)).^2;
delta3 = u(1)*dyu*xx.*dK;
wo = wo_1+xite*delta3*Oh+alfa*(wo_1-wo_2);
dOh = 2./(exp(Oh)+exp(-Oh)).^2;
wi = wi_1+xite*(dOh.*(delta3'*wo))'*xi+alfa*(wi_1-wi_2);
sys = [uu;K(:);wi(:);wo(:)];
```

运行结果如图 17-45 所示。

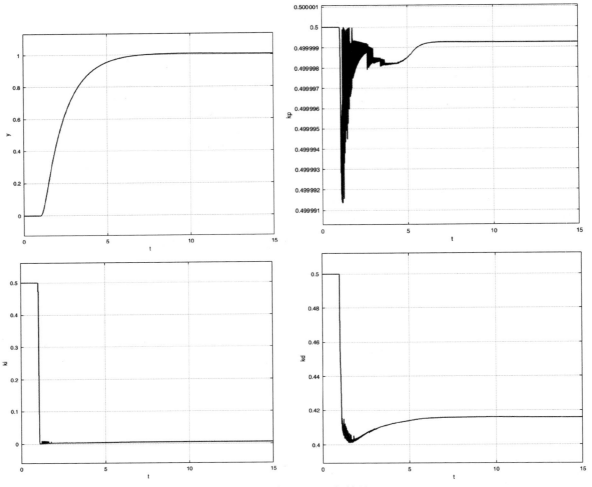

图 17-45　例 17-10 运行结果

习　　题

1．设被控对象的传递函数为 $G(s) = \dfrac{k_\mathrm{p}}{3s+2}$，$k_\mathrm{p}$ 可变，设计增益可调的模型参考自适应控制系统，绘出系统跟踪正弦信号时的响应曲线。

2．考虑如下非线性系统

$$\begin{cases} \dot{x}_1 = x_2 \\ \dot{x}_2 = 2x_1^3 + u \end{cases}$$

试采用线性滑模面，设计等速趋近律滑模控制器，设初始状态为 $x(0) = [-0.5\ 1]$。

3．考虑被控对象为 $G(s) = \dfrac{2s+4}{s^2+3s+2}$ 的系统，设计开环 P 型学习控制律，期望的目标信号为 $r(t)=\cos(2\pi t)$。

4．考虑如下非线性系统 $\begin{cases} \dot{x}_1 = x_1^2 - x_1^3 + x_2 \\ \dot{x}_2 = u \end{cases}$，试采用反步法设计控制律 u 稳定原点 $x=[0\quad 0]$。

参 考 文 献

[1] 吴麒. 自动控制原理(上册)[M]. 北京：清华大学出版社，1992.

[2] 吴麒. 自动控制原理(下册)[M]. 北京：清华大学出版社，1992.

[3] 卢子广，林靖宇，周永华. 自动控制理论[M]. 北京：机械工业出版社，2009.

[4] 郑大钟. 线性系统理论[M]. 北京：清华大学出版社，1990.

[5] 薛定宇，陈阳泉. 基于 MATLAB/Simulink 的系统仿真技术与应用[M]. 北京：清华大学出版社，2011.

[6] 蒋珉. 控制系统计算机仿真[M]. 北京：电子工业出版社，2006.

[7] 薛定宇，陈阳泉. 高等应用数学问题的 MATLAB 求解[M]. 北京：清华大学出版社，2008.

[8] 方红，唐毅谦，喻晓红，等. 计算机控制技术[M]. 北京：电子工业出版社，2014.

[9] 俞立. 鲁棒控制：线性矩阵不等式处理方法[M]. 北京：清华大学出版社，2002.

[10] 俞立. 现代控制理论[M]. 北京：清华大学出版社，2007.

[11] 王枞. 控制系统理论及应用[M]. 北京：北京邮电大学出版社，2005.

[12] 胡跃明. 非线性控制系统理论与应用[M]. 北京：国防工业出版社，2002.

[13] 高为炳. 变结构控制理论基础[M]. 北京：中国科学技术出版社，1990.

[14] 韩京清. 自抗扰控制技术[M]. 北京：国防工业出版社，2008.

[15] 韩曾晋. 自适应控制系统[M]. 北京：机械工业出版社，1983.

[16] 严刚峰. PID 控制器参数整定复杂性的分析[J]. 成都大学学报(自然科学版)，2019，38(1)：64–68.

[17] 严刚峰，方红，谭健敏，等. 摩擦传动的压电定位台高精度跟踪控制[J]. 农业机械学报，2018，49(2)：405–410.

[18] 严刚峰. 应用迭代学习控制的压电电机定位台高精度跟踪[J]. 中国电机工程学报，2018，38(20)：6127–6133.

[19] 严刚峰，赵宪生. 大延迟系统控制方案的优化[J]. 电力自动化设备，2003(12)：47–49.

[20] 严刚峰，严秀华，徐宁璟. 电动变桨距半实物控制系统仿真测试平台设计[J]. 实验技术与管理，2013，30(7)：87–89.

[21] 严刚峰，赵宪生. 基于模拟退火–遗传算法的过程控制参数寻优研究[J]. 四川大学学报(自然科学版)，2003(5)：874–877.

[22] 严刚峰，赵宪生. 模糊控制器在延迟控制系统中的应用[J]. 自动化技术与应用，2003(10)：22–24.

[23] YAN G F. Simulation for the Vector Control Algorithm of Permanent Magnet Synchronous Motor[C]//IEEE IHMSC 2015. Hangzhou: IEEE Press, 2015: 456–459.

[24] YAN G F, FANG H, CHEN X D, et al. Process Control Parameters Optimal Selection Based on Particle Swarm Algorithm[C]//IEEE ISCID 2015. Hangzhou: IEEE Press, 2015: 39–42.

[25] YAN G F, FANG H. A Simple Simulation Method for Queue System[C]//IEEE IHMSC 2014. Hangzhou: IEEE Press, 2014: 177–180.